CANoe开发与CAPL编程实践

巫亮◎著

电子工业出版社·
Publishing House of Electronics Industry
北京•BEIJING

内容简介

这是一本深入讲解 CANoe 软件和 CAPL 语言编程的图书。本书基于 CANoe 16 版本，从实际工程应用出发，由浅入深地讲解了 CANoe 软件的功能和使用，以及 CAPL 语言的编程语法和技巧，力图帮助读者从零开始体系化地掌握 CANoe 软件在车载网络测试中的应用。

本书的第 1～2 章讲解了 CANoe 软件的安装与卸载，以及如何创建 CANoe 工程。第 3 章讲解了 CAPL 编程的语法知识。第 4 章讲解了 CANoe 软件的常用功能，包括仿真设置、测量分析、测试功能等。第 5 章讲解了 Panel Designer 工具的使用和 Panel 设计技巧。第 6～8 章从实战应用的角度讲解 XML 编程、诊断，以及 CAN 通信。第 9 章介绍了 CANoe 软件对硬件的控制。第 10～12 章介绍了 CAPL 常用函数在实际项目中的应用、测试功能集和测试服务函数库。第 13～14 章讲解了如何在 CAPL 程序中创建和使用 DLL 文件，以及 CANoe 软件的 COM 编程技术在更高阶自动化场景中的应用。

图书在版编目（CIP）数据

CANoe 开发与 CAPL 编程实践 / 巫亮著. -- 北京 ： 电子工业出版社, 2025. 1. -- ISBN 978-7-121-49357-7

Ⅰ. TP336；TP312.8

中国国家版本馆 CIP 数据核字第 20240VJ985 号

责任编辑：黄爱萍

印　　刷：中国电影出版社印刷厂
装　　订：中国电影出版社印刷厂
出版发行：电子工业出版社
　　　　　北京市海淀区万寿路 173 信箱　　　邮编：100036
开　　本：787×980　1/16　印张：37.75　　字数：906 千字
版　　次：2025 年 1 月第 1 版
印　　次：2025 年 1 月第 1 次印刷
定　　价：139.00 元

前　言

自 1996 年 Vector 公司推出第一版 CANoe 软件至今已经二十多年，它以全面的测试与分析能力、高效的仿真与模拟、强大的数据分析与诊断、高效的标定与校准、广泛的兼容性与集成性，以及持续的技术支持与创新在汽车电子行业中占据着举足轻重的地位，它已成为汽车工程师不可或缺的车载网络仿真与测试分析工具之一。

CAPL（CAN Access Programming Language）是一种基于 C 语言，专为 CANalyzer 和 CANoe 软件开发的编程语言。CAPL 简化了 C 语言语法，并增加了针对总线通信和网络仿真的特定功能和数据类型，使其满足车载网络仿真与测试的复杂要求。

这些年来，随着中国汽车工业的发展、民族汽车品牌的崛起、汽车工业产值在工业生产总值中的占比逐年增长，越来越多的汽车电子工程师开始接触 CANoe 软件，目前市场上相关技术的图书不多，且互联网上的技术分享也是良莠不齐，错综杂乱，不成体系。笔者先后在国内外知名企业积累了多年的一线实战经验，熟练掌握 CANoe 软件和 CAPL 编程语言。当电子工业出版社的编辑询问我是否有出书的意愿后，我欣然接受了这个任务。全书从实际工程应用出发，由浅入深地讲解了 CANoe 软件的功能和使用，以及 CAPL 语言的编程语法和技巧，看完这本书读者应具备 CANoe 软件的网络仿真能力、测试分析能力，以及自动化测试用例设计能力。

如何阅读本书

本书共计 14 章。

第 1 章：内容包括 CANoe 简介、软件安装，CANoe 软件常用的网络接口卡型号等。

第 2 章：讲解了如何使用 CANoe 创建仿真总线工程和真实总线工程，并带读者认识第一行 CAPL 代码。

第 3 章：讲解了 CAPL 语法知识，包括 CAPL Browser、基本语法、数据类型、运算符、流程控制、CAPL 文件结构等。

第 4 章：讲解了 CANoe 软件的常用功能，包括仿真设置、测量分析、测试功能等，帮助读者快速熟悉 CANoe 软件的构成。

第 5 章：通过对常用控件的解读帮助读者快速熟悉 Panel Designer 工具的使用，掌握如何在 CANoe 软件中设计人机交互界面，提高仿真和测试效率。

第 6 章：讲解了 XML 编程的常用语法知识。XML 编程在设计自动化测试用例时非常重要。

第 7 章：讲解了诊断技术和协议，以实战的方式讲解了如何用 CAPL 程序实现诊断功能，并且封装了通用的诊断函数，以及实现自动化诊断用例设计等。

第 8 章：讲解了如何通过 CANoe 软件内置的常用模型库来丰富 CANoe 软件的仿真与测试能力。读者应熟悉 CANoe 的常用模型库。

第 9 章：讲解了 CANoe 软件对硬件设备的控制功能，如常用的 RS232 功能、I/O 功能，以及如何在 CANoe 软件中使用 PicoScope 示波器。

第 10 章：讲解了 CAPL 程序内置的通用函数库，比如数学函数、字符串函数、数据库访问函数、文件处理等。

第 11 章：讲解了 CAPL 程序内置的测试相关的函数，包括测试报告输出，以及故障注入函数、测试等待函数等内容。

第 12 章：讲解了 CAPL 程序内置的测试服务函数库，这些函数库可以帮助读者快速地完成一些网络测试。

第 13 章：讲解了 DLL 文件在 CANoe 软件中的应用，包括基于 CAPL 语法生成一个 DLL 文件，如何创建一个安全解锁的 SendKey.dll 文件等。

第 14 章：以 Python 语言为基础讲解了 CANoe 软件的 COM 编程技术，包括如何通过 COM 控制 CANoe 软件的打开与关闭。本章需要读者有良好的 Python 和 CAPL 编程基础。基于 COM 编程技术，读者可以实现更高阶的自动化测试。

读者对象

- 如果你是一名汽车行业研发测试人员，且工作中会用到 CANoe 软件，那么你可能需要这本书。

- 如果你是一名在校学生或者想要进入该行业的人员，本书也非常适合你，因为本书的设计逻辑是由浅入深的，前四章会带你掌握 CAPL 语言基础语法与 CANoe 软件常用功能。而且本书中的大部分代码和示例工程都是基于 CANoe Demo 版本开发的，所以即使你没有购买专业版 CANoe 软件，也可以学习 CANoe 软件和 CAPL 编程。

- 本书是从车载网络测试的视角编写而成的，书中的大多数知识点都是为实现自动化测试用例开发服务的，这也是本书的终极目标。

- 本书的代码量很大，也适用于想要进一步提升 CAPL 编程能力的开发测试人员。

致谢与勘误

首先感谢 CSDN 网站上关注我的读者朋友，是你们的关注、互动和支持才让我有了坚持写文章的动力，才有了这本书的出现，你们也是这本书原型的最早读者，感谢你们。

感谢电子工业出版社的黄爱萍编辑，本书从选题的论证到书稿的格式审核、文字编辑，她都付出了辛苦的劳动并提出了很多专业的意见。

鉴于笔者水平、时间和精力有限，如果你在阅读过程中发现了错误或者需要改进的地方，欢迎发邮件和我联系（E-mail：liangwuc@qq.com），也可以在 CSDN 网站上找到"蚂蚁小兵"（wuliang.blog.csdn.net）给我留言。扫描本书封底二维码，可以获取本书的附赠资源。

巫亮

2025 年 1 月

目　　录

第 1 章　CANoe 概述

1.1　CANoe 简介

CANoe（CAN open environment）是德国 Vector 公司开发的一款用于总线仿真与测试的软件。在早期，CANoe 主要用于对 CAN（Controller Area Network，控制器局域网总线）通信网络进行建模、仿真、测试和开发，后来扩展为支持 LIN（Local Interconnect Network，局部连接网络）、FlexRay（戴姆勒克莱斯勒公司推出的车载网络）、MOST（Media Oriented Systems Transport，面向媒体的系统传输）、Ethernet（车载以太网）等网络。

目前，CANoe 是车载进行网络开发和 ECU（Electronic Control Unit，电子控制单元）开发、测试及分析的专业工具（CANoe 16 软件图标如图 1-1 所示），适用于从需求分析到系统实现的整个系统开发过程。CANoe 软件以其全面的功能集成、广泛的总线协议支持、高效的仿真与测试能力、强大的数据分析与报告功能、友好的用户界面与操作体验以及广泛的兼容性与集成性等优点，成为汽车工程师的首选工具之一。

图 1-1　CANoe 16 软件图标

在开发的初期，CANoe 可以用于建立仿真模型，在此基础上进行 ECU 的功能评估。在完成 ECU 的开发后，该仿真模型可以用于整个系统的功能分析、测试，以及总线系统和 ECU 的集成。

CANoe 配有测试功能集，可以简化测试工作或自动进行测试。运用该功能，可以进行一系列的连续测试，并自动生成测试报告。另外，CANoe 配有诊断功能集，可用于与 ECU 进行诊断通信。

1.2　CANoe 下载与安装

1. 下载演示版软件

（1）在浏览器中访问 Vector 中国官网，在首页的底部单击【技术支持&下载专区】栏目中的【下载中心】链接，打开【下载中心】界面，在【产品】框中选择【CANoe】选项，在【Categories】栏中单击【Demos】按钮，即可找到最新版本的 CANoe Demo 软件，如图 1-2 所示。

【说明】：本书以 CANoe 16 版本为例进行介绍，该软件其他版本的下载与操作方法基本一致。

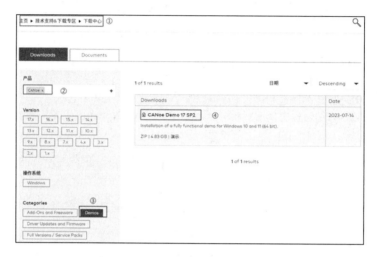

图 1-2　CANoe Demo 软件的下载界面

（2）单击 Demo 版本软件，进入用户登记界面，填写正确的用户名和邮箱信息，如图 1-3 所示，然后单击【Request download link】按钮。

图 1-3　用户登记界面

（3）等待几分钟，即可收到 Vector 官方发来的包含软件下载链接和激活密钥的邮件，包含激活密钥的邮件如图 1-4 所示，单击邮件中的【Download】链接即可下载演示版软件。

2. 安装软件

（1）将下载的安装包文件解压缩，然后用鼠标双击其中的 autorun 文件运行安装向导程序，如图 1-5 所示。

图 1-4　包含激活密钥的邮件

图 1-5　安装包文件

【说明】：如果无法启动安装向导程序，则以操作系统管理员身份运行安装文件。

（2）单击【Install CANoe】选项，如图 1-6 所示。

（3）CANoe 包含很多组件，建议安装所有组件。在图 1-7 所示的界面中，将各组件的【Action】选项都设置为【Install】，其他选项保持默认设置，然后单击【Next】按钮。

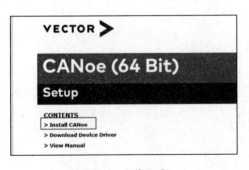

图 1-6　安装向导

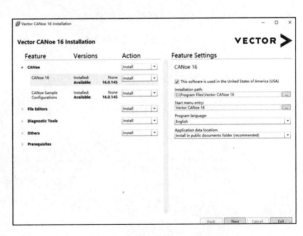

图 1-7　安装组件选择界面

（4）软件安装成功后，勾选安装向导界面左下角的【Start License Client】复选框，打开软件激活界面，如图 1-8 所示。

（5）安装完成后，在打开的【Vector License Client】窗口中，参照图 1-9 所示的序号标注依次操作，完成对 CANoe 软件的激活，具体如下。

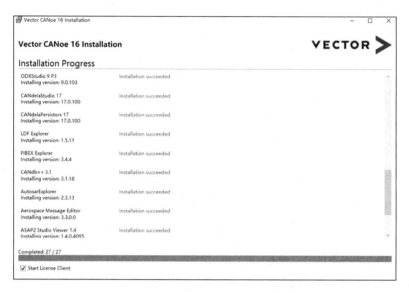

图 1-8　安装进程

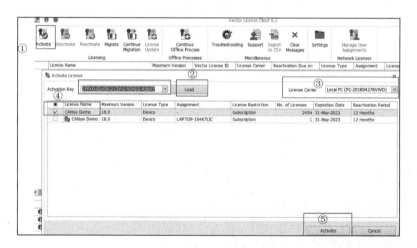

图 1-9　激活步骤

①　单击工具栏中的【Activate】按钮。

②　在【Activation Key】框中填写邮件中提供的激活密钥，然后单击【Load】按钮。（激活过程可能耗时较长，需耐心等待。）

③　在【License Carrier】下拉列表框中选择【Local PC(PC-20180427KVWD)】选项。

④　在列表框中勾选第 1 行的【CANoe Demo】复选框。

⑤　单击右下角的【Activate】按钮。

（6）激活成功后，可从显示的日志中看到激活密钥的有效期，以及使用次数等信息，如图 1-10 所示。

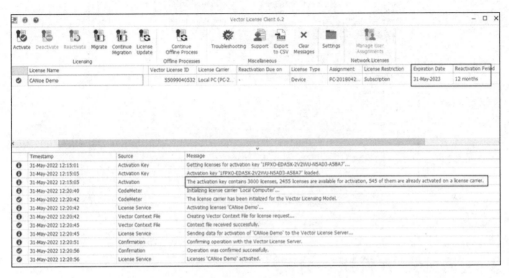

图 1-10　激活成功界面

（7）打开操作系统的【开始】菜单，可以找到安装的 CANoe 及其各组件程序。单击【CANoe 16 SP2】可以启动 CANoe，如图 1-11 所示。

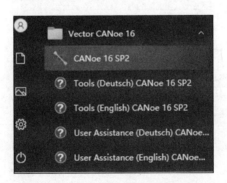

图 1-11　CANoe 及其各组件程序

3. 卸载软件

CANoe 的组件众多，想要卸载该软件，通过 Windows 操作系统的卸载程序很难卸载干净，但可以通过 CANoe 的安装向导来卸载，如图 1-12 所示。在安装向导界面中，依次展开各组件对应的【Action】下拉列表框，选择【Uninstall】或者【None】选项，然后单击【Next】按钮，即可完成卸载操作。

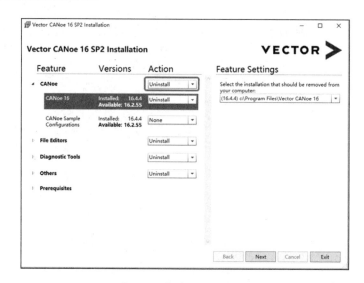

图 1-12　卸载 CANoe 软件

1.3　CANoe 软件版本分类

根据使用场景和功能的不同，Vector 公司提供了 3 个版本的 CANoe 软件，如表 1-1 所示。

表 1-1　CANoe 软件版本分类

版本	功能描述
CANoe Pex	项目执行版本（Project Execution），只提供图形界面操作，在实际项目中使用较少
CANoe Run	运行版本（Runtime），仅支持 CAPL 脚本的运行，不支持 CAPL 脚本的修改和编译，其他功能与 Full 版本相同
CANoe Pro	专业版本（Professional），也称为 Full 版本，支持网络仿真配置，具有图形界面交互、分析窗口、CAPL 编写等功能

CANoe 软件和其他商业软件一样，需要通过许可证（License）激活才能使用。不过 Vector 公司为了推广 CANoe 软件，会给用户提供一个演示（Demo）版本，用户可以通过 Vector 公司提供的免费的激活秘钥激活，从而使用 CANoe 软件的部分功能。CANoe Demo 版本只适用于学习，其主要功能如表 1-2 所示。

【说明】：CANoe Demo 版本和 CANoe Pro 版本在功能上是一样的，但是 Vector 通过 License 的不同对 CANoe 软件的功能做了不同的限制。比如用户安装了 CANoe Demo 版本，如果有全功能的 License，那么也可以使用 CANoe 软件的全部功能；同理，如果用户安装了 CANoe Pro 版本，而没有全功能的 License，则只能使用 CANoe 软件的部分功能。

表 1-2　CANoe Demo 版本主要功能

功能	限制
仿真	模拟设置中的节点数被限制为 4 个，如果超过 4 个则无法运行 CANoe
	Demo 版本的配置不能在其他版本中运行
硬件连接	无法连接任何 VN 设备
	无法访问 VN 设备的 I/O 口
测试	测试报告中会有 CANoe Demo 字样标识
	测试用例的最大数量被限制为 10 个
	测试用例超过 10 个后，CANoe 会停止运行

1.4　CANoe 授权管理

1. Vector License Client

Vector License Client 是一个用于管理 Vector 公司软件许可证的工具，用户通过它可以查看和管理 Vector 公司软件的许可证，例如查看许可证的有效期、剩余次数等信息，还可以根据需要对许可证进行激活、升级或降级，如图 1-13 所示，下面对图中的部分功能进行解释。

【License Name】列第 1 行的 CANoe Demo 是通过激活码获取的免费的许可证，但 CANoe Demo 版本功能很少，只能用于学习。第 4 行的 CANoe Pro Option.Ethernet 说明该 CANoe 支持 Ethernet 网络总线设计，第 5 行的 CANoe Pro 表示有付费的许可证，可用于 CAN 总线网络设计。

【Maxinum Version】列表示该许可证支持的 CANoe 软件的最高版本，高版本的许可证可以支持低版本的 CANoe 软件，但是低版本的许可证无法支持高版本的 CANoe 软件。

【License Carrier】列表示许可证激活在哪一种载体上，Vector 许可证 Client 软件支持将许可证激活在计算机、Keyman（USB 插口形状的硬件）或者网络设备接口卡中，比如 CANoe Demo 就是将免费的激活码激活在本地计算机中，而其他的付费许可证就被激活在 Keyman 中。

2. Option 选项

单击 CANoe 软件中的【File】菜单，选择【Options】选项，打开【CANoe Options】对话框，在对话框左侧的列表框中，展开【General】栏，选择【License】选项，在对话框右侧单击【Re-read Licenses】按钮，在打开的对话框中可以查看 CANoe 软件可用的授权信息，如图 1-14 所示。

图 1-13　通过 Vector License Client 查看许可证

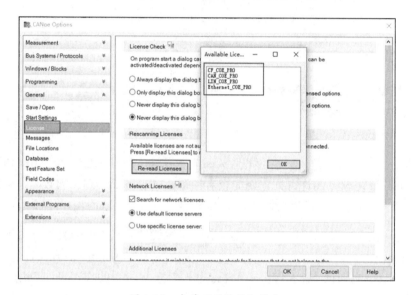

图 1-14　查看可用的授权信息

1.5　CANoe 硬件简介

1. 网络接口设备

Vector 公司开发了多款网络接口卡设备（Vector Network Interface）以适用于不同的网络环境。

VN1600 系列网络设备被广泛应用于 CAN/CAN-FD、LIN、K-Line 等网络总线的仿真与测量，如图 1-15 所示，常用的网络设备型号有 VN1630、VN1640 等，同时具备 CAN 和 LIN 通道。

VN5600 系列网络设备被广泛应用于 Ethernet 网络，如图 1-16 所示，常用的网络设备型号有 VN5620、VN5640 等，同时具备 Ethernet 和 CAN 通道。

图 1-15　VN1600 系列

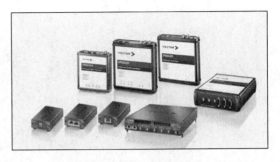

图 1-16　VN5600 系列

VN7600 系列网络设备被广泛应用于 Flexray 网络，如图 1-17 所示，常用的网络设备型号有 VN7640 等，同时具备 Flexray 和 CAN 通道。

2. 硬件驱动安装

用户在安装硬件驱动后才能使用网络接口设备，在 CANoe 软件安装界面中单击【Download Device Driver】选项，如图 1-18 所示。

【说明】：如果没有硬件设备，则可以跳过关于驱动安装的内容，这不影响使用 CANoe 软件的仿真功能。

图 1-17　VN7600 系列

图 1-18　CANoe 软件安装界面

在 Vector 官网下载界面找到最新版本的驱动软件，单击【Downloads】按钮，如图 1-19 所示。

解压驱动文件，双击安装文件【setup.exe】，在弹出的安装向导界面单击【Install Driver】选项，如图 1-20 所示。

图 1-19　找到硬件设备驱动软件

用户可以根据使用的硬件设备来选择需要安装的驱动，也可以勾选【Select/desdect all devices】安装所有设备驱动，如图 1-21 所示。

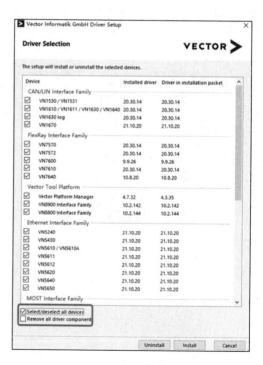

图 1-20　驱动安装向导界面　　　　　　　　　图 1-21　安装所有驱动

安装完成后单击【Close】按钮即可，如图 1-22 所示。

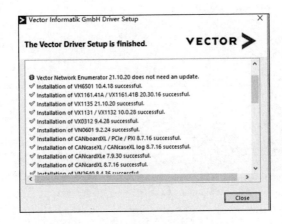

图 1-22　硬件设备驱动安装完成界面

3. Vector 硬件管理器

在控制面板单击【Vector Hardware】选项，如图 1-23 所示。

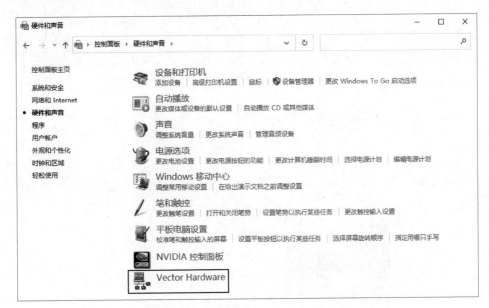

图 1-23　单击【Vector Hardware】选项

在打开的【Vector Hardware Config】界面中，可以看到当前计算机连接的网络硬件设备，以及该设备支持的总线类型、通道信息、引脚定义等，如图 1-24 所示。

该计算机上连接了一台 VN1630A 硬件设备，该设备有 4 路通道，其中通道 1 是 LIN 总线，通道 2/3/4 都是高速 CAN/CAN-FD 通道。

通道 2 下面的 CANoe CAN 1，表明 VN 设备的通道 2 和 CANoe 软件中的 CAN 1 网络总线进行了通道映射。

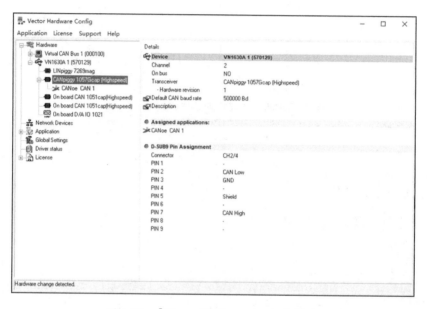

图 1-24　【Vector Hardware Config】界面

1.6　CANoe 功能简介

单击【File】菜单下的【Sample Configurations】选项，打开 CANoe 软件内置的 Easy 示例工程，如图 1-25 所示，该工程总线逻辑简单、功能丰富，非常适合初学者入门学习。

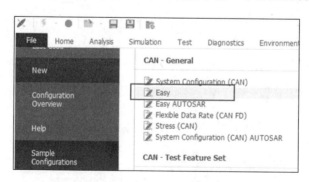

图 1-25　选择 Easy 示例工程

CANoe 软件的主界面如图 1-26 所示，从上到下依次包括快速功能区、菜单栏、功能栏、工作区、标签切换页。

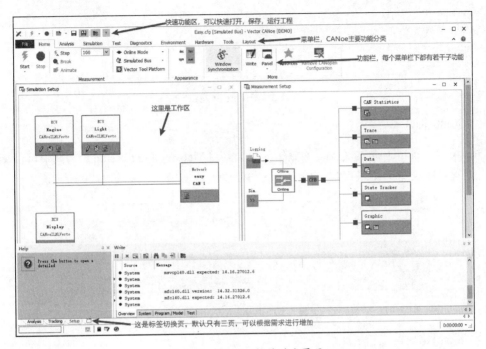

图 1-26　CANoe 软件的主界面

（1）File。

【File】菜单下包括工程文件的新建、保存、打开等相关操作及全局设置，CANoe 工程被保存为*.cfg 后缀的配置文件，如图 1-27 所示。

　其中，在【Sample Configurations】选项中包含 CANoe 内置的各种功能的示例工程，是很好的学习资料，对入门者有很好的学习参考价值。

（2）Home。

【Home】菜单下的主要功能包括测试启动和停止、步进调试、离线和在线模式切换、仿真总线和真实总线切线，Debug 输出窗口，以及 Panel 面板管理等，如图 1-28 所示。

图 1-27　File 功能区

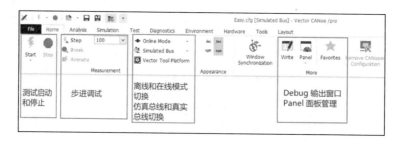

图 1-28　Home 功能区

（3）Analysis。

【Analysis】菜单下提供了大量的分析工具，在【Measurement Setup】功能中可以增加、删除、配置各种类型的测量窗口，用于仿真与测量过程的分析，如图 1-29 所示。

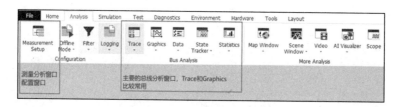

图 1-29　Analysis 功能区

（4）Simulation。

【Simulation】菜单下主要包括仿真组件和激励组件，主要是在【Simulation Setup】功能中设置仿真总线、网络节点等，如图 1-30 所示。

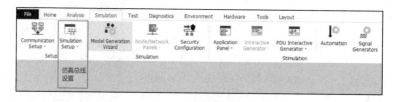

图 1-30　Simulation 功能区

（5）Test。

【Test】菜单下主要包括测试单元组件和测试模块组件，其中，测试模块组件加载以.tse为后缀的测试文件，测试单元组件加载以.vtuexe 为后缀的测试文件，如图 1-31 所示。

【说明】：CANoe 软件默认支持创建.tse 测试文件，但不支持创建.vtuexe 测试单元文件，该测试单元文件只能通过 vTESTstudio 软件创建与修改。

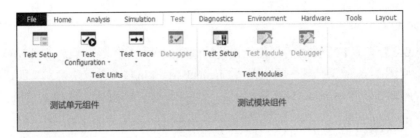

图 1-31　Test 功能区

（6）Diagnostics。

【Diagnostics】菜单下主要包括与诊断相关的配置组件、控制组件和工具组件，如图 1-32 所示。

Diagnostics 功能区的组件功能需要在【Diagnostic/ISO TP】功能中添加相应的诊断描述文件后才可使用，否则为"置灰"状态。

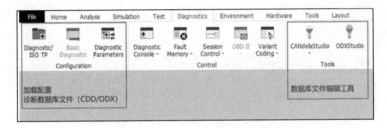

图 1-32　Diagnostics 功能区

（7）Environment。

【Environment】菜单下包括符号浏览器、系统变量、符号映射、符号初始值等，如图 1-33 所示。

【Symbol Explorer】功能在 CANoe、CAPL、Panel 等软件中都有，用户可以通过该功能查看总线中的所有信号、报文、节点、变量等对象。

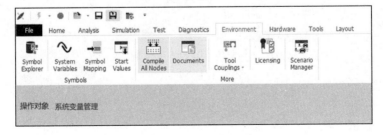

图 1-33　Environment 功能区

（8）Hardware。

【Hardware】菜单下主要包括与硬件相关的通道组件、VT 系统组件、传感器组件和 I/O 硬件组件，如图 1-34 所示。其中重点是【Channel Mapping】（通道映射）功能，在真实总线中需要将 VN 设备的通道和 CANoe 软件中的网络通道进行映射后才能建立通信。

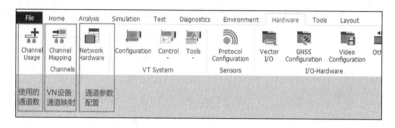

图 1-34　Hardware 功能区

（9）Tools。

【Tools】菜单下主要包括 DBC 文件编辑组件、Panel 设计组件、文件格式转换组件等，如图 1-35 所示。

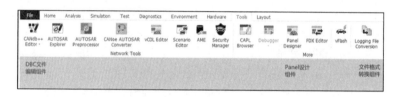

图 1-35　Tools 功能区

（10）Layout。

【Layout】菜单的主要功能是对 CANoe 工作区中的子页面进行布局，如图 1-36 所示。

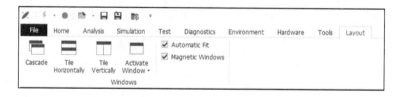

图 1-36　Layout 功能区

第 2 章 创建 CANoe 工程

2.1 仿真总线与真实总线

在创建工程时，要区分真实总线（Real Bus）和仿真总线（Simulated Bus），如图 2-1 所示。

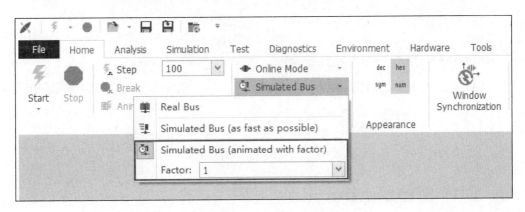

图 2-1 总线类型选择

Real Bus 是真实的仿真测量环境，用户可以通过网络接口设备接入真实的 ECU，并对 ECU 进行测试。

Simulated Bus 网络中的节点都是通过 CANoe 软件仿真实现的，不需要网络接口设备，也无法对 ECU 进行测量。

如果用户选择了【Simulated Bus】总线类型，那么在 CANoe 软件的【Hardware】菜单下的【Application Channel Mapping】对话框就无法配置，如图 2-2 所示。

如果用户选择了【Real Bus】总线类型，则必须在【Application Channel Mapping】对话框中做通道映射，如图 2-3 所示，【Application Channel】列中的"CAN1"是仿真工程中的网络通道，【Network】列中的"easy"是仿真工程中的网络名称，【Hardware】列是网络接口卡设备的物理通道，【Application Channel】必须和【Hardware】严格对应，ECU 才能正常通信。

【说明】：如果 CANoe 软件只有激活码授权，则总线类型只能选择【Simulated Bus】，且在选择【Simulated Bus】时要注意选择【Simulated Bus（animated with factor）】选项，因为【Simulated Bus（as fast as possible）】选项会使 CANoe 软件尽可能快地运行仿真环境或者代码，这就可能会导致网络报文周期不对，以及 CAPL 代码中的定时器功能失效等。

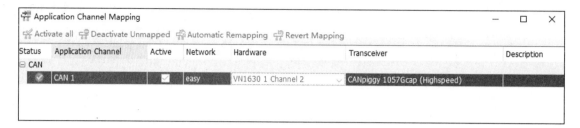

图 2-2　仿真总线下的通道配置

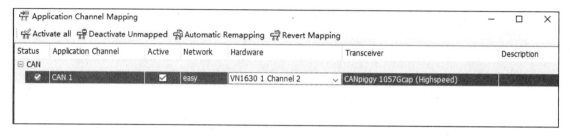

图 2-3　真实总线下的通道配置

2.2　创建 Simulation Bus 工程

1. 创建和保存

（1）依次单击【File】→【New】选项，选择【CAN 500kBaud 1ch】模板，创建一个 CAN 总线工程，如图 2-4 所示。

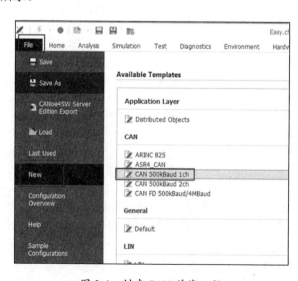

图 2-4　创建 CAN 总线工程

（2）依次单击【File】→【Save As】选项，保存 CANoe 配置文件，如图 2-5 所示。

【说明】：在保存 CANoe 配置文件时可以选择【保存类型】，高版本的软件可以保存为低版本的配置文件，但高版本的配置文件无法用低版本的 CANoe 软件打开。

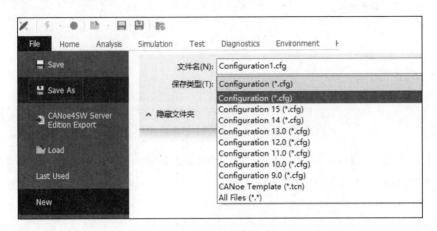

图 2-5　保存 CANoe 配置文件

（3）创建仿真工程需要导入数据库文件，将图 2-6 所示路径下的 CANdb 文件夹复制到新建的工程目录下。

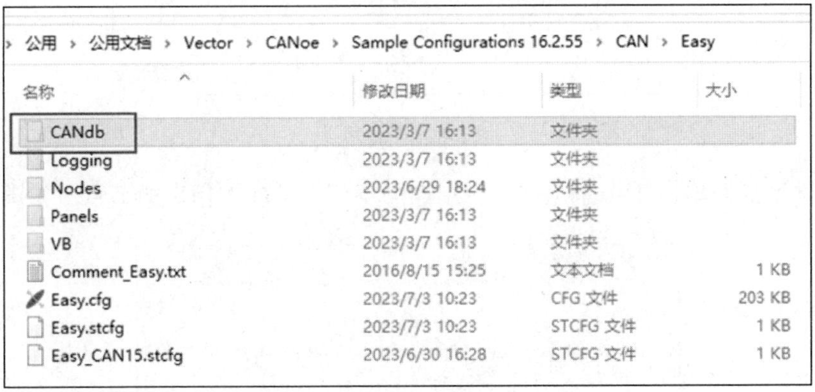

图 2-6　Easy.cfg 工程路径

2. 导入数据库文件

总线类型选择【Simulated Bus】选项，然后在【Simulation Setup】窗口中通过鼠标右键单击【Database】选项，在弹出的快捷菜单中选择【Add…】选项，将 easy.dbc 导入配置，如图 2-7 所示。

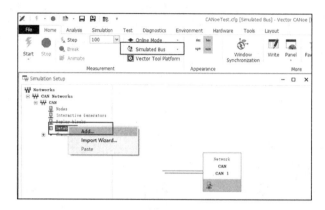

图 2-7　导入 easy.dbc 数据库文件

通过鼠标右键单击【Databases】选项下的【easy】子选项，在弹出的快捷菜单中选择【Node Synchronization...】选项，如图 2-8 所示。

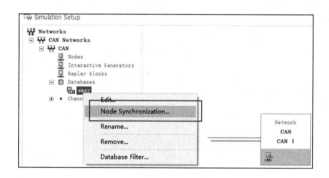

图 2-8　节点同步

选中全部节点，单击【>>】选项将可用的网络节点分配到指定的节点，如图 2-9 所示。

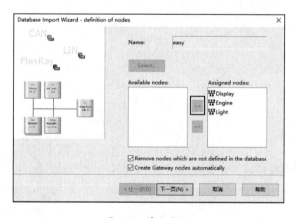

图 2-9　节点分配

完成节点同步，仿真总线的网络拓扑如图 2-10 所示。

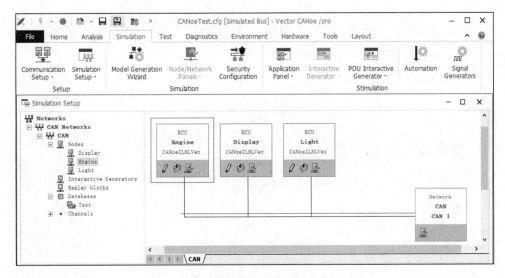

图 2-10　仿真总线的网络拓扑

3. 运行和验证

运行 CANoe 工程，可以看到【Trace】窗口中有数据更新，如图 2-11 所示，即说明仿真工程创建成功。

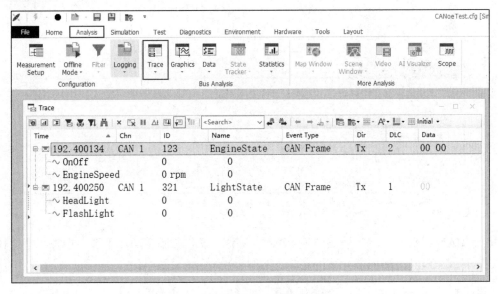

图 2-11　运行 CANoe 工程

2.3　第一行 CAPL 代码

在 CANoe 停止运行的状态下，单击【Engine】节点的"小铅笔"图标，创建一个 engine.can 文件，如图 2-12 所示。

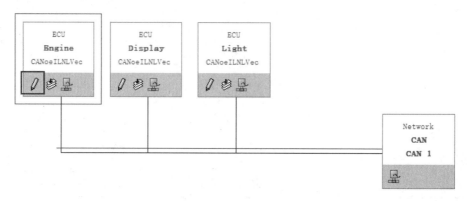

图 2-12　单击"小铅笔"图标

在 engine.can 文件中写入代码，如图 2-13 所示。

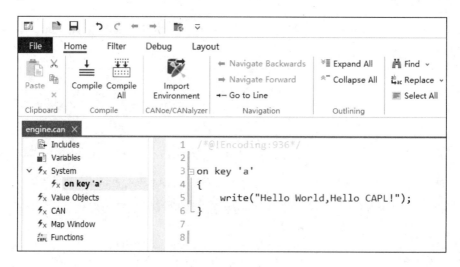

图 2-13　写入代码

运行 CANoe 软件，然后按下键盘上的"a"键，即可看到【Write】窗口中输出了"Hello World,Hello CAPL!"，如图 2-14 所示。

【说明】："on key 'a'"是一个键盘事件，当 CANoe 处于运行状态时，用户按下键盘上的"a"键会触发这个事件，write 是 CAPL 支持的输出打印函数。

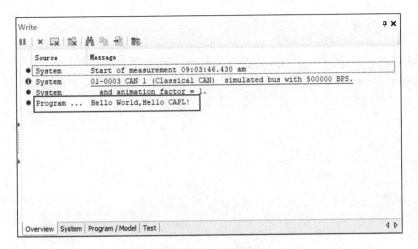

图 2-14　运行验证

2.4　创建 Real Bus 工程

1. 总线类型选择

创建一个新的 CANoe 工程，总线类型选择【Real Bus】选项，如图 2-15 所示。

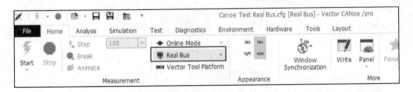

图 2-15　总线类型选择

2. 硬件通道选择

将 CANoe 软件的 CAN 1 通道与 VN1630 的通道 2 进行映射，如图 2-16 所示。

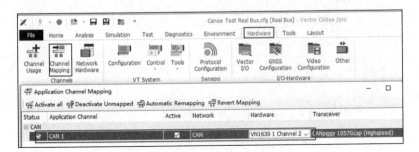

图 2-16　硬件通道选择

3. 网络参数配置

单击【Hardware】菜单，选择【Network Hardware】选项，在打开的对话框中配置 CAN
总线的网络参数，如 CAN/CAN-FD 总线类型、波特率、采样点等，如图 2-17 所示。网络参
数要和真实连接的 ECU 保持一致，否则无法建立通信。

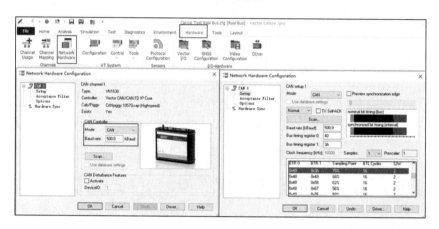

图 2-17　网络参数设置

4. 运行和验证

运行 CANoe 软件，若在【Trace】窗口看到 Rx 方向的报文，则说明真实节点工程创建成
功，如图 2-18 所示。

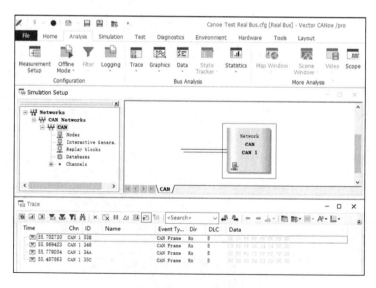

图 2-18　运行和验证

如果在运行 CANoe 软件后，【Trace】窗口中没有通信，则可从以下几点排查问题。

（1）该 ECU 通信功能是否正常。

（2）总线类型是否选择了【Real Bus】选项。

（3）通道映射是否正确。

（4）波特率、采样点的设置是否正确。

（5）如果不是终端 ECU，那么是否接上了终端电阻（常规电阻值是 120Ω）。

（6）被测 ECU 是否需要被唤醒（常见唤醒方式包括接收到网络管理报文、KL15 上电等）。

第 3 章　CAPL 编程

CAPL（Communication Access Programming Language）是 Vector 公司基于 C 语言专门为 CANoe/CANalyzer 开发环境设计的编程语言，CAPL 简化了 C 语言，去除了复杂的指针概念和一些不常用的关键字等，也融入了一些 C++语言的概念，比如函数重载等。

即使没有 CAPL 程序，CANoe/CANalyzer 软件也可以执行简单的测量和分析操作，但是基于 CAPL 程序可大大增强测量分析功能及测试自动化。

CAPL 程序是基于事件驱动的，没有程序入口，任何事件都有可能触发 CAPL 程序的执行，比如按键事件、定时器事件、执行测试等。如果没有事件发生，那么 CAPL 程序是"闲置的"，事件驱动示意图如图 3-1 所示。

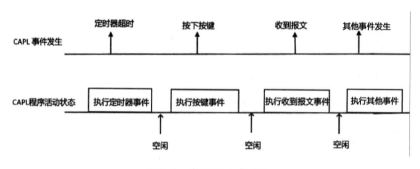

图 3-1　事件驱动示意图

3.1　CAPL Browser

CAPL Browser 是 CANoe 软件内置的用于 CAPL 程序开发的集成开发环境。

用户可以在配置了后缀为.can 的文件的节点打开 CAPL Browser，虽然 CAPL Browser 可以作为一个独立的应用程序，并通过图 3-2 所示的方式启动，但还是建议从 CANoe 内部启动，以确保它正确识别 CANoe 软件环境中加载的相关的数据库、硬件参数及 CAPL 相关的 DLL 等。

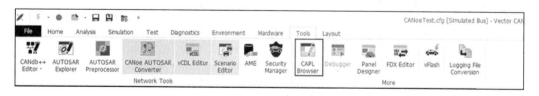

图 3-2　启动 CAPL Browser

1. CAPL Browser 主界面

CAPL Browser 由菜单栏、事件区、程序编辑区、编译输出区，以及其他视图访问区组成，如图 3-3 所示。

2. CAPL Browser 菜单栏

（1）【File】菜单的主要功能有创建/打开/保存/加密文件、全局设置、工程示例等，如图 3-4 所示。

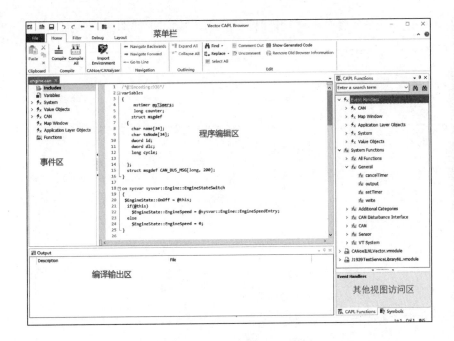

图 3-3　CAPL Browser 主界面

图 3-4　【File】菜单

（2）【Home】菜单的主要功能有编译、注释代码块等，如图 3-5 所示。

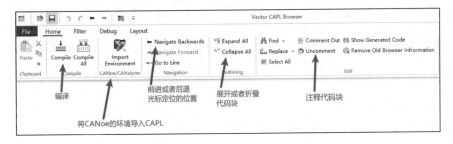

图 3-5　【Home】菜单

（3）【Filter】菜单的主要功能有通信、诊断等，如图 3-6 所示。在默认情况下 CAPL Browser 会根据打开工程的网络总线类型自动过滤出需要的程序结构。

图 3-6　【Filter】菜单

（4）【Debug】菜单主要用于在开启 Debug 功能时对程序步进调试，如图 3-7 所示。

图 3-7　【Debug】菜单

（5）【Layout】菜单主要用于对 CAPL 文件进行水平方向、垂直方向的布局，如图 3-8 所示。用户可以根据需要决定是否显示 Symbols、CAPL Functions 和 Output 等功能窗口。

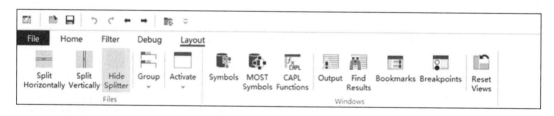

图 3-8　【Layout】菜单

3.2　CAPL 基本语法

1. 分号

在 CAPL 程序中，分号是语句结束符，每条语句都必须以分号结束，从而表明一个逻辑实体的结束。

2. 注释

CAPL 代码的注释方式和 C/C++语言一样，可通过//或者/**/符号实现。

CAPL Brower 中注释代码的默认快捷键是先按住组合键"Ctrl + K"，再按组合键"Ctrl + C"；解除代码注释的快捷键是先按住组合键"Ctrl + K"，再按组合键"Ctrl + U"。

下面注释代码的方法都是符合规范的。

```
1./* This is a comment.*/
2. /* This comment is spread
 over two lines.*/
3. // CAPL also accepts the C++ comment.
```

3. 标识符的命名规范

标识符是用来标识变量、函数及测试用例等任何用户自定义项目名称的，例如，int a；就是定义了一个 int 型的变量 a，这个 a 就是一个标识符。CAPL 语言对于标识符定义的语法如下。

（1）标识符只能由字母、数字、下画线组成。

（2）标识符只能以字母或下画线开头。

（3）标识符不能和 CAPL 语言关键字冲突。

```
//下面的命名都是不符合规范的
int                              // 不能使用关键字
sum$value                       // 不能使用特殊符号
3Times                          // 不能以数字开头
number of units                 // 不能有空格符
```

CAPL 编译器区分字符的大小写，所以大小写不同的字符是不同的标识符。

```
//下面 3 个变量是不同的变量
input_1
Input_1
INPUT_1
```

4. 关键字

CAPL 语言基于 C 语言设计，但是舍弃了很多 C 语言中支持的语法和关键字，如表 3-1 列出了 CAPL 语言对 C 语言语法和关键字的支持情况。

表 3-1　CAPL 语言对 C 语言语法和关键字是否支持

C 语言语法和关键字	CAPL	说明
main()	不支持	
Header files（头文件）	不支持	类似于 C 语言的 cin 格式头文件
preprocessor（预处理）	不支持	
Macro definition（宏定义）	不支持	
conditional compilation（条件编译）	支持	
pointer（指针）	不支持	
union（联合）	不支持	
define	部分支持	CAPL 仅支持通过#define 定义编译条件
typedef	不支持	
sizeof	不支持	
auto	不支持	
extern	不支持	
register	不支持	
goto	不支持	
short	不支持	
signed	不支持	
unsigned	不支持	
static	不支持	CAPL 中所有局部变量都默认是 static 局部变量
volatile	不支持	
const	支持	
break	支持	
case	支持	
char	支持	
continue	支持	
default	支持	
do	支持	
double	支持	
else	支持	
enum	支持	

续表

C 语言语法和关键字	CAPL	说明
float	支持	
for	支持	
if	支持	
int	支持	
long	支持	
return	支持	
switch	支持	
struct	支持	
void	支持	
while	支持	

5. 常量

常量，顾名思义就是不变的量，像 1、1.1、−100 等这样的数都是常量，常量无法进行赋值，整型常量有不同的表示法。

（1）整型常量可以有 3 种表示法。

a）十进制常量，例如 10、123、−2021 等。

b）八进制常量，以 0 开头，基数是 8，只用到数字 0～7，例如：

012(1×8 +2 ＝ 十进制的 10)

0377(3×8×8 + 7×8 + 7 ＝ 十进制的 255)

c）十六进制常量，以 0x 或者 0X 开头，基数是 16，A～F 代表十进制的 10～15，例如：

0x8F (8×16 + 15 ＝ 十进制的 143)

0Xff (15×16 + 15 ＝ 十进制的 255)

（2）浮点数常量：浮点数常量有以下两种表示方法。

a）十进制数表示法，由整数部分、小数点、小数部分组成，如 3.14159、−0.2 等。

b）指数表示法，由整数部分，指数 e 或 E，指数值组成，例如：

314159E−5 (表示 314159×10 的−5 次方，即 3.14159)

25e−2 (表示 25×10 的−2 次方，即 0.25)

（3）字符常量：在程序中用单引号把一个 ASCII 字符集中的字符括起来作为字符常量，每个字符实质上是一个整型，所以字符常量都作为整型常量来处理，代码示例如下。

```
char _ch = 'A';
write("ASCII 码：%c ; 十六进制数：0x%X ; 十进制数：%d",_ch,_ch,_ch);
// 输出结果：
ASCII 码：A ; 十六进制数：0x41; 十进制数：65
```

ASCII 字符集定义了 0～255 数值对应的字符，其中 0～31 是控制字符，32～126 是可打印字符，127～255 是拓展字符，无法打印。常用的 ASCII 可打印字符如图 3-9 所示。

二进制	十进制	十六进制	图形	二进制	十进制	十六进制	图形	二进制	十进制	十六进制	图形
0010 0000	32	20	(space)	0100 0000	64	40	@	0110 0000	96	60	`
0010 0001	33	21	!	0100 0001	65	41	A	0110 0001	97	61	a
0010 0010	34	22	"	0100 0010	66	42	B	0110 0010	98	62	b
0010 0011	35	23	#	0100 0011	67	43	C	0110 0011	99	63	c
0010 0100	36	24	$	0100 0100	68	44	D	0110 0100	100	64	d
0010 0101	37	25	%	0100 0101	69	45	E	0110 0101	101	65	e
0010 0110	38	26	&	0100 0110	70	46	F	0110 0110	102	66	f
0010 0111	39	27	'	0100 0111	71	47	G	0110 0111	103	67	g
0010 1000	40	28	(	0100 1000	72	48	H	0110 1000	104	68	h
0010 1001	41	29	)	0100 1001	73	49	I	0110 1001	105	69	i
0010 1010	42	2A	*	0100 1010	74	4A	J	0110 1010	106	6A	j
0010 1011	43	2B	+	0100 1011	75	4B	K	0110 1011	107	6B	k
0010 1100	44	2C	,	0100 1100	76	4C	L	0110 1100	108	6C	l
0010 1101	45	2D	–	0100 1101	77	4D	M	0110 1101	109	6D	m
0010 1110	46	2E	.	0100 1110	78	4E	N	0110 1110	110	6E	n
0010 1111	47	2F	/	0100 1111	79	4F	O	0110 1111	111	6F	o
0011 0000	48	30	0	0101 0000	80	50	P	0111 0000	112	70	p
0011 0001	49	31	1	0101 0001	81	51	Q	0111 0001	113	71	q
0011 0010	50	32	2	0101 0010	82	52	R	0111 0010	114	72	r
0011 0011	51	33	3	0101 0011	83	53	S	0111 0011	115	73	s
0011 0100	52	34	4	0101 0100	84	54	T	0111 0100	116	74	t
0011 0101	53	35	5	0101 0101	85	55	U	0111 0101	117	75	u
0011 0110	54	36	6	0101 0110	86	56	V	0111 0110	118	76	v
0011 0111	55	37	7	0101 0111	87	57	W	0111 0111	119	77	w
0011 1000	56	38	8	0101 1000	88	58	X	0111 1000	120	78	x
0011 1001	57	39	9	0101 1001	89	59	Y	0111 1001	121	79	y
0011 1010	58	3A	:	0101 1010	90	5A	Z	0111 1010	122	7A	z
0011 1011	59	3B	;	0101 1011	91	5B	[	0111 1011	123	7B	{
0011 1100	60	3C	<	0101 1100	92	5C	\	0111 1100	124	7C		
0011 1101	61	3D	=	0101 1101	93	5D	]	0111 1101	125	7D	}
0011 1110	62	3E	>	0101 1110	94	5E	^	0111 1110	126	7E	~
0011 1111	63	3F	?	0101 1111	95	5F	_				

图 3-9　ASCII 可打印字符

在 CAPL 语言中，转义字符是反斜杠 "\" 开头加特定字符的组合，用来表示特殊意义的字符。常用的转义字符及其含义如表 3-2 所示。

表 3-2　CAPL 语言转义字符及其含义

转义字符	含义	十六进制	十进制
\a	警报/响铃（BEL）	7	7
\b	退格（BS），将当前位置移动到前一列	0x08	8
\f	换页（FF），将当前位置移动到下一页开头	0x0C	12
\t	水平制表符（HT）（即跳到下一个制表符的位置）	0x09	9
\v	垂直制表（VT）	0x0B	11
\0	空字符（NULL），用于字符串的结束标志	0x00	0
\n	换行符（LF），将当前位置移动到下一行开头	0x0A	10
\r	回车符（CR），将当前位置移动到本行开头	0x0D	13
\'	代表一个单引号字符	0x27	39
\"	代表一个双引号字符	0x22	34
\?	代表一个问号	0x3F	63
\\	代表一个反斜线字符 "\"	0x5C	92
\xhh	"\" 后面跟两位十六进制数，表示 ASCII 码值	—	—
\ddd	"\" 后面跟三位八进制数，表示 ASCII 码值	—	—

下面是常用转义字符的示例代码。

```
write("Hello\t World\n");   //使用制表符进行对齐，并在结尾打印换行符
write("打印反斜杠: \\");
write("打印单引号: \'A\'BCD");
write("打印双引号: \"Hello\" World");
write("打印问号: ?"); //打印问号
write("打印 ASCII 码为 65 的字符（A）: %c", '\101');
write("打印 ASCII 码为 72 的字符（H）: %c", '\x48');
//输出结果:
Hello World

打印反斜杠: \
打印单引号: 'A'BCD
打印双引号: "Hello" World
打印问号: ?
打印 ASCII 码为 65 的字符（A）: A
打印 ASCII 码为 72 的字符（H）: H
```

6. 变量

变量即变化的量。变量是可以被赋值的，如 char a、int b。变量的初始化在声明期间是可选的，如果没有对变量进行初始化，则 int 型变量的默认值是 0，char 型变量默认是 null，示例代码如下。

```
char a;                                    // 如果变量不初始化, 则默认 a= null
int j, k = 2;                              // 如果变量不初始化, 则默认 j = 0
double x = 33.7;                           // 如果变量不初始化, 则默认 x = 0
int lookUpTable[3] = {1,2,3};              // 一维数组定义及初始化
char text[12] = "Hello world";             // 字符串定义及初始化
int matrix[2][2] = {{11,12},{21,22}};      // 二维数组定义及初始化
```

被关键字 const 修饰的变量在程序中是不允许被改变的，这种变量也称为静态变量。使用 const 修饰的变量可以提高程序的安全性和可靠性，示例代码如下。

```
const int gcOn = 1;
const int gcOff = 0;
gcOn = 2                                   // 语法错误, 不允许修改静态变量
```

3.3　CAPL 数据类型

3.3.1　数值类型

CAPL 语言中的数值类型和 C 语言中的数值类型相似，主要有以下 3 点区别。

（1）CAPL 语言中的 byte、word、dword、qword 数值类型和 C 语言中的 unsigned char、unsigned int、unsigned long、unsigned int64 数值类型相对应，CAPL 语言的数值类型如表 3-3 所示。

表 3-3　CAPL 语言的数值类型

数值类型	字节长度	数值范围
byte	1 字节，无符号 8 位	$[0, 2^8-1]$
word	2 字节，无符号 16 位	$[0, 2^{16}-1]$
dword	4 字节，无符号 32 位	$[0, 2^{32}-1]$
qword	8 字节，无符号 64 位	$[0, 2^{64}-1]$
char	1 字节，有符号 8 位	$[-2^7, 2^7-1]$
int	2 字节，有符号 16 位	$[-2^{15}, 2^{15}-1]$
long	4 字节，有符号 32 位	$[-2^{31}, 2^{31}-1]$
int64	8 字节，有符号 64 位	$[-2^{63}, 2^{63}-1]$
double	8 字节，有符号 64 位	$[-1.79E+308 \sim +1.79E+308]$
float	8 字节，有符号 64 位	$[-1.79E+308 \sim +1.79E+308]$

（2）CAPL 语言中的 double 和 float 不区分单精度和双精度，且都占 8 字节。

（3）CAPL 语言中的 int 类型占 2 字节，且与编译器无关。

3.3.2　格式化打印

在 CAPL 语言中，Write 函数是一种常用且强大的格式化输出函数，相当于 C 语言中的 printf 函数。表 3-4 表列出了常用的打印格式说明符示例。

【注意】：CAPL 编译器不会检测打印格式是否正确，即使打印格式错误，CAPL 编译器也不会报错，但是可能得到非预期的结果。

表 3-4　CAPL 语言常用的打印格式说明符

数值类型	显示格式说明	打印格式
int	有符号显示	%d
long	有符号显示	%d or %ld
int64	有符号显示	%I64d or %lld
byte/word	无符号显示	%u
dword	无符号显示	%lu
qword	无符号显示	%I64u or %llu
byte/word/int	十六进制数显示	%x
dword/long	十六进制数显示	%lx
qword/int64	十六进制数显示	%I64x or %llx
byte/word/int	十六进制数大写显示	%X
dword/long	十六进制数大写显示	%lX
qword/int64	十六进制数大写显示	%I64X or %llX
byte/word/int	八进制数显示	%o
dword/long	八进制数显示	%lo
qword/int64	八进制数显示	%I64o or %llo
float/double	浮点数显示	%g or %f
character display	字符显示	%c
string display	字符串显示	%s
%-character	%符号显示	%%

（1）十六进制数显示打印示例。

低于 8 字节的整数类型可用%x 或%X 打印，qword（8 字节）需要用%I64x 或%I64X 打印，示例代码如下。

```
on key 'b'
{
    byte  a = 0x01;
    word  b = 0xab20;
    dword c = 0x10203040;
    qword d = 0x1020304050607080LL;//LL 是 qword 类型的尾缀，表明占 8 字节

    write("a:0x%x",a);
    write("b:0x%X",b);
    write("c:0x%x",c);
    write("d:0x%I64X",d);
}
//输出结果：
Program / Model          a:0x1
Program / Model          b:0xAB20
Program / Model          c:0x10203040
Program / Model          d:0x1020304050607080
```

（2）十进制数显示打印示例。

低于 8 字节的数值类型可用%d 打印，int64 需要用%I64d 打印，示例代码如下。

```
on key 'c'
{
    int   a = 32767;
    long  b = 2147483647;
    int64 c = 123456778902LL;

    write("a:%d",a);
    write("b:%d",b);
    write("c:%I64d",c);
}
//输出结果：
Program / Model          a:32767
Program / Model          b:2147483647
Program / Model          c:123456778902
```

（3）浮点数打印示例。

浮点数使用%f 打印，默认打印保留 6 位小数，%.nf 可以控制保留 n 位小数。

```
on key 'e'
{
    double  a = 345.541236732;
    float   b = 1023.2893042123;
    write("a:%f",a);
    write("b:%f",b);
    write("a:%.2f",a);  //保留两位小数
}
//输出结果：
Program / Model          a:345.541237
Program / Model          b:1023.289304
Program / Model          a:345.54
```

（4）字符打印示例。

char 型数据的本质是单字节有符号的整数。如果用%c 打印，则打印出来的是 ASCII 字符。如果使用%d 打印，则打印出来的是 ASCII 字符对应的整数值，示例代码如下。

```
on key 'f'
{
    char  a = 'A';   //注意单引号，与char 型数组区分开
    char  b = 65;

    write("ASCII 表示:%c，十进制数表示：%d",a);
    write("ASCII 表示:%c，十进制数表示：%d",b);
}
//输出结果：
Program / Model          ASCII 表示:A，十进制数表示：65
Program / Model          ASCII 表示:A，十进制数表示：65
```

（5）字符数组打印示例。

char []数组是一种用于存储一系列字符的数据结构，使用%s 格式打印，示例代码如下。

注意：字符数组变量用双引号进行初始化，单字符变量用单引号进行初始化。

```
on key 'g'
{
    char  a[100] = "Hello Word!";
    char  b = 'H';
    write("a:%s",a);
```

```
    write("b:%c",b);
}
//输出结果：
Program / Model        a:Hello Word!
Program / Model        b:H
```

3.3.3　数组

1. 数组定义

数组是一组固定大小且元素类型相同的数据集合，数组可以是一维的、二维的和多维的。

数组类型的声明并不是对一个元素类型进行声明，而是对数组里面的所有元素类型都进行声明。数组的所有元素在一块连续的地址上存储，第一个元素占低地址，最后一个元素占高地址。

2. 数组格式

数组是由数据类型+数组名+数组大小组成的，数组大小是一个常量表达式，可以使用关键字 const 修饰后的变量作为数组大小。数组的语法格式如下。

数据类型　数组名 [数组大小常量表达式]

示例代码如下。

```
on key 'h'
{
  int arry1[10];    // 情况 1，定义一个数组 arry1，数组大小为 10

  const int a=5;
  int arry2[a];     // 情况 2，定义一个数组 arry2，数组大小为一个常量 a=5

  int arry3[5+6];   // 情况 3，定义一个数组 arry3，数组大小为常量表达式

  int arry4[] = {0x00,0x02};   // 情况 4，定义一个数组 arry4，但初始化时数组大小为空；
                               // C 语言支持此种表达，CAPL 语言不支持此种表达
}
```

3. 数组初始化

数组初始化就是在创建数组后给数组赋初始值，数组初始化又分为完全初始化和不完全初始化，没有初始化的数组元素的默认值是 0 或空，示例代码如下。

```
on key 'j'
{
    int arry[2] = {1};        // 不完全初始化，只有第一个元素是 1，其余元素默认都是 0
    int arry1[2] = {1,2};     // 完全初始化
}
```

4. 访问数组元素

数组元素可以通过数组名称、中括号以及下标常量的方式进行访问。比如，用 arry1[0] 获取数组变量的第一个元素，示例代码如下。

```
int arry1[2] = {1,2};        // 完全初始化
int temp;
temp = arry1[0];             // 下标索引读取
arry1[0] = 10;               // 下标索引赋值
```

5. 二维数组示例

二维数组的语法格式一般如下。

数据类型　数组名[常量表达式 1][常量表达式 2]

其中，"[常量表达式 1]"表示一维下标的长度，"[常量表达式 2]"表示二维下标的长度。

图 3-10 中定义了一个 3 行 4 列的数组 a，元素类型为整型，元素个数为 3×4=12。

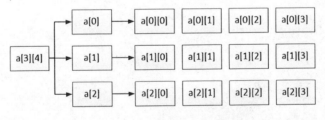

图 3-10　二维数组定义示例

下面的示例代码将循环读取二维数组的元素值。

```
on key 'l'
{
 long i,j;
 int a[3][4] =
 {
   {1, 3, 5, 7} ,              /*  初始化索引号为 0 的行 */
```

```
    {9, 11, 13, 17} ,      /*  初始化索引号为 1 的行 */
    {19, 23, 29, 31}       /*  初始化索引号为 2 的行 */
  };

  for(i=0;i<3;i++)
    for(j=0;j<4;j++)
      write("a[%d][%d] = %d",i,j,a[i][j]);
}
//输出结果:
Program / Model        a[0][0] = 1
Program / Model        a[0][1] = 3
Program / Model        a[0][2] = 5
......
Program / Model        a[2][2] = 29
Program / Model        a[2][3] = 31
```

6. 多维数组示例

多维数组的定义与二维数组类似,其语法格式如下。

数组类型   数组名 [n1][n2]…[nn]

n 是数组维度,下面的示例代码实现了三维数组的定义和数组元素的读取。

```
on key 'k'
{
  long i,j,k;
  int a[3][4][2] =
  {
   { /* 第一层数组第 0 行 */
    {11, 22} ,            /* 第二层数组第 0 行 */
    {33, 44} ,            /* 第二层数组第 1 行 */
    {55, 66},             /* 第二层数组第 2 行 */
    {77, 88}              /* 第二层数组第 3 行 */
   },
   { /* 第一层数组第 1 行 */
    {111, 222} ,
    {333, 444} ,
    {555, 666},
    {777, 888}
```

```
        },
    {  /*  第一层数组第 2 行 */
      {1111, 2222} ,
      {3333, 4444} ,
      {5555, 6666},
      {7777, 8888}
    }
    };

  for(i=0;i<3;i++)
    for(j=0;j<4;j++)
      for(k=0;k<2;k++)
      write("a[%d][%d][%d] = %d",i,j,k,a[i][j][k]);
}
//输出结果:
Program / Model       a[0][0][0] = 11
Program / Model       a[0][0][1] = 22
Program / Model       a[0][1][0] = 33
......
Program / Model       a[2][2][0] = 5555
Program / Model       a[2][2][1] = 6666
Program / Model       a[2][3][0] = 7777
Program / Model       a[2][3][1] = 8888
```

7. 求数组大小

在 CAPL 语言中，可以通过内置函数 elcount 返回数组的大小。如果是多维数组，则该函数只能返回一维数组的大小，示例代码如下。

```
on key 'p'
{
    int a[2] = {1,2};
    int b[3][4] =
    {
      {1, 3, 5, 7} ,      /*  初始化索引号为 0 的行 */
      {9, 11, 13, 17} ,   /*  初始化索引号为 1 的行 */
      {19, 23, 29, 31}    /*  初始化索引号为 2 的行 */
    };
```

```
    write("一维数组大小：%d",elcount(a));
    write("二维数组大小：%d：%d ",elcount(b),elcount(b[0]));
}
//输出结果：
Program / Model          一维数组大小：2
Program / Model          二维数组大小：3：4
```

8. 数组溢出报错

如果程序在运行的过程中出现数组索引溢出的情况，CANoe 就会停止运行并报错：Error: invalid array range，示例代码如下。

```
on key 'o'
{
    long i;
    int a[2] = {1,2};

    //数组大小是 2，这里 for 循环停止条件是 i<3，会导致索引溢出的报错
    for(i=0;i< 3;i++)
      write("a[%d] = %d",i,a[i]);
}
//输出结果：
Program / Model       a[0] = 1
Program / Model       a[1] = 2
Program / Model          Error: invalid array range in File
```

9. 数组作为函数的参数

当数组作为函数的形式参数（简称形参）时，在函数内部更改形参数组的元素值，会同步更改到函数体外面的数组，示例代码如下。

【说明】：数组无法作为函数的返回值。

```
on key 'u'
{
    long i;
    int a[2] = {1,2};

    write("调用函数前，数组值：");
    for(i=0;i< 2;i++)
```

```
      write("a[%d] = %d",i,a[i]);

   function_test(a);  //调用函数

   write("调用函数后, 数组值: ");
   for(i=0;i< 2;i++)
      write("a[%d] = %d",i,a[i]);
}

void function_test(int arrary[])
{
   long i ;
   for(i=0;i< 2;i++)
      arrary[i] =  arrary[i]+1;  //更改形参
}
//输出结果:
Program / Model          调用函数前, 数组值:
Program / Model          a[0] = 1
Program / Model          a[1] = 2
Program / Model          调用函数后, 数组值:
Program / Model          a[0] = 2
Program / Model          a[1] = 3
```

10. 字符数组

char 数组是一种用于存储一系列字符的数据结构, 且用于处理字符串。

（1）字符数组的初始化和赋值。

单引号方法: 单引号只能定义字符, 而字符数组又是多个字符的集合, 所以可以通过初始化多个字符的方式初始化字符数组, 示例代码如下。

```
on key 'i'
{
   char c[5]={ 'h','e','l','l','o'};
   write("%s",c);
}
//输出结果:
Program / Model          hello
```

双引号方法：在用双引号初始化字符数组变量时，会在字符串的结束位置自动添加结束标识符 "\0"，所以用户在定义字符数组时，数组大小至少要比初始化的字符数大 1，示例代码如下。

```
on key 'r'
{
    char c[6]= "hello";
    write("%s",c);
}
//输出结果：
Program / Model        hello
```

（2）二维字符数组。

下面的示例代码实现对二维字符数组元素的读取。

```
On key 'y'
{
  long i ;
  char fruit[3][200] =
  {
    "Apple",
    "Orange" ,
    "Banana"
  };
    for(i=0;i< 3;i++)
      write("fruit[%d]:%s",i,fruit[i]);
}
//输出结果：
Program / Model        fruit[0]:Apple
Program / Model        fruit[1]:Orange
Program / Model        fruit[2]:Banana
```

（3）求字符数组的长度。

前文提到 elcount 函数返回的是数组定义的大小，而 strlen 函数返回的是字符数组内字符串的长度，示例代码如下。

```
On key 'q'
{
  char a[200] = "Apple";
```

```
 write("数组定义的大小:%d",elcount(a));
 write("字符数组内字符串的长度:%d",strlen(a));

 write("空字符串长度:%d",strlen(""));
}
//输出结果:
Program / Model      数组定义的大小:200
Program / Model      字符数组内字符串的长度:5
Program / Model      空字符串长度:0
```

（4）字符串格式化输出

snprintf 函数是 CAPL 中常用的格式化输出字符串的函数，其语法和 write 函数一样，最多支持 64 个参数，函数返回值是字符串长度，示例代码如下。

【说明】：函数返回的字符串长度将一个中文字符当作两个英文字符计算。

```
On key 'w'
{
 long size ;
 char text[200];
 char Sinal[20] = "VhSpeed";
 double Speed = 60.5;
 size  = snprintf(text,elcount(text),"车速信号名:%s;车速值:%.1f", Sinal,Speed);
 write("return size = %d\n%s", size,text);
}
//输出结果:
Program / Model      return size = 30
Program / Model      车速信号名:VhSpeed;车速值:60.5
```

（5）字符数组赋值。

CAPL 语法不支持数组直接赋值，只支持数组元素赋值，比如 a="Orange" 就是错误的表达式。不过 CAPL 内置了丰富的字符串函数，比如 snprintf 函数或者 strncpy 函数都可以实现对字符串的赋值，示例代码如下。

```
On key 'A'
{
 char a[200] = "Apple";
 char b[200];
```

```
  //a = "Orange";                            // 语法错误

  snprintf(a,elcount(a),"Orange");           // 字符串赋值方式1
  write("a = %s",a);

  strncpy(b , "Orange",elCount(b));          // 字符串赋值方式2
  write("b = %s",b);
}
//输出结果:
Program / Model          a = Orange
Program / Model          b = Orange
```

3.3.4 枚举类型

枚举类型是一种用户自定义的数据类型,它允许为整数常量分配有名称的值,这可以提高代码的可读性和可维护性。

枚举定义由关键字 enum 和枚举名称组成,枚举成员之间通过逗号","分隔,最后花括号后面以分号";"结尾。

下面的示例代码定义了一个 enum DAY 类型,用来表示星期。在通常情况下,只需要定义枚举类型就可以使用枚举成员。

【说明】:枚举类型的第一个成员的默认值为 0,后续的枚举成员值依次递增,但是用户也可以显式地为枚举成员分配特定的值

【注意】:在 CAPL 语言中,枚举成员在整个代码文件中只允许被定义一次。比如,在 On key 'B'代码块中定义了枚举成员 MON,那么在 On key 'C'代码块中就不能再定义枚举成员 MON。

```
On key 'B'
{
    enum DAY
    {
      MON=1, TUE, WED, THU, FRI, SAT, SUN
    };
    write("MON = %d",MON);
}
//输出结果:
Program / Model         MON = 1
```

1. 枚举变量的定义

前面定义了 **DAY** 枚举类型，可通过以下 3 种方式来定义 DAY 枚举类型的变量。

（1）先定义枚举类型，再定义枚举变量，示例代码如下。

```
enum DAY
{
    MON=1, TUE, WED, THU, FRI, SAT, SUN
};
enum DAY day;
```

（2）定义枚举类型的同时定义枚举变量，示例代码如下。

```
enum DAY
{
    MON=1, TUE, WED, THU, FRI, SAT, SUN
} day;
```

（3）省略枚举类型名称，直接定义枚举变量，示例代码如下。

```
enum
{
    MON=1, TUE, WED, THU, FRI, SAT, SUN
} day;
```

2. 枚举类型的应用

（1）常量数值。

使用枚举类型的最主要原因就是它可以使代码具有易读性，即只要看到定义的枚举成员的名字，就知道其意义，示例代码如下。

```
enum Bool
{
    kFalse,
    kTrue
};

if(value == kTrue)
```

（2）switch 分支语句。

枚举类型常用于 switch 分支语句，因为用枚举类型的成员表示 case 值更简单易懂，且可拓展性高，示例代码如下。

```
variables
{
  enum DAY
  {
    MON=1, TUE, WED, THU, FRI, SAT, SUN
  };
}

On key 'B'
{
 enum_test(MON);
}

void enum_test(enum DAY day)
{
  switch(day)
  {
    case MON:write("Monday");break;
    case TUE:write("Tuesday");break;
    case WED:write("Wednesday");break;
    case THU:write("Thursday");break;
    case FRI:write("Friday");break;
    case SAT:write("Saturday");break;
    case SUN:write("Sunday");break;
    default:write("Error!");
  }
}
```

（3）函数传参和返回值。

枚举类型可以作为函数形参，还可以作为函数返回值，表明该函数有限的返回值，示例代码如下。

```
variables
{
```

```
enum Bool
{
  kFalse,
  kTrue
};
}
enum Bool getStaus(int flag)
{
  if(flag)
    return kTrue;
  else
  return kFalse;
}
```

3. 枚举类型语法拓展

CAPL 语言枚举类型的语法基本上与 C 语言一致，下面介绍 CAPL 语言枚举类型的语法拓展的功能。

（1）枚举类型隐式转为整型。

枚举成员的本质是整型数据，所以其可以参与算术运算，示例代码如下。

```
On key 'C'
{
    enum State { State_Off = -1, State_On = 1 };
    int i;
    enum State state;
    state = State_Off;
    i = state + 1;   // i == 0
}
```

（2）name 方法。

使用 name 方法可以获取枚举变量当前值对应的枚举成员名称，示例代码如下。

```
On key 'C'
{
  enum State { State_Off = -1, State_On = 1 };
  enum State state;
  state = State_Off;
```

```
  write("state 变量当前状态为 (%s) (%d)",state.name(),state);
}
//输出结果:
Program / Model           state 变量当前状态为 (State_Off) (-1)
```

（3）containsValue 方法。

containsValue 方法可用来检测枚举变量中是否包含某个数值的成员，如果包含某个数值的成员则返回值为 1，否则返回值为 0，示例代码如下。

```
On key 'C'
{
  enum State { State_Off = -1, State_On = 1 };
  enum State state;
  write("state 变量是否有值为 1 的成员：%d",state.containsValue(1));
  write("state 变量是否有值为 2 的成员：%d",state.containsValue(2));
}
//输出结果:
Program / Model           state 变量是否有值为 1 的成员：1
Program / Model           state 变量是否有值为 2 的成员：0
```

3.3.5　结构体类型

1. 结构体类型定义

结构体是一种复合数据类型，是由一系列具有相同类型或不同类型的数据构成的数据集合。

结构体定义由关键字 struct 和结构体名称组成，结构体成员之间通过分号";"分隔，最后花括号后面以分号";"结尾，示例代码如下。

```
struct 结构体类型名
{
    数据类型 1   成员名 1;
    数据类型 2   成员名 2;
        ...
    数据类型 n   成员名 n;
};
```

下面定义一个名为 Student 的结构体类型，该结构体的成员包括姓名、学号、性别、年龄、总成绩。

【注意】： 在定义结构体类型时，不可以对结构体成员进行初始化。

```
struct Student                          //定义一个名为 Student 的结构体
{
    char name[20];                      //姓名
    int id;                             //学号
    char sex;                           //性别（1：男  0：女）
    int age;                            //年龄
    int score;                          //总成绩
};
```

2. 结构体变量

在定义了结构体类型之后，就可以像其他基础类型 int/double 一样定义变量，下面是两种常见的结构体变量的定义方法。

（1）在定义结构体类型之后再定义结构体变量，示例代码如下。

```
struct Student
{
    char name[20];
    int id;
    char sex;
    int age;
    int score;
};
struct Student stu1,stu2;               //在定义结构体类型之后再定义结构体变量
```

（2）在定义结构体类型的同时定义结构体变量，示例代码如下。

```
struct Student
{
    char name[20];
    int id;
    char sex;
    int age;
    int score;
}stu1,stu2;                             //在定义结构体类型的同时定义结构体变量
```

3. 结构体变量初始化

结构体变量的初始化有以下两种方式，示例代码如下。

方式 1：根据结构体成员的顺序依次赋值，可局部赋值，没有赋值的变量使用默认值。

方式 2：根据"结构体成员名 = 值"的方式初始化变量，可以不用考虑成员变量的顺序。

```
On key '1'
{
  struct Student
  {
      char name[20];
      int id;
      char sex;
      int age;
      int score;
  };
  // 结构体变量初始化方式 1
  struct Student stu1 =
  {
    "langge",1234,'B'
  };

  // 结构体变量初始化方式 2
  struct Student stu2 =
  {
    id = 1234,
    sex= 'B',
    name  = "langge"
  };
}
```

4. 结构体变量成员访问与赋值

结构体使用成员访问运算符（.）来访问结构体成员，因为 CAPL 语言不支持指针，所以也不支持使用箭头操作符（→）来访问成员，示例代码如下。

【注意】：如果结构体成员的数据类型是 char 数组，则不能直接赋值（结构体变量初始化时可以），而是需要通过字符串函数进行赋值，如 strncpy 函数。

```
On key '2'
{
  struct Student
```

```
{
    char name[20];
    int id;
    char sex;
    int age;
    int score;
} stu1;

//结构体变量成员赋值
strncpy(stu1.name,"langge",elCount(stu1.name));
stu1.id = 1234;
stu1.sex = 'B';
stu1.age  = 18;

//结构体变量成员访问
write("stu1.name:%s",stu1.name);
write("stu1.id:%d",stu1.id);
write("stu1.sex:%c",stu1.sex);
write("stu1.age:%d",stu1.age);
}
//输出结果:
Program / Model        stu1.name:langge
Program / Model        stu1.id:1234
Program / Model        stu1.sex:B
Program / Model        stu1.age:18
```

5. 结构体数组

结构体数组是由多个相同结构体类型的元素组成的数组。每个数组元素都是一个完整的结构体，可以包含多个不同类型的成员变量。

下面的示例代码定义一个结构体数组存储多个学生的信息，并实现了结构体数组的定义、成员赋值、成员访问等。

```
On key '3'
{
  long i ;
  struct Student
  {
    char name[20];
```

```
        int id;

        char sex;

        int age;

        int score;

    } ;


    //结构体数组变量的初始化
    struct Student stu[3] =
    {
      {"lange"    ,1234,'B'}, //stu[0]
      {"mayi"     ,2345,'B'}, //stu[1]
      {"xiaobing" ,5678,'B'}  //stu[2]
    };


    stu[1].id = 1122;                    //更改结构体数组的成员变量值

    for(i=0;i<elcount(stu);i++)          //访问结构体数组的成员变量
        write("name:%10s ; id:%d ;sex :%C",stu[i].name,stu[i].id,stu[i].sex);
}
//输出结果:
Program / Model       name:    lange ; id:1234 ;sex :B
Program / Model       name:     mayi ; id:1122 ;sex :B
Program / Model       name: xiaobing ; id:5678 ;sex :B
```

6. 结构体作为函数参数

结构体可以作为函数的参数,同数组类型一样,若在函数内部修改形参结构体成员变量的值,则函数外部的结构体变量的值也会被修改,因为它们指向同样的地址内存,示例代码如下。

【注意】:结构体无法作为函数返回值。

```
variables
{
    struct Student
    {
      char name[20];

      int id;

      char sex;

      int age;
```

```
       int score;
     } ;
      struct Student stu1 ={"langge"};
}


on key '4'
{
    write("调用函数前，结构体成员 name = %s",stu1.name);
    struct_test(stu1); //调用函数
    write("调用函数后，结构体成员 name = %s",stu1.name);
}

void struct_test(struct Student _stud)
{
 strncpy(_stud.name,"mayixiaobing",elCount(_stud.name));
}
//输出结果：
Program / Model        调用函数前，结构体成员 name = langge
Program / Model        调用函数后，结构体成员 name = mayixiaobing
```

7. 结构体嵌套

结构体数据类型允许将另一个结构体数据类型作为它的一个成员，从而形成更加复杂的数据结构，即结构体嵌套。

下面的示例代码定义了一个结构体 Score，用于记录学生的各科成绩，Score 结构体是 Student 结构体类型的一个成员。

【注意】：在结构体嵌套中必须先定义结构体成员变量 Score，再定义 Student，否则会报"未定义的结构体类型"语法错误。

```
On key '5'
{
    struct Score            //定义一个名为 Score 的结构体，记录学生各科成绩
    {
     int chinese;
     int math;
     int english;
    };
```

```
struct Student          //定义一个名为 Student 的结构体
{
    char name[20];
    int id;
    char sex;
    int age;
    struct Score _score;
} stu1 ;

strncpy(stu1.name,"langge",elCount(stu1.name));
stu1._score.chinese = 100;
stu1._score.math = 100;
}
```

8. 结构体字节对齐

（1）字节对齐定义。

现代计算机中的内存空间都是按照字节划分的。从理论上来说，对任何类型的变量的访问都可以从任何地址开始，但实际情况是，在访问特定类型变量时经常在特定的内存地址访问。这就需要各种类型数据按照一定的规则在空间上排列，而不是按顺序一个接一个地排列，这就是字节对齐。

一般在 CAPL 语言中使用结构体不需要考虑字节对齐的问题，但是在处理结构体和数组数据转换的时候（比如在使用 memcmp 函数和 memcpy 函数时）就需要考虑字节对齐的问题了，示例代码如下。

```
// memcmp 函数：比较参数字节值是否相等
int memcmp(struct * dest, byte source[]); // form 1
int memcmp(byte dest[], struct * source); // form 2
int memcmp(struct * dest, struct * source); // form 3
int memcmp(byte dest[], byte source[], dword size); // form 4

// memcpy 函数：结构体和数组类型相互赋值转换
void memcpy(byte dest[], struct * source); // form 1
void memcpy(char dest[], struct * source); // form 2
void memcpy(struct * dest, byte source[]); // form 5
void memcpy(struct * dest, char source[]); // form 6
```

（2）CAPL 字节对齐函数库。

以下是 CAPL 内置函数返回结构体占内存的字节数、对齐字节及结构体成员的内存地址偏移量的信息。

- __size_of(aligned-type)：返回结构体占内存的字节数。
- __alignment_of(aligned-type)：返回结构体的对齐字节。
- __offset_of(struct-type, member)：返回结构体成员在内存中的偏移量。

① 在下面的示例代码中，结构体成员都是相同的数据类型，结构体占内存大小就是所有成员数据类型的字节大小之和。比如，byte 数据类型占 1 字节，下面的 Point 结构体占 2 字节。

```
on key 'b'
{
 struct Point
  {
   byte x;
   byte y;
  };

write("结构体占内存字节数:%d",__size_of(struct Point));
write("结构体的字节对齐:%d",__alignment_of(struct Point));
write("结构体的元素 x 内存地址偏移量:%d",__offset_of(struct Point,x));
write("结构体的元素 y 内存地址偏移量:%d",__offset_of(struct Point,y));
}

//输出结果:
Program / Model 结构体占内存字节数: 2
Program / Model 结构体的字节对齐: 1
Program / Model 结构体的元素 x 内存地址偏移量: 0
Program / Model 结构体的元素 y 内存地址偏移量: 1
```

② 在下面的示例代码中，结构体成员的数据类型不同，字节对齐的规则如下。

- 默认情况下，字节对齐大小由结构体中数据类型最大的那个成员决定。如果最大成员的数据类型是 qword（8 字节），则该结构体的字节对齐大小就是 8 字节；如果最大成员的数据类型是 dword（4 字节），则该结构体的字节对齐大小就是 4 字节。
- 如果结构体的后一个成员数据类型的字节比前一个成员数据类型的字节大，则后一个成员的内存地址偏移量=前一个成员内存地址偏移量+后一个成员的字节大小。比如，qword y 前面是 byte x，则 qword y 的内存偏移量（8）= 0+8。

● 如果结构体的后一个成员数据类型的字节比前一个成员数据类型的字节小，则后一个成员的内存地址偏移量=前一个成员内存地址偏移量+前一个成员字节大小，比如，byte z 比 qword y 小，则 byte z 的偏移量（16）= 8+8。

● 结构体占内存字节数（20）=最后一个成员的偏移量（18）+ 它的字节大小（2）。

```
on key 'b'
{
struct LongPoint
{
  byte x;        // 偏移量是 0，字节大小是 1
  qword y;       // 字节大小是 8，偏移量是 8，字节对齐是 8，填充字节数是 7
  byte z;        // 字节大小是 1，偏移量是 16，字节对齐是 1，填充字节数是 0
  int k;         // 字节大小是 2，偏移量是 18，字节对齐是 2，填充字节数是 1
};               // 总占内存字节数是 20，该结构体的对齐字节是 8

write("结构体占内存字节数:%d",__size_of(struct LongPoint));
write("结构体的字节对齐:%d",__alignment_of(struct LongPoint));
write("结构体的元素 x 内存地址偏移量:%d",__offset_of(struct LongPoint,x));
write("结构体的元素 y 内存地址偏移量:%d",__offset_of(struct LongPoint,y));
write("结构体的元素 z 内存地址偏移量:%d",__offset_of(struct LongPoint,z));
write("结构体的元素 k 内存地址偏移量:%d",__offset_of(struct LongPoint,k));
}
//输出结果:
Program / Model        结构体占内存字节数：20
Program / Model        结构体的字节对齐：8
Program / Model        结构体的元素 x 内存地址偏移量：0
Program / Model        结构体的元素 y 内存地址偏移量：8
Program / Model        结构体的元素 z 内存地址偏移量：16
Program / Model        结构体的元素 k 内存地址偏移量：18
```

（3）设置 CAPL 字节对齐。

用户可以通过_align 函数来指定某个结构体的字节对齐大小，该函数只支持传入数值 1、2、4、8。如果没有指定，则默认结构体的字节对齐大小由占字节最大的成员变量决定。

下面的示例代码通过设置_align（1）、_align（2）、_align（4）来对比结果。

```
on key 'c'
{
{
```

```
  struct LongPoint
  {
    byte x;
    qword y;
    byte z;
    int k;
  };

  write("*******************默认对齐大小********************************");
  write("结构体占内存字节数:%d",__size_of(struct LongPoint));
  write("结构体的字节对齐:%d",__alignment_of(struct LongPoint));
  write("结构体的元素 x 内存地址偏移量:%d",__offset_of(struct LongPoint,x));
  write("结构体的元素 y 内存地址偏移量:%d",__offset_of(struct LongPoint,y));
  write("结构体的元素 z 内存地址偏移量:%d",__offset_of(struct LongPoint,z));
  write("结构体的元素 k 内存地址偏移量:%d",__offset_of(struct LongPoint,k));
}


{
  _align(1) struct LongPoint
  {
    byte x;
    qword y;
    byte z;
    int k;
  };
  write("*******************_align(1) ********************************");
  write("结构体占内存字节数:%d",__size_of(struct LongPoint));
  write("结构体的字节对齐:%d",__alignment_of(struct LongPoint));
  write("结构体的元素 x 内存地址偏移量:%d",__offset_of(struct LongPoint,x));
  write("结构体的元素 y 内存地址偏移量:%d",__offset_of(struct LongPoint,y));
  write("结构体的元素 z 内存地址偏移量:%d",__offset_of(struct LongPoint,z));
  write("结构体的元素 k 内存地址偏移量:%d",__offset_of(struct LongPoint,k));
}
{
  _align(2) struct LongPoint
  {
    byte x;
    qword y;
    byte z;
```

```
    int k;
  };
  write("********************_align(2) ******************************");
  write("结构体占内存字节数:%d",__size_of(struct LongPoint));
  write("结构体的字节对齐:%d",__alignment_of(struct LongPoint));
  write("结构体的元素 x 内存地址偏移量:%d",__offset_of(struct LongPoint,x));
  write("结构体的元素 y 内存地址偏移量:%d",__offset_of(struct LongPoint,y));
  write("结构体的元素 z 内存地址偏移量:%d",__offset_of(struct LongPoint,z));
  write("结构体的元素 k 内存地址偏移量:%d",__offset_of(struct LongPoint,k));
}
{
  _align(4) struct LongPoint
  {
    byte x;
    qword y;
    byte z;
    int k;
  };
  write("********************_align(4) ******************************");
  write("结构体占内存字节数:%d",__size_of(struct LongPoint));
  write("结构体的字节对齐:%d",__alignment_of(struct LongPoint));
  write("结构体的元素 x 内存地址偏移量:%d",__offset_of(struct LongPoint,x));
  write("结构体的元素 y 内存地址偏移量:%d",__offset_of(struct LongPoint,y));
  write("结构体的元素 z 内存地址偏移量:%d",__offset_of(struct LongPoint,z));
  write("结构体的元素 k 内存地址偏移量:%d",__offset_of(struct LongPoint,k));
}
}
//输出结果:
Program / Model        结构体占内存字节数: 20
Program / Model        结构体的字节对齐: 8
Program / Model        结构体的元素 x 内存地址偏移量: 0
Program / Model        结构体的元素 y 内存地址偏移量: 8
Program / Model        结构体的元素 z 内存地址偏移量: 16
Program / Model        结构体的元素 k 内存地址偏移量: 18
Program / Model        ***_align (1)  ********
Program / Model        结构体占内存字节数: 12
Program / Model        结构体的字节对齐: 1
Program / Model        结构体的元素 x 内存地址偏移量: 0
Program / Model        结构体的元素 y 内存地址偏移量: 1
```

```
Program / Model        结构体的元素 z 内存地址偏移量：9
Program / Model        结构体的元素 k 内存地址偏移量：10
Program / Model        ***_align (2) ********
Program / Model        结构体占内存字节数：14
Program / Model        结构体的字节对齐：2
Program / Model        结构体的元素 x 内存地址偏移量：0
Program / Model        结构体的元素 y 内存地址偏移量：2
Program / Model        结构体的元素 z 内存地址偏移量：10
Program / Model        结构体的元素 k 内存地址偏移量：12
Program / Model        ***_align (4) ********
Program / Model        结构体占内存字节数：16
Program / Model        结构体的字节对齐：4
Program / Model        结构体的元素 x 内存地址偏移量：0
Program / Model        结构体的元素 y 内存地址偏移量：4
Program / Model        结构体的元素 z 内存地址偏移量：12
Program / Model        结构体的元素 k 内存地址偏移量：14
```

（4）字节对齐应用。

下面的示例代码实现了字节对齐功能，通过 memcpy_h2n 函数将结构体数据赋值给 byte 数组。

```
on key 'd'
{
  long i;
  byte data[100];
  struct LongPoint
  {
    byte x;
    qword y;
    byte z;
    int k;
  };

  // 初始化结构体数据
  struct LongPoint_test =
    {
    x=0x01,
    y=0x1122334455667788LL,//8 字节数据需要 LL 结尾
    z=0x55,
```

```
    k=0x0102
  };

write("*********默认对齐大小******************");
write("结构体占内存字节数:%d",__size_of(struct LongPoint));
write("结构体的字节对齐:%d",__alignment_of(struct LongPoint));
write("结构体的元素 x 内存地址偏移量:%d",__offset_of(struct LongPoint,x));
write("结构体的元素 y 内存地址偏移量:%d",__offset_of(struct LongPoint,y));
write("结构体的元素 z 内存地址偏移量:%d",__offset_of(struct LongPoint,z));
write("结构体的元素 k 内存地址偏移量:%d",__offset_of(struct LongPoint,k));

memcpy_h2n(data,test); //结构体转 byte 数组

for(i=0;i<__size_of(struct LongPoint);i++)
  write("地址偏移量：%d;值：0x%X",i,data[i]);
}
```

　　测试结果如图 3-11 所示，结构体数据由于字节对齐的原因没有被赋值，内存地址用默认值 0 填充。

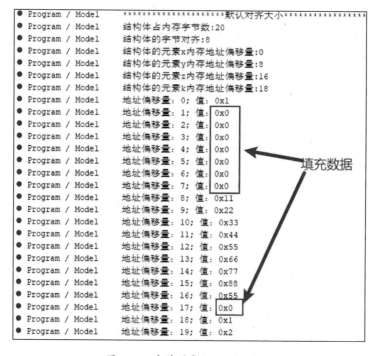

图 3-11　字节对齐示例测试结果

3.3.6　键值对类型

键值对是编程语言对数学概念中映射的实现。键（key）用作元素的索引，值（value）则表示存储的数据。几乎所有的主流编程语言都支持键值对数据结构，比如，在 Python 语言中称为字典（dictionary），在 CAPL 语言中叫作关联字段（Associative Field），虽然键值对在不同的语言中名称和实现方式有所差异，但核心思想都是基于键值对的数据结构实现的。为方便理解，下文都用键值对表示关联字段。

1. 键值对定义

CAPL 语言中键值对的定义方式如下，从左向右依次是 value 数据类型、变量名称、中括号和 key 数据类型。

value 数据类型　变量名称 [key 数据类型]

key 可以是基本数据类型，如 long、double、enum、char[]，不能是复合数据类型，如数组、结构体和键值对类型等。

value 不仅可以是基础数据类型，还可以是数组、结构体等复合数据类型。

键值对类型的 key 值具有唯一性，如下所示。

```
int m[float];          // maps floats to ints
float x[int64];        // maps int64s to floats
char[30] s[ char[] ]   // maps strings to strings of length < 30
```

2. 键值对初始化

键值对数据类型无法进行初始化，只能通过元素赋值来存储数据。

3. 键值对元素访问

访问键值对元素的方法与访问数组的元素类似，都是通过中括号来实现的，不过数组是根据下标索引访问的，下标索引只能是正整数值，键值对根据 key 值获取 value，而 key 可以是任意一种基础数据类型。

下面的示例代码使用键值对数据类型来存储每个学生的姓名和编号。

```
On key '6'
{
    // 定义一个 student 变量，key 的数据类型是 char[]，value 的数据类型是 long
  long student[char[]] ;
```

```
  student["小明"] = 123456;
  student["小玲"] = 345678;

  write("student[小明]:%d",student["小明"]);
  student["小明"] = 223344; //修改键值对的值
  write("student[小明]:%d",student["小明"]);
}
//输出结果:
Program / Model         student[小明]:123456
Program / Model         student[小明]:223344
```

4. 键值对内置函数

（1）元素个数（size 函数）。

size 函数可以获取键值对数量，示例代码如下。

```
On key '7'
{
  long student[char[]] ; // 定义一个 student 变量

  student["小明"] = 123456;
  student["小玲"] = 345678;
  write("有%d 个学生信息",student.size());
}
//输出结果:
Program / Model         有 2 个学生信息
```

（2）元素存在检测（containsKey 函数）。

containsKey 函数检测键值对中是否包含某个 key，若包含则函数返回值为 1，否则函数返回值为 0，示例代码如下。

```
On key '8'
{
  long student[char[]] ; // 定义一个 student 变量

  student["小明"] = 123456;
  student["小玲"] = 345678;
  write("班级中是否有小明: %d",student.containsKey("小明"));
  write("班级中是否有小王: %d",student.containsKey("小王"));
```

```
}
//输出结果:
Program / Model          班级中是否有小明: 1
Program / Model          班级中是否有小王: 0
```

（3）删除一个元素（remove 函数）。

remove 函数用于从键值对中删除一个元素，示例代码如下。

```
On key '9'
{
  long student[char[]] ; // 定义一个 student 变量

  student["小明"] = 123456;
  student["小玲"] = 345678;
  write("有%d 个学生信息",student.size());

  student.remove("小明"); //删除小明
  write("有%d 个学生信息",student.size());
}
//输出结果:
Program / Model          有 2 个学生信息
Program / Model          有 1 个学生信息
```

（4）清空所有元素（clear 函数）。

clear 函数用于删除键值对中的所有元素，示例代码如下。

```
On key '0'
{
  long student[char[]] ; // 定义一个 student 变量

  student["小明"] = 123456;
  student["小玲"] = 345678;
  write("有%d 个学生信息",student.size());

  student.clear();
  write("有%d 个学生信息",student.size());
}
//输出结果:
Program / Model          有 2 个学生信息
Program / Model          有 0 个学生信息
```

5. 特殊的 for 循环

可以通过 for 循环语句来遍历键值对的所有元素，但是键值对类型的 for 循环语法和普通的 for 循环语法不同，键值对 for 循环语法如下。

for(key 的数据类型　索引变量：键值对变量名称)

【注意】：下面示例代码的输出结果先打印的是"小玲"，而不是"小明"，说明键值对的存储不是按照先存先取的规则输出的，而是按照降序输出的，小玲的"玲"首字母是"L"，小明的明首字母是"M"，所以先打印"小玲"后打印"小明"。

```
On key 'M'
{
  long student[char[]] ; // 定义一个 student 变量

  student["小明"] = 123456;
  student["小玲"] = 345678;
  // key 的数据类型　索引变量（任意定义）：键值对变量
  for (char[] i : student)
    write("%s = %ld",i,student[i]);
}
//输出结果：
Program / Model        小玲 = 345678
Program / Model        小明 = 123456
```

6. 键值对作为函数参数

键值对可以作为函数参数，形参的 key 和 value 的数据类型要和实参保持一致，示例代码如下。

【说明】：键值对无法作为函数返回值。

```
On key 'L'
{
  long student[char[]] ;
  student["小明"] = 123456;
  student["小玲"] = 345678;
  printMap(student); //调用函数
}

void printMap(long m[char []])
```

```
{
  for (char [] mykey : m)
    write("%s = %ld",mykey,m[mykey]);
}
//输出结果:
Program / Model          小玲 = 345678
Program / Model          小明 = 123456
```

7. 结构体键值对

当键值对的 value 数据类型是结构体类型时，就组成了更加复杂的数据结构，即结构体键值对。在 CANoe 内置的很多示例工程中都使用了这种数据结构，这对处理更加复杂的数据非常有帮助。

在实际工程应用中常常需要解析报文矩阵表格，提取有效的信息。一个简化的报文矩阵如表 3-5 所示。

表 3-5　报文矩阵信息

报文 ID	报文名	报文周期	报文长度
0x123	EngineState	100	8
0x321	LightState	200	64
0x521	DoorsState	50	8

下面的示例代码重点讲解怎么用结构体键值对数据结构保存报文矩阵中的信息。

【说明】：如何使用 CAPL 读取表格并解析数据，可参考 10.6 节。

```
On key 'J'
{
  struct MSG_Infor //定义结构体
  {
    char _name[30];
    long _id;
    long _cycle;
    byte _length;
  };

  // 定义一个结构体键值对变量 all_msg, key 数据类型是 long, value 数据类型是结构体
  struct MSG_Infor all_msg[long] ;
```

```
//保存第一组 key/value
strncpy(all_msg[0x123]._name,"EngineState",30);
all_msg[0x123]._id     = 0x123;
all_msg[0x123]._cycle  = 100;
all_msg[0x123]._length = 8;
//保存第二组 key/value
strncpy(all_msg[0x321]._name,"LightState",30);
all_msg[0x321]._id     = 0x321;
all_msg[0x321]._cycle  = 200;
all_msg[0x321]._length = 64;
//保存第三组 key/value
strncpy(all_msg[0x521]._name,"DoorsState",30);
all_msg[0x521]._id     = 0x521;
all_msg[0x521]._cycle  = 50;
all_msg[0x521]._length = 8;

for (long i : all_msg) 1
  write("报文名：%s ; 报文ID:0x%X  ; 报文周期:%d  ; 报文长度:%d",
all_msg[i]._name,all_msg[i]._id,all_msg[i]._cycle,all_msg[i]._length);
}
//输出结果：
Program / Model     报文名：EngineState；报文 ID：0x123；报文周期：100；报文长度：8
Program / Model     报文名：LightState；报文 ID：0x321；报文周期：200 ；报文长度：64
Program / Model     报文名：DoorsState；报文 ID：0x521；报文周期：50；报文长度：8
```

3.3.7 定时器

CAPL 语言中的定时器提供了一种简单的触发周期性的方法事件，CAPL 语言允许设置无限多个用户定义的定时器。

1. 定义

CAPL 语言提供两种定时器：毫秒定时器（msTimer）和秒定时器（timer），必须在全局变量 variables 模块中定义定时器，示例代码如下。

```
variables
{
  msTimer  ms_timer_test;
  timer     s_timer_test ;
}
```

2. on timer 事件

使用一个定时器分为以下 3 个步骤。

（1）声明一个定时器变量。

（2）为该定时器定义一个 on timer 事件。

（3）在事件过程（preStart 除外）或用户定义的函数中启动定时器。

下面的示例代码是一个简单且完整的毫秒定时器的使用方法，实现功能是按下键盘上的"a"键，20ms 后发送一帧 CAN 报文。

```
variables
{
  msTimer myTimer;                  // 定义定时器
  message 100 msg;
}
on key 'a'
{
  setTimer(myTimer,20);             // 设置定时器
}
on timer myTimer                    // 定时器事件
{
  output(msg);
}
```

3. 定时器函数

（1）setTimer 函数。

setTimer 函数有以下 3 种格式。

- void setTimer(msTimer t, long duration); // form 1
- void setTimer(timer t, long duration); // form 2
- void setTimer(timer t, long durationSec, long durationNanoSec); // form 3

form 1 用于设置毫秒定时器，form 2 用于设置秒定时器，from 3 也是秒定时器，可以设置小于 1ms 的定时。

【注意】：当一个定时器处于激活状态时，应谨慎再次使用 setTimer 函数，这是因为 setTimer 函数会重置定时器的计时，比如当调用一次 setTimer（t,100）后，如果在 99ms 时再次调用

setTimer（t,100），那么在 100ms 时就无法触发 on timer t 事件，而是在 199ms 的时刻才会触发定时器事件。

使用定时器的示例代码如下。

```
variables
{
  msTimer t1;
  Timer t2;
}

on key F1
{
  setTimer(t1, 200);                    // 设置毫秒定时器 t1 时间为 200ms
}

on key F2
{
  setTimer (t2, 2);                     // 设置秒定时器 t2 时间为 2s
}

on key F3
{
  setTimer (t2, 0.250*1000 );           // 设置秒定时器 t2 时间为 0.250 ms
}

on timer t1
{
  write("200ms 前 F1 被按下");
}

on timer t2
{
  write("2 秒前 F2 被按下或者 0.250ms 前 F3 被按下");
}
```

（2）setTimerCyclic 函数。

setTimer 函数只能单次定时，如果需要周期触发某个定时器，就需要在定时器事件中再次调用 setTimer 函数，或者使用 CAPL 程序内置的 setTimerCyclic 函数。

setTimerCyclic 函数有以下 3 种格式。

- void setTimerCyclic(msTimer t, long firstDuration, long period); // form 1
- void setTimerCyclic(msTimer t, long period); // form 2
- void setTimerCyclic(timer t, int64 periodInNs); // form 3

form 1 和 form 2 都是设置毫秒定时器的周期触发的，不过 form 1 比 form 2 多一个首次触发的时间参数，form 3 用于设置秒定时器，注意该参数单位为纳秒（ns），可设置小于 1ms 的定时。setTimerCyclic 参数及其解释如表 3-6 所示。

表 3-6　setTimerCyclic 参数及其说明

参数	说明
firstDuration	定时器首次触发的时间（单位是 ms）
period	定时器周期触发的时间（单位是 ms）
periodInNs	定时器为秒定时器周期触发的时间（单位是 ns）

示例代码如下。

```
variables
{
  msTimer t1;
  Timer t2;
}
on key F1
{
  // 设置毫秒定时器 t1 周期触发，首次触发时间为 100ms，之后的触发时间为 200ms
  setTimerCyclic(t1,100, 200);
}
on key F2
{
  setTimerCyclic(t1, 2); // 设置毫秒定时器 t1 周期触发时间为 200ms
}
on key F3
{
  // 设置毫秒定时器 t2 周期触发时间为 0.250 ms
  setTimerCyclic(t2, 250*1000);
}
on timer t1
{
```

```
  write("200ms 前 F1 被按下");
}
on timer t2
{
  write("2 秒前 F2 被按下或者 0.250ms 前 F3 被按下");
}
```

（3）cancelTimer 函数。

cancelTimer 函数用于取消一个已经被激活的定时器，有以下两种格式。

- void cancelTimer(msTimer t); // from 1
- void cancelTimer(timer t); // from 2

示例代码如下。

```
variables
{
  msTimer task;
  message 100 data = {dlc = 1, byte(0) = 0xFF, dir = Tx};
}
on Timer task
{
  output(data);
}
on key F1
{
  cancelTimer(task);              // 取消定时器
  write("canceled");
}
on key F2
{
  setTimerCyclic(task, 200);      // 激活定时器
}
```

（4）isTimerActive 函数。

isTimerActive 函数用于判断一个定时器是否处于激活状态。如果定时器处于激活状态，则函数返回值为 1，否则返回值为 0。

```
variables
{
```

```
  msTimer  ms_timer_test;
  message 100 msg;
}


on key 'a'
{
    write("Active? %d", isTimerActive(ms_timer_test));
    setTimer(ms_timer_test, 500);
    write("Active? %d", isTimerActive(ms_timer_test));
}
on timer ms_timer_test // 定时器事件
{
    output(msg);
}
//输出结果:
Program / Model        Active? 0
Program / Model        Active? 1
```

4. 定时器数组

定时器是 CAPL 语言的一种基本数据类型，多个相同类型的定时器可以组成一个定时器数组，定时器数组的 on timer 事件有一个 dword index 参数，表示当前触发的定时器数组的元素索引。

示例代码如下。

```
Variables
{
    msTimer  ms_timer_arrary[10];  //定义一个定时器数组
}


on timer ms_timer_arrary(dword index)
{
    write("定时器%s[%d]事件触发! ", this[index].name,index);
}


on key 'b'
{
    dword i;
    //依次触发定时器数组元素
```

```
    for (i = 0; i < elcount(ms_timer_arrary); ++i)
        settimer(ms_timer_arrary[i],100 + 20 * i);
}
//输出结果:
Program / Model          定时器 ms_timer_arrary[0]事件触发!
Program / Model          定时器 ms_timer_arrary[1]事件触发!
......
Program / Model          定时器 ms_timer_arrary[8]事件触发!
Program / Model          定时器 ms_timer_arrary[9]事件触发!
```

3.3.8 报文

CAPL 是一种基于 C 语言但高度适配各种总线的语言,CAPL 语言内部封装了很多的类,即 Object 数据类型,如 linFrame、frFrame、ethernetPacket、diagRequest、diagResponse 等,每种 Obejct 数据类型都有自己的属性和方法。

下面的示例代码是主要总线类型的定义,下面以 CAN 总线为例来分析报文(message)类型,其他总线类型可依此方法分析。

```
on key 'a'
{
  message 0x120 gMsg_can;                //定义 CAN 总线报文
  frFrame ( 20, 0, 1) gMsg_flexray;      //定义 Flexray 总线报文
  linFrame 0x3C gMsg_lin;                //定义 Lin 总线报文
  ethernetPacket gMsg_eth;               //定义 Ethernet 总线报文
}
```

1. CAN 报文帧结构

因为 CAN 报文定义是根据 CAN 报文帧格式来封装的,所以初学者要对 CAN 报文帧格式有所了解,图 3-12 所示为一个 CAN 报文的数据帧结构。

(1)帧起始:表示数据帧开始的段。

(2)仲裁段:报文 ID,表示该帧优先级的段。

(3)控制段:表示数据的字节数及保留位的段。

(4)数据段:数据的内容,可发送 0~64 字节的数据。

(5)CRC 段:检查帧传输错误的段。

（6）ACK 段：表示确认正常接收的段。

（7）帧结束：表示数据帧结束的段。

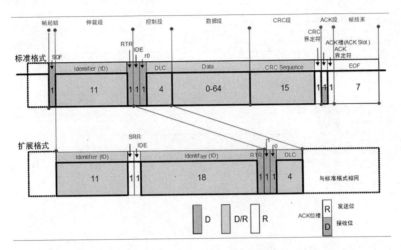

图 3-12　CAN 报文数据帧结构

2. 属性

表 3-7 列出了 CAN 报文部分常用的属性定义。

表 3-7　报文常用属性定义

属性	描述	数据类型	读写类型
CAN	报文通道，范围（0~32）	word	—
MsgChannel	报文通道，范围（0~32）	word	—
ID	CAN 报文 ID	dword	
name	CAN 报文在数据库文件中的名称	char[]	read only
DIR	报文传输方向：Rx、Tx、TXREQUEST	byte	—
RTR	远程帧请求标志：0（no RTR），1（RTR）	byte	—
TYPE	DIR 和 RTR 位的组合：（TYPE=(RTR<<8)	DIR）	word	
DLC	CAN 报文 DLC	byte	
DataLength	CAN 报文数据长度	byte	
TIME_NS	收到报文的时间戳，单位是 ns	int64	read only
TIME	收到报文的时间戳，单位是 ms	dword	
Byte(x)	设置或者读取数据段（unsigned 8 bit）	byte	—
Word(x)	设置或者读取数据段（unsigned 16 bit）	word	—
DWord(x)	设置或者读取数据段（unsigned 32 bit）	dword	—
QWord(x)	设置或者读取数据段（unsigned 64 bit）	qword	—

续表

属性	描述	数据类型	读写类型
char(x)	设置或者读取数据段（signed 8 bit）	char	—
int(x)	设置或者读取数据段（signed 16 bit）	int	—
long(x)	设置或者读取数据段（signed 32 bit）	long	—
int64(x)	设置或者读取数据段（signed 64 bit）	int64	—
SIMULATED	确认 CAN 报文是仿真节点发出的还是真实节点发出的：0（真实），1（仿真）	byte	—
FDF	0=Classic CAN message 1=CAN FD message	char	—
BRS	CAN FD 报文数据段是否是高速波特率 0：使用仲裁段的波特率 1：使用数据段的波特率	char	—

3. 定义

在 CAPL 程序中，可通过下面示例代码中的两种方式定义报文。

- 直接用报文 ID 的方式定义报文。
- 用 CANoe 环境中加载的数据库文件中的报文名称定义报文。

```
on key 'c'
{
  message 0x64 m1;              //定义报文 ID = 0x64
  message EngineState m2;       //定义 dbc 中的报文 EngineState

  output(m1);
  output(m2);
}
```

4. 初始化

如果 message 变量是通过数据库文件中的报文名称定义的，则发到总线上的报文属性和数据库中定义的报文属性相同，否则发到总线上的报文默认类型为标准 can，dlc 属性为 0，用户可以根据需要设置 message 的属性，示例代码如下。

```
on key 'd'
{
  message 0x64  m1;
  message 0xC8  m2 =
```

```
{
  dlc = 8,
  byte(0) = 1,
  byte(1) = 2
};

output(m1);
output(m2);
}
```

message 初始化测试结果如图 3-13 所示。

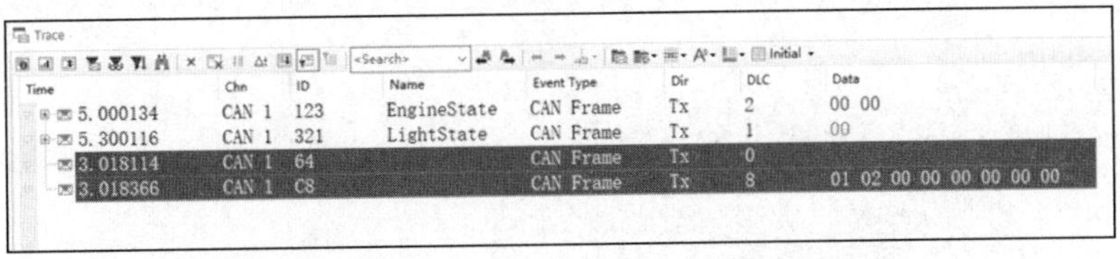

图 3-13　message 初始化测试结果

5. 属性赋值

下面的示例代码定义一个 message 变量 m2，没有初始化该变量，在使用该变量时设置了该报文的 dlc 属性和 data 属性。

```
on key 'e'
{
  long i ;
  message 0xC8  m2 ;

  m2.dlc = 8;
  for(i =0 ;i < 8;i++)
    m2.byte(i) = random(0xFF); //数据段赋值

  output(m2);
}
```

6. message 数组

用户可使用已经声明的 message 变量或者数据库中定义的 message 变量来初始化 message 数组，示例代码如下。

```
On key 'r'
{
  long i;
  message 0x500 ms1 = {dlc = 8,byte(0)= 0xFF,byte(7)= 0x88};
  message Engine_2 msg2 = {dword(0) = 0x11223344};

  message * msgArray[4] = {EngineState, LightState, ms1,msg2};

  for(i=0;i < elcount(msgArray);i++)
     output(msgArray[i]);
}
```

7. on message 事件

发送到总线上的任何 CAN 报文都会触发 on message 事件，定义 on message 事件的方法非常灵活，可支持多种方式。

（1）on message *：符号*是通配符，表明任意的，即收到任意报文都会触发该事件。

（2）on message can1.*：只有收到 CAN1 通道的报文才会触发该事件。

（3）on message ID/报文名：只有收到指定 ID 或者报文名称的报文才会触发该事件。

（4）on message 0,1,10-20：只有收到 ID 等于 0、1 或者 10 到 20 之间的报文才会触发该事件。

（5）on message can1.0x321：只有收到 CAN1 通道上的 ID 为 0x321 的报文才会触发该事件。

下面的示例代码通过 on message * 事件读取报文属性。

```
on message *
{
  write("this.id = %x",this.id);              //获取报文 ID
  write("this.name = %s",this.name);          //获取报文名字
  write("this.can = %d",this.can);            //获取当前报文在哪路 CAN 上
  write("this.dir = %d",this.dir);            //获取当前报文是 TX 还是 RX
  write("this.dlc = %d",this.dlc);            //获取当前报文的长度
  write("this.Byte(0)= %x",this.Byte(0));     //获取当前报文的第一个字节
  write("this.QWord(0)= %x",this.QWord(0));   //获取当前报文的第一个 QWord（8 字节）
}
```

　　如果代码中定义了多个 on message 事件，那么触发的规则是管控范围小的优先触发，比如，同时定义了 on message 0x321 和 on message *，当总线中收到 0x321 报文时，只有 on message 0x321 被触发，示例代码如下。

```
on message 0x321
{
  write("on message 0x321 被触发了！");
}

on message *
{
  if(this.id == 0x321)
  {
    write("on message * 被触发了！");
  }
}
//输出结果:
Program / Model        on message 0x321 被触发了！
○○○
```

　　因为 on message *可以监控所有报文，所以在实际工程中通常只需要定义 on message *，然后在 on message *中根据需求做过滤处理即可，示例代码如下。

```
on message *
{
  if(this.can == 1)                        // 只处理 CAN1 上的报文
  {
    //处理代码
  }

  if( this.dir==rx)                        // 只处理 RX 的报文
  {
    //处理代码
  }

  if( this.can == 1 && this.id == 0x321)   // 只处理 CAN1 上的 0x321 报文
  {
    //处理代码
  }
}
```

8. message 示例

示例 1：结合定时器，实现一个周期 100ms 发送 0x505 的报文，这常用于唤醒具备网络管理功能的 ECU，示例代码如下。

```
variables
{
  msTimer myTimer;                              // 定义定时器
}
on key 'a'
{
  setTimerCyclic(myTimer, 500);                //启动定时器
}

on timer myTimer                               // 定时器事件
{
    byte data[8] = {0x05,0xFF,0xFF,0xFF,0xFF,0xFF,0xFF};
    Send_Message(0x505,1,data,8,0);
}

void Send_Message(dword _id,byte channel,byte data[],long size,byte can_fd)
{
  byte i ;
  message * Msg;                               //定义一个空报文

  Msg.id = _id;
  Msg.can = channel;
  Msg.DataLength = size;
  Msg.FDF = can_fd;            // FDF 参数等于 1，即发送 CAN-FD 报文，否则发送 CAN 报文

  for(i=0;i<size;i++)
  {
    Msg.byte(i) = data[i];
  }
  output(Msg);                                 //输出报文到总线上
}
```

示例 2：下面的示例代码通过 on message * 事件结构和结构体键值对数据结构，实现存储 CAN1 通道上的所有 Rx 方向的报文。

```
variables
{
```

```
  msTimer myTimer; // 定义定时器
  byte rec_flag;
  long i;

  struct g_msg_data
  {
    long msg_id;
    byte msg_cha;
    byte msg_size;
    byte masg_data[64];
    long msg;
  };
  struct g_msg_data  g_all_msg_data[long]; // 定义结构体键值对，存储报文数据
}

on message *
{
  if(rec_flag == 1 && this.simulated == rx &&  this.can == 1)
  {
     g_all_msg_data[this.id].msg_id   = this.id;
     g_all_msg_data[this.id].msg_cha = this.can;
     g_all_msg_data[this.id].msg_size  = this.DataLength;
     // 根据项目需要可以拓展存储其他属性
     for(i=0;i<this.DataLength;i++)
       g_all_msg_data[this.id].masg_data[i] = this.byte(i);
  }
  else
  {
    // 其他场景
  }
}

on key 'a'
{
  write("*****开始接收报文*****");
  rec_flag = 1;
  setTimer(myTimer,2000); // 设置定时器
}
```

```
on timer myTimer // 定时器事件
{
  write("*****打印所有报文输出*****");
  rec_flag = 0;
  for(long _id:g_all_msg_data)
    write("0X%X.DataLength = %d,Byte[0] =
0x%x",_id,g_all_msg_data[_id].msg_size,g_all_msg_data[_id].masg_data[0]);
}
```

3.3.9 信号

信号（signal）是指一条报文的某个数据域，一条报文可以将其分解为多个信号。每个信号代表一个特定的物理量，例如车速、转速等。每个信号都有自己的名称、起始位、长度、数据类型等属性，用于描述该信号在报文中的位置和取值范围。

在通信数据库文件中定义报文信号时，需要确定信号的排列方式，即字节的排列顺序，可以是 Intel（英特尔）的排列顺序或 Motorola（摩托罗拉）的排列顺序。

以 CAN 总线的报文信号为例，如图 3-14 所示，是一条 CAN 报文信号的定义和布局。

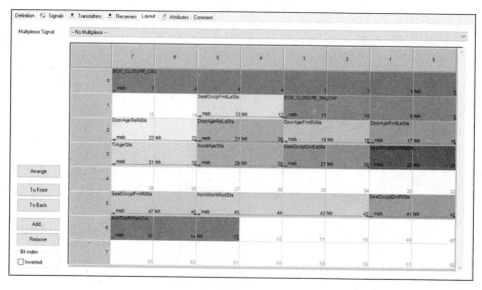

图 3-14　某条 CAN 报文信号的定义和布局

2. 读写

用户无法通过 CAPL 程序定义信号，只能在数据库中定义。

（1）$符号法。

在 CAPL 程序中可以使用$符号对信号进行读写，示例代码如下。

【注意】：$符号的返回值是浮点数，需要用%f格式打印，不可用%d，示例代码如下。

```
On key 'f'
{
  write("****pressed key %c****",this);
  write("****VehSpd = %f ****",$VehSpd);        //读取信号值
  $VehSpd = 120;                                //给信号赋值
}
```

信号 VehSpd 的初始值是 30，在运行程序后其被设置成了 120，如图 3-15 所示。

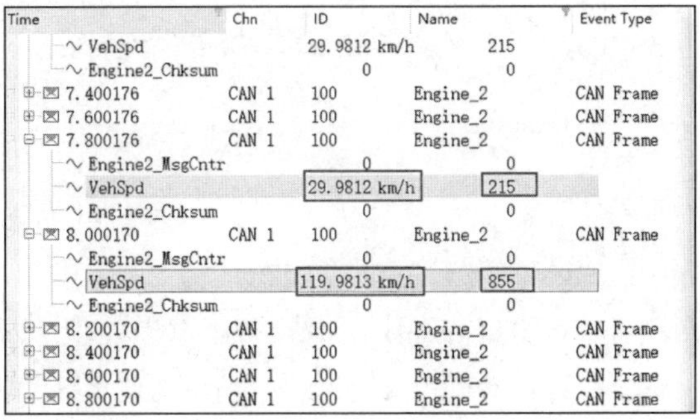

图 3-15　$符号对信号进行读写（物理值）

在默认情况下，$符号读写的是信号的物理值，可通过$信号.raw 的语法读写信号的原始值，如果信号的数据类型是 double，则需要使用 raw64 格式，示例代码如下。

```
On key 'g'
{
  write("****pressed key %c****",this);
  write("****VehSpd = 0x%X ****",$VehSpd.raw64);
  $VehSpd.raw64  = 0x855;
}
```

（2）信号的物理值和原始值。

信号的物理值是物理量（如速度、转速、温度等）的值，原始值是在总线传输中的值，物理值和原始值的转换公式如下：

$$[PhysicalValue]=([RawValue] \times [Factor])+[Offset]$$

如图 3-16 所示，是信号 VehSpd 在数据库文件中的定义。根据上述公式计算将原始值转为物理值：0x215×0.05625+0=29.98125。

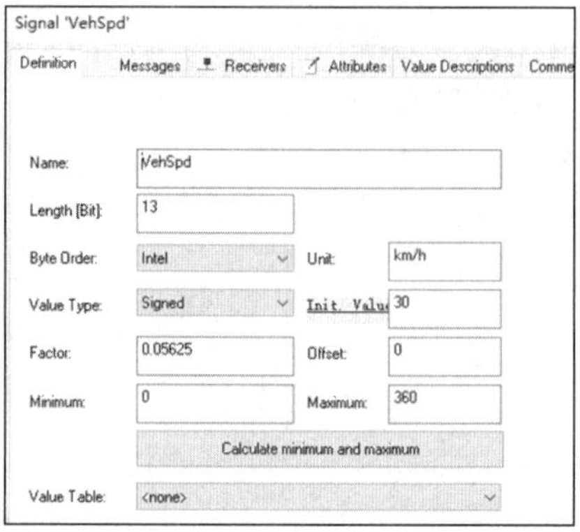

图 3-16　信号 VehSpd 在数据文件中的定义

（3）函数法（参数类型为 signal）。

除了 $ 符号可以读写信号值，以下的函数也可以实现读写信号值。

- float getSignal(Signal aSignal); // form 1 读取物理值
- Int64 GetRawSignal(dbSignal aSignal); // form 2 读取原始值
- void setSignal(Signal aSignal, double aValue); //form 3 设置物理值
- void SetRawSignal(dbSignal aSignal, int64 value); // form 4 设置原始值

【说明】：建议在 CAPL 程序中使用函数法读写信号，因为信号对象是在 CAPL 程序编译期间确定后才开始测量的。如果使用 $ 符号法读写信号，那么在运行时才能确定信号对象，这会影响性能。

【注意】：在设置信号后，信号值不会立即改变，只有下一个报文周期到来时才能读取到更改后的值。

```
On key 'h'
{
  write("****pressed key %c****",this);
  write("****设置信号前：VehSpd = %f ****", getSignal(VehSpd));
  setSignal(VehSpd,120);  //设置信号值
  // 此时读取的信号值仍然是设置前的值，需要等待一个信号周期后值才会改变
  write("****设置信号后：VehSpd = %f ****", getSignal(VehSpd));
}
```

（4）函数法（参数类型为 char []）。

在使用参数类型为 signal 的函数对信号进行读写时，必须保证数据库文件被加载到 CANoe 工程环境中，否则 CAPL 程序在编译阶段就会报"信号对象找不到"的语法错误。

但是在实际工程中，有时信号的名称在测试前是未知的，在测试过程中才被确定，所以 CAPL 语言提供了参数为字符串类型的信号读写函数，这种方法可以更加灵活地对信号进行读写。

- float getSignal(char signalName[]); // form 1
- long setSignal(char signalName[], double aValue);// form 2

下面的示例代码在读写信号值时，是以字符串形式传递信号的。

```
On key 'i'
{
 write("****pressed key %c****",this);
 write("****设置信号前: VehSpd = %f ****", getSignal("VehSpd"));
 setSignal("VehSpd",120);  // 设置信号值
 write("****设置信号后: VehSpd = %f ****", getSignal("VehSpd"));
}
```

（5）信号的唯一性。

信号名在整车网络中有可能不是唯一的，比如发动机系统（ECM）的 BCM_01 报文中有一个车速信号 VehSpd，同时网关节点（BGW）的报文 BGW_01 中也有一个信号 VehSpd。如果直接使用 getSignal(VehSpd)，则在 CAPL 程序中就会产生歧义，无法确认返回哪个报文中的信号，此时就必须通过::符号在信号的前面加上报文名，比如，获取 BCM_01 节点的 VehSpd，则可以使用 getSignal(BCM_01::VehSpd)或者$ BCM_01::VehSpd 的方式。

总之，如果存在相同的信号名，就必须通过::符号加上它的通道名、节点名、报文名来保证信号的唯一性，语法如下。

[Channel | Network::][Database name::][Node::][Message::]Signal

【说明】："[]"内的条件都是可选项，只要信号在 CANoe 环境中是唯一标识的，所有条件就都可以出现或省略，但是元素必须遵守从右到左的顺序。

```
On key 'j'
{
 //如果信号在多个总线中有冲突，就需要添加父级关系访问和设置
 write("****pressed key %c****",this);
```

```
    $Engine::VehSpd = 120;              //节点名::信号名
    $Engine::Engine_2::VehSpd = 120;   //节点名::报文名::信号名
    $CAN1::Engine::VehSpd = 120;       //通道名::节点名::信号名
    $CAN::Engine::VehSpd = 120;        //网络节点名::节点名::信号名
    $CAN1::VehSpd = 120;               //通道名::信号名
}
```

3. 信号事件（on signal）

（1）信号值变化才触发。

语法格式如以下示例代码所示，只有信号值发生变化，才会触发该事件。

```
On key 'k'
{
  double sig_phy;
  write("****pressed key %c****",this);
  sig_phy = random(150);
  setSignal(VehSpd,sig_phy);
}
on signal VehSpd
{
  write("*received signal %s = %f.", this.name,this);
}
//输出结果:
****pressed key k****
received signal CAN1::test_2::Engine_2::VehSpd = 69.975000.
****pressed key k****
received signal CAN1::test_2::Engine_2::VehSpd = 86.006250.
```

（2）收到信号就触发。

只要总线中接收到该信号，就会触发事件，而不管信号值是否发生变化，语法格式代码如下。

```
on signal_update VehSpd
{
  write("*received signal %s = %f.", this.name,this);
}
//输出结果:
received signal CAN1::test_2::Engine_2::VehSpd = 29.981250.
```

```
received signal CAN1::test_2::Engine_2::VehSpd = 29.981250.
......
```

3.3.10　系统变量

在 CANoe 中，系统变量（System Variable）是一种用于存储和处理数据的重要元素，并与其他模块进行数据交互，系统变量既不描述节点的外部输入/输出信号，也不用于实际网络中节点之间的信号通信，仅用于开发和测试。

这里要注意 CAPL 语言的 Variables 结构中定义的全局变量和系统变量的区别。全局变量的作用域是被调用的 CAPL 文件，而系统变量的作用域是整个 CANoe 运行环境，包括 CAPL 程序、Panel、事件等。

CANoe 中有系统定义和用户定义两种系统变量，单击【Environment】菜单，选择【System Variables】选项，在弹出的【System Variables Configuration】对话框中选择【User-Defined】可以创建、修改、管理用户定义的系统变量，如图 3-17 所示。

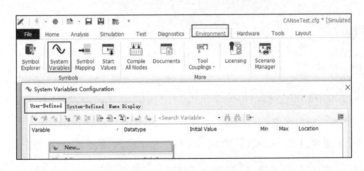

图 3-17　系统变量配置窗口

1. 创建系统变量

在【System Variables Configuration】对话框中，选择工具栏中的【New System Variable】选项或者单击鼠标右键，在弹出的快捷菜单中选择【New】选项，创建一个系统变量。系统变量的编辑窗口如图 3-18 所示。

- 命名空间（Namespaces）：每个系统变量都属于一个特定的命名空间，命名空间也可以嵌套，在程序中它们用 "::" 分隔。
- 数据类型（Data type）：系统变量支持的数据类型非常丰富，比如整型、浮点型、数组、结构体、字符串、Data 类型等。
- 属性（Properties）：在定义系统变量时可以设置其属性，包括初始值、最大值、最小值、只读属性等。

图 3-18　系统变量的编辑窗口

2. 系统变量的读写

（1）@符号法。

在 CAPL 程序中数值类型的系统变量可以直接用@符号进行读写。

CAPL 编译器有输入提示功能，在输入@符号后会有"选择"提示，可以直接选择需要的系统变量，也可以直接从【Symbols】窗口中将系统变量拖到程序中，如图 3-19 所示。

【注意】：只有当系统变量的类型或系统变量的成员类型为数值类型时，才可以直接使用@符号，若为其他类型则必须通过 CAPL 函数实现读写。

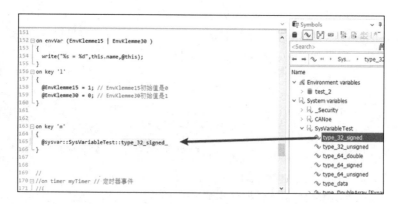

图 3-19　【Symbols】窗口中的系统变量

　　下面的示例代码使用@符号对数值类型系统变量、结构体中的数值类型成员、整型数组元素进行读写。

```
on key 'm'
{
  //当变量的类型为 int 或者 float 时，可以直接使用@符号读取和写入
  @SysVariableTest::type_32_signed = 10;
  write("type_32_signed is :%d",@SysVariableTest::type_32_signed);

  @SysVariableTest::type_IntegerArray[0] = 5;   //数组类型中的数值元素
  write("type_IntegerArray[0] :%d",@SysVariableTest::type_IntegerArray[0]);

  @SysVariableTest::type_struct.struct_unsigned = 3;   //结构体类型中的数值元素

write("type_struct.struct_unsigned :%d",@SysVariableTest::type_struct.struct
_unsigned);
}
//输出结果:
Program / Model        type_32_signed is :10
Program / Model        type_IntegerArray[0] :5
Program / Model        type_struct.struct_unsigned :3
```

　　在 CANoe 软件中可通过多种分析窗口（比如 Trace、Graphics、Data 等）来分析系统变量。

　　【说明 1】：在【Trace】窗口中要勾选【predifined filter】中的【System variables】选项（默认是不勾选的），才能在【Trace】窗口中观察到系统变量，如图 3-20 所示。【Graphics】窗口和【Data】窗口不支持查看 Struct 和 Data 系统变量类型。

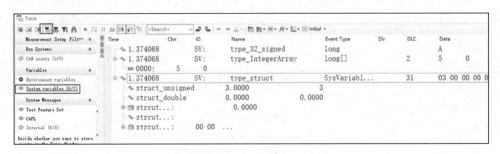

图 3-20　【Trace】窗口中的系统变量

（2）函数法。

CAPL 程序中内置了大量的读写系统变量函数，下面以 Int 类型为例来讲述函数的使用方法。

- long sysSetVariableInt(SysVarName, long value); // form 1
- long sysSetVariableInt(char namespace[], char variable[], long value); // form 2

在启动测量前，如果在 CANoe 中定义了该系统变量，则 form 1 和 form 2 都可以使用，没什么区别，示例代码如下。

但是如果在启动测量前，该系统变量是未知的，那么在使用 form 1 时，CAPL 程序的编译阶段就会报错，从而必须使用 form 2。

```
on key 'n'
{
 //sysSetVariableInt() 和 sysGetVariableInt()  form 1
 sysSetVariableInt(sysvar::SysVariableTest::type_32_signed,-2);
 write("type_32_signed
is :%d",sysGetVariableInt(sysvar::SysVariableTest::type_32_signed));

 //sysSetVariableInt() 和 sysGetVariableInt()  form 2
 sysSetVariableInt("SysVariableTest","type_32_signed",-3);
 write("type_32_signed
is :%d",sysGetVariableInt("SysVariableTest","type_32_signed"));
}
//输出结果：
Program / Model        type_32_signed is :-2
Program / Model        type_32_signed is :-3
```

常用系统变量读写函数如表 3-8 所示。

表 3-8 常用系统变量读写函数

数据类型	读写函数	解释说明
Integer (32 bit signed)	sysSetVariableInt sysGetVariableInt	32 位有符号数读写
Integer (32 bit unsigned)	sysSetVariableDWord sysGetVariableDWord	32 位无符号数读写
Integer (64 bit signed)	sysSetVariableLongLong sysGetVariableLongLong	64 位有符号数读写
Integer (64 bit unsigned)	sysSetVariableQWord sysGetVariableQWord	64 位无符号数读写
Double (64 bit)	sysSetVariableFloat sysGetVariableFloat	64 位浮点数读写

续表

数据类型	读写函数	解释说明
String	sysSetVariableString sysGetVariableString	字符串读写
Integer array (32 bit signed)	sysSetVariableLongArray sysGetVariableLongArray	32 位有符号数组读写
Double array	sysSetVariableFloatArray sysGetVariableFloatArray	64 位浮点数组读写
Data	sysSetVariableData sysSetVariableData	bytes 数组读写

下面的示例代码是对各种系统变量类型的读写函数的测试。

```
on key 'o'
{
 //sysSetVariableInt 和 sysGetVariableInt  32bit signed
 sysSetVariableInt(sysvar::SysVariableTest::type_32_signed,-2);
 write("type_32_signed is :%d",sysGetVariableInt(sysvar::SysVariableTest::
type_32_signed));

 //sysSetVariableDWord 和 sysGetVariableDWord  32bit unsigned
 sysSetVariableDWord(sysvar::SysVariableTest::type_32_unsigned,1);
 write("type_32_unsigned
is :%d",sysGetVariableDWord(sysvar::SysVariableTest::type_32_unsigned));

 //sysSetVariableLongLong 和 sysGetVariableLongLong  64bit signed
 sysSetVariableLongLong(sysvar::SysVariableTest::type_64_signed,-2);
 write("type_64_signed is :%I64d",sysGetVariableLongLong(sysvar::
SysVariableTest::type_64_signed));

 //sysSetVariableLongLong 和 sysGetVariableLongLong 64bit signed
 sysSetVariableQWord(sysvar::SysVariableTest::type_64_unsigned,2);
 write("type_64_unsigned is :%I64u",sysGetVariableQWord(sysvar::
SysVariableTest::type_64_unsigned));

 //sysSetVariableFloat 和 sysGetVariableFloat  64bit Double
 sysSetVariableFloat(sysvar::SysVariableTest::type_64_double,1.52);
 write("type_64_signed is :%f",sysGetVariableFloat(sysvar::SysVariableTest::
type_64_double));

 //sysSetVariableString 和 sysGetVariableString string
```

```
  {
    char setString[100]="hello Canoe!";
    char getString[100];
    sysSetVariableString(sysvar::SysVariableTest::type_string,setString);
    sysGetVariableString(sysvar::SysVariableTest::type_string,getString,
elCount(getString));
    write("type_string is :%s",getString);
  }
    //sysSetVariableData 和 sysSetVariableData  data
  {
    byte putData[2]={0x03,0x04};
    byte getData[2];
    long copiedBytes;
    sysSetVariableData(sysvar::SysVariableTest::type_data,putData,elCount
(putData));
    sysGetVariableData(sysvar::SysVariableTest::type_data,getData,
copiedBytes);
    write("type_data type_data[0] = 0x%x", getData[0]);
  }
  //sysSetVariableLongArray 和 sysGetVariableLongArray  32 bit intArrary
  {
    long putData[1]={0x04};
    long getData[1];

    sysSetVariableLongArray(sysvar::SysVariableTest::type_IntegerArray,
putData,elCount(putData));
    sysGetVariableLongArray(sysvar::SysVariableTest::type_IntegerArray,
getData,elCount(getData));
    write("type_IntegerArray [0] = 0x%x ", getData[0]);
  }
  //sysSetVariableFloatArray 和 sysGetVariableFloatArray  64 bit FloatArray
  {
    double putData[1]={1.58};
    double getData[1];

    sysSetVariableFloatArray (sysvar::SysVariableTest::type_DoubleArray,
putData,elCount(putData));
    sysGetVariableFloatArray (sysvar::SysVariableTest::type_DoubleArray,
getData,elCount(getData));
    write("type_DoubleArray [0] = %f",getData[0]);
  }
}
```

```
//输出结果：
Program / Model        type_32_signed is :-2
Program / Model        type_32_unsigned is :1
Program / Model        type_64_signed is :-2
Program / Model        type_64_unsigned is :2
Program / Model        type_64_signed is :1.520000
Program / Model        type_string is :hello Canoe!
Program / Model        type_data type_data[0] = 0x3
Program / Model        type_IntegerArray [0] = 0x5
Program / Model        type_DoubleArray [0] = 1.580000
```

3. 编辑系统变量

（1）初始值、最大值、最小值。

整型和浮点型的初始值可以直接设置，整型系统变量属性的设置如图 3-21 所示。

数组类型的初始值要用分号分隔，数组系统变量属性的设置如图 3-22 所示。

图 3-21　整型系统变量属性的设置

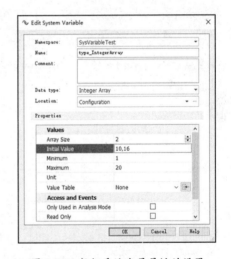

图 3-22　数组系统变量属性的设置

字符串类型的初始值可以直接设置，且支持中文字符，字符串系统变量属性的设置如图 3-23 所示。

Data 数据类型的初始值要用 Hex 字符表示，多个字节之间用空格分隔，数据系统变量属性的设置如图 3-24 所示。

图 3-23　字符串系统变量属性的设置　　　　图 3-24　数据系统变量属性的设置

（2）数值表（Value Table）。

数值表由成对的整数和值描述组成，整型系统变量可以设置数值表，增加对数值的描述，在 CANoe 环境中可以直观地看到数值对应的描述。

在【System Variables Configuration】对话框中单击【Value Table Templates】选项可以打开【Value Table Templates】对话框，如图 3-25 所示，在窗口左侧单击鼠标右键，在弹出的快捷菜单中选择【New】选项可以创建一个名为"color"的数值表。

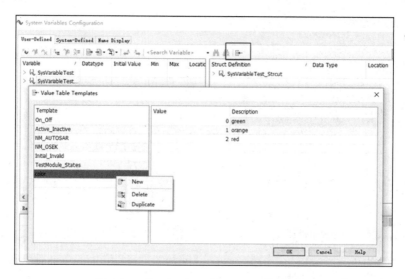

图 3-25　【Value Table Templates】对话框

在【Edit System Variable】对话框中的【Value Table】属性中选择【color】选项，然后单击【OK】按钮即可，如图 3-26 所示。

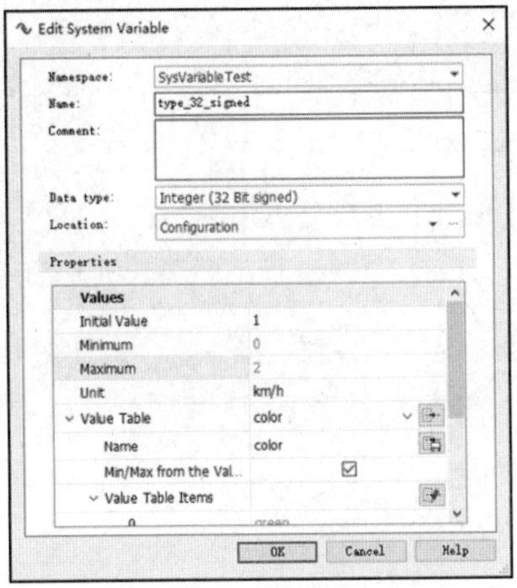

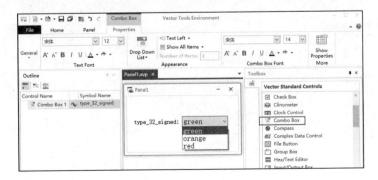

图 3-26　选择【color】

在 CAPL 程序中可以通过 Value Table 属性的描述对系统变量进行赋值，示例代码如下。

【注意】：Value Table 作为表达式的右侧值时，没有@符号。

```
on key 'p'
{
  @sysvar::SysVariableTest::type_32_signed = sysvar::SysVariableTest::type_
32_signed::green;
}
```

在使用 Panel 的 Combo Box（下拉列表）控件时，与控件绑定的系统变量必须设置 Value Table 属性，否则在 Panel 的下拉列表控件中无法进行选择，如图 3-27 所示。

图 3-27　Value Table 属性在 Combo Box 控件的应用

用户可以通过下面的 CAPL 内置函数来获取 Value Table 中值的描述信息。

- long sysGetVariableDescriptionForValue(SysVarName, long value, char buffer[], long bufferSize); // form 1
- long sysGetVariableDescriptionForValue(char namespace[], char variable[], long value, char buffer[], long bufferSize); // form 2

如下面的示例代码，使用 form1 函数传入数值 1，返回字符串"orange"。

```
on key 'q'
{
  char strText[100];

sysGetVariableDescriptionForValue(sysvar::SysVariableTest::type_32_signed,1,
strText,elcount(strText));
  write("1 -> %s",strText);
}
//输出结果：
Program / Model        1 -> orange
```

（3）只读属性。

如果系统变量勾选了只读属性，则在 CANoe 环境或者 CAPL 程序中就无法对其赋值。

4. 导入/导出

CANoe 支持将系统变量导出到*.vsysvar 文件，也可以将系统变量从*.vsysvar 文件导入 CANoe 中，从而提高 CANoe 配置文件的复用性，如图 3-28 所示。

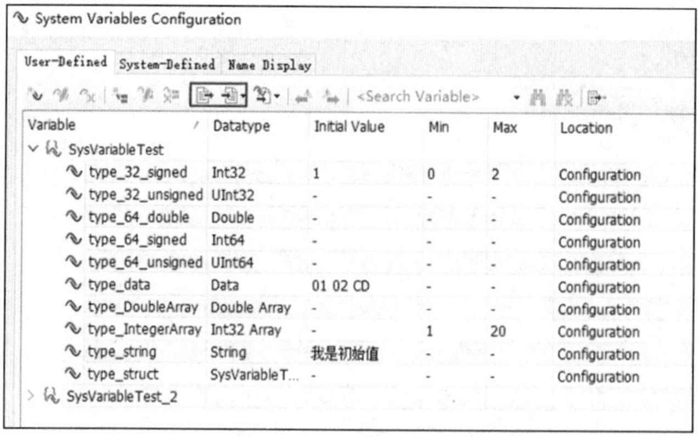

图 3-28　导入/导出系统变量

5. 系统变量事件（on sysvar）

（1）值发生变化才触发。

只有系统变量值发生变化，才会触发系统变量事件。

在系统变量事件中可以通过 this.namespace 来获取命名空间，通过 this.name 来获取系统变量名称，以及通过@this 来获取值，示例代码如下。

```
on sysvar SysVariableTest::type_32_signed
{
  write("%s::%s = %d",this.namespace,this.name,@this);
}

on key 't'
{
  @SysVariableTest::type_32_signed = 22;
}
//输出结果:
Program / Model          SysVariableTest::type_32_signed = 22
```

（2）值被更新就触发。

只要使用@符号或者调用函数对系统变量赋值（值可以不发生变化），就会触发系统变量事件，示例代码如下。

```
on sysvar_update SysVariableTest::type_32_signed
{
  write("%s::%s = %d",this.namespace,this.name,@this);
}
on key 't'
{
  write("初始值: %d",@SysVariableTest::type_32_signed);
  @SysVariableTest::type_32_signed = 1;
}
//输出结果:
Program / Model          初始值: 1
Program / Model          SysVariableTest::type_32_signed = 1
```

（3）复合事件。

当系统变量的数据类型相同时，可以使用语法 on sysvar_update (sysVar1 | sysVar2 | …)来

定义多个系统变量的事件，示例代码如下。

```
on sysvar (SysVariableTest::type_32_signed
SysVariableTest::type_32_unsigned )
{
  write("%s::%s = %d",this.namespace,this.name,@this);
}
on key 't'
{
  @sysvar::SysVariableTest::type_32_unsigned = 3;
  @sysvar::SysVariableTest::type_32_signed = 2;
}
//输出结果：
Program / Model          SysVariableTest::type_32_unsigned = 3
Program / Model          SysVariableTest::type_32_signed = 2
```

6. 动态系统变量

CANoe 的【System Variables】功能模块中定义的系统变量被称为静态系统变量。静态系统变量在 CANoe 启动测试前就被编译到了环境中，是主要的使用方式。

通过 CAPL/XML 程序等方式创建的系统变量被称为动态系统变量。在 CANoe 启动测试后，可随时创建和删除动态系统变量。

动态定义系统变量的部分函数如表 3-9 所示。

表 3-9　动态系统变量部分函数

函数	解释
sysDefineVariableData	定义一个 data 类型的系统变量
sysDefineVariableFloat	定义一个 float 类型的系统变量
sysDefineVariableFloatArray	定义一个 float 数组的系统变量
sysDefineVariableInt	定义一个 int 类型的系统变量
sysDefineVariableIntArray	定义一个 int 数组的系统变量
sysDefineVariableLongLong	定义一个 int64 类型的系统变量
sysDefineVariableString	定义一个 char[]类型的系统变量
sysDefineNamespace	定义一个命名空间
sysUndefineNamespace	删除一个命名空间
sysUndefineVariable	删除一个系统变量

CANoe 中的读/写系统变量函数都提供了两种格式，但动态系统变量只能使用 form 2 格式。

- long sysSetVariableInt(char namespace[], char variable[], long value); // form 1
- long sysSetVariableInt(char namespace[], char variable[], // form 2

根据下面的示例代码，先按下键盘上的"u"键创建一个系统变量，再按下键盘上的"w"键获取该系统变量的值，最后删除该系统变量。

```
on key 'u'
{
  long retVal;
  char capl_namespace[100] = "SysVariableTest_capl";
  char capl_IntVariable[100] = "capl_IntVariable";

  retVal =  sysDefineNamespace(capl_namespace);
  write("创建命名空间 :%d ",retVal);

  //新建 32bit 整型系统变量并赋初始值
  retVal = sysDefineVariableInt(capl_namespace, capl_IntVariable, 100);
  write("创建整型系统变量 :%d ",retVal);
}


on key 'w'
{
write("读取系统变
量 :%d",sysGetVariableInt("SysVariableTest_capl","capl_IntVariable"));

  write("删除命名空间和系统变量")
 sysUndefineNamespace("SysVariableTest_capl");
 sysUndefineVariable("SysVariableTest_capl","capl_IntVariable");
}
//输出结果：
Program / Model        创建命名空间：0
Program / Model        创建整型系统变量：0
Program / Model        读取系统变量：100
Program / Model        删除命名空间和系统变量
```

3.3.11　环境变量

1. 定义

环境变量（Environment Variable）也是一种全局变量，但是其只能用于 CAN 网络，并且在数据库文件中创建。

在数据库文件中的【Environment variables】模块中，单击鼠标右键，在弹出的快捷菜单中选择【New】选项即可创建一个环境变量，如图 3-29 所示。

【注意】：CANoe 12 及以后版本 Vector 官方已不再推荐使用环境变量，也无法在数据库文件中创建新的环境变量，但是用户仍然可以使用 CANoe 12 之前版本创建的数据库中的环境变量。

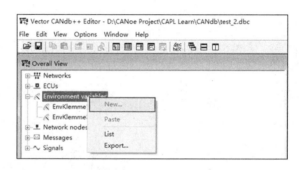

图 3-29　创建环境变量

2. 读/写

（1）@符号法。

环境变量总共有 4 种数据类型：整型（int），浮点型（double），字符串（string），数据（data），对于整型和浮点型数据类型可以使用@符号直接进行读/写。

```
on key 'l'
{
  write("EnvKlemme15 = %d",@EnvKlemme15);
  @EnvKlemme15 = 1;
  write("EnvKlemme15 = %d",@EnvKlemme15);
}
```

（2）函数法。

下面是 CAPL 内置的读取环境变量的函数，因为环境变量有多种数据类型，所以在使用时要根据不同的数据类型使用不同的函数。

① int getValue(EnvVarName); // form 1

② float getValue(EnvVarName); // form 2

③ long getValue(EnvVarName, char buffer[]); // form 3

④ long getValue(EnvVarName, byte buffer[]); // form 4

⑤ long getValue(EnvVarName, byte buffer[], long offset); // form 5

⑥ float getValue(char name[]); // form 6

⑦ long getValue(char name[], char buffer[]); // form 7

⑧ long getValue(char name[], byte buffer[]); // form 8

⑨ long getValue(char name[], byte buffer[], long offset); // form 9

①～⑤：是参数为 EnvVarName 的函数，环境变量必须在数据库文件中创建，否则在编译阶段就会报错。

⑥～⑨：是参数为 char name[]的函数，如果环境变量没有在数据库文件中创建，在编译阶段和运行阶段就不会报错，但是得不到期望的结果。使用字符串参数的方法，可以提高编程的灵活性，但是也要确保环境变量在使用前已被定义。

设置函数和读取函数是一一对应的，具体如下。

① void putValue(EnvVarName, int val); // form 1

② void putValue(EnvVarName, float val); // form 2

③ void putValue(EnvVarName, char val[]); // form 3

④ void putValue(EnvVarName, byte val[]); // form 4

⑤ void putValue(EnvVarName, byte val[], long vSize); // form 5

⑥ void putValue(char name[], int val); // form 6

⑦ void putValue(char name[], float val); // form 7

⑧ void putValue(char name[], char val[]); // form 8

⑨ void putValue(char name[], byte val[]); // form 9

⑩ void putValue(char name[], byte val[], long vSize); // form 10

【注意】：读取函数只有 9 个，而设置函数有 10 个重载函数。这是因为读取函数把 int 和 float 数据类型都用 form 1 表示了，且函数返回值都是 float 类型，所以当打印函数返回值时，要用%f 格式。

```
on key 's'
{
  byte putData[4]={0x01,0x02,0x03,0x04};
  byte getData[4];
  char putString[10] = "good luck";
  char getString[10];
  long retVal;

  //整型
  putValue(env_Year,2023);
  //虽然 env_Year 是 int 数据类型，但是如果采用 Form 2 打印就要用%f
  write("env_Year is :%.0f",getValue(env_Year));
  //字符串类型读/写操作
  putValue(env_Text,putString);
  retVal = getValue(env_Text,getString);
  write("env_Text is :%s And It's size is %d",getString,retVal);

  //数据类型读/写操作
  putValue(env_Data,putData);
  retVal = getValue(env_Data,getData);
  write("env_Data is :0x%x,0x%x,0x%x,0x%x  And It's size
is %d",getData[0],getData[1],getData[2], getData[3],retVal);
}
```

3. 环境变量事件（on envVar）

当环境变量的值发生改变时，会触发环境变量事件。

【注意】：环境变量没有 variable_update 事件（值不发生变化也可触发环境变量事件），而信号和系统变量都有 variable_update 事件。

```
on envVar EnvKlemme15
{
  write("%s = %d",this.name,@this);
}
```

```
on key 'l'
{
  @EnvKlemme15 = 1;
}
//输出结果:
Program / Model        EnvKlemme15 = 1
```

当环境变量的数据类型相同时，可以使用语法 on envVar (envVar1 | envVar2 | …)来定义多个系统变量的事件，示例代码如下。

```
on envVar (EnvKlemme15 | EnvKlemme30 )
{
  write("%s = %d",this.name,@this);
}
on key 'l'
{
  @EnvKlemme15 = 1; // EnvKlemme15 初始值是 0
  @EnvKlemme30 = 0; // EnvKlemme30 初始值是 1
}
```

3.4　运算符

CAPL 语言的运算符基本和 C 语言的运算符一致。运算符是用来执行算术运算、比较运算、逻辑运算、位运算、赋值运算等操作的符号。

3.4.1　算术运算符

CAPL 语言支持的算术运算符如表 3-10 所示，假设变量 A = 10，变量 B = 20。

表 3-10　算术运算符

算术运算符	描述	实例
+	把两个操作数相加	A + B 将得到 30
-	从第一个操作数中减去第二个操作数	A - B 将得到−10
*	把两个操作数相乘	A * B 将得到 200
/	分子除以分母	B / A 将得到 2
%	取模运算符，整除后的余数	B % A 将得到 0
++	自增运算符，整数值增加 1	A++将得到 11
--	自减运算符，整数值减少 1	A--将得到 9

在算术运算符中，应重点理解自增运算符（++）和自减运算符（--），这两个运算符在变量前的运算结果与在变量后的运算结果不同。

（1）自增运算符在变量之后，x 先参与运算，再自增，示例代码如下。

```
on key 'B'
{
  long x,y;
  x = 4;
  y = x++; //先把 x 赋值给 y，x 再加 1

  write("x = %d ;y = %d",x,y);
}
//输出结果：
Program / Model          x = 5；y = 4
```

（2）自增运算符在变量之前，x 先自增，再参与运算，示例代码如下。

```
on key 'C'
{
  long x,y;
  x = 4;
  y = ++x; //x 加 1 后，再赋值给 y

  write("x = %d ;y = %d",x,y);
}
//输出结果：
Program / Model          x = 5；y = 5
```

3.4.2　比较运算符

CAPL 语言支持的比较运算符如表 3-11 所示，假设变量 A = 10，变量 B = 20。

表 3-11　比较运算符

比较运算符	描述	实例
==	检查两个操作数的值是否相等，如果相等则条件为真	(A == B)为假
!=	检查两个操作数的值是否相等，如果不相等则条件为真	(A != B)为真
>	检查左操作数的值是否大于右操作数的值，如果是则条件为真	(A > B)为假
<	检查左操作数的值是否小于右操作数的值，如果是则条件为真	(A < B)为真
>=	检查左操作数的值是否大于或等于右操作数的值，如果是则条件为真	(A >= B)为假
<=	检查左操作数的值是否小于或等于右操作数的值，如果是则条件为真	(A <= B)为真

【**注意**】：虽然即使将比较运算符写成赋值运算符（＝），CAPL 编译器也不会报错，但是会导致代码逻辑完全不同。

比较运算符示例代码如下。

```
on key 'D'
{
  int a = 21;
  int b = 10;
  int c ;

  if( a == b )
  {
    write("a 等于 b" );
  }
  else
  {
    write("a 不等于 b" );
  }
  if ( a < b )
  {
    write("a 小于 b" );
  }
  else
  {
    write("a 不小于 b" );
  }
  if ( a > b )
  {
    write("a 大于 b" );
  }
  else
  {
    write("a 不大于 b" );
  }
}
//输出结果:
Program / Model       a 不等于 b
Program / Model       a 不小于 b
```

```
Program / Model            a 大于 b
```

CAPL 语法支持数值型的直接比较，但是不支持字符串类型的直接比较，比如下面的示例代码在 CAPL 程序中就会报语法错误。

```
on key 'E'
{
  char x[10] = "hello";
  char y[10] = "Hello";

  if(x == y)  //语法错误
  {
    write("字符串不可以直接比较! ");
  }
}
```

可通过以下 strncmp 函数实现字符串的比较：

- long strncmp(char s1[], char s2[], long len); // form 1
- long strncmp(char s1[], char s2[], long s2offset, long len); // form 2

如果 s1 和 s2 相等，则函数返回值为 0，如果 s1 的字符串长度比 s2 小，则返回−1，否则返回 1。

```
on key 'F'
{
  char x[10] = "hello";
  char y[10] = "Hello";
  if(strncmp(x,y,strlen(x)) == 0)
  {
    write("x 和 y 相等! ");
  }
  else
  {
   write("x 和 y 不相等! ");
  }
}
```

浮点数的比较要特别注意，如果浮点数精度都是已知的，则可以直接进行比较，比如 3.14==3.14。如果浮点数精度未知，则一般采用减法比较法，示例代码如下。

```
void float_func(double voltage)
{
  double compareValue = 9.563;
  if(abs(voltage - compareValue) < 0.01)
  {
    write("浮点数相等");
  }
}
```

3.4.3　逻辑运算符

CAPL 语言支持的逻辑运算符如表 3-12 所示，假设变量 A = 1，变量 B = 0。

表 3-12　逻辑运算符

逻辑运算符	描述	实例
&&	逻辑与运算符，如果两个操作数都非零，则条件为真	(A && B)为假
||	逻辑或运算符，如果两个操作数中有任意一个非零，则条件为真	(A || B)为真
!	逻辑非运算符，用来逆转操作数的逻辑状态。如果条件为真，则逻辑非运算符将使其为假	!(A && B)为真

逻辑非运算符需要注意以下 3 点。

（1）在逻辑运算符中，&&和||是双目运算符，!是单目运算符，优先级最高。

（2）数值 0 为假，非 0 值都为真。!0 的结果是 1，!X（X ≠ 0）的结果是 0。

（3）空字符串为假，其他情况都为真，包括空格。

逻辑非运算符的示例代码如下。

```
on key 'G'
{
  char x[10] = "";
  char y[10] = "  ";//两个空格

  int j = 0;
  int k = -1;

  write("!0 的结果是%d",!j);
  write("!-1 的结果是%d",!k);

  if(j)
```

```
  {
    write("j 为真, j = %d",j);
  }
  else
  {
    write("j 为假, j = %d",j);
  }

  if(k)
  {
    write("k 为真, j = %d",k);
  }
  else
  {
    write("k 为假, k = %d",k);
  }


  if(strlen(x))
  {
    write("strlen(x) 为真，字符串长度：%d",strlen(x));
  }
  else
  {
    write("strlen(x) 为假，字符串长度：%d",strlen(x));
  }

   if(strlen(y))
  {
    write("strlen(y) 为真，字符串长度：%d",strlen(y));
  }
  else
  {
    write("strlen(y) 为假，字符串长度：%d",strlen(y));
  }
}
//输出结果：
Program / Model          !0 的结果是 1
Program / Model          !-1 的结果是 0
Program / Model          j 为假, j = 0
Program / Model          k 为真, j = -1
```

```
Program / Model          strlen(x) 为假，字符串长度：0
Program / Model          strlen(y) 为真，字符串长度：2
```

【注意】：当在运算 X 大于 A 且小于 B 的比较逻辑时，不可以写成 A < X < B。虽然这样写时 CAPL 编译器不会报错，但是得不到期望的结果。

下面是一个错误的比较逻辑运算的代码示例，CAPL 编译器会先计算 80 < scope，结果为假（0），然后计算 0 < 100，所以最后的结果就为真了。

```
//错误代码
on key 'H'
{
  long scope = 70;

  if(80< scope < 100)
  {
    write("优秀! ");
  }
  else
  {
    write("良好! ");
  }
}
 //输出结果:
Program / Model          优秀!
```

正确的代码是使用逻辑与运算符，示例代码如下。

```
//正确代码
on key 'I'
{
  long scope = 70;

  if(80< scope  &&  scope< 100)
  {
    write("优秀! ");
  }
  else
  {
    write("良好! ");
```

```
    }
}
 //输出结果:
Program / Model          良好!
```

3.4.4　位运算符

位运算符作用于位，并逐位执行操作。p、q 代表 1bit，位运算符真值表如表 3-13 所示。

表 3-13　位运算符真值表

p	q	p & q	p|q	p ^ q
0	0	0	0	0
0	1	0	1	1
1	1	1	1	0
1	0	0	1	1

CAPL 支持的位运算符如表 3-14 所示，假设变量 A = 0x3C，变量 B = 0x0D。

表 3-14　位运算符

位运算符	描述	实例
&	对两位操作数中的每一位都执行逻辑与操作，如果两个相应的位都为 1，则结果为 1，否则为 0	(A & B)将得到 0x0C，即为 0000 1100
|	对两位操作数中的每一位都执行逻辑或操作，如果两个相应的位都为 0，则结果为 0，否则为 1	(A | B)将得到 0x3D，即为 0011 1101
^	对两位操作数中的每一位都执行逻辑异或操作，如果两个相应的位的值相同，则结果为 0，否则为 1	(A ^ B)将得到 0x31，即为 0011 0001
~	对操作数中的每一位都执行逻辑取反操作，即将每一位的 0 变为 1，1 变为 0	(~A)将得到-61，即为 1100 0011（补码）
<<	将操作数中的所有位向左移动指定的位数，左边制位丢弃，右边补 0。左移 n 位相当于乘以 2 的 n 次方	A<<2 将得到 0xF0，即为 1111 0000
>	将操作数中的所有位向右移动指定的位数，正数左补 0，负数左补 1，右边丢弃。右移 n 位相当于除以 2 的 n 次方	A>>2 将得到 0x0F，即为 0000 1111

位运算符的测试代码如下。

```
on key 'J'
{
  int a = 0x3C;    /*0011 1100 */
  int b = 0x0D;    /*0000 1101 */
  int c = 0;
```

```
    c = a & b;        /*0000 1100 */
    write("a & b =  0x%X", c );

    c = a | b;        /*0011 1101 */
    write("a | b =  0x%X", c );

    c = a ^ b;        /*0011 0001 */
    write("a ^ b =  0x%X", c );

    c = ~a;           /*-61 = 1100 0011 */
    write("~a =  %d", c );

    c = a << 2;      /* 1111 0000 */
    write("a << 2 =  0x%X", c );

    c = a >> 2;      /*0000 1111 */
    write("a >> 2 =  0x%X", c );
}
//输出结果
Program / Model    a & b  = 0xC
Program / Model    a | b  = 0x3D
Program / Model    a ^ b  = 0x31
Program / Model    ~a     = -61
Program / Model    a << 2 = 0xF0
Program / Model    a >> 2 = 0x0F
```

　　下面的示例代码通过位运算符，将 word 数据类型分割成两个 byte 数据类型。

```
on key 'K'
{
  word x = 0x1234;
  byte y,z;

  y = x >>8;    //取高字节
  z = x &0xFF;  //取低字节
  write("高字节 y = 0x%x",y);
  write("低字节 z = 0x%x",z);
}
 //输出结果:
Program / Model        高字节 y = 0x12
Program / Model        低字节 z = 0x34
```

取反运算符就是对操作数中的每一位执行逻辑取反操作，即将每一位的 0 变为 1，1 变为 0。根据下面的步骤可以计算出～60(十六进制数为 0x3C)的结果为-61(十六进制数为-0x3D)。

（1）0x3C 的原码形态二进制为 0011 1100。

（2）根据正数的补码和原码相同原则，0x3C 的补码形态二进制也是 0011 1100。

（3）将 0x3C 的补码按位取反结果为 1100 0011（-0x3D 的补码形态），根据负数的补码转原码规则，将 1100 0011 的符号位不动，其余位按位取反结果为 1011 1100，然后再加 1，得到结果 1011 1101（-0x3D 的原码形态）。

在理解了取反运算的逻辑后，总结出取反运算符的运算规则如下：

（1）所有正整数按位取反的结果是其本身 +1 的负数。

（2）所有负整数按位取反的结果是其本身 +1 的绝对值。

（3）0 的按位取反结果是-1。

（4）取反运算的公式为～x = - (x + 1)。

3.4.5 赋值运算符

CAPL 语言支持的赋值运算符如表 3-15 所示。

表 3-15 赋值运算符

赋值运算符	描述	实例
=	简单的赋值运算符，把右边操作数的值赋给左边操作数	C = A + B 将把 A + B 的值赋给 C
+=	加且赋值运算符，把右边操作数加上左边操作数的结果赋值给左边操作数	C += A 相当于 C = C + A
-=	减且赋值运算符，把左边操作数减去右边操作数的结果赋值给左边操作数	C -= A 相当于 C = C - A
*=	乘且赋值运算符，把右边操作数乘以左边操作数的结果赋值给左边操作数	C *= A 相当于 C = C * A
/=	除且赋值运算符，把左边操作数除以右边操作数的结果赋值给左边操作数	C /= A 相当于 C = C / A
%=	求模且赋值运算符，求两个操作数的模赋值给左边操作数	C %= A 相当于 C = C % A
<<=	左移且赋值运算符	C <<= 2 等同于 C = C << 2
>>=	右移且赋值运算符	C >>= 2 等同于 C = C >> 2
&=	按位与且赋值运算符	C &= 2 等同于 C = C & 2
^=	按位异或且赋值运算符	C ^= 2 等同于 C = C ^ 2
|=	按位或且赋值运算符	C |= 2 等同于 C = C | 2

赋值运算符的示例代码如下。

```
on key 'L'
```

```
{
  int a = 21;
  int c ;

  c = a;
  write("=  运算符示例，c 的值 = %d", c );

  c += a;
  write("+= 运算符示例，c 的值 = %d", c );

  c -= a;
  write("-= 运算符示例，c 的值 = %d", c );

  c *= a;
  write("*= 运算符示例，c 的值 = %d", c );

  c /= a;
  write("/= 运算符示例，c 的值 = %d", c );

  c  = 200;
  c %= a;
  write("%%= 运算符示例，c 的值 = %d", c );

  c <<= 2;
  write("<<= 运算符示例，c 的值 = %d", c );

  c >>= 2;
  write(">>= 运算符示例，c 的值 = %d", c );

  c &= 2;
  write("&=  运算符示例，c 的值 = %d", c );

  c ^= 2;
  write("^=  运算符示例，c 的值 = %d", c );

  c |= 2;
  write("|=  运算符示例，c 的值 = %d", c );
}
// 测试结果如下：
```

```
Program / Model    =   运算符示例，c 的值 = 21
Program / Model    +=  运算符示例，c 的值 = 42
Program / Model    -=  运算符示例，c 的值 = 21
Program / Model    *=  运算符示例，c 的值 = 441
Program / Model    /=  运算符示例，c 的值 = 21
Program / Model    %=  运算符示例，c 的值 = 11
Program / Model    <<= 运算符示例，c 的值 = 44
Program / Model    >>= 运算符示例，c 的值 = 11
Program / Model    &=  运算符示例，c 的值 = 2
Program / Model    ^=  运算符示例，c 的值 = 0
Program / Model    |=  运算符示例，c 的值 = 2
```

3.4.6　其他运算符

CAPL 语言支持的其他运算符如表 3-16 所示。

表 3-16　其他运算符

其他运算符	描述	实例
[]	数组	x = y[z]
.	成员访问	x = message.signal 将 msg 的信号值赋给 x
? :	三目运算符	x = (y < z) ? z : y; 如果 y < z，则将 z 赋值给 x，否则将 y 赋值给 x

3.4.7　不支持的运算符

CAPL 语言不支持的运算符如表 3-17 所示。

表 3-17　CAPL 语言不支持的运算符

不支持的运算符	描述	实例
&	取地址运算	y = &y
*	指针地址	x = *y
->	结构体成员访问	z = y -> x

虽然在 CAPL 程序中不支持以上符号当作运算符使用，但是有些符号可能用于特定功能，比如：

（1）& 符号可以用作函数参数，比如 function(int & x)，但是不支持对变量取地址运算。

（2）可以用 * 符号定义任意报文（message * msg），但是不支持对指针变量取值运算。

3.4.8　运算符优先级

CAPL 语言的运算符优先级如表 3-18 所示。

表 3-18　运算符优先级

优先级	运算符	名称或含义	使用形式	结合方向	说明
1	[]	数组下标	数组名[长度]	从左往右	
	( )	小括号	（表达式）或函数名（形参表）		
	.	取成员	结构体名.成员		
2	-	负号运算符	-表达式	从右往左	单目运算符
	( )	强制类型转换	（数据类型）表达式		
	++	自增运算符	++变量或变量++		单目运算符
	--	自减运算符	--变量或变量--		单目运算符
	!	逻辑非	!表达式		单目运算符
	～	按位取反	～整型表达式		单目运算符
3	/	除	表达式/表达式	从左往右	双目运算符
	*	乘	表达式*表达式		双目运算符
	%	取余	表达式/表达式		双目运算符
4	+	加	表达式+表达式	从左往右	双目运算符
	-	减	表达式-表达式		双目运算符
5	<<	左移	变量<<表达式	从左往右	双目运算符
	>>	右移	变量<<表达式		双目运算符
6	>	大于	表达式>表达式	从左往右	双目运算符
	>=	大于或等于	表达式>=表达式		双目运算符
	<	小于	表达式<表达式		双目运算符
	<=	小于或等于	表达式<=表达式		双目运算符
7	==	等于	表达式==表达式	从左往右	双目运算符
	!=	不等于	表达式!=表达式		双目运算符
8	&	按位与	表达式&表达式	从左往右	双目运算符
9	^	按位异或	表达式^表达式	从左往右	双目运算符
10	|	按位或	表达式|表达式	从左往右	双目运算符
11	&&	逻辑与	表达式&&表达式	从左往右	双目运算符
12	||	逻辑或	表达式||表达式	从左往右	双目运算符

续表

优先级	运算符	名称或含义	使用形式	结合方向	说明
13	? :	条件运算符	表达式 1?表达式 2:表达式 3	从右往左	三目运算符
14	=	赋值运算符	变量=表达式	从右往左	双目运算符
	/=	除后再赋值	变量/=表达式		
	*=	乘后再赋值	变量*=表达式		
	%=	取余后再赋值	变量%=表达式		
	+=	加后再赋值	变量+=表达式		
	-=	减后再赋值	变量-=表达式		
	<<=	左移再赋值	变量<<=表达式		
	>>=	右移再赋值	变量>>=表达式		
	&=	按位与再赋值	变量&=表达式		
	^=	按位异或再赋值	变量^=表达式		
	|	按位或再赋值	变量|=表达式		
15	,	逗号表达式	表达式,表达式,…	从左往右	

如下面的示例代码，因为运算符优先级使用错误而导致运算结果不对。

需求：通过位运算将 byte 类型的 a（0x11）、b（0x22）、c（0x33）转为 dword 类型的 d（0x112233）。

"错误"分析：因为"+"运算符的优先级是 4，而"<<"运算符的优先级是 5，所以下面的代码会首先运算 16 + b，结果为 0x32，运算 8+c，结果为 0x38；然后运算 a<< 0x32，结果为 0；最后运算 0<<0x38，输出结果为 0。

```
On key 'L'
{
  byte  a,b,c;
  long d;

  a=0x11;
  b=0x22;
  c=0x33;
  d = a <<16 + b <<8 + c ; //错误示例代码

  write("d:0x%x",d);
}
//输出结果:
Program / Model        d:0x0
```

运算符使用正确的示例代码如下。"|"优先级为 10，小于"<<"的优先级，下面的代码会先运算 a<<16，结果为 0x110000，运算 b<<8，结果为 0x2200；然后运算 0x110000 | 0x2200，结果为 0x112200；最后运算 0x112200 | 0x33，结果为 0x112233，符合逻辑。

```
On key 'L'
{
  byte  a,b,c;
  long d;

  a=0x11;
  b=0x22;
  c=0x33;
  d = a <<16 | b <<8 | c ; //正确示例代码

  write("d:0x%x",d);
}
//输出结果:
Program / Model        d:0x112233
```

因为圆括号（）的优先级是 1，所以当运算中有多个运算符时，只需要将表达式用圆括号括起来，就可以避免运算符优先级的错误，示例代码如下。

```
On key 'L'
{
  byte  a,b,c;
  long d;

  a=0x11;
  b=0x22;
  c=0x33;
  d = (a <<16) + (b <<8) + c ;  //正确示例代码

  write("d:0x%x",d);
}
//输出结果:
Program / Model        d:0x112233
```

3.5 流程控制

3.5.1 判断

1. if 语句

if 语句是一种控制结构语句，如果条件为真（true），则执行 if 语句后面的代码块，CAPL 语言把任何非零和非空的值都假定为 true，否则为 false，示例代码如下。

```
if(condition)
{
    /* 如果 condition 为真将执行的{}内的语句 */
}
```

注意 if 语句的管控范围，如果 if 语句下面的代码没有使用花括号，则只执行 if 下面的第一行语句，示例代码如下。

```
int speed ;
speed = 80;
if (speed > 60)
  write("line 1");//这一行语句受 if 语句控制
  write("line 2");//这一行语句不受 if 语句控制
```

2. if…else 语句

一个 if 语句后面可以跟一个可选的 else 语句，else 语句在 if 判断为 false 时执行，当有多个判断条件时可以用 if…else 的语法结构，示例代码如下。

```
on key 'a'
{
  int speed ;
  speed = 40;
  if (speed > 80)
  {
    write("line 1");
  }
  else if(speed > 60)
  {
    write("line 2");
  }
```

```
else
{
  write("line 3");
}
}
```

3. if 语句嵌套

在 CAPL 语言中，if 语句可以嵌套在其他 if 语句中，从而实现更复杂的条件判断。

比如下面的示例代码，首先判断 condition1 的值，如果值为真，则执行 if 语句块中的代码。然后判断 condition2 的值，如果 condition2 的值为真，则执行嵌套的 if 语句块中的代码；如果 condition2 的值为假，则执行 else 语句块中的代码；如果 condition1 的值为假，则直接执行 else 语句块中的代码。

通过嵌套 if 语句，可以实现更复杂的条件判断和逻辑控制，但需要注意避免过度嵌套，以免代码难以阅读和维护。

```
if (condition1)
{
    // 如果 condition1 为真，执行该语句
    if (condition2)
    {
        // 如果 condition2 为真，执行该语句
    }
    else
    {
      // 如果 condition2 为假，执行该语句
    }
}
else
{
    // 如果 condition1 为假，执行该语句
}
```

4. switch 语句

在 CAPL 语言中，switch 语句是常用的控制流程语句，用于根据不同的条件执行不同的代码块，它的基本语法代码如下。

```
switch(expression)
{
    case constant-expression :
        statement(s);
        break;
    case constant-expression :
        statement(s);
        break;

    /* 可以有任意数量的 case 语句 */
    default :
        statement(s);
}
```

switch 语句的语法规则如下。

（1）switch 语句中的 expression 是一个常量表达式，必须是一个整型、字符或枚举类型。

（2）在一个 switch 语句中可以有任意数量的 case 语句，在每个 case 后跟一个要比较的值和一个冒号。

（3）case 语句中的 constant-expression 必须与 switch 语句中的变量具有相同的数据类型，且必须是一个常量或字面量。

（4）当被测试的变量等于 case 语句中的常量时，case 语句后面跟的语句将被执行，直到遇到 break 语句为止。

（5）当遇到 break 语句时，switch 语句终止，控制流将跳转到 switch 语句后的下一行。

（6）不是每一个 case 语句都需要包含 break 语句。如果 case 语句不包含 break 语句，控制流就会继续执行后面的 case 语句，直到遇到 break 语句为止。

（7）一个 switch 语句的结尾可以有一个可选的 default case 语句，用于所有 case 语句都不为真时执行任务，default case 语句中的 break 语句不是必须存在的。

switch 语句流程图如图 3-30 所示。

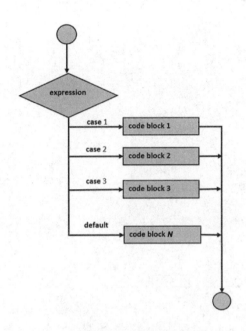

图 3-30　switch 语句流程图

下面是一个 switch 语句的示例代码，根据输入的运算符实现算术运算。

```
on key 'M'
{
  write("result = %f",function('+',2,3));
}

float function(char operator,float value1, float value2)
{
  float result;

  switch (operator)
  {
   case '+':
       result = value1 + value2;
       break;
   case '-':
       result = value1 - value2;
       break;
   case '*':
       result = value1 * value2;
```

```
        break;
    case '/':
        if ( value2 == 0)
            write ("Division by zero!");
        else
            result = value1 / value2;
        break;
    default:
        write ("Unknown operator.");
    }
    return result;
}
//输出结果:
Program / Model        result = 5.000000
```

如果在 case 语句的分支中没有使用 break 语句，代码就会按顺序执行后续的分支。如果将上述代码中"+"分支下的 break 语句注释掉，则预期输出加法运算的结果，但实际输出结果是减法运算的结果。

```
'''
    case '+':
        result = value1 + value2;
        //break; //会向下继续执行，直到遇到 break 语句
    case '-':
        result = value1 - value2;
        break;
    '''
//输出结果:
Program / Model        result = -1.000000
```

5. switch 语句嵌套

switch 语句可以嵌套在其他 switch 语句中，以便根据多个条件执行不同的代码逻辑。在下面的示例代码中，首先判断 expression1 的值，若值等于 A，则执行 case A 分支下的语句。然后判断 expression2 的值，若值等于 1，则执行 case 1 分支下的语句。

```
on key 'O'
{
    char expression1 = 'A';
    char expression2 = 1;
```

```
switch(expression1)
{
 case 'A':
    write("输入 expression1 =  A" );
    switch(expression2)
    {
       case 1:
          write("输入 expression2 =  1" );
          break;
       case 2:
          write("输入 expression2 =  2" );
          break;
       default:
          break;
    }
    break;
 case 'B':
    write("输入 expression1 =  B" );
    break;
 default:
    break;
 }
}
//输出结果：
Program / Model        输入 expression1 =  A
Program / Model        输入 expression2 =  1
```

3.5.2　循环

1. while 循环语句

while 循环语句是一种流程控制语句，用于重复执行一段代码块，直到满足某个条件为止。当条件为 true 时，执行循环；当条件为 false 时，退出循环。while 循环语句的基本语法如下，condition 可以是任意的表达式，statement(s)可以是一个单独的语句，也可以是几个语句组成的代码块。

```
while( condition)
{
```

```
    statement(s);
}
```

while 循环语句的流程图如图 3-31 所示。

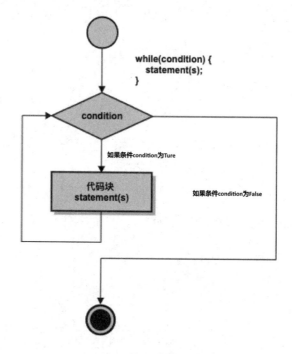

图 3-31   while 循环语句流程图

while 循环语句的示例代码如下。

【注意】：在 while 循环语句中，要特别注意不能使循环条件永远为真，否则代码将会无限循环。

```
int a = 10;
/* while 循环执行 */
while( a < 20 )
{
  write("a 的值： %d", a);
  a++;
}
```

因为循环语句代码运行很快，所以在其运行时会快速拉高 CPU 的负载。如果循环语句执行时间比较久，那么在每次循环后可以设置一个短暂的延时等待，示例代码如下。

```
while(condition)
{
    statement(s);
    wait(2) // 2ms
}
```

2. for 循环语句

for 循环语句用于重复执行一段代码块指定的次数，规则如下。

（1）执行 init 语句，且只执行一次。该表达式可以留空，但是必须要有分号。

（2）判断 condition 语句，如果条件为真，则执行循环主体，否则循环终止。

（3）在执行完 for 循环语句主体后，执行 increment 语句来更新循环控制变量。该表达式可以留空，但是必须要有分号。

for 循环语句的基本语法代码如下。

```
for (init; condition; increment )
{
    statement(s);
}
```

for 循环语句的流程图如图 3-32 所示。

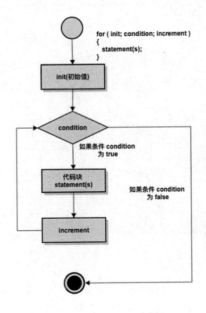

图 3-32　for 循环语句流程图

根据 for 循环语句的语法定义，下面 3 种代码都是允许的。

第 1 种：

```
int a;
for(a = 10;a < 20; a++ )
{
    write("a 的值：%d\n", a);
}
```

第 2 种：

```
int a;
a = 10;
for( ;a < 20; a++ )     //第 1 个表达式为空
{
    write("a 的值：%d\n", a);
}
```

第 3 种：

```
int a;
a = 10;
for( ;a < 20; )         //第 1 个和第 3 个表达式为空
{
    write("a 的值：%d\n", a);
    a = a + 1;
}
```

【注意】：C 语言支持在 for 循环语句中定义循环变量并且初始化，但是 CAPL 语法是不支持的，如下面的示例代码：

```
for( int a = 10; a < 20; a++ )             // CAPL 语法不支持
```

C 语言支持在 for 循环语句中初始化多个变量，但是 CAPL 语法是不支持的，如下面的示例代码：

```
for(a = 10, b = 20; a < 20; a++,b++ )       // CAPL 语法不支持
```

3. do…while 循环语句

do…while 循环语句用于重复执行一段代码块，直到满足某个条件为止。它的基本语法：在 do…while 循环语句中，首先执行循环体中的代码，然后检查 condition 的值，如果 condition

的值为真（非零），则再次执行循环体中的代码。

for 循环语句和 while 循环语句在循环头部测试循环条件，而 do…while 循环语句在循环的尾部检查它的条件，所以 do…while 循环语句能确保循环主体代码被执行一次。

【注意】：while 表达式的最后以分号结尾。

```
do
{
  statement(s);
}while(condition);
```

do…while 循环语句的流程图如图 3-33 所示。

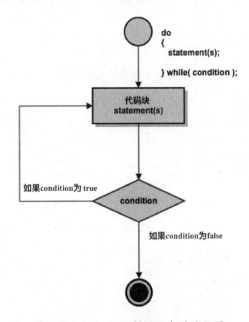

图 3-33　do…while 循环语句的流程图

do…while 循环语句的示例代码如下。

```
int a = 10;
/* do 循环执行，在条件被测试之前至少执行一次 */
do
{
    write("a 的值：%d\n", a);
    a = a + 1;
}while( a < 20 );
```

3.5.3　break 语句

　　break 语句用于在循环或 switch 语句中提前终止程序的执行，并跳出当前结构，break 语句的语法如图 3-34 所示。

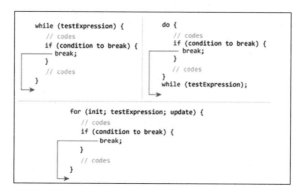

图 3-34　break 语句的语法

　　在 while 循环语句中使用 break 语句的示例代码如下。

```
on key ','
{
  int a = 1;
  while(1)
  {
    write("a 的值: %d", a);
    a++;
    if( a > 2)
    {
        break; /* 使用 break 语句终止循环 */
    }
  }
}
//输出结果:
Program / Model        a 的值: 1
Program / Model        a 的值: 2
```

　　如果有多层循环结构，break 语句就只能退出它所在的最近循环体。如以下示例代码所示，在外层循环体中，当变量 a 等于 1 时，执行内层循环体；当变量 b 等于 2 时，执行 break 语句，终止内层循环，但是外层循环仍然可执行完毕。

```
on key '='
{
  int a,b;
  for(a=0;a<3;a++)              // 第一层循环
  {
    write("a 的值： %d", a);
    if(a ==1)
    {
     for(b=0;b<3;b++)           // 第二层循环
     {
       if( b == 2)
          break;                // 使用 break 语句终止循环
       write("b 的值： %d", b);
     }
    }
  }
}
//输出结果:
Program / Model         a 的值: 0
Program / Model         a 的值: 1
Program / Model         b 的值: 0
Program / Model         b 的值: 1
Program / Model         a 的值: 2
```

3.5.4　continue 语句

continue 语句用于提前结束当前循环迭代,并跳过循环体中剩余的代码,进入下一次迭代,continue 语句的语法如图 3-35 所示。

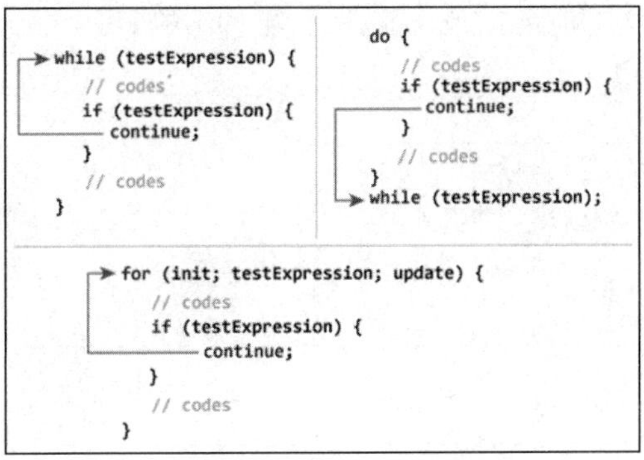

图 3-35　continue 语句的语法

对于 for 循环，在 continue 语句执行后仍然会执行自增语句；对于 while 循环和 do...while 循环，continue 语句重新执行条件判断语句。

continue 语句和 break 语句一样，在多层循环结构中只能退出它所在的最近循环体。

在 for 循环中使用 continue 语句的示例代码如下。

```
on key '+'
{
  int a;
  for(a=0;a<6;a++)
  {
    if(a == 3)
    {
     continue ; //不再执行剩余代码，强迫开始下次循环
    }
     write("a 的值：%d", a);
  }
}
//输出结果：
Program / Model        a 的值：0
Program / Model        a 的值：1
Program / Model        a 的值：2
Program / Model        a 的值：4
Program / Model        a 的值：5
```

3.5.5　return 语句

return 语句的控制要比 break 语句和 continue 语句更加强大，它不仅可以用于循环控制，也可用于提前结束当前运行的函数、测试用例、事件结构等。

（1）返回值为 void 的情况，return 语句仅表示函数执行完毕，无须返回值，示例代码如下。

```
void func()
{
    return;              // 函数执行完毕，无须返回值
}
```

（2）返回值为数值类型，return 语句返回一个特定的值，示例代码如下。

```
int add(int a, int b)
```

```
{
    return a + b;        //返回 a + b 值
}
```

（3）在事件结构中，若遇到 return 语句，则跳过剩余的代码块，提前结束该事件结构，示例代码如下。

```
on key 'Z'
{
  int a;
  for(a=0;a<6;a++)
  {
    if(a == 3)
    {
      return ;            //结束该代码块的运行
    }
    write("a 的值: %d", a);
  }
}
//输出结果:
Program / Model        a 的值: 0
Program / Model        a 的值: 1
Program / Model        a 的值: 2
```

（4）在测试用例中，可以提前结束测试用例的执行，示例代码如下。

```
testcase TC_Demo()
{
  //测试步骤
  return;   //return 后面的测试步骤将不再被执行
  //测试步骤
}
```

break、continue、return 语句的区别如下。

- break 语句主要用于跳出循环体。
- continue 语句用于结束当前循环体的执行，执行下次循环。
- return 语句可以用在任何代码模块中，以及跳出剩余代码块的执行。

continue、break、return 语句的区别如表 3-19 所示。

表 3-19 continue、break、return 语句的区别

语句	示例代码	运行结果
continue	```on key 'A'{ int a; for(a=0;a<6;a++) { if(a == 3) { continue; //不再执行剩余代码，强迫开始下次循环 } write("a 的值: %d", a); } write("执行完毕，return 语句不会打印该行代码");}```	a 的值: 0 a 的值: 1 a 的值: 2 a 的值: 4 a 的值: 5 执行完毕，return 语句不会打印该行代码
break	```on key 'A'{ int a; for(a=0;a<6;a++) { if(a == 3) { break; //跳出循环体，运行循环体下面的代码 } write("a 的值: %d", a); } write("执行完毕，return 语句不会打印该行代码");}```	a 的值: 0 a 的值: 1 a 的值: 2 执行完毕，return 语句不会打印该行代码
return	```on key 'A'{ int a; for(a=0;a<6;a++) { if(a == 3) { return; //结束该行代码下的所有代码 } write("a 的值: %d", a); } write("执行完毕，return 语句不会打印该行代码");}```	a 的值: 0 a 的值: 1 a 的值: 2

3.6　CAPL 文件结构

3.6.1　文件分类

1. 根据文件后缀分类

CAPL 语言有.can 和.cin 两种格式的文件，类似于 C 语言中的.c 和.h 格式的文件。

.can 文件和.cin 文件的主要特点如下。

（1）仿真节点，测试模块的入口文件只能是.can 文件，不能是.cin 文件。

（2）.can 文件和.cin 文件可以相互调用，变量、函数也可以相互引用。

（3）一般情况下，在.can 文件中编写测试用例代码，在.cin 文件中定义全局变量和函数，然后在.can 文件的 include 中引用.cin 文件，这符合主流编程语言的编程习惯。

2. 根据文件节点类型分类

CANoe 有 3 种节点类型，即网络节点（Network Node）、测试模块（Test Module）节点和编程节点（Program Node），不同节点中的.can 文件功能也会有所差异。可在【Simulation Setup】窗口中插入网络节点和测试模块节点，在【Measurement Setup】窗口中插入编程节点，如图 3-36 和图 3-37 所示。

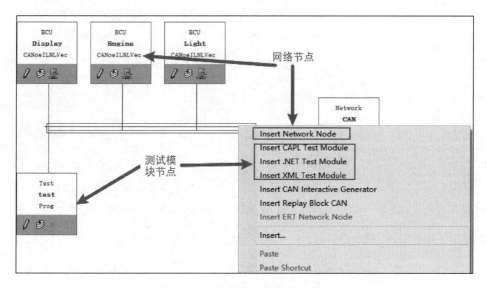

图 3-36　网络节点和测试模块节点

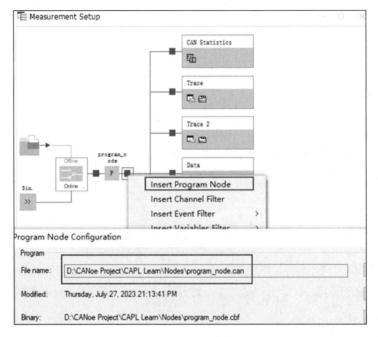

图 3-37　编程节点

　　从以上类型的节点中打开.can 文件，在 CAPL Browser 中将鼠标光标悬停在文件名上，即可看到.can 文件所在的节点类型。从 Network Node 节点中打开的.can 文件的 Node type 属性为 Simulation node；从 Test Module 节点中打开的.can 文件的 Node type 属性为 Test node；从 Program Node 节点中打开的.can 文件的 Node type 属性为 Measurement setup node。不同节点类型的.can 文件如图 3-38 所示。

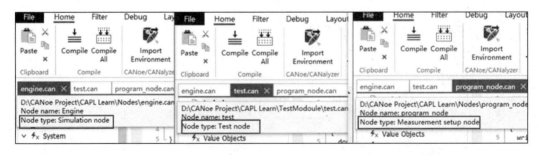

图 3-38　不同节点类型的.can 文件

　　在使用 CAPL 语言的内置函数时，需要注意函数的适用节点，比如：

● 延时等待函数（testwaitfortimeout）只能在测试模块节点中使用，无法在网络节点和编程节点中使用。在网络节点和编程节点中只能通过定时器实现延时等待。

- 有些 CANoe 内置的系统变量，比如 CAN 总线统计的系统变量 sysvar::_Statistics:: CAN1:: Busload，只能在编程节点中使用，无法在网络节点和测试模块节点中使用。

3.6.2　文件编码

CAPL 文件开头的一行代码是文件的编码方式，这是在创建文件时由 CAPL Browesr 根据计算机系统的语言设置自动加上的，常见的编码格式如下。

- /*@!Encoding:936*/：中文编码格式，支持中文/英文字符串和注释。
- /*@!Encoding:ASCII*/：英文编码格式，不支持中文字符串和注释。
- /*@!Encoding:65001*/：通用 UTF-8 编码格式，支持中文/英文字符串和注释。

可以在 CAPL Browser 的【Options】窗口中，选择【Text Formatting】选项，在【Codepage】选项中设置默认的文件编码格式，如图 3-39 所示。

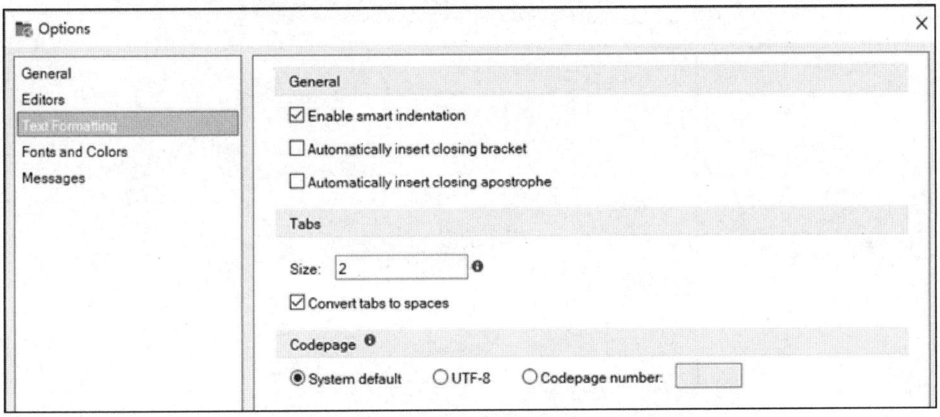

图 3-39　设置文件编码格式

3.6.3　Include 模块

Includes 模块是 CAPL 文件的固定结构，用户可在该模块内调用.can、.cin、.dll 等文件。

在 Includes 模块中单击鼠标右键，在弹出的快捷菜单中选择【Add Include】选项即可添加引用文件，路径支持绝对路径和相对路径，示例代码如下所示。

【说明】：在 Includes 模块中，通过#pragma library("")语法引用的.dll 文件必须是基于 CAPL 语法生成的，这在第 13 章会详细讲解。

```
/*@!Encoding:936*/
includes
{
```

```
    #include "Header.cin"              //同级目录
    #include "..\test.cin"            //上层路径
    #include "D:\\Header_2.cin"        //绝对路径
    #pragma library("capldll.dll")    //引用 dll 文件
}
```

如果引用.dll 文件成功，那么在【CAPL Functions】窗口可以看到该.dll 文件中的所有函数名称，如图 3-40 所示。

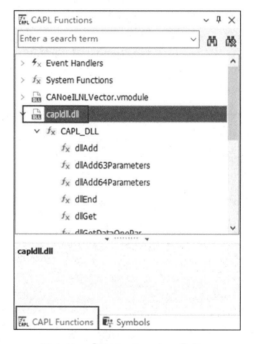

图 3-40　【CAPL Functions】窗口

3.6.4　Variables 模块

Variables 模块是 CAPL 文件的固定结构，用于定义全局变量。

在 CAPL 语法中，变量分为全局变量（Global Variables）和局部变量（Local Variables），在使用时，需要注意以下两点。

1. 局部变量陷阱

局部变量的作用域是其所在的函数/测试用例等代码块的内部，在默认情况下 CAPL 语言的局部变量都是静态变量（Static）。在代码块运行结束后，局部变量不会被释放，当再次调用该代码块时，布局变量中的值仍然是上次的值，而非定义值。

示例代码如下，根据输出结果可以看出，局部变量 b 的初始值为 0，只在首次调用时有效，而后再调用时使用的仍然是 b 上次的值。

```
int func()
{
  int b =0;
  b++;
  return b;
}
On key '1'
{
  write("print value :%d",func());
}
//输出结果:
Program / Model       print value :1
Program / Model       print value :2
Program / Model       print value :3
```

在 CANoe 12.0 SP3 之后的版本可以通过 stack 关键字定义真正的局部变量，示例代码如下。

```
int func_2()
{
  stack int b =0;
  b++;
  return b;
}
On key '2'
{
  write("print value :%d",func_2());
}
//输出结果:
Program / Model       print value :1
Program / Model       print value :1
Program / Model       print value :1
```

2. 全局变量陷阱

全局变量的作用域是整个 CAPL 文件，生命周期是从 CANoe 开始运行到结束。

现假设有两个网络节点，NodeA 和 NodeB，NodeA.can 文件和 NodeB.can 文件都引用了

Header.cin 文件，那么在 NodeA.can 文件中更改 Header.cin 文件中的全局变量，不会改变 NodeB.can 文件引用的值。

全局变量的示例代码如表 3-20 所示，先按下按键"a"，再按下按键"b"，在 NodeA.can 文件中将全局变量 g_monkey 的值由 1 改为 2，但是在 NodeB.can 文件中读取到的 g_monkey 值仍然是 1，而不是 2。

【总结】：网络节点.can 文件在引用.cin 文件时，会将.cin 文件的变量/函数隐形地复制一份到该节点的.can 文件。

表 3-20　全局变量的示例代码

文件	代码	输出结果

NodeA.can	```
	includes
	{
	  #include "Header.cin"
	}
	on key 'a'
	{
	  write("pressed key %c",this);
	  write("NodeA g_monkey =%d",g_monkey);
	  g_monkey = 2;
	  write("NodeA g_monkey =%d",g_monkey);
	}
	``
		Pressed key a
		NodeA g_monkey =1
		NodeA g_monkey =2

NodeB.can	```
	includes
	{
	 #include "Header.cin"
	}
	on key 'b'
	{
	  write("pressed key %c",this);
	  write("NodeB g_monkey =%d",g_monkey);
	}
	``
		Pressed key b
		NodeB g_monkey =1

Header.cin	```
	variables
	{
	  long g_monkey = 1;
	}
	``
		—

3.6.5　事件结构

1. 测量事件（Measurement）

在运行 CANoe 后首先触发 on preStart 事件，用户可以在这里初始化变量、打印信息及读写文件等，但不可执行总线操作，比如向总线上输出报文。然后触发 on Start 事件，用户可以在这里初始化变量，启动定时器等。

当停止运行 CANoe 后，首先触发 on preStop 事件，同样可以设置变量、打印信息及输出测试数据等。然后触发 on stopMeasurement 事件。

【注意】：在测试模块和测试单元中，不支持 on Start 和 on stopMeasurement 事件，且不可在 on preStart 和 on preStop 事件中初始化变量。

网络节点中的测量事件示例代码如下。

```
on preStart
{
  write("调用顺序 1");
}

on Start
{
  write("调用顺序 2");
}
on preStop
{
  write("调用顺序 3");
}

on stopMeasurement
{
  write("调用顺序 4");
}

//输出结果：
Program / Model       调用顺序：1
Program / Model       调用顺序：2
Program / Model       调用顺序：3
Program / Model       调用顺序：4
```

2. 按键事件（Key）

在 CAPL 中，用户可以使用 on key 语句来定义按键事件。用户按下特定的按键时触发按键事件。用户可以在 on key 语句中发送报文、更改信号、调试代码等。

【注意】：如果是在网络节点中定义的按键事件，那么在运行 CANoe 后随时可以触发按键事件。如果是在测试模块节点中定义的按键事件，则测试模块必须处于运行中才能够触发按键事件。

```
on key 'a'
{
    //code
}
```

特殊按键及组合键的 CAPL 代码如表 3-21 所示。

表 3-21　特殊按键及组合键的 CAPL 代码

按键	CAPL 代码
<F1> - <F12> (<F7>, <F8> and <F9>不支持)	F1 - F12
<Shift> + <F1> - <Shift> + <F12>	shiftF1 - shiftF12
<Ctrl> + <F1> - <Ctrl> + <F12>	ctrlF1 - ctrlF12
<Ctrl> + <Page up> / <Ctrl> + <Page down>	ctrlPageUp / ctrlPageDown
<Page up> / <Page down>	PageUp / PageDown
<End>	End
<Home>	Home
<Insert>	InsertKey
<Delete>	DeleteKey
<Left Arrow>, <Right Arrow>, <Up Arrow>, <Down Arrow>	CursorLeft, CursorRight, CursorUp, CursorDown
<Ctrl> + <Left Arrow>, <Ctrl> + <Right Arrow>, <Ctrl> + <Up Arrow>, <Ctrl> + <Down Arrow>	ctrlCursorLeft, ctrlCursorRight, ctrlCursorUp, ctrlCursorDown

3. 定时器事件（Timer）

定时器事件请参见 3.3.7 节。

4. 值改变事件（Value Objects）

信号的值改变事件、系统变量事件和环境变量事件分别参见 3.3.9 节、3.3.10 节和 3.3.11 节。

5. 总线报文事件

CAPL Browser 根据打开的 CANoe 工程中使用的总线类型显示出总线事件，比如，前面工程只使用到了 CAN 总线，则 CAPL Browser 中只显示 CAN 事件，如果使用了 CAN 总线和 LIN 总线，就会显示 CAN 事件和 LIN 事件，通过功能区的【Filter】功能可以过滤总线。总线报文事件如图 3-41 所示。

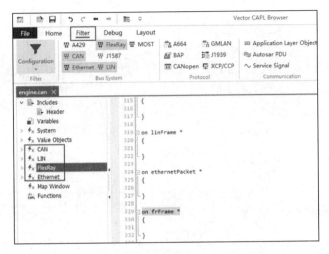

图 3-41　总线报文事件

on message 事件请参见 3.3.8 节，下面进一步补充一些 CAN 总线的错误帧事件。

on errorFrame 事件用于处理错误帧，常见的错误类型有位错误、格式错误、填充错误、CRC 检验错误、ACK 错误等。当 CAN 总线接收到错误帧时，该事件会被触发，并可通过 this.errorCode 判断错误帧类型，errorCode 位索引值及其说明如表 3-22 所示。

表 3-22　errorCode 位索引值及其说明

位索引值	值说明		
0～4	not used		
5	Direction		
	1: RX		
6～11	Error Code		
	Value		Description
	0		Bit Error
	1		Form Error
	2		Stuff Error
	3		Other Error
	4		CRC Error
	5		Ack Del Error
	6		not used
	7		Ack Error
	8		Overload Frame
	9		Protocol Exception Event

续表

位索引值	值说明		
12～13	Extended Information		
	Value	Description	
	0	RX NAK Error.	
		Passive Error Flag, if Error Code is Ack Error.	
	1	TX NAK Error.	
		Passive Error Flag, if Error Code is Ack Error.	
	2	RX Error.	
		Active Error Flag, if Error Code is Ack Error.	
	3	TX Error.	
		Active Error Flag, if Error Code is Ack Error.	
14	1: The error frame was send by CANoe/CANalyzer, for example with output(errorFrame)		
15	1: Protocol exception		

如图 3-42 所示，通过【Trace】窗口可以看到 CAN2 通道收到一帧 ID 是 0x30 的错误帧，错误类型是 ACK Error，错误码（ECC）是 010001110xxxxx。

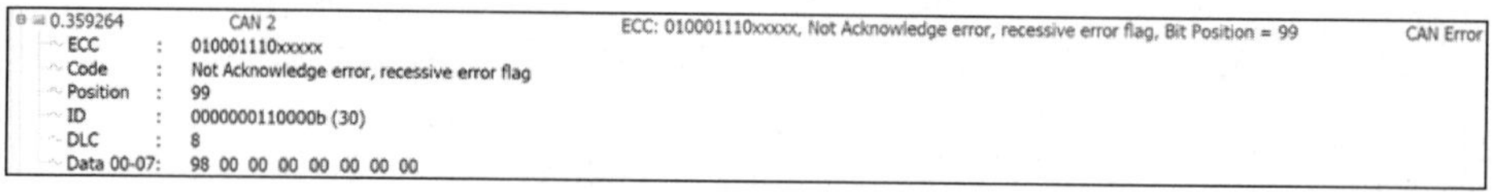

图 3-42　【Trace】窗口中纪录的错误帧

on errorFrame 事件的示例代码如下。在输出结果中 this.ErrorCode = 0x11d9，展开成二进制就是 0001000111001001，由表 3-22 可知 errorCode 属性占 16bit，0～4bit 和 14～15bit 没有使用，用 x 代替，所以可以写成 xx010001110xxxxx，这个结果与【Trace】窗口中的数据记录是一致的。

```
on errorFrame
{
  write("this.time = %fs",this.time/100000.0);//获取时间戳，时间单位是秒
  write("this.id = 0x%x",this.ID);
  write("this.ErrorPosition_Bit = %d",this.ErrorPosition_Bit);
  write("this.ErrorCode = 0x%x",this.ErrorCode);
}
//输出结果:
this.time = 0.359260s
this.id = 0x30
this.ErrorPosition_Bit = 99
this.ErrorCode = 0x11d9
```

3.6.6　函数

函数（Function）是一段可重复使用的代码块，用于执行特定的任务。函数定义包括函数名、返回类型、参数列表和函数体。

CAPL 是一种面向过程、面向事件的且较为封闭的语言，其不像 Python、Java、C++等语言有很好的生态，通过调用第三方类库来拓展功能。不过 CAPL 程序中内置了大量的用于仿真、测试的函数库，无须引用即可使用，用户可在 CAPL Browser 的【CAPL Functions】窗口查找 CAPL 所有的内置函数，也可以通过在 include 模块中引用 DLL 文件拓展功能。

前文提到过 CAPL 语言是基于 C 语言设计的，所以 CAPL 程序中的函数语法和 C 语言基本相同，但是在 C 语言中通常先声明函数才能使用函数，而在 CAPL 语言中可以在代码的任何地方定义和使用函数，无须声明，而且 CAPL 语言支持 C++语法中函数重载的概念，即允许定义名称相同但是参数不同的函数，示例代码如下。

```
void OverLoadFunction()
{
  write("没有参数");
}

void OverLoadFunction(int para1)
{
  write("有一个参数 para1 = %d", para1);
}

void OverLoadFunction(int para1,double para2)
{
  write("有两个参数 para1 = %d, para2 = %f", para1, para2);
}

on key 'W'
{
  OverLoadFunction ();
  OverLoadFunction (2);
  OverLoadFunction (1, 2.5);
}
```

3.6.7 测试函数

测试函数（Test Function）是 CAPL 语言的一个固定功能块，在 Test Node 类型文件中可以通过关键字 testfunction 定义一个测试函数。

测试函数和普通函数一样，可以传参，也可以重载，但不同的是测试函数可以用在测试用例（Test Case）或者测试序列（Test Sequence）中，并且会将测试函数的名称和测试结果输出到测试报告中。

在 CAPL Test Module 类型的测试模块中的示例代码如下。

```
void MainTest ()
{
  // TastCase_Demo();        // 不允许在 MainTest 中调用测试函数
  TastFunc_Demo();
}

testcase TastCase_Demo()
{
  TastFunc_Demo();           // 只允许在 TestCase 中调用测试函数
}

testfunction TastFunc_Demo()
{
  teststep("","测试函数 TastFunc_Demo 被执行");
}
```

在 XML Test Module 类型的测试模块中，可以通过.xml 文件调用测试函数，但是不可以调用普通函数。如下面的示例代码，在.xml 文件中通过 capltestfunction 标签调用在 CAPL 文件中定义的 InitTest 测试函数。

```
//.xml 文件中的部分调用测试函数的代码
<preparation>
    <capltestfunction name="InitTest" title = "InitTest"></capltestfunction>
</preparation>

//.can 文件中的代码
testfunction InitTest()
{
  //测试执行前的一些代码逻辑
}
```

3.6.8 测试用例

测试用例是 CAPL 语言的一个固定功能块，在测试模块中通过关键字 testcase 创建测试用例。测试用例是 CAPL 中的最小测试单元，用户通过关键字 testcase 创建多个测试用例组成测试单元，示例代码如下。

测试用例和普通函数、测试函数一样，可以传参，也可以重载。

```
testcase MyTestCase_01()
{
//测试逻辑
}
testcase MyTestCase_02(int para1)
{
//测试逻辑
}
```

测试模块中的测试用例如图 3-43 所示。

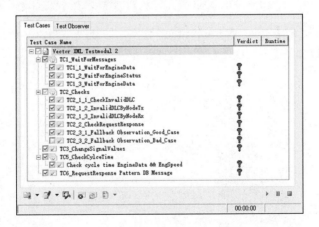

图 3-43　测试用例

3.7　CAPL 配色方案

很多集成开发环境，如用于开发 C/C++语言的 Visual Studio，用于开发 Python 的 Pycharm 等都集成了很多的主题供开发者选择，但是 CAPL Browser 集成开发环境的功能比较简单，没有主题可以直接选择。用户可以在【Options】窗口中选择【Fonts and Colors】选项，通过设置代码元素的字体和颜色属性来更改代码风格，如图 3-44 所示。

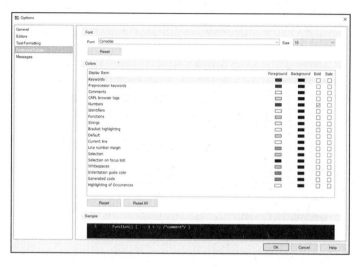

图 3-44　代码字体和颜色设置

3.8　CAPL 文件加密

用户可以在 CAPL Browser 中通过对源文件进行加密来保护源代码。

在【File】菜单中选择【Save As Encrypted】选项可以加密单个 CAPL 文件，选择【Encrypt CAPL Files】选项可以加密工程中的所有 CAPL 文件。

如图 3-45 所示，在执行加密操作后，每个.can 文件会生成一个.canencr 文件，每个.cin 文件会生成一个.cinencr 文件，加密后的文件不能被查看和编辑。

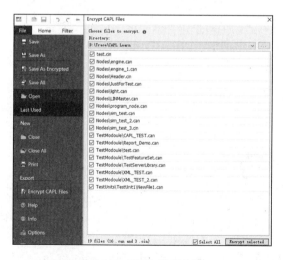

图 3-45　CAPL 源码加密

【说明】：在加密完成后做好备份，用户即可删除源文件，不影响代码的运行。

3.9　CAPL 总线常量

CAPL 语言中内置了一些常量可以直接访问总线的信息。使用语法是"%常量名称%"，返回值是字符串，且可以直接插入字符串中，也可以通过%s 格式化输出到字符串中。

（1）%NODE_NAME%。

%NODE_NAME%可获取网络节点名称，示例代码如下，测试结果如图 3-46 所示。

```
on key 'a'
{
  write("the node name: %NODE_NAME%");
}
```

（2）%CHANNEL%。

%CHANNEL%可获取网络节点分配的通道，示例代码如下，测试结果如图 3-47 所示。

```
on key 'b'
{
  write("the channel: %CHANNEL%");
}
```

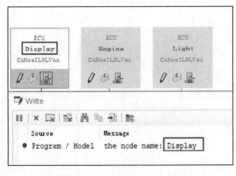
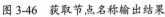

图 3-46　获取节点名称输出结果

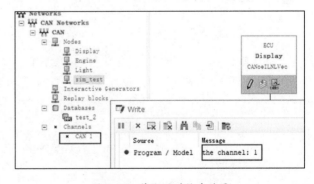

图 3-47　获取通道输出结果

（3）%NETWORK_NAME%。

%NETWORK_NAME%可获取仿真节点分配的网络名称，示例代码如下，测试结果如图 3-48 所示。

```
on key 'c'
{
  write("the network name: %NETWORK_NAME%");
}
```

（4）%BUS_TYPE%。

%BUS_TYPE%可获取仿真节点分配的通道的总线类型，示例代码如下，测试结果如图 3-49 所示。

```
on key 'd'
{
  write("the bus type: %BUS_TYPE%");
}
```

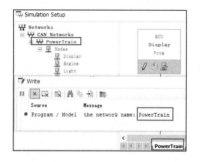

图 3-48　获取网络名称输出结果

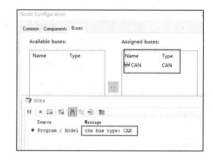

图 3-49　获取总线类型输出结果

（5）%FILE_NAME%。

%FILE_NAME%可获取源文件名称，%FILE_NAME_NO_EXT%可获取没有扩展名的源文件名称，示例代码如下，测试结果如图 3-50 所示。

```
on key 'e'
{
  write("the source file name: %FILE_NAME%");
  write("the source file name: %FILE_NAME_NO_EXT%");
}
```

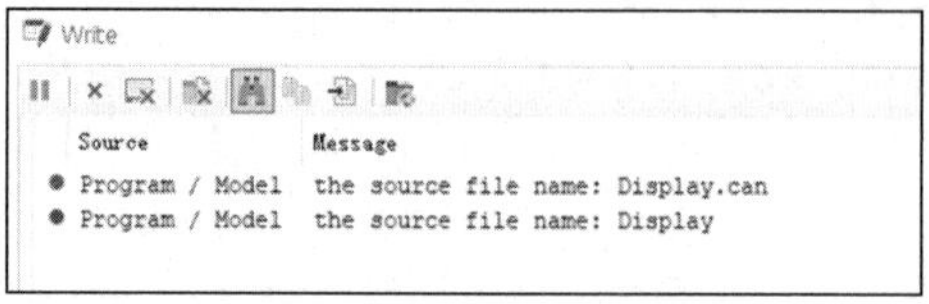

图 3-50　获取文件名输出结果

3.10　条件编译

在 CAPL 语言中，条件编译是一种编译指令，可根据某些条件决定是否编译某段代码。条件编译使得程序可以根据不同的编译环境、配置选项或运行时的条件来启用或禁用某些代码块，从而提高了程序的可移植性和灵活性。

（1）语法格式。

条件编译中使用的编译指令包括#if、#elif、#else 和#endif，#if 后面跟着一个表达式，如果该表达式为真，则编译随后的代码块，否则，跳过该代码块。

在 CAPL 的 inlcude 模块、variable 模块和函数中都可以使用条件编译。

条件编译支持常用的运算符，比如逻辑运算符||和&&，关系运算符<和==等。

条件编译支持条件嵌套，示例代码如下。

```
on message *
{
    #if MEASUREMENT_SETUP //如果该段代码是 CANoe Measurement Setup 的一部分
        write("test 1");
    #else
        write("test 2");
    #endif
}
```

（2）CAPL 内置的编译条件。

CAPL 程序内置的编译条件如表 3-23 所示。

表 3-23　CAPL 程序内置的编译条件

内置的编译条件	描述
MEASUREMENT_SETUP	如果 CAPL 程序是 CANoe Measurement Setup 的一部分，则该值为 1
SIMULATION	如果 CAPL 程序不是 CANoe Measurement Setup 的一部分，则该值为 1
ANALYSIS	如果 CAPL 程序是 CANoe Measurement Setup 的一部分，则该值为 1
TEST_NODE	如果 CAPL 程序是 CAPL 测试节点或测试库，则为真
CANOE	如果 CAPL 程序是为 CANoe 编译的，则为真
CANOE_LT	如果 CAPL 程序是为 CANoe LT 编译的，则为真
CAPL_ON_BOARD	如果 CAPL 程序是为在网络接口上执行而编译的，则为真

续表

内置的编译条件	描述
EXTENDED_REAL_TIME	如果 CAPL 程序是为在扩展实时部分执行而编译的，则为真
TOOL_MAJOR_VERSION	CANoe 的主版本，比如 CANoe 16 SP2 中的 16
TOOL_MINOR_VERSION	CANoe 的子版本，比如 CANoe 16 SP2 中的 2
TOOL_SERVICE_PACK	CANoe 的服务包版本，比如 CANoe 16 SP2 中的 2
DEBUG	如果激活了 CAPL Debug，则为真
X64	如果 CAPL 程序位于仿真设置或测试设置中，并且使用 64 位 RT 内核，则为真
LINUX	如果 CAPL 程序位于仿真设置或测试设置中，并且使用 LINUX 内核，则为真

示例代码如下，通过 TOOL_MAJOR_VERSION 和 TOOL_MINOR_VERSION 判断使用的 CANoe 软件版本，通过 SIMULATION 条件判断该 CAPL 文件是否为 Simulation node。

```
on key 'g'
{
  #if (TOOL_MAJOR_VERSION == 16 && TOOL_MINOR_VERSION == 2)
    write("CANoe 16.2");
  #endif

  #if SIMULATION
    write("this File is in simulation node");
  #endif
}
```

（3）自定义编译条件。

在 CANoe 12 SP3 之后的版本，用户可以通过#define <Condition>语法自定义编译条件。

#define 不是宏定义，不能给该常量赋值，也不能在#if 和#elif 之外的代码中使用该常量。可以在 variables 模块和 includes 模块中使用#define 定义编译条件，示例代码如下。

```
includes
{
  #define TEST_1
  #include "Display.cin"
}

variables
{
  #define TEST_2
```

```
}

on key 'h'
{
  #if TEST_1
    write("定义了 TEST_1");
  #endif

  #if TEST_2
    write("定义了 TEST_2");
  #endif
}
```

第 4 章 CANoe 功能

4.1 输出窗口

在 CANoe 中，输出窗口（Write Window，以下称为 Write 窗口）是一种常用的调试工具。在测量过程中出现的重要信息（比如，测量完成后的统计报告或完成采集范围信息）都会在 Write 窗口中显示。也可以使用 Write 函数将用户调试信息输出到 Write 窗口中。

Write 窗口默认有 4 个子页面，如图 4-1 所示。

- Overview：所有类型的信息都输出在此页面。
- System：用于显示系统类型的输出信息。
- Program / Model：显示脚本（如 CAPL、.NET 或者 Python）中的输出信息。
- Test：显示测试函数库（Test Feature Set、Test Service Library）中的输出信息。

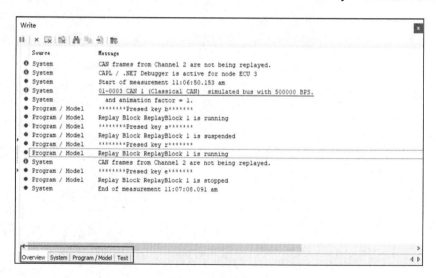

图 4-1　Write 窗口

1. 创建子页面

Write 窗口默认只有 4 个子页面，用户可以通过 CAPL 的内置函数 writeCreate 增加自定义的子页面，然后通过 writeLineEx 函数将信息输出到该页面。

下面的示例代码通过 writeCreate 函数创建一个名为 "New Page" 的 Write 窗口子页面，

通过 writeConfigure 函数设置日志保存的文本路径，通过 writeclear 函数清空该页面的信息，以及通过 writeLineEx 函数向指定的子页面输出指定类型的信息。

```
/*@!Encoding:936*/
variables
{
  long mNewPage;
}

on start
{
  //创建新的子页面
  mNewPage= writeCreate("New Page");
  //设置日志保存的文件路径
  writeConfigure(mNewPage, 20, 1, "c:\\temp\\writelog.TXT");
  writeclear(1); //清空信息
  //通过 writeLineEx 函数指定打印的页面
  writeLineEx(mNewPage,1,"创建了 Write 窗口子页面 New Page");
}

on key 'a'
{
  writeLineEx(mNewPage,1,"按下了键盘 %C ",this);
}

on stopMeasurement
{
  writeDestroy(mNewPage);   //摧毁创建的子页面
}
```

2. 字体样式

在默认情况下，Write 窗口的输出信息的字体样式是白底黑字。如果期望在测试通过（Pass）时，输出绿色字体的信息；在测试失败（Fail）时，输出红色字体的信息，则可以通过以下的 CAPL 内置函数动态地改变 Write 窗口中的字体颜色和背景色。

- void writeTextColor(dword sink,dword red, dword green, dword blue);
- void writeTextBkgColor(dword sink,dword red, dword green, dword blue);

示例代码如下。

```
on key 'b'
{
  writeLineEx(mNewPage,1,"按下了键盘 %C ",this);

  WriteTextColor(mNewPage,0,255,0);                    //绿色
  writeLineEx(mNewPage,1,"这是一行绿色字体");

  WriteTextColor(mNewPage,255,0,0);                    //红色
  writeLineEx(mNewPage,1,"这是一行红色字体");

  WriteTextColor(mNewPage,0,0,0);                      //黑色，复原
  writeLineEx(mNewPage,1,"这是一行黑色字体");

  WriteTextBkgColor(mNewPage,0,255,0);                 //绿色
  writeLineEx(mNewPage,1,"这是一行绿色背景色");

  WriteTextBkgColor(mNewPage,255,255,255);             //白色，复原
  writeLineEx(mNewPage,1,"这是一行白色背景色");
}
```

执行程序后，输出结果如图 4-2 所示。

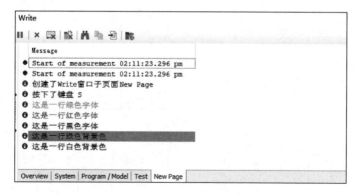

图 4-2　Write 窗口改变字体颜色和背景色

3. 输出函数汇总

（1）write 函数。

write 函数是 CAPL 中最基本的格式化输出信息的函数。

函数格式：

void write(char format[], …)

（2）writeLineEx 函数。

writeLineEx 函数的功能比 write 函数丰富，用户可通过设置 sink 参数，将信息输出到 Write 窗口的指定子页面或者 Trace 窗口，抑或是保存到日志文件。也可以设置 severity 参数的值，指定输出信息的类型，如 Information、Warning、Error、Success。writeLineEx 函数的参数及其说明如表 4-1 所示。

函数格式：

void writeLineEx(long sink, dword severity, char format[], …)

表 4-1 writeLineEx 函数的参数及其说明

参数	值	说明
sink	−4	输出到 Trace Window and logging file（只支持 ASC 和 BLF 格式）
	−3	输出到 Trace 窗口
	−2	输出到 logging file（只支持 ASC 和 BLF 格式）
	−1	Reserved
	0	输出到 Write 窗口 System 子页面
	1	输出到 Write 窗口 CAPL 子页面
	4	输出到 Write 窗口 Test 子页面
severity	0	Success
	1	Information
	2	Warning
	3	Error

示例 1：向 Write 窗口子页面输出各种类型的信息。

```
/*@!Encoding:936*/
variables
{
  enum sink {Trace_log = -4,Trace = -3,log = -2,system_page = 0,capl_page =
1,test_page = 4};
  enum severity {Success,Information,Warning,Error};
}

on key 't'
```

```
{
  writeLineEx(system_page,system_page,"按下了键盘 %C ",this);

  writeLineEx(system_page,Success,"成功类型的信息！");
  writeLineEx(system_page,Information,"一般类型的信息！");
  writeLineEx(system_page,Warning,"警告类型的信息！");
  writeLineEx(system_page,Error,"错误类型的信息！");
}
```

测试结果如图 4-3 所示。

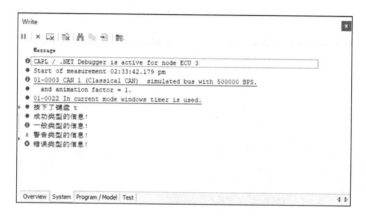

图 4-3　输出不同类型的信息

示例 2：向 Trace 窗口中输出信息（Trace 窗口中信息类型的参数会失效）。

```
/*@!Encoding:936*/
variables
{
  enum sink {Trace_log = -4,Trace = -3,log = -2,system_page = 0,capl_page =
1,test_page = 4};
  enum severity {Success,Information,Warning,Error};
}


on key 't'
{
  writeLineEx(Trace,system_page,"按下了键盘 %C ",this);

  writeLineEx(Trace,Success,"成功类型的信息！");
  writeLineEx(Trace,Information,"一般类型的信息！");
```

```
writeLineEx(Trace,Warning,"警告类型的信息！");
writeLineEx(Trace,Error,"错误类型的信息！");
}
```

测试结果如图 4-4 所示。

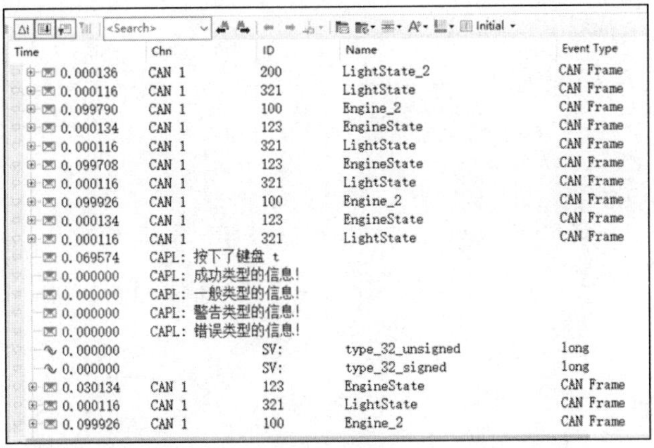

图 4-4　将信息输出到 Trace 窗口

（3）writeEx 函数。

writeEx 函数和 writeLineEx 函数的功能类似，唯一的区别就是 writeEx 函数不换行打印。

函数格式：

void writeEx(long sink, dword severity, char format[], …)

示例代码如下。

```
/*@!Encoding:936*/
variables
{
 enum sink {Trace_log = -4,Trace = -3,log = -2,system_page = 0,capl_page =
1,test_page = 4};
 enum severity {Success,Information,Warning,Error};
}


on key 't'
{
 writeLineEx(system_page,Success,"按下了键盘 %C ",this);
```

```
    writeEx(system_page,Success,"成功类型的信息！");
    writeEx(system_page,Information,"一般类型的信息！");
    writeEx(system_page,Warning,"警告类型的信息！");
    writeEx(system_page,Error,"错误类型的信息！");
}
```

测试结果如图 4-5 所示。

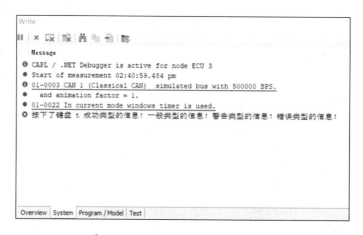

图 4-5   writeEx 函数不换行打印结果

（4）writeConfigure 函数。

writeConfigure 函数可以将 Write 窗口中指定子页面的信息保存到文件中，其格式如下：

void writeConfigure(dword sink, dword lines, dword logging, char filename[])

该函数有以下几点说明。

- 如果 filename 文件在计算机盘符下不存在，则会自动创建该文件，但是不能自动创建
  文件夹，比如可以创建路径 "D:\\writelog.txt"，但是无法创建路径 "D:\\temp\\
  writelog.txt"，因为 D 盘中没有 temp 文件夹
- 将 logging 参数设置为 1（启用记录），在程序结束后要将其设置为 0（禁用记录）。
- 文件的记录方式是向后追加的。

示例代码如下。

```
/*@!Encoding:936*/
variables
{
```

```
 enum sink {Trace_log = -4,Trace = -3,log = -2,system_page = 0,capl_page =
1,test_page = 4};
 enum severity {Success,Information,Warning,Error};
 enum save_flag {Save,unSave};
 char writeLogPath[200] = "D:\\writelog.txt";
}

on key 'w'
{
 writeLineEx(system_page,Success,"按下了键盘 %C ",this);

 writeConfigure(system_page,200,Save,writeLogPath);//设置保存路径

 writeLineEx(system_page,Success,"成功类型的信息! ");
 writeLineEx(system_page,Information,"一般类型的信息! ");
 writeLineEx(system_page,Warning,"警告类型的信息! ");
 writeLineEx(system_page,Error,"错误类型的信息! ");

 writeConfigure(system_page,200,unSave,writeLogPath);
}
```

（5）writeDbgLevel 函数。

writeDbgLevel 函数通过设置优先级（priority 参数）来控制输出调试信息，其格式如下。

- void setWriteDbgLevel (unsigned int priority);　　//设置优先级
- long writeDbgLevel(unsigned int priority, char format1[], char format2[], …);

以上两个函数需要搭配使用，在 CAPL 程序中，应先通过 setWriteDbgLevel 函数设置调试输出的等级，然后在需要输出调试信息的地方调用 writeDbgLevel 函数。writeDbgLevel 函数的使用规则如下。

- 如果 writeDbgLevel 函数的 priority 参数值小于或等于 setWriteDbgLevel 函数的 priority 值，则输出信息，否则就不输出信息。
- priority 参数值越低，说明其优先级越高，调试信息被输出的可能性越大。
- 0 的优先级最高。如果设置了 setWriteDbgLevel(0)，那么在每次调用 writeDbgLevel 函数时，只有优先级为 0 的调试信息才会被输出，其他的输出都会被抑制。
- 15 的优先级最低。如果设置了 setWriteDbgLevel(15)，那么在每次调用 writeDbgLevel 函数时，优先级就为任意值，且都能够输出。

```
On key 'g'
{
  setWriteDbgLevel(7); //设置优先级
  writeDbgLevel (4, "优先级 4 <= 7，这条信息会被输出");
  writeDbgLevel (8, "优先级 8 > 7，这条信息不会被输出");

  setWriteDbgLevel(8); //设置优先级
  writeDbgLevel (8, "优先级 8 <= 8，这条信息会被输出");
}
//输出结果：
优先级 4 <= 7，这条信息会被输出
优先级 8 <= 8，这条信息会被输出
```

4.2　仿真设置

【Simulation Setup】窗口用于配置和管理 CANoe 仿真环境的对象，它提供了对仿真设置（Simulation Setup）的访问和控制，包括网络配置、节点配置、信号配置等操作。

在【Simulation Setup】窗口中，单击鼠标右键，在弹出的快捷菜单中选择【System View】选项可以显示如图 4-6 所示的树形网络结构。在树形网络结构和图形网络结构中都可以配置网络、节点等。

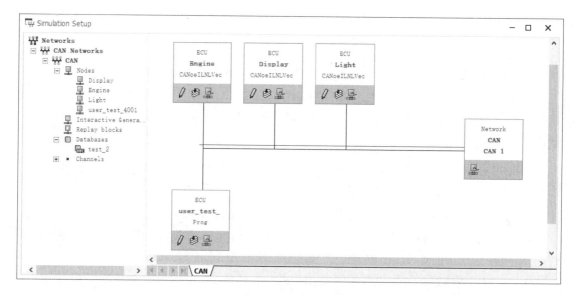

图 4-6　【Simulation Setup】窗口

1. 添加网络

下面在已有的 CAN 网络基础上，再增加一条 CANFD 网络。

（1）在【Networks】处单击鼠标右键，在弹出的快捷菜单中选择【Add】选项，然后在弹出的对话框中的【Name】选项处重命名该总线的名称，在【Bus system】选项处选择总线类型，如图 4-7 所示。

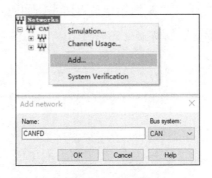

图 4-7　添加网络

（2）在【Network】节点上单击鼠标右键，在弹出的快捷菜单中选择【Network Hardware】选项，打开【Network Hardware Configuration】（网络硬件配置）对话框，然后配置 CAN 总线的网络属性，如 CAN/CAN-FD、波特率，采样点等，如图 4-8 所示。

【说明 1】：只有在连接了总线干扰仪（如 VH6501）之后，才需要勾选【Active】复选框。

【说明 2】：在 Real Bus 类型的仿真工程中，如果没有真实 ECU 响应仿真 ECU 发出的报文，则 CANoe 会报 No ACK 的错误帧。如果用户勾选【TX Self-ACK】复选框，则即使没有真实节点响应 ACK 应答，仿真节点也会自己响应 ACK 应答，没有错误帧。

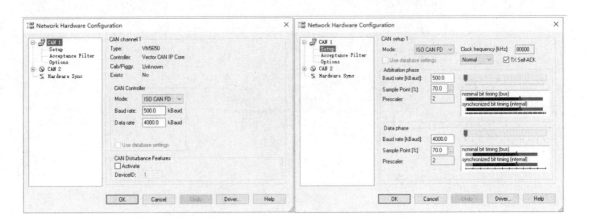

图 4-8　配置 CAN 总线的网络属性

2. 添加数据库文件

（1）在【Databases】处单击鼠标右键，在弹出的快捷菜单中选择【Add】选项，然后选择需要的数据库文件，如图 4-9 所示。

（2）在第（1）步骤加载的数据库文件处单击鼠标右键，在弹出的快捷菜单中选择【Node Synchronization】选项，打开【Database Import Wizard】对话框，根据需要将【Available nodes】中的节点移到【Assigned nodes】中，从而实现节点仿真，如图 4-10 所示。

【注意】：CANoe Demo 版本最多支持 4 个仿真节点。

图 4-9　选择数据库文件

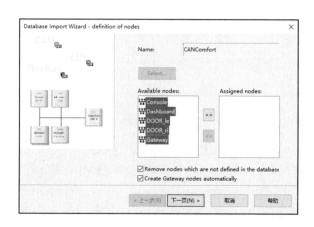

图 4-10　分配仿真节点

3. 激活与禁用网络总线

在网络总线处单击鼠标右键，可通过在弹出的快捷菜单中选择【Network Active】选项来激活/禁用网络，如图 4-11 所示。

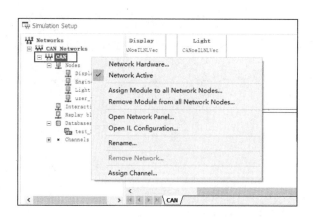

图 4-11　激活/禁用网络

4. 激活/禁用节点

在节点上单击鼠标右键，在弹出的快捷菜单中选择【Block Active】选项（快捷键为空格键）来激活/禁用该节点，如图 4-12 所示。

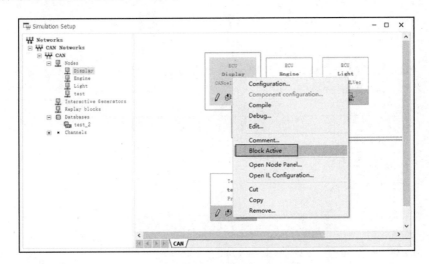

图 4-12　激活/禁用节点

节点被禁用后为灰色状态，且该节点将不再向总线上发送仿真消息。

CAPL 语言提供了一些内置函数可以在程序中灵活地激活/禁用节点。注意，网络节点和测试节点提供的函数名不同。

网络节点中的 CAPL 函数如下。

```
on key 'G'
{
  //该函数只能用于网络节点，并可以禁用该节点
  canOffline(3);          //禁用
}
on key 'Q'
{
  canOnline(3);           //激活
}
```

测试节点中的 CAPL 函数如下。

```
void MainTest ()
{
```

```
testSetEcuOffline("Engine");      //禁用 Engine 节点
testWaitForTimeout(2000);         //等待 2s
testSetEcuOnline("Engine");       //激活
}
```

5. 网络重命名

在【CAN】网络处单击鼠标右键，在弹出的快捷菜单中选择【Rename】选项，可以给网络重命名，如图 4-13 所示。

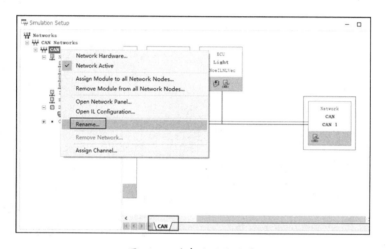

图 4-13　重命名网络名称

在 CANoe 的仿真工程中，一般存在多个网络拓扑。用户在使用 CAPL 函数对网络中的节点、报文、信号等元素进行操作时，如果该元素符号存在于多条网络中，则需要先使用 SetBusContext 函数设置总线环境，才能对该网络下的元素进行操作。

- dword GetBusNameContext(char name[]) //查询输入的总线是否存在，若存在则函数的返回值为非零的整数。

- dword SetBusContext(dword context) //设置总线环境，输入值为 GetBusNameContext 函数的返回值。

在使用 testDisableMsg 函数禁用 EngineState 报文之前，先通过 GetBusNameContext 和 SetBusContext 函数设置总线环境，示例代码如下。

```
void MainTest ()
{
  dword Bus;
```

```
Bus = GetBusNameContext("CAN");
SetBusContext(Bus);

testDisableMsg(EngineState);        //停发 EngineState 报文
testWaitForTimeout(2000);           //等待 2s
TestEnableMsg(EngineState);         //激活 EngineState 报文
}
```

6. 网络节点配置

（1）在网络节点上单击鼠标右键，在弹出的快捷菜单中选择【Configration】选项可以打开节点配置对话框【Node Configuration】，在【Common】子页面单击【File】按钮可以加载.can文件，单击【X】按钮可以卸载文件，如图 4-14 所示。

（2）在【Components】子页面可以选择 DLL 文件，不同的总线、不同的功能，在节点配置中需要引用不同的 DLL 文件。比如 CAN 总线必须加载 CANOEILVECTOR.DLL，则仿真节点的报文才会被按照数据库中定义的方式发送，如图 4-15 所示。

【说明】：更多的 DLL 文件安装包路径：C:\Program Files\Vector CANoe 16\Exec32。

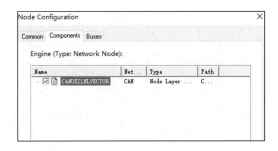

图 4-14　节点配置【Common】子页面　　　　图 4-15　节点配置【Components】子页面

（3）【Buses】子页面为当前节点所在的网络，一般无须用户设置。

（4）在节点上单击鼠标右键，在弹出的快捷菜单中选择【Edit】选项，打开 CAPL 文件，选择【Compile】选项可以编译文件，如图 4-16 所示。也可以通过单击节点上的"小铅笔"图标打开 CAPL 文件。

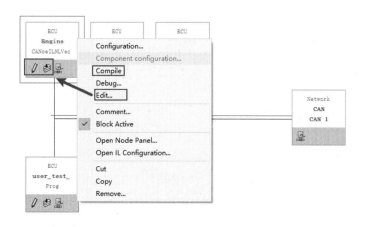

图 4-16　打开和编译 CAPL 文件

7. 插入测试模块

在网络拓扑图的总线上单击鼠标右键，在弹出的快捷菜单上可以选择插入网络节点、测试模块及回放模块等选项，如图 4-17 所示。3 种测试模块如下。

- .NET Test Module：通过 C#语言编写测试用例。
- CAPL Test Module：通过 CAPL 语言编写测试用例。
- XML Test Module：通过 XML 和 CAPL 语言编写测试用例，该测试模块通过 XML 调用测试用例的执行，比其他测试模块灵活性更高。

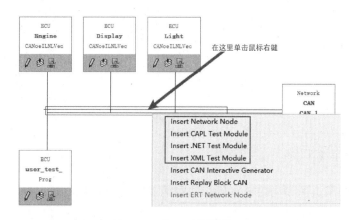

图 4-17　插入测试模块

下面插入一个 CAPL Test Module，然后在该节点上单击"小铅笔"图标，创建一个 test.can 文件，并写入下面的代码。然后双击该测试模块即可调出测试模块执行窗口，单击窗口右下角"三角形"图标即可执行测试模块，如图 4-18 所示。

```
void MainTest ()
{
  TC_001();
}


testcase TC_001()
{
  // codes
}
```

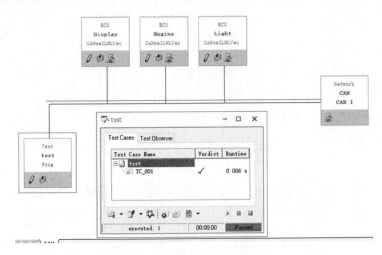

图 4-18　测试模块的执行窗口

8. 插入 IG 模块

交互式生成器（Interactive Generator，简称 IG 模块）是 CANoe 中的一个重要功能模块，利用它用户无须编写 CAPL 代码即可在测量运行时发送报文、更改信号值等。

在网络拓扑图总线上单击鼠标右键，在弹出的快捷菜单中选择【Insert CAN Interactive Generator】选项即可插入一个 IG 模块。

在 IG 模块配置对话框中，可以添加任意报文到传输列表，在该对话框中用户可以设置发送报文的触发方式（如为手动触发、按键触发、系统变量事件触发及周期触发等），发送类型（如 CAN、CAN-FD、远程帧、拓展帧等），以及报文的 DLC、通道、数据等属性。

如图 4-19 所示，单击工具栏上的【Add CAN Frame】选项，添加一个数据库中未定义的报文，并设置报文发送方式、ID、类型、长度等。然后运行 CANoe，单击【Send】按钮即可将该报文发送到总线上。

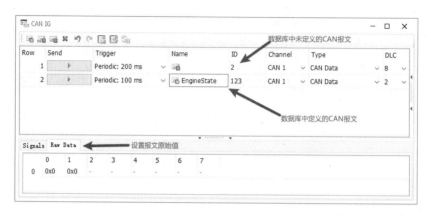

图 4-19　添加报文

单击工具栏上的【Add Frame from Database】选项，可以添加数据文件定义的报文，添加一个 EngineState 报文。

在 IG 模块中添加了 EngineState 报文后，需要注意网络节点 Engine 同时也在发送 EngineState 报文，这时总线上就会同时发出两帧报文，所以需要禁止 Engine 节点发送 EngineState 报文。

如图 4-20 所示，在 Engine 节点的连接线上单击鼠标右键，在弹出的快捷菜单中选择【Output】选项，然后选择【Insert Filter】选项打开【Filter】过滤器对话框。

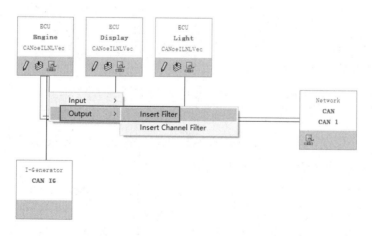

图 4-20　插入过滤器

在【Filter】对话框中依次选择【Events】→【Message from database】选项，如图 4-21
所示。

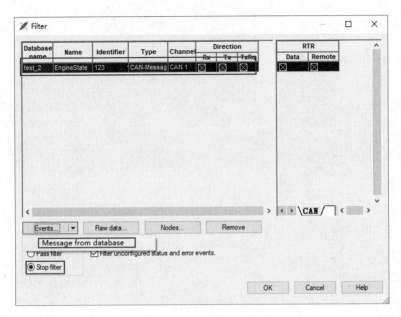

图 4-21　【Filter】对话框

4.3　测量分析

在 CANoe 中，测量分析（Analysis）功能为车载网络的开发和测试提供了强大的支持，
可以帮助用户更好地理解网络行为，发现和解决潜在问题，以及优化网络的性能。

测量分析功能可用于以下几个方面。

- 数据捕获：可以实时捕获网络上的数据流，并将其保存到离线文件，这些文件可以用
  于后续的数据分析和回放。
- 数据查看：可以对捕获到的数据进行实时查看或离线分析，并查看每帧报文的详细
  信息。
- 数据分析：测量分析功能提供了多种对捕获的数据进行深入分析的工具和视图。例如，
  可以使用统计视图来查看总线负载、错误计数等信息，使用信号视图来查看和测量信
  号值等。
- 诊断和调试：通过测量分析功能识别和解决网络中的问题。例如，可以检测到总线上
  的通信故障、数据一致性问题等。

测量分析视图窗口如图 4-22 所示。

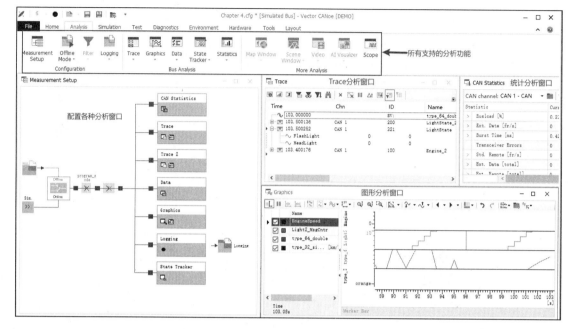

图 4-22　测量分析视图窗口

4.3.1　测量设置

在 CANoe 软件中，测量设置（Measurement Setup）是用于配置和启动数据流捕获和分析的模块，它允许用户设置数据源、选择分析窗口、配置数据流选项，以便对网络上的数据进行捕获、查看和分析。如图 4-23 所示，测量设置模块从左到右的连线表明了数据在 CANoe 中的流动方向。

测量设置模块提供了以下功能。

- 数据源选择：CANoe 有两种数据输入源，一种是在线（online）模式，数据来自于实时仿真总线，另一种是离线（offline）模式，数据源来自于离线文件。
- 数据过滤：在数据线上可以插入通道过滤、事件过滤、变量过滤等，以减少非必要的数据流向后一级，方便分析。
- 分析窗口：CANoe 软件提供了多种分析窗口，例如 Trace 窗口、Graphics 窗口等，用户可以选择适当的分析窗口来查看和分析数据。
- 数据保存：在插入 Logging 模块后可以将数据流保存到文件。用户可以在 Logging 模块中配置数据保存的触发方式、文件格式和路径等。

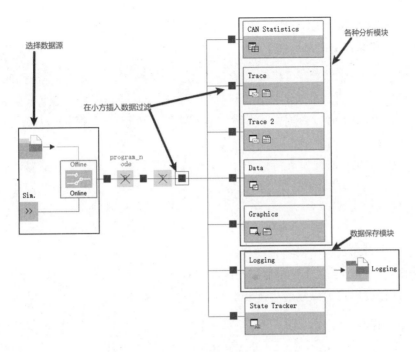

图 4-23　测量设置

4.3.2　跟踪窗口

在测量设置模块中单击鼠标右键，在弹出的快捷菜单中选择【Insert Trace Window】选项，插入一个 Trace 模块，双击该模块即可打开跟踪窗口（Trace Window，以下称 Trace 窗口），如图 4-24 所示。

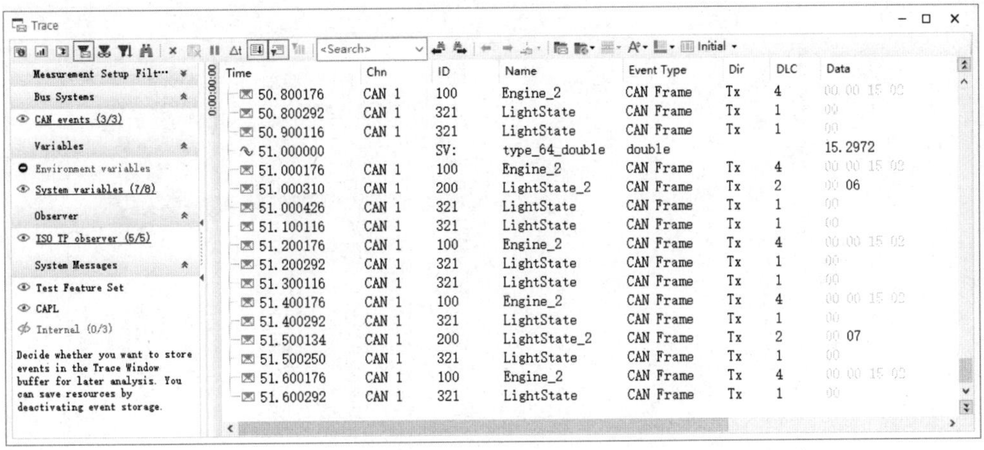

图 4-24　Trace 窗口

Trace 窗口的作用是记录测量过程中的各项活动。在测量设置中所有信息以文本方式输出到 Trace 窗口，例如如下信息。

- 数据捕获：Trace 窗口可以实时捕获总线上的数据流，并将其显示在窗口中。用户可以选择不同的捕获模式，例如循环捕获、单次捕获或触发器捕获等。
- 数据查看：Trace 窗口提供了各种工具和视图，用于查看和分析总线上的数据，并查看每帧报文的详细信息。
- 过滤功能：Trace 窗口支持过滤功能，用户可以根据需要设置过滤器，让其只显示用户感兴趣的数据帧或信号、系统变量、CAPL 打印等。这有助于降低数据的复杂性，使分析更加高效。
- 标记功能：用户可以在 Trace 窗口中使用标记功能，对特定帧或信号进行标记。这有助于在大量的数据中快速识别和定位关键信息。
- 导出功能：Trace 窗口支持将捕获的数据导出为多种文件格式，例如 CSV、BLF 格式等，这使得用户可以离线处理和分析数据。

（1）详细视图。

通过 Trace 窗口的 Detail View（详细视图）功能，用户可以查看报文、系统变量或环境变量的详细信息，Detail View 中显示了报文的各个字段及其值，用户可以查看每个字段的数据类型、大小和单位等信息。此外，用户还可以查看报文的发送时间、接收时间及报文的状态等信息，如图 4-25 所示。

【注意】：该工具栏功能只在 CANoe 停止运行或者 Trace 窗口被暂停的情况下有效。

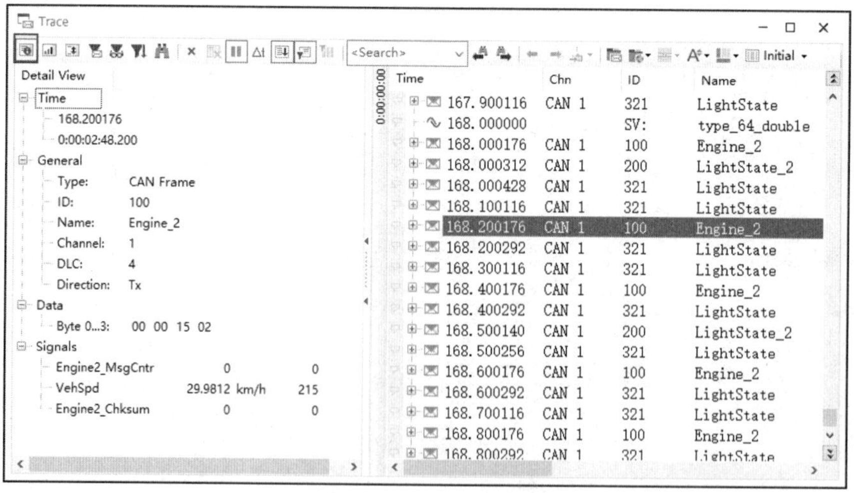

图 4-25　Detail View 功能

（2）统计视图。

Trace 窗口的 Statistic View（统计视图）功能用于显示总线数据的各种统计数据，例如总线的通信负载、错误计数，以及报文的最大值、最小值、平均值和出现的次数等。这些数据可以帮助用户识别总线上的问题、瓶颈或异常行为，如图 4-26 所示。

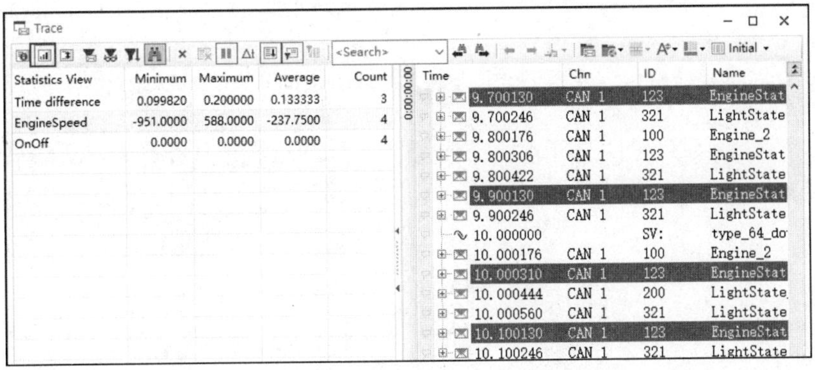

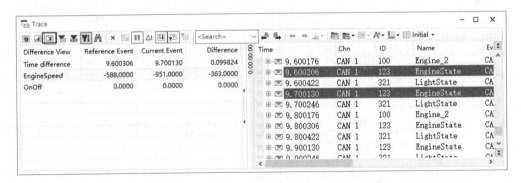

图 4-26　Statistic View 功能

（3）比较视图。

Trace 窗口的 Difference View（比较视图）功能是分析数据差分，它可以帮助用户更好地理解数据的变化和差异，如图 4-27 所示。

首先需要选择一帧参考报文，然后选取另一帧报文，这样就可以看到两帧报文的时间差、信号值差等差分信息。这种数据差分分析通常用于对同一个 ID 报文的相邻帧之间进行操作，以查看它们之间的差异。

图 4-27　Difference View 功能

（4）预定义过滤。

Trace 窗口中的 Predefined Filters（预定义过滤）是一种预定义过滤器工具，用于设置过滤条件，只显示某些特定类型的信息。通过 Predefined Filters 功能，用户可以根据需要筛选出感兴趣的数据，以降低数据的复杂性，提高数据分析效率。

　　Predefined Filters 中包括多种过滤器选项，例如总线系统事件过滤器、系统变量/环境变量过滤器、系统报文过滤器等。用户可以根据需要选择相应的过滤器，并设置过滤条件，从而只显示符合条件的数据，如图 4-28 所示。

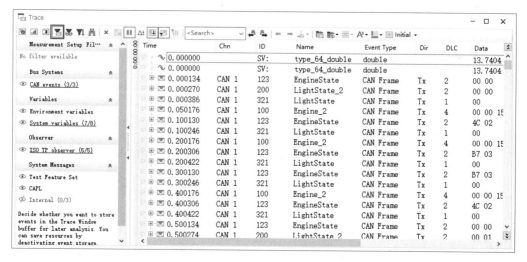

图 4-28　Predefined Filters 功能

过滤选项图标及其描述如表 4-2 所示。

表 4-2　过滤选项图标及其描述

图标	描述
⊖	数据流不保存在 Trace 缓冲区，也不会在 Trace 窗口中显示
⊘	数据流保存在 Trace 缓冲区，但是不会在 Trace 窗口中显示
👁	数据流保存在 Trace 缓冲区，也在 Trace 窗口中显示

（5）分析过滤。

　　Trace 窗口中的 Analysis Filters（分析过滤）是一种自定义分析过滤器，允许用户根据需要自定义过滤条件，进一步筛选和过滤数据。

　　Analysis Filters 分为 Pass Filter 和 Stop Filter 两部分。Pass Filter 用于筛选出符合条件的报文，只将这些报文显示在窗口中；而 Stop Filter 则用于阻止符合条件的报文显示在窗口中。用户可以根据需要自定义过滤条件，例如根据报文的 ID、数据负载、帧类型等进行筛选。

如图 4-29 所示，直接将【Trace】窗口中的 Engine_2 和 LightState_2 报文拖到【Stop Filter】选项下，Trace 窗口中就不再显示该报文。

【说明】：Analysis Filters 功能只影响 Trace 窗口中显示的事件视图，不会从数据流中删除任何事件。

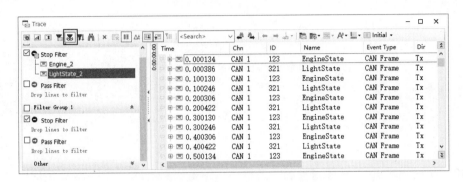

图 4-29　Analysis Filters 功能

（6）文本查找。

Trace 窗口中包含各种查找功能，可以快速查找报文、信号、数值等。

Trace 窗口中的 Search（文本查找）功能是一种强大的搜索工具，允许用户根据关键字、ID、数据等条件搜索总线上的报文，当筛选出数据后，在 Trace 窗口中高亮显示报文，如图 4-30 所示。

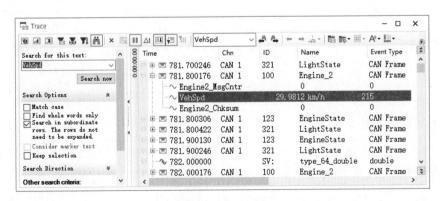

图 4-30　Search 功能

此外，Search 功能还支持正则表达式搜索，允许用户使用更复杂的模式进行搜索。

使用正则表达式符号（*）可以实现模糊查找。如图 4-31 所示使用*Speed 可以查找以 Speed 字符结尾的文本。

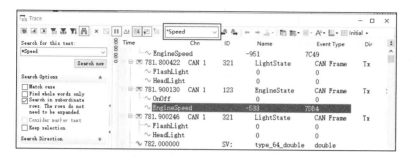

图 4-31　正则表达式查找示例

（7）时间模式切换。

Trace 窗口中的 Toggles Time Module（时间模式切换）功能用于切换绝对时间和相对时间，如图 4-32 所示。

在绝对时间模式下，Trace 窗口的时间戳显示的是从 CANoe 运行到现在的时间（单位为秒）；在相对时间模式下，Trace 窗口的时间戳显示的是相邻两帧报文的相对时间。

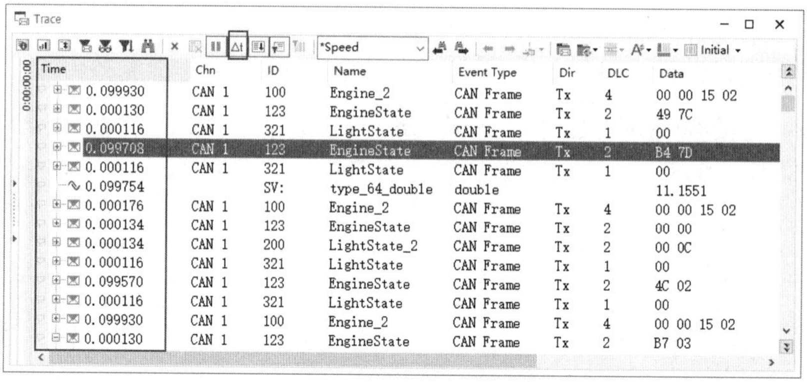

图 4-32　绝对时间和相对时间模式切换

（8）显示模式切换。

Trace 窗口中的 Toggle Display Mode（显示模式切换）功能用于切换报文的显示模式——是按固定格式显示还是按时间顺序显示，如图 4-33 所示。

在固定格式显示模式下，Trace 窗口按照报文的 ID 进行划分，同一个 ID 的报文在同一行显示并不断更新。这种显示模式可以清晰地展示报文之间的关系和变化，方便用户进行对比和分析。

按时间顺序显示模式则按照时间顺序记录总线信息，可以显示同一个 ID 的相邻帧报文。这种显示模式有助于用户了解总线上的实时数据流和活动，从而帮助用户更好地理解总线行为和数据变化。

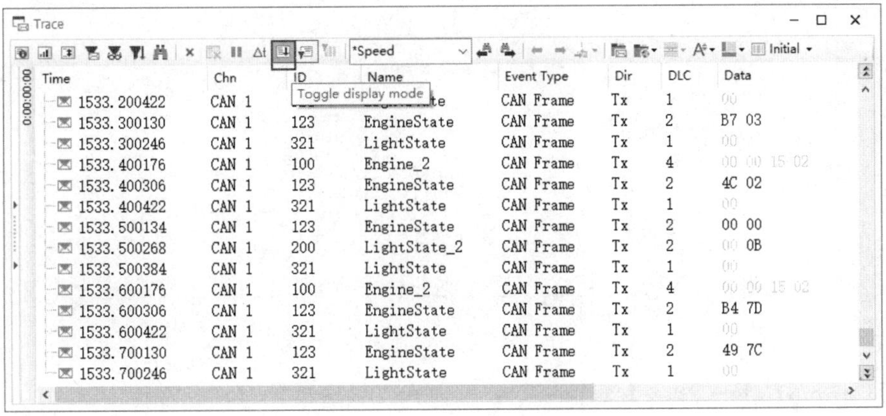

图 4-33　显示模式切换

（9）激活/禁用过滤。

在 Trace 窗口中，用户可以通过 Activates/Deactivates Analysis Filters（激活/禁用过滤）功能来激活或禁用分析过滤（Analysis Filters），通过 Activates/Deactivates Column Filters 功能来激活或禁用表头的筛选，如图 4-34 所示。

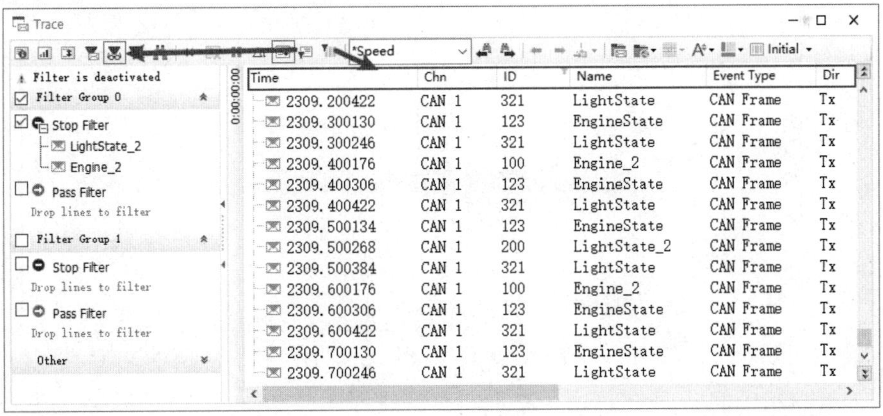

图 4-34　过滤器开关

（10）列筛选。

Trace 窗口的数据是以表格形式显示的，用户可以通过列名来筛选数据或者对数据进行排序。列筛选器如图 4-35 所示，单击【ID】列可以选择想要显示的报文，另外通过【Reset Filter】选项可以恢复筛选，通过【Custom】选项可以打开【Custom Colum Filter】对话框，进一步设置自定义筛选条件。

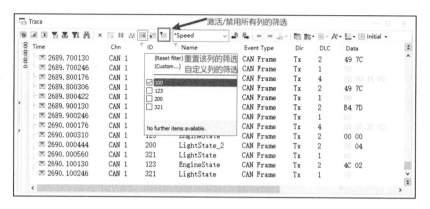

图 4-35　列筛选器

在【Custom Colum Filter】对话框中设置自定义筛选条件时，允许使用下面的符号。

● ?：匹配任何一个字符。

● *：匹配任意数量的字符。

如图 4-36 所示，通过设置*_2 可以筛选出以_2 结尾的报文。

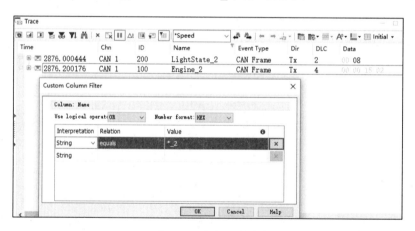

图 4-36　自定义筛选

（11）时间戳快速定位。

在 Trace 窗口的数据显示区域，可通过滚动条来查看当前页面之前或者之后的数据。如果数据量很大，滚动条无法准确定位，则可以在左侧滚动条上单击鼠标右键，在弹出的信息框中的【Go to time】选项中输入需要定位的时间戳即可快速定位，如图 4-37 所示。

【注意】只有在左侧滚动条可见且处于非测试状态时，才能打开时间戳定位信息框。

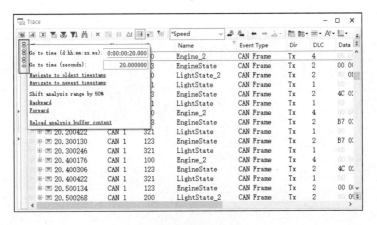

图 4-37　时间戳定位

（12）标记。

在 Trace 窗口中，用户可以使用 Marker（标记）功能来标记特定的时间点或事件，以便在 Trace 窗口中快速定位和分析。

如图 4-38 所示，在 Trace 窗口某行左部分单击鼠标右键，在弹出的快捷菜单中选择【New Marker】选项即可标记该行，用户可以设置 Marker 的名称和描述，以方便识别不同的标记点。用户可以标记多个 Marker。

在【Trace】窗口左侧单击鼠标右键，在弹出的快捷菜单中选择【Go to Marker】选项，再选择 Marker 的名称即可快速定位标记点。

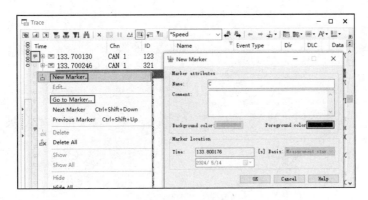

图 4-38　标记功能

（13）导入/导出数据。

在 Trace 窗口中，单击鼠标右键，在弹出的快捷菜单中选择【Import/Export】→【Expore Selection】/【Export】选项，即可将高亮选择的数据/全部数据导出到离线文件，如图 4-39 所示。

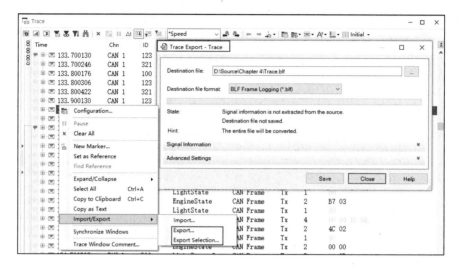

图 4-39　导入/导出功能

4.3.3　统计窗口

在 Measurement Setup 模块中单击鼠标右键，在弹出的快捷菜单中选择【Insert Statistics Window】选项，插入一个 Statistics 模块，双击该模块即可打开统计窗口（Statistics Window，以下称为 Statistics 窗口），如图 4-40 所示。

Statistic	Current /···	Min	Max	Avg
Busload [%]	0.36	0.36	0.36	0.36
Ext. Data [fr/s]	0	0	0	0
Burst Time [ms]	0.562	0.246	0.562	0.362
Transceiver Errors	0	n/a	n/a	n/a
Std. Remote [fr/s]	0	0	0	0
Ext. Data [total]	0	n/a	n/a	n/a
Ext. Remote [total]	0	n/a	n/a	n/a
Errorframes [total]	0	n/a	n/a	n/a
Bursts [total]	2312	n/a	n/a	n/a
Min. Send Dist. [ms]	0.000	n/a	n/a	n/a
Ext. Remote [fr/s]	0	0	0	0
Std. Data [fr/s]	27	27	27	27
Frames per Burst	4	2	4	3
Chip State	Simulated	n/a	n/a	n/a
Std. Data [total]	6243	n/a	n/a	n/a
Std. Remote [total]	0	n/a	n/a	n/a
Errorframes [fr/s]	0	0	0	0
Transceiver Delay [ns]	–			

CAN channel: CAN 1 - CAN

图 4-40　Statistics 窗口

CANoe 的 Statistics 窗口是一种用于显示测量过程中总线活动的数据统计信息的工具。它可以显示各种统计数据，包括总线负载、报文数量、错误计数等，帮助用户了解总线行为和数据变化，有助于用户发现潜在的问题、瓶颈或异常行为，进一步提高网络的性能和可靠性。

1. 统计窗口系统变量

在 CANoe 工程中插入 Statistics 模块后，在【System Variables Configuration】对话框的【System Defined】子页面下会自动生成以_Statistics 命名空间的系统变量，如图 4-41 所示,在 CANoe 和 CAPL 中可以通过这些系统变量获取统计数据的数值。

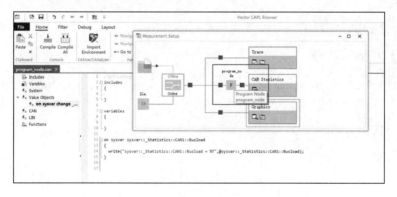

图 4-41　统计窗口中的系统变量

【注意】：_Statistics 系统变量是 CANoe 内置的系统变量，在网络节点和测试节点的 CAPL 程序中都无法访问它们，只有在编程节点或者分析窗口中才可以访问它们。在编程节点中访问该系统变量的方法如图 4-42 所示。

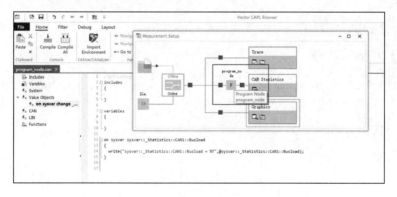

图 4-42　在编程节点中访问该系统变量的方法

2. 统计窗口 CAPL 函数

在 CAPL 中内置的统计相关的函数如表 4-3 所示。

表 4-3　统计相关的 CAPL 函数

函数	描述
canResetStatistics	重置 CAN 通道的统计信息
BusLoad	返回 CAN 通道的当前总线负载
ChipState	返回 CAN 控制器的当前芯片状态
ExtendedFrameRate	返回 CAN 通道上扩展帧的当前速率
ExtendedRemoteFrameRate	返回 CAN 通道上收到的扩展远程帧数量
RxChipErrorCount	返回 CAN 接收器的当前 Rx 方向的错误帧数量
StandardFrameRate	返回 CAN 通道上标准帧的当前速率
StandardRemoteFrameRate	返回 CAN 通道上标准远程帧的当前速率
TxChipErrorCount	返回 CAN 接收器的当前 Tx 方向的错误帧数量

总线负载率和错误帧数是 CAN 网络的重要指标参数，CAN 网络要求 ECU 在高负载情况下通信具有稳定性，在总线断开重连后有自动恢复通信的能力。

canGetBusLoad 和 FrameCount 函数的应用示例代码如下。

```
/*@!Encoding:936*/
testcase TC_001()
{
  double  busload;
  long  errorFrameCount;
  busload = canGetBusLoad(1,eAvgValue );        //读取 CAN1 总线的平均负载率
  write("Average bus load CAN1: %f", busload);

  output(errorframe);
  testWaitForTimeout(100);
  output(errorframe);
  testWaitForTimeout(100);
  errorFrameCount = canGetErrorFrameCount(1);    //读取 CAN1 总线的错误帧数
  write("CAN1 的错误帧数: %d", errorFrameCount);
}
void MainTest ()
{
  TC_001();
}
```

```
//输出结果：
Program / Model          Average bus load CAN1: 13.000000
Program / Model          CAN1 的错误帧数：2
```

4.3.4　图形窗口

在 Measurement Setup 模块中单击鼠标右键，在弹出的快捷菜单中选择【Insert Graphics Window】选项，插入一个 Graphics 模块，双击该模块即可打开图形窗口（Graphics Window，以下称为 Graphics 窗口），如图 4-43 所示。

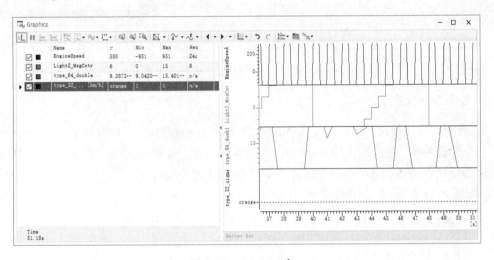

图 4-43　Graphics 窗口

Graphics 窗口是 CANoe 中的一个数据分析工具，主要用于展示和分析总线上的数据流。通过 Graphics 窗口，用户可以实时观察总线上的数据变化，并以图形方式展示信号随时间的变化趋势。

1. 添加 Symbol

在 CANoe 中，符号（Symbol）是系统变量、环境变量、报文、信号、诊断对象等的统称。

用户可以通过以下 3 种方式将 Symbol 添加到 Graphics 窗口中。

（1）在 Graphics 窗口中的左侧区域单击鼠标右键，在弹出的快捷菜单中选择【Add Signals】或者【Add Variables】选项添加 Symbol。

（2）从 CANoe 的其他分析窗口（比如 Symbol Explorer 窗口或者 Trace 窗口等）中直接将 Symbol 拖到 Graphics 窗口中，方便快捷，如图 4-44 所示。

（3）从 CAPL 或其他文本文件中将赋值粘贴到 Graphics 窗口中。

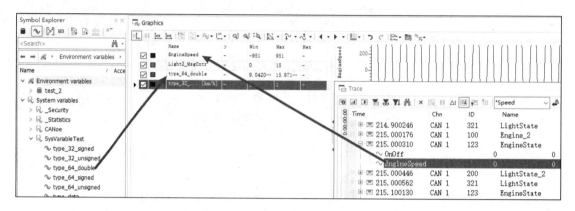

图 4-44　将 Symbol 拖到 Graphics 窗口中

2. 更改 Symbol 值

在 CANoe 运行状态，可通过 Graphics 窗口修改 Symbol 的值，具体方法：在【Graphics】窗口中的左侧区域，选择操作的 Symbol，单击鼠标右键，在弹出的快捷菜单中选择【Change Value】选项，在弹出的【Symbol Panel】对话框中修改 Symbol 的值，然后单击【Commit】按钮，如图 4-45 所示。

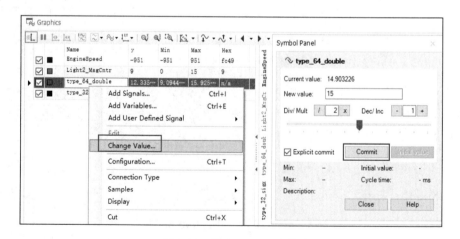

图 4-45　修改 Symbol 的值

3. 暂停和测量光标

在测量期间，可以通过 Graphics 窗口工具栏中的【Pause/resume update】选项来暂停曲线刷新。如果再次单击该选项，则从当前测量时间点开始恢复曲线刷新。

在曲线暂停刷新期间，用户可以选择工具栏中的【Measurement Cursor】（测量光标）选项，调出游标测量线，从而拖动游标测量线在曲线中移动，定位到哪个点就显示哪个点的时间戳和数值。用户可以同时调出两根游标测量线，此时可以在 Graphics 窗口的左下角看到两个测量点的时间差值，如图 4-46 所示。

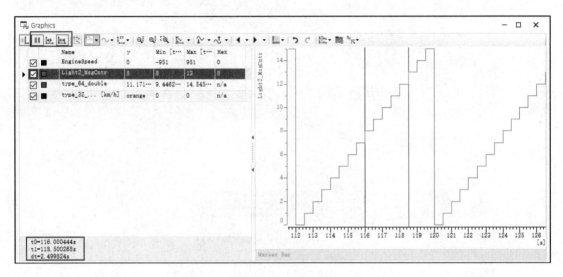

图 4-46　测量游标

4. 曲线显示方式（Display Selected Symbols）

当 Graphics 窗口中有多个 Symbol 曲线时，用户可通过工具栏中的【Display Selected Symbols】选项设置曲线的显示方式。表 4-4 中列出了 Symbol 曲线的 3 种显示方式，选择合适的曲线显示方式有助于用户更加高效地分析曲线。

表 4-4　Graphics 窗口曲线显示方式

图标	描述	图形示例
	【Marked graphs bold】： 突出显示单个曲线，以便更容易地跟踪测量过程	

续表

图标	描述	图形示例
	【Gray unmarked graphs】：将其他没被选中的曲线设置为灰度，这样就可以突出显示所选择的曲线，以便更容易地跟踪测量过程	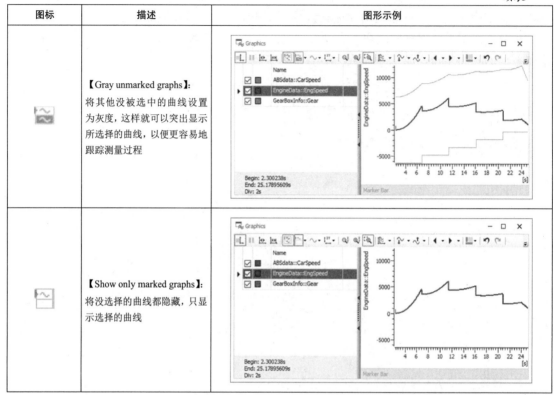
	【Show only marked graphs】：将没选择的曲线都隐藏，只显示选择的曲线	

5. 曲线自适应（Fit Graphics）

在分析曲线的过程中，可能有横拉竖曳、放大缩小等各种操作，导致曲线不再适配 Graphics 窗口的显示，此时可以通过工具栏中的【Fit Graphics】功能，让曲线自动调整自身大小和位置，以适应窗口的大小和分辨率，如图 4-47 所示。

6. *Y* 轴显示设置（Select Y-Axis View）

当 Graphics 窗口中有多条曲线时，可以通过工具栏中的【Select Y-Axis View】功能来设置所有曲线显示的方式。该功能有以下 3 种模式，如图 4-48 所示。

【Show Y-Axis of Selected Graph】：只有选中的曲线显示在 Graphics 窗口中。

【Show All Y-Axis】：所有曲线叠加显示在 Graphics 窗口中。

【Show Graphs in Separate Diagrams】：所有曲线分层显示在 Graphics 窗口中，一般选择这种模式，显示比较清晰。

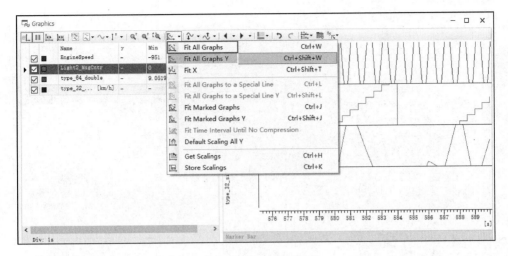

图 4-47　曲线自适应功能

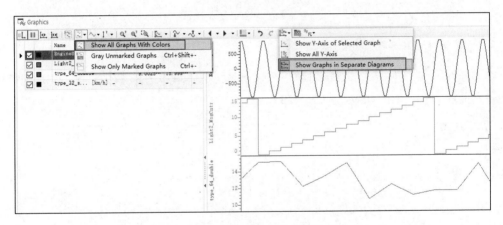

图 4-48　多条曲线分层显示模式

【注意】：在工具栏中的曲线显示模式【Select Display Mode】选项中选择【Show All Graphs With Colors】子选项，该模式的分层显示才会生效。

7. 导出数据

在 Graphics 窗口中，单击鼠标右键，在弹出的快捷菜单中选择【Import/Export】→【Export】选项可以将曲线数据导出到文件，如图 4-49 所示，也可以将离线文件直接拖到 Graphics 窗口中，从而实现数据回放。

【注意】：该功能只有 CANoe 测量停止状态下才可用。

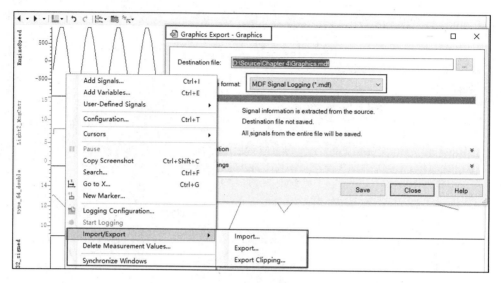

图 4-49　导出曲线数据

8. 时间戳定位

在 Graphics 窗口中，单击鼠标右键，在弹出的快捷菜单中选择【Go to X...】选项可以快速定位到曲线中指定的时间戳，如图 4-50 所示。

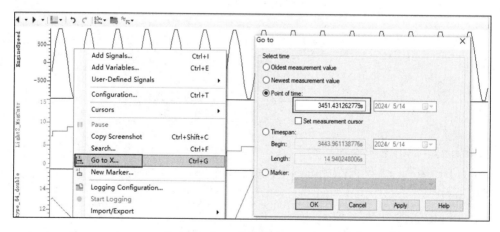

图 4-50　根据时间戳定位曲线位置

9. 截图功能

在 Graphics 窗口中，单击鼠标右键，在弹出的快捷菜单中选择【Copy Screenshot】选项，对 Graphics 窗口进行截图，如图 4-51 所示。

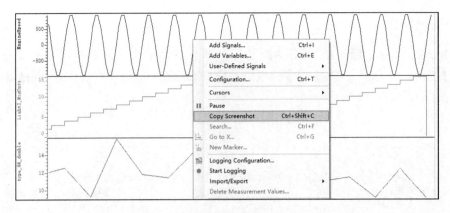

图 4-51　截图功能

在测试过程中，可以通过 TestReportAddWindowCapture 函数在任意时间节点对 Graphics 窗口进行截图，截图将会被插入测试报告中，示例代码如下。

```
testcase TC_002()
{
testWaitForTimeout(5000);
TestReportAddWindowCapture("Graphics", "", "Screenshot of Graphic window");
//parameter1：分析窗口的名称，如 Trace、Graphics 等
//parameter2：信号的名字或者变量的名字
//parameter3：图片在测试报告中的描述
}
```

测试结果如图 4-52 所示。

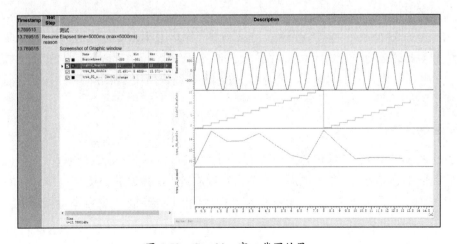

图 4-52　Graphics 窗口截图结果

4.3.5　数据窗口

在 Measurement Setup 窗口中单击鼠标右键，在弹出的快捷菜单中选择【Insert Data Window】选项，插入一个 Data 模块，双击该模块即可打开数据窗口（Data Window，以下称为 Data 窗口），如图 4-53 所示。

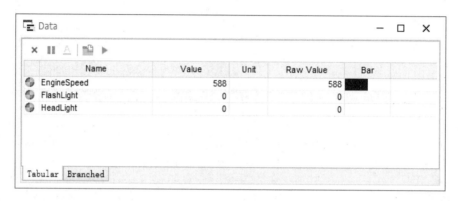

图 4-53　Data 窗口

Data 窗口可以显示信号、系统变量和诊断参数的数值、单位等信息，并以不同的方式显示。用户可以观察数据的原始值（Raw Value）、物理值（Physical Value）、单位等信息，并查看信号在全部和部分时间内的最大值和最小值。

向 Data 窗口中添加 Symbol 和修改 Symbol 值的方式和在 Graphics 窗口中一样。

4.3.6　数据过滤

（1）通道过滤。

在 Measurement Setup 窗口中的"小方框图形"图标上单击鼠标右键，在弹出的快捷菜单上可以选择多种过滤方法，如图 4-54 所示，选择【Insert Channel Filter】选项，在打开的【Channel filter】对话框中，选择 CAN 02 然后单击【Block】按钮，则在 Trace 窗口中不会再显示 02 通道的数据了。

（2）事件过滤。

【Insert Event Filter】选项可以过滤报文、节点及事件，如图 4-55 所示，在打开的【CAN Filter】对话框中选择【ECU】子页面，再单击鼠标右键，在弹出的快捷菜单中选择【Add from database】选项，从数据库中选择 Light 节点，在后面的 Trace 窗口中将不再显示 Light 节点发送的报文。

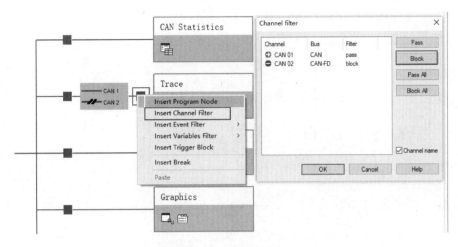

图 4-54　通道过滤设置

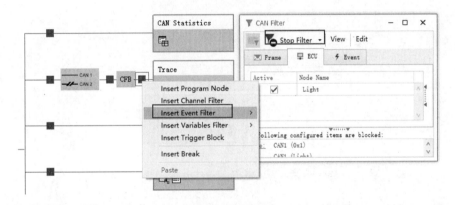

图 4-55　事件过滤

（3）变量过滤。

【Insert Variable Filter】选项可以过滤系统变量和环境变量，如图 4-56 所示，在 Data 模块前面单击【Insert Variable Filter】→【Stop Filter】选项，打开【Stopfilter-Variables】对话框，单击【Add】按钮，选择要过滤的系统变量 type_32_signed，则在后面的 Data 窗口中无法再设置该系统变量的值。

（4）插入编程节点。

编程节点是一个通用功能模块，其特性由用户通过编写 CAPL 程序来定义。编程节点的一个重要用途是在发送分支中指定发送消息，比如减少数据。

如图 4-57 所示，在【Trace】窗口中选择【Insert Program Node】选项，插入一个编程节点，在打开的【Program Node Configuration】对话框中单击【Select】按钮，选择一个.can 文件或者其他第三方格式的文件，如.dll、.vb、.js、.java 等。

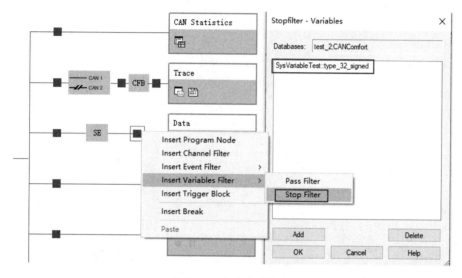

图 4-56　过滤系统变量

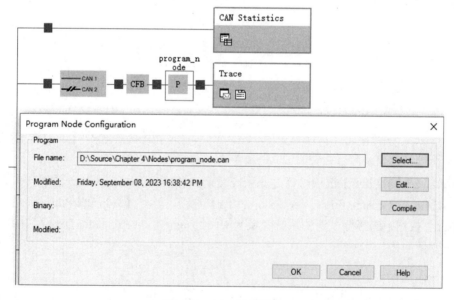

图 4-57　插入编程节点

在编程节点中添加如图 4-58 所示代码，则在 Trace 窗口中只能看到 0x123 报文，其他报文都被过滤掉。

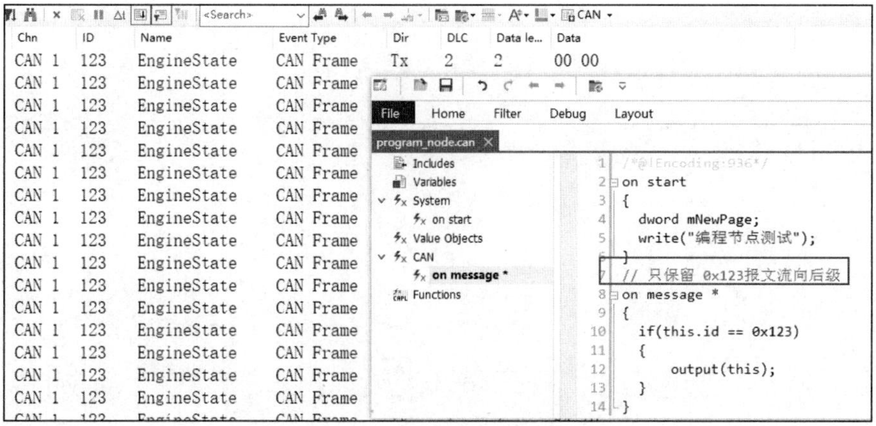

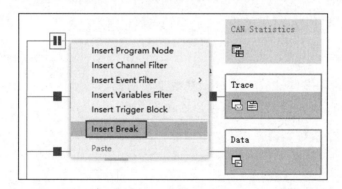

图 4-58　编程节点.can 文件

（5）数据流阻断。

用鼠标右键单击"小方框图形"图标，在弹出的快捷菜单上选择【Insert Break】选项（快捷键是空格键），可以阻断数据流向后传递，如图 4-59 所示。

图 4-59　数据流阻断

4.3.7　数据保存

在【Measurement Setup】窗口中单击鼠标右键，在弹出的快捷菜单中选择【Insert Logging Block】选项，插入一个 Logging（日志）模块，如图 4-60 所示。

Logging 模块是 CANoe 中一个重要的组件，通过 Logging 模块，用户可以将整个报文的交互过程保存下来，以便后续进行深入的数据分析和故障排查。

Logging 模块的配置主要包括记录文件的配置和记录触发方式的配置。用户需要设置记录文件的路径和名称，此外还需要配置记录的触发方式，例如基于时间间隔或特定事件的触发。

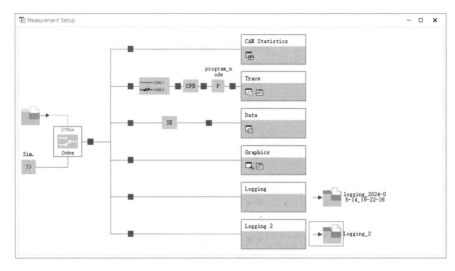

图 4-60　插入 Logging 模块

Logging 模块有多种数据格式可供选择，包括面向报文的格式（.blf 和.asc）和面向信号的格式（.mdf），用户可以根据实际需求选择适合的格式。

用户可以插入多个 Logging 模块，但是名称不能相同。

1. 日志文件配置

在 Logging 模块右侧 Logging File 模块上单击鼠标右键，在弹出的快捷菜单中选择【Logging File Configuration】选项可以打开对话框，如图 4-61 所示。

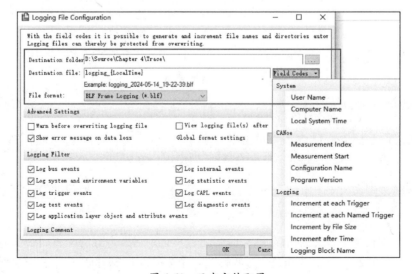

图 4-61　日志文件配置

用户可以通过【Destination folder】和【Destination file】选项设置保存文件的路径，CANoe 支持使用一些特殊的字段自动生成文件名，如用户名（User Name）、计算机名（Computer Name）、日期时间（Local System Time）等。

【File format】选项可以设置文件格式，常用的有.asc 和.blf 等格式。

2. 触发方式配置

在 Logging 模块上单击鼠标右键，在弹出的快捷菜单中选择【Configuration】选项，打开【Trigger Configuration】对话框，用户可以设置 Logging 模块的名称和触发方式，如图 4-62 所示。

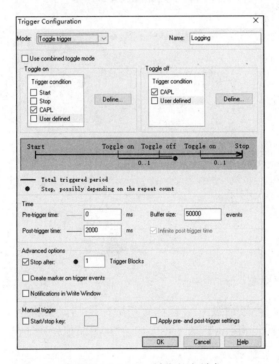

图 4-62　Logging 模块触发模式

Logging 模块有以下 4 种触发方式。

（1）Single trigger：某个事件触发日志开始记录。

（2）Toggle trigger：某个事件触发日志记录的开始和停止。

（3）Entire measurement：测量开始后日志就开始记录，直到测量结束。

（4）Test trigger：测试元素的执行周期定义了日志记录的开始和停止。

3. 手动触发

在测量开始后，用户可以通过单击 Logging 模块的【开始】按钮启动记录，或者单击【暂停】按钮停止录制，如图 4-63 所示。

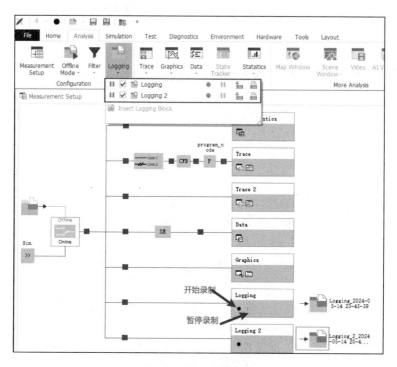

图 4-63　手动录制按钮

4. CAPL 内置函数触发

在测量开始后，用户可以通过 CAPL 内置函数来控制记录的开始和停止，触发模式选择【Toggle trigger】模式，【Toggle on】和【Toggle off】选项都勾选"CAPL"。

开始/停止记录的函数如下。

- void startLogging(); // from 1
- void startLogging(char strLoggingBlockName[]); // from 2
- void startLogging(char strLoggingBlockName[], long preTriggerTime); // from 3
- void stopLogging(); // from 1
- void stopLogging(char strLoggingBlockName[]); // from 2
- void stopLogging(char strLoggingBlockName[], long postTriggerTime); // from 3

from 1：启动/停止所有 Logging 模块。

from 2：启动/停止一个名为 strLoggingBlockName 的 Logging 模块。

from 3：启动/停止一个名为 strLoggingBlockName 的 Logging 模块，同时设置保存记录前 preTriggerTime 的时间或停止记录后 postTriggerTime 的时间（单位为毫秒）。

测试代码如下。

```
testcase TC_LogggingTest()
{
    testWaitForTimeout(2000);
    startLogging("Logging",1000);      //开始 Logging 模块记录，多保存记录前 1000ms 的数据
    testWaitForTimeout(10000);         //测试用例主体
    stopLogging("Logging",1000);       //停止 Logging 模块，多保存停止后 1000ms 的数据
    testWaitForTimeout(2000);
}

void MainTest ()
{
    TC_LogggingTest();
}
```

在运行上述测试用例后，将录制的日志文件重新拖回到 Trace 窗口中，如图 4-64 所示。4.75 秒由 CAPL 代码触发了日志保存，但是因为设置了 preTriggerTime 参数等于 1000 毫秒，所以 CANoe 从 3.80 秒开始保存日志，同理 14.75 秒由 CAPL 代码触发了停止日志保存，但是因为设置了 postTriggerTime 参数等于 1000 毫秒，所以日志保存到了 15.7 秒。

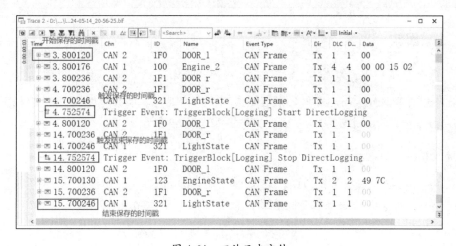

图 4-64　回放日志文件

5. 动态更改日志文件名

在实际工程项目中，每个测试用例的日志文件都应该被独立保存，从而能够被分析或者追溯。为了能够清晰地辨别日志文件，在日志文件名称中最好有测试用例的名称、日期、测试员等信息，所以在执行每个测试用例前可以通过 setLogFileName 函数来为该测试用例的日志文件重命名。

- setLogFileName(char fileName[]); // form 1
- setLogFileName(char strLoggingBlockName[], char fileName[]); // form 2

下面的示例代码用于在测试用例中更改日志文件的路径和名称。

```
testcase TC_LogggingTest()
{
   setLogFileName("Logging",
".\\Trace\\logging_{UserName}_{LocalTime}.blf");

   testWaitForTimeout(2000);
   startLogging("Logging",1000);   //开始触发名称为 Logging 的模块
   testWaitForTimeout(10000);
   stopLogging("Logging",1000);
   testWaitForTimeout(2000);
}
void MainTest ()
{
  TC_LogggingTest();
}
```

4.3.8　数据回放

1. 分析窗口中回放

如果只是简单地分析日志文件，不需要数据交互，则可以直接将离线日志文件拖到 Trace 窗口中，Trace 窗口会以最快的速度回放文件，如图 4-65 所示。

2. Offline 模式回放

在【Measurement Setup】窗口中，双击 Online/Offline 模块，切换到 Offline 模式，打开【Offline Mode】对话框，选择需要回放的日志文件，如图 4-66 所示。

在 Offline 模式下可以通过 CANoe 中【Home】菜单下的相关功能设置回放方式及速度。

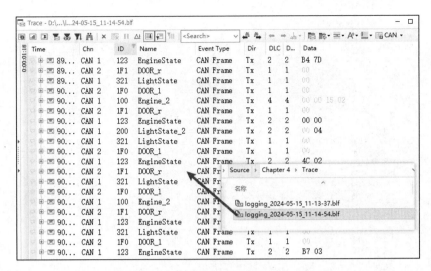

图 4-65　日志文件在【Trace】窗口中回放

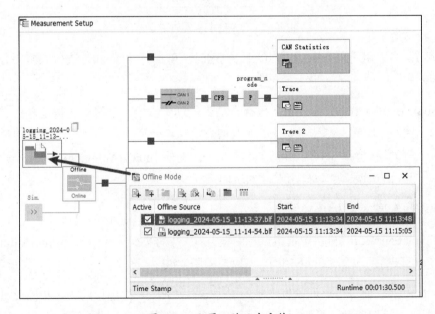

图 4-66　配置回放日志文件

【Start】：在 Offline 模式下，单击【Start】选项，【Trace】窗口会以最快的速度回放日志文件。

【Step】：以步进的方式回放数据，如图 4-67 所示，每单击一次【Step】选项，日志文件就回放 10ms。如果想设置 10s，可以将【Step】设置为 "10000" 或者 "10s"。可以使用 h、m、s 来表示小时、分钟、秒。默认是毫秒，可以不写。

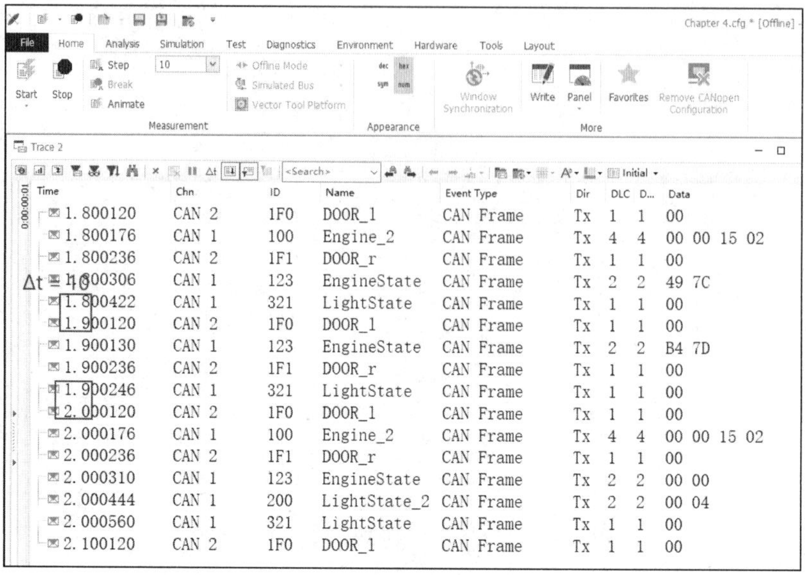

图 4-67   【Step】模式回放日志

【Break】：当使用【Animate】方式回放数据时，可选择【Break】选项来暂停分析窗口中的数据逐步输出。

【Animate】：在 Offline 模式下，数据自动进行逐步输出。与尽可能快地从源文件中读取数据不同，在回放期间，从离线文件中读取信息的速度较慢。这将导致事件呈现慢运作。慢动作回放因子的默认值是 300ms，可以在 CAN.INI 文件中修改 AnimationDelay 来改变延迟因子。注意，事件的读取速度与日志文件的时间戳无关。

3. Online 模式回放（Replay 模块）

在【Simulation Setup】窗口中单击鼠标右键，在打开的快捷菜单中选择【Insert Replay Block CAN】选项可以插入一个 Replay Block 模块，如图 4-68 所示。

通过 Replay 模块，用户可以将录制的文件导入 CANoe 中进行回放，在回放过程中，用户可以根据需要设置回放的参数，例如回放速度、循环回放模块等。同时，用户还可以根据需要配置通道映射，将源通道映射到工程中的通道，以及选择性地过滤特定通道的数据，从而实现更精细的控制。

（1）回放模块通用配置。

双击 Replay 模块即可打开【Replay Configuration】对话框，如图 4-69 所示。

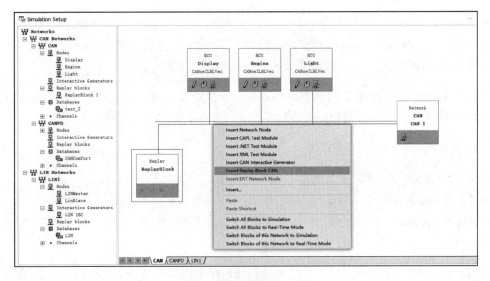

图 4-68　插入 Replay 模块

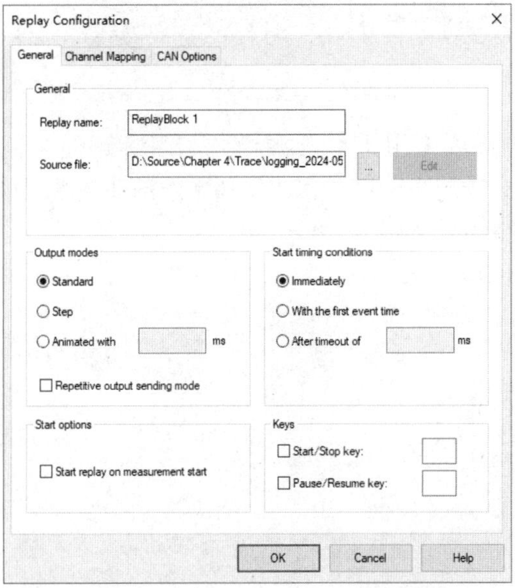

图 4-69　【Replay Configuration】对话框

用户在【General】选项卡下通过设置【Replay name】给 Replay 模块重命名。单击【Source file】选项后面的【…】选项选择回放文件。

【Output modes】选项可以设置以下 3 种回放文件的方式。

● 【Standard】：标准模式，事件将根据日志文件中默认的时间间隔回放。

- 【Step】：步进模式，当测量开始时，停止回放。当在 CAPL 中调用 ReplayResume 函数或者单击 Pause/Resume 按钮时，会回放一帧报文，然后再次停止回放。
- 【Animated with】：所有事件都以用户定义的毫秒周期发送。

【Start timing conditions】的选项可以设置第一帧报文回放的触发条件，该设置只适合在【Output modes】选项下选择【Standard】的情况，且不支持 FlexRay 总线。

第一帧报文回放的触发条件有以下 3 种。

- 【Immediately】：在测量开始后，立即发送第一帧报文。
- 【With the first event time】：传输时间由文件内的原始时间定义。
- 【After timeout of … ms】：在测量开始/按键触发/CAPL 触发时，等到了用户定义的毫秒时间后回放第一帧报文。

在【Start options】选项下只有一个复选框【Start replay on measurement start】，如果勾选该复选框，则在测量开始时会立刻开始回放数据。

【Keys】选项可以设置按键触发开始、暂停、结束回放。

（2）通道映射。

【Channel Mapping】选项卡用于配置源通道和目标通道之间映射关系的设置。通过【Channel Mapping】选项卡，用户可以将回放文件中的源通道映射到 CANoe 工程中的目标通道，以便进行回放和数据分析，如图 4-70 所示。

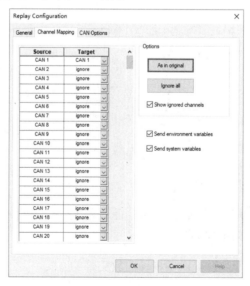

图 4-70　源通道与目标通道映射

【Channel Mapping】选项卡中的 Source 列显示所有可配置的通道，用户无须设置。在 Target 列中，用户可以将 Source 通道的数据回放到指定的 Target 通道，没用到的通道默认为【ignore】。

（3）节点过滤。

通过 CANoe 的仿真环境无法完全模拟实车的真实环境，所以在测试中可以通过 CANoe 回放在实车上录制的日志文件来模拟实车数据。

需要注意的是，在使用 Replay 模块进行回放时，用户需要先对目标 ECU 的数据进行过滤处理，否则日志文件在向总线中回放目标 ECU 的数据时，目标 ECU 也在发送数据，这将造成数据重复和干扰。

如图 4-71 所示，假设台架上连接一个真实的 ECU，回放数据时在 Replay 模块的连接线上单击鼠标右键，在弹出的快捷菜单中选择【Insert Filter】选项，插入一个过滤器，双击该过滤器将打开【Filter】对话框，单击【Nodes】按钮，在打开的【Node selection】对话框中选择【Engine】节点，并选择右侧的【Transmitted message】单选项，单击【OK】按钮即可。这样就实现了日志文件在回放时不会回放【Engine】节点的 Tx 数据。

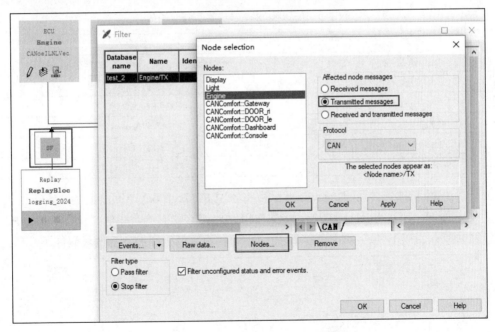

图 4-71　在 Replay 模块中插入过滤器

（4）手动控制回放。

在测量开始后，单击 Replay 模块的"三角形"图标即可开始回放数据，如图 4-72 所示。

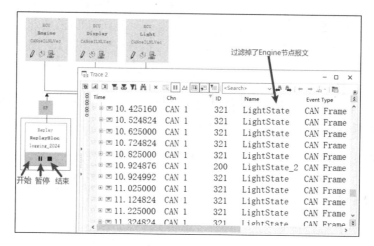

图 4-72 手动控制回放模块

（5）利用 CAPL 函数控制回放。

CAPL 内置的控制 Replay 模块的函数如表 4-5 所示。

表 4-5 控制 Replay 模块的 CAPL 函数

函数	描述
ReplayResume	如果在此之前 Replay 被暂停，则重启 Replay
ReplayStart	开始 Reply
ReplayState	返回 Replay 的状态
ReplayStop	停止 Replay
ReplaySuspend	暂停 Replay
SetReplayFileName	设置 Replay 的回放文件

当按下"b"键时，执行 ReplayStart 函数将触发 ReplayBlock 1 回放模块开始回放数据；当按下"s"键时，执行 ReplaySuspend 函数暂停回放；当按下"r"键时，执行 ReplayResume 函数恢复回放；当按下"e"键时，执行 ReplayStop 函数停止回放，示例代码如下。

```
/*@!Encoding:936*/
variables
{
  char replayName[32] = "ReplayBlock 1";
}


on key 'b'
{
```

```
  replayStart( replayName);                    //开始回放
  writeReplayState( replayName);               //打印状态
}

on key 's'
{
replaySuspend( replayName);                    //暂停回放
writeReplayState( replayName);
}

on key 'r'
{
replayResume( replayName);                     //恢复回放
writeReplayState( replayName);
}

on key 'e'
{
replayStop(replayName);                        //停止回放
writeReplayState( replayName);
}

void writeReplayState(char name[])
{
  switch (replayState(name))
  {
  case 0:
    write( " %s is stopped", replayName);
    break;
  case 1:
    write( " %s is running", replayName);
    break;
  case 2:
    write( " %s is suspended", replayName);
    break;
  default:
  write( "Error: %s has an unknown state!", replayName);
    break;
```

```
    };
}
//输出结果:
Program / Model        ********Presed key b*******
Program / Model        ReplayBlock 1 is running
Program / Model        ********Presed key s*******
Program / Model        ReplayBlock 1 is suspended
Program / Model        ********Presed key r*******
Program / Model        ReplayBlock 1 is running
Program / Model        ********Presed key e*******
Program / Model        ReplayBlock 1 is stopped
```

4.4　测试功能

CANoe 的测试（Test）模块包括 Test Module（测试模块）和 Test Unit（测试单元）两大组件，并且集成了 TFS（Test Feature Set，测试功能集）和 TSL（Test Service Library，测试服务库）来帮助用户实现高效的自动化测试。

4.4.1　测试架构

用户可以基于 CANoe 的 Test Module 或 Test Unit、网络控制硬件接口（如 VN5640、VN1640等）、外围硬件在环设备（如 VT System）等搭建自动化测试系统。CANoe 的测试架构如图 4-73 所示。

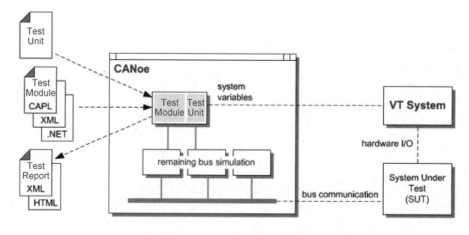

图 4-73　CANoe 的测试架构

CANoe 的测试架构主要包括以下几个部分。

- SUT（System Under Test）：被测系统，一般是待测 ECU。
- Remaining Bus Simulation：剩余总线仿真，即 CANoe 环境中除 SUT 外的总线环境。
- VT System：由一系列硬件板卡组成的 ECU 功能测试模块，包括数据采集和控制 I/O 板卡等。
- Test Module 和 Test Unit：CANoe 的两大核心组件，可以基于它们搭建自动化测试系统。

4.4.2　测试序列结构

Test Unit 和 Test Module 都是测试的执行单元，它们由一组相关的 Test Case（测试用例）组成，每个 Test Case 都是一个独立的测试场景。用户可以通过创建不同的执行单元，对系统进行全面的测试覆盖。测试模块结构如图 4-74 所示。

- Test Moule 和 Test Unit：测试的执行单元。
- Test Group（测试组）：包含多个 Test Case，可以使测试结构更加清晰，一个 Test Moule 或一个 Test Unit 可以包含任意数量的 Test Group，且支持分组嵌套。
- Test Case：一个 Test Moule、Test Unit 或 Test Group 可以包含任意数量的 Test Case。
- Test Step（测试步骤）：一个 Test Case 由若干数量的 Test Step 组成，每个 Test Step 完成某个具体的测试功能。

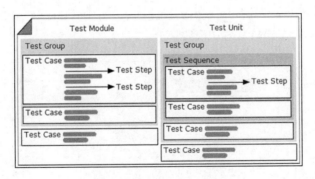

图 4-74　测试模块结构

4.4.3　测试模块

在 CANoe 的【Test】菜单中，单击【Test Modules】中的【Test Setup】选项，调出【Test Setup for Test Modules】对话框，在其中的空白处单击鼠标右键，在弹出的快捷菜单中选择【New Test Environment】选项，创建一个 .tse 文件（测试环境文件），如图 4-75 所示。

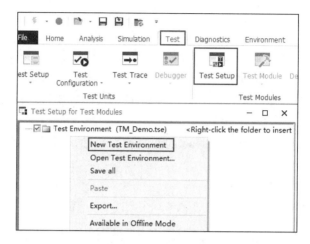

图 4-75　创建测试环境

测试环境是一个目录结构，可以在其中插入各种类型的测试模块，用户可以根据自己熟悉的语言和测试需求来编写测试模块。

用户可以在【Test Setup for Test Modules】对话框中加载多个.tse 文件，而且可以在测试环境中创建文件夹从而将测试模块分类。

1. 创建 CAPL Test Module

（1）创建测试模块。

在测试环境上单击鼠标右键，在弹出的快捷菜单中选择【Insert CAPL Test Module】选项，如图 4-76 所示，创建一个 CAPL 测试模块。

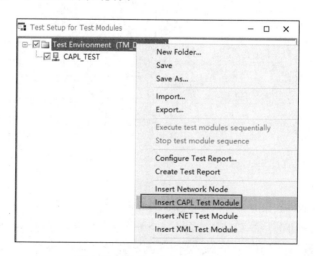

图 4-76　创建 CAPL 测试模块

（2）配置测试模块。

在测试模块上单击鼠标右键，在弹出的快捷菜单中选择【Configuration】选项，打开【CAPL Test Module Configuration】对话框，可根据表 4-6 配置测试模块。

表 4-6　测试模块配置表

配置页面	说明
	① 测试模块的名字 ② 执行这个测试模块的条件 ● 运行 CANoe 立即触发 ● 在系统变量/环境变量不等于 0 时触发 ● 按下按键触发 ③ 加载 .can 执行文件 ④ 测试报告文件名序号自动增加 ⑤ 选择测试报告的保存路径 ⑥ 如果测试报告在 Options 中选择了 HTML 格式，则可以在此选择测试报告的 HTML 模板

续表

配置页面	说明
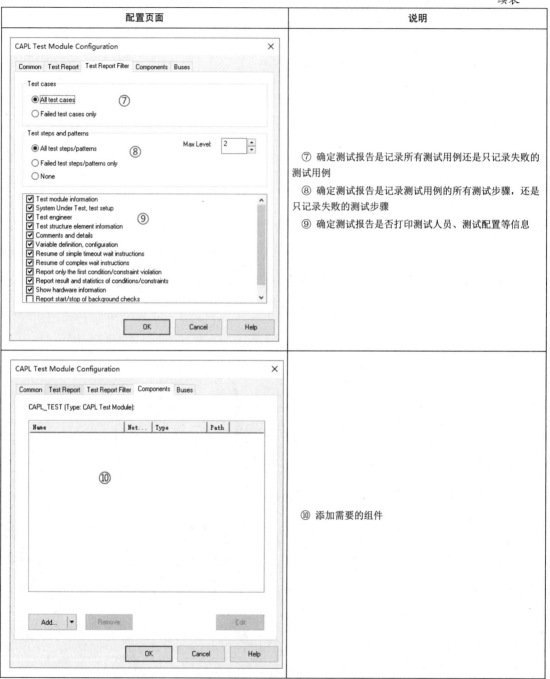	⑦ 确定测试报告是记录所有测试用例还是只记录失败的测试用例 ⑧ 确定测试报告是记录测试用例的所有测试步骤，还是只记录失败的测试步骤 ⑨ 确定测试报告是否打印测试人员、测试配置等信息
	⑩ 添加需要的组件

（3）编写 CAPL 测试代码。

在 CAPL Test Module 的 CAPL 文件中写入下面的代码，执行该测试模块后，从 MainTest 模块开始按顺序执行代码。

```
/*@!Encoding:936*/
testcase CheckMsgCycle()
{
  dword gCycCheckId;
  TestCaseTitle("TC 1", "检测 EngineState 报文周期");
  gCycCheckId = ChkStart_MsgRelCycleTimeViolation(EngineState,0.9,1.1);//相对
  TestAddCondition(gCycCheckId);
  TestWaitForTimeout(1000);
  TestRemoveCondition(gCycCheckId);
}

testcase CheckUndefinedMessage()
{
  dword gCycCheckId;
  TestCaseTitle("TC 2", "检测 EngineState 报文未使用位的值");
  gCycCheckId = ChkStart_PayloadGapsObservation(EngineState,0);
  TestAddCondition(gCycCheckId);
  TestWaitForTimeout(1000);
  TestRemoveCondition(gCycCheckId);
}

void MainTest ()
{
    TestModuleTitle ("通信测试");
    TestModuleDescription ("对 engine 节点报文测试");

    TestGroupBegin("测试 EngineState 报文", "");
    CheckMsgCycle();
    CheckUndefinedMessage();
    TestGroupEnd();
}
```

（4）执行测试。

双击测试模块，打开测试模块执行对话框，单击该对话框右下角的 ▶ 按钮执行测试模块，

在测试结束后单击 📄 按钮可以打开测试报告，如图 4-77 所示。

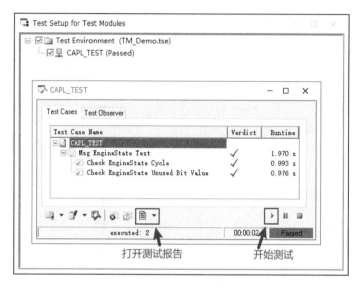

图 4-77　测试模块界面

（5）设置测试报告格式。

在 CANoe 的【Options】对话框的列表框中，展开【General】栏，选择【Test Feature Seat】选项，即可在弹出的对话框中选择测试报告格式，如图 4-78 所示。

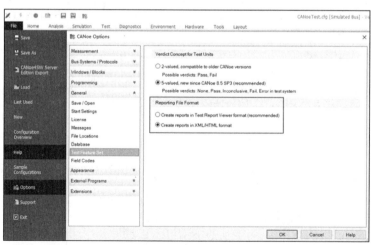

图 4-78　测试报告格式选项

- Create reports in Test Report Viewer format (recommended)格式是树形结构显示的，层次感和阅读体验比较好，但是只有安装了 CANoe 软件才可以打开该格式。

- Create reports in XML/HTML format 格式的报告通用性强，当测试报告比较大时，浏览器的处理速度要更快。

2. 创建 XML Test Module

在工程应用中通常使用 .xml 文件来组织和调度测试数据和测试用例，基于 XML Test Module 创建的测试模块，可实现更加灵活和可维护的测试管理。

（1）创建测试模块。

在测试环境上单击鼠标右键，在弹出的快捷菜单中选择【Insert XML Test Module】选项，创建一个 XML 测试模块。

（2）配置测试模块。

在测试模块上单击鼠标右键，在弹出的快捷菜单中选择【Configuration】选项。打开【XML Test Module Configuration】对话框，根据表 4-7 配置测试模块文件。

表 4-7　配置 XML Test Module

配置页面	说明
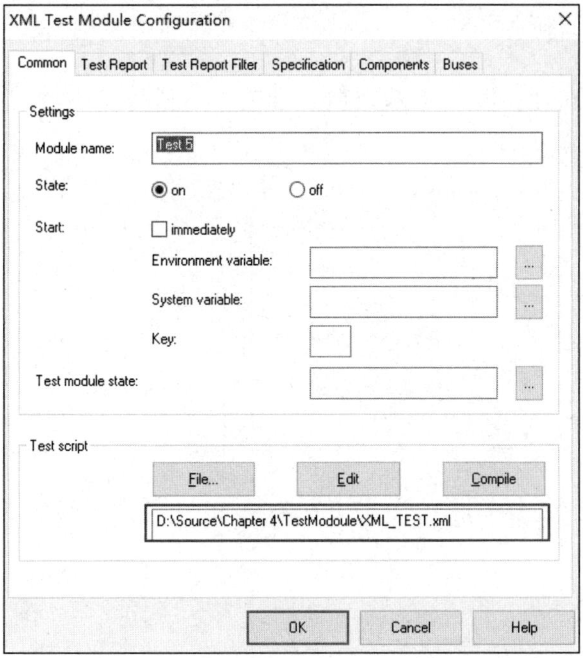	单击【File】按钮，创建一个 .vxt 或者 .xml 文件，这两种格式的文件都是 CANoe 支持的标签编辑语言，被广泛应用于应用程序之间的数据交换

续表

配置页面	说明
XML Test Module Configuration Common │ Test Report │ Test Report Filter │ Specification │ **Components** │ Buses XML_TEST (Type: XML Test Module): 	Name	Net...	Type	Path
---	---	---	---
☑ XML_TEST.can	(All)	CAPL Library	D... | Add... ▼ Remove Edit OK Cancel Help	在【Components】选项卡中单击【Add】按钮，加载.can 文件或者.dll 文件，用户可以同时加载多个文件

（3）编写.xml 文件。

在测试模块上单击鼠标右键，在弹出的快捷菜单中选择【Edit】选项，可以打开.xml 文件，如图 4-79 所示。

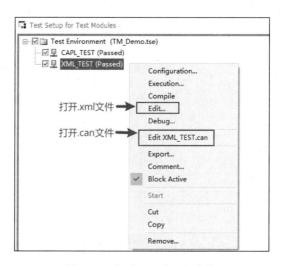

图 4-79　打开.xml 和.can 文件

在打开的.xml 文件中，写入如下的代码。更多的 XML 语法参考第 6 章。

```
<?xml version="1.0" encoding="UTF-8"?>
<testmodule title="XML TEST Module" version="1.0">
  <capltestcase name="CheckMsgCycle" title="测试 EngineState 报文周期
"></capltestcase>
  <capltestcase name="CheckUndefinedMessage" title="测试 EngineState 报文未使用
位"></capltestcase>
</testmodule>
```

（4）编写 CAPL 文件。

在测试模块上单击鼠标右键，在弹出的快捷菜单中选择【Edit XML_TEST.can】选项，打开.can 文件，并写入如下的代码。

【说明】：XML Test Module 中加载的 CAPL 文件中不能有 MainTest 函数，因为测试用例是通过.xml 文件的调度实现的，其他语法格式和 CAPL Test Module 一致。

```
/*@!Encoding:936*/
testcase CheckMsgCycle()
{
  dword gCycCheckId;
  TestCaseTitle("TC 1", "Check EngineState Cycle");

  gCycCheckId = ChkStart_MsgRelCycleTimeViolation(EngineState,0.9,1.1);//相对

  TestAddCondition(gCycCheckId);
  // sequence of different actions and waiting conditions
  TestWaitForTimeout(1000);
  TestRemoveCondition(gCycCheckId);
}

testcase CheckUndefinedMessage()
{
  dword gCycCheckId;
  TestCaseTitle("TC 2", "Check EngineState Unused Bit Value");

  gCycCheckId = ChkStart_PayloadGapsObservation(EngineState,0);

  TestAddCondition(gCycCheckId);
  TestWaitForTimeout(1000);
```

```
TestRemoveCondition(gCycCheckId);
}
```

（5）执行测试。

在 XML 测试模块执行窗口可以看到测试用例的名称，用户可以通过勾选测试用例前的单选框来决定是否执行该测试用例，如图 4-80 所示。

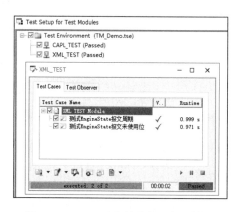

图 4-80　XML 测试模块执行控制窗口

3. 创建.NET Test Module

.NET Test Module 是一种基于.NET 框架的测试模块。通过.NET Test Module，用户可以使用 C#语言编写测试脚本，实现对 ECU 的测试和仿真。

因为在实际工程应用中.NET Test Module 的使用者较少，所以本书不做介绍，有兴趣的读者可以参考 CANoe 软件的帮助文档学习。

4.4.4　测试单元

1. vTESTstudio 介绍

vTESTstudio 软件由 Vector 公司推出的一款图形化测试设计开发环境，用于创建自动化测试序列和用例，vTESTstudio 软件的主界面如图 4-81 所示。

vTESTstudio 支持 Test Table Editor、Test Sequence Diagram Editor、State Diagram Editor、CAPL Editor、C# Editor 和 Python Editor 等多种编辑器，允许用户以图形化或表格化的方式创建测试用例，无须大量编程。

vTESTstudio 可以与 Vector 公司的其他测试工具（如 CANoe）无缝集成，共享数据库和文件资源，使得用户可以在一个统一的环境中完成测试设计、实施和结果分析，提高了测试工作的整体效率。

vTESTstudio 软件是一款商业软件，需要许可证授权才可创建、编辑和保存 vTestStduio 工程，不过即使没有许可证授权，用户仍然可以在 CANoe 软件中加载已经创建好的 vTESTstudio 工程文件，但是无法进行编辑。

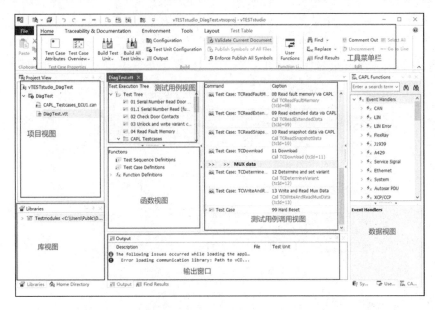

图 4-81　vTESTstudio 软件主界面

2. 新建 vTESTstudio 工程

打开 vTESTstudio 软件，在【File】菜单下选择【New Project】选项，在弹出的对话框中，输入工程文件名和保存类型，然后单击【保存】按钮即可，如图 4-82 所示。vTESTstudio 工程文件的后缀是.vtsoproj。

图 4-82　创建 vTESTstudio 工程

（1）导入 CANoe 环境。

在 vTestStduio 的【Environment】菜单下单击【System Environment】选项，然后选择【Import CANoe System Environment and Symbols】选项，将 CANoe 的环境（总线配置、系统变量等）同步到 vTestStduio 工程中，如图 4-83 所示。

【注意】：只要 CANoe 中的环境有所变化，那么在编辑 vTestStduio 工程时，就需要重新导入环境。在导入环境时应确保只打开了一个 CANoe 工程，否则无法导入环境。

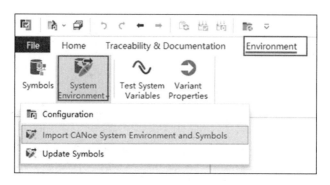

图 4-83　导入 CANoe 环境

（2）创建 Test Unit。

在【Project View】对话框中，单击鼠标右键，在弹出的快捷菜单中选择【New Test Unit】选项，创建一个测试单元执行文件，文件后缀是.vtuexe，如图 4-84 所示。

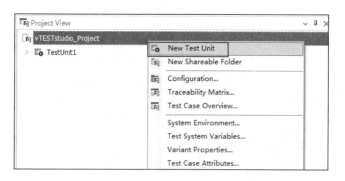

图 4-84　创建测试单元文件

（3）新建.can 文件。

如图 4-85 所示新建一个.can 文件，并输入如图 4-86 所示的代码。

【注意】：vTestStduio 创建的 Test Case 需要用 Export 关键字修饰后才能被其他文件调用。

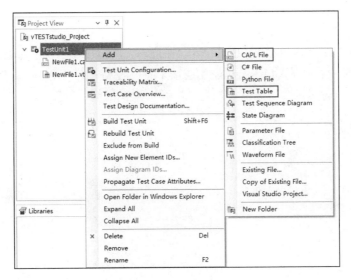

图 4-85　新建.can 文件

图 4-86　编辑.can 文件

（5）新建.vtt 文件。

在 vTESTstudio 中，.vtt 文件是测试规范文件，用户可以通过表格化的界面方式来编写、调用测试用例，设置测试条件和期望结果。

在测试单元上单击鼠标右键，在弹出的快捷菜单中选择【Add】→【Test Table】选项，即可新建一个.vtt 文件。

（6）编辑.vtt 文件。

单击.vtt 文件，在打开的【Test Execution Tree】窗口的【Test Tree】选项下单击鼠标右键，在弹出的快捷菜单中选择【Add Test Case】选项，可以插入一个 Test Case，然后在新建的 Test Case 下单击【Command】选项可以插入指令，编写测试用例，如图 4-87 所示。

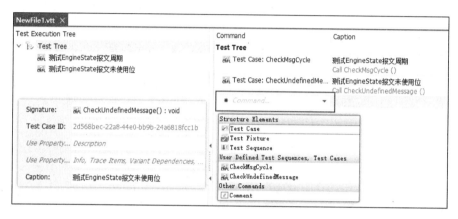

图 4-87 编辑.vtt 文件

（7）编译工程。

在每次修改完工程保存后一定要使用【Home】菜单下的【Build Test Unit】选项编译文件，否则在 CANoe 环境中是不生效的，如图 4-88 所示。

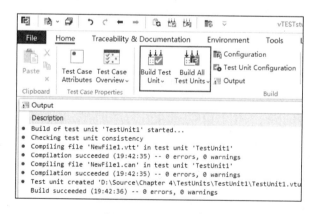

图 4-88 编译测试单元

3. CANoe 中导入 Test Unit

（1）添加测试配置。

单击 CANoe 的【Test】菜单，选择【Test Units】功能区中的【Test Setup】选项，在打开

的【Test Setup for Test Units】对话框中单击鼠标右键，并在弹出的快捷菜单中选择【Add Test Configuration】选项，添加一个测试配置，如图 4-89 所示。

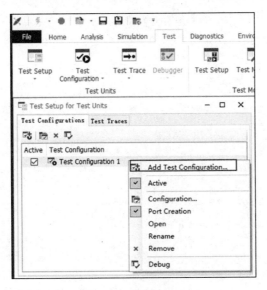

图 4-89　测试单元配置

选中测试配置，单击鼠标右键，在弹出的快捷菜单中选择【Configurations】选项，用户可以在此配置测试的触发方式、测试报告的路径等信息，如图 4-90 所示。

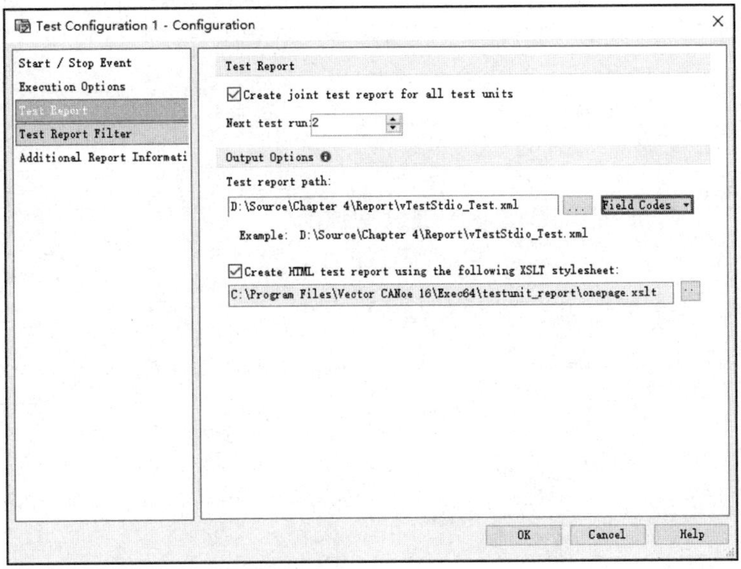

图 4-90　测试单元配置选项

（2）添加 Test Trace。

在【Test Setup for Test Units】对话框中选择【Test Traces】选项卡，然后在空白处单击鼠标右键，在弹出的快捷菜单中选择【Add Test Trace】选项，添加一个【Test Trace】窗口。在测量开始后，测试用例的执行步骤将会实时打印到【Test Trace】窗口中，如图 4-91 所示。

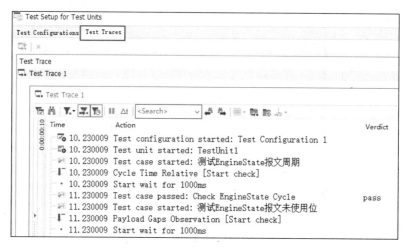

图 4-91　创建【Test Trace】窗口

（4）导入 Test Unit。

选中并双击一个测试配置，打开测试配置对话框，单击 图标添加一个 .vtuexe 文件，单击左上角的 图标，即可执行测试单元，单击 图标可以打开测试报告，如图 4-92 所示。

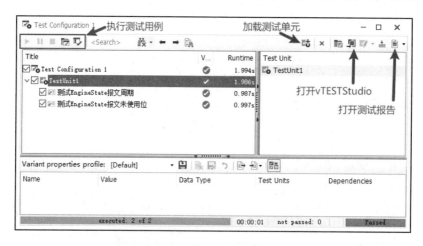

图 4-92　导入 Test Unit 文件

4.4.5　断点调试

调试器（Debugger）是 CANoe 内置的一个强大的实时调试工具，用户可以在任何有 CAPL、.NET 程序的地方（比如 Simulation Setup、Test Modules、Test Units 等），通过 Debugger 功能调试代码。

【注意】：在 Real Mode 下不支持对网络节点的调试。

1. 打开 Debugger 窗口

以 Test Modules 为例，选中一个测试模块，单击鼠标右键，在弹出的快捷菜单中选择【Debug】选项，或者双击测试模块，在测试模块执行窗口单击 图标，即可打开【Debugger】窗口，如图 4-93 所示。

图 4-93　打开【Debugger】窗口

2. 断点调试

Debugger 窗口中支持的断点调试功能如表 4-8 所示。

表 4-8　断点调试功能图标及其说明

图标	说明
▶	Start Debug：开始调试，遇到断点停下，否则运行到代码结束
⬚	Step Into：逐行执行代码，可以进入函数内部，但是不会进入 DLL 函数
⬚	Step Over：逐行执行代码，如果遇到函数，就跳过函数

用户可通过在【Debugger】窗口的左侧单击，设置一个黄色高亮的断点。

启动测量后，单击 ▶ 图标，程序会进入第一个断点处，遇到函数单击 图标，程序会进入函数内部逐行运行，否则跳过函数继续执行直到下一个断点处。如图 4-94 所示。

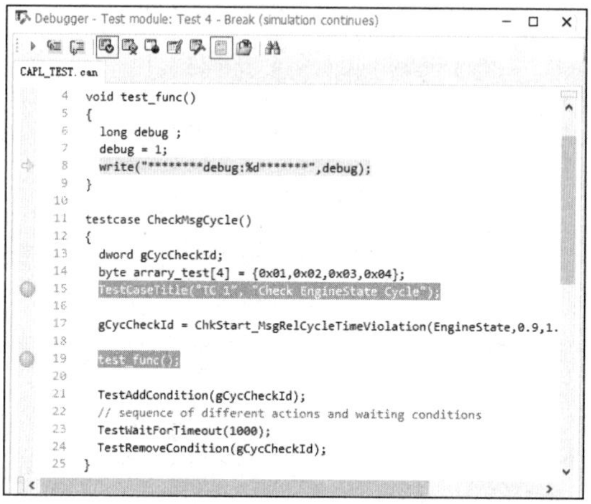

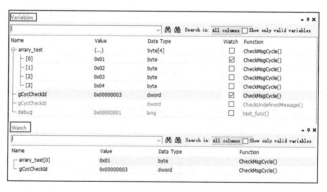

图 4-94　断点调试

34.【Variables】窗口和【Watch】窗口

在【Debugger】窗口工具栏上单击 图标可以调出【Variables】窗口，单击 图标可以调出【Watch】窗口，如图 4-95 所示。

图 4-95　【Variables】窗口和【Watch】窗口

在【Variables】窗口中，以表格的形式列出程序中的所有变量，在调试过程，可以监控到变量的值。

- 如果变量太多，不方便查看，则可以使用变量窗口的搜索功能来定位。

- 如果有感兴趣的变量，就勾选【Watch】列的复选框，用户可以在【Watch】窗口分析该变量。
- 【Function】列表明变量所在的结构，全局变量就是 variables，局部变量就是该变量所在的代码结构，如测试用例、函数等。

4. Debug 功能开关

在测量停止状态，单击工具栏上的■图标就会禁用 Debug 功能，此时文件将出现黄色感叹号，如图 4-96 所示，再次单击■图标可重新激活 Debug 功能。

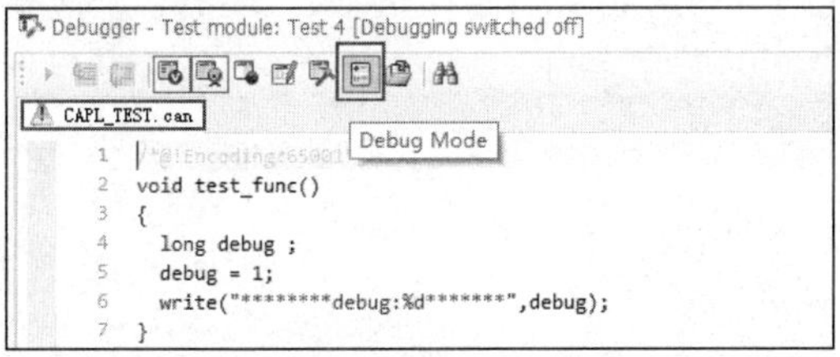

图 4-96　Debug 功能开关

4.5　符号管理窗口

Symbol（符号）是 CANoe 中的概念，其包含系统变量、环境变量、数据库定义的信号、应用层对象和诊断参数等。

在 CANoe 的【Environment】菜单下，选择【Symbol Explorer】选项可以打开【Symbol Explorer】（符号管理）窗口，如图 4-97 所示。用户可以通过搜索功能，快速定位和浏览所需的 Symbol，修改 Symbol 的值，也可以选中 Symbol 并通过拖放操作将 Symbol 从【Symbol Explorer】窗中拖动到其他分析窗口。

图 4-97　【Symbol Explorer】窗口

4.6 符号映射窗口

在 CANoe 的【Environment】菜单下，选择【Symbol Mapping】选项可以打开【Symbol Mapping】（符号映射）窗口，如图 4-98 所示。

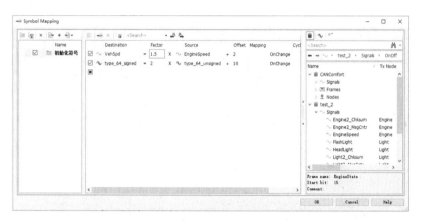

图 4-98 【Symbol Mapping】窗口

通过【Symbol Mapping】窗口，用户可以为两个 Symbol 的值设计一个线性运算，即当测量过程中源 Symbol 的值发生变化时，目标 Symbol 的值也会发生相应变化。

下面为两个信号和系统变量定义了两个线性运算。

- type_64_signed = type_64_unsigned * 2 + 10
- VehSpd = EngineSpeed * 1.5 + 2

启动测量，通过【Data】窗口观测 Symbol 值的变化，测试结果如图 4-99 所示。

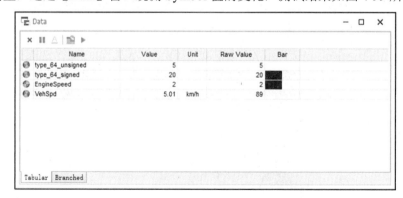

图 4-99 Symbol Mapping 测试结果

4.7　开始值窗口

在 CANoe 的【Environment】菜单下，选择【Start Values】选项可以打开【Start Values】（开始值）窗口，如图 4-100 所示。

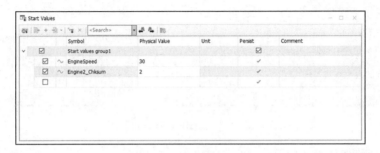

图 4-100　【Start Values】窗口

用户可以通过【Start Values】窗口设置 Symbol 的初始值。当启动测量时，该 Symbol 使用被设置的值，且能够触发该 Symbol 的值更新事件。

启动测量，通过【Data】窗口观测 Symbol 值的变化，测试结果如图 4-101 所示。

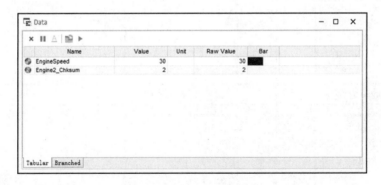

图 4-101　Start Value 测试结果

4.8　信号发生器

在 CANoe 的【Simulation】菜单下，选择【Signal Generators】选项可以打开【Signal Generators】（信号发生器）窗口，如图 4-102 所示。

通过【Signal Generators】窗口，用户可以在 CANoe 软件中模拟各种类型的信号变化，例如正弦波、锯齿波、随机数等。

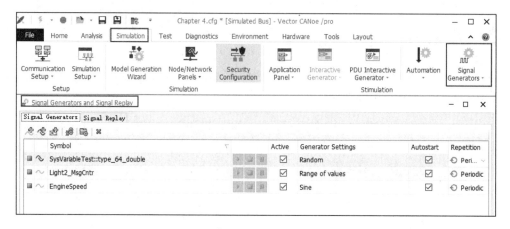

图 4-102　【Signal Generators】窗口

常见的信号波形如表 4-9 所示。

表 4-9　常见信号波形名称和图示

正弦波（Sinus）	斜坡和脉冲（Ramps/pulses）	范围值（Value range）
翻转（Toggle switch）	随机值（Random）	

1. 正弦波类型

如图 4-103 所示，在【Symbol Explorer】窗口中，将选中的信号拖到【Signal Generators】窗口中，在【Generator Settings】列的下拉列表选项中选择【Sine】选项，然后单击工具栏的 图标或者右侧的【…】图标，打开【Signal Generator Configuration-Sine】对话框，可以设置正弦函数的参数，如峰值、周期等。

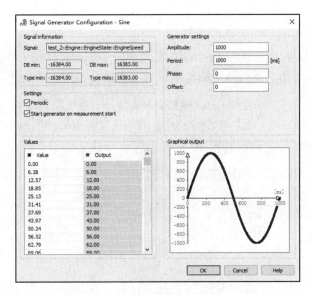

图 4-103　正弦波信号发生器参数设置

2. 范围值类型

如图 4-104 所示，在【Signal Generators】窗口添加一个 Light2_MsgCntr 信号，在【Signal Generator Configuration-Range of Values】对话框中设置【Value1】为 0，【Value2】为 15，【Step size】为 1，【Hold time】为该信号的实际周期（500ms），【Direction】处选择【Rising】选项。

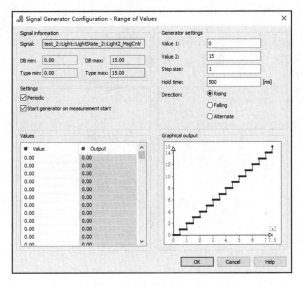

图 4-104　范围值信号发生器参数设置

3. 随机值类型

一般 ECU 的工作电压范围是 9～16V，在做一些与电压抖动相关的测试时，需要模拟电压值在区间内的随机变化，下面基于随机值信号发生器去实现这个功能。

如图 4-105 所示，在【Signal Generators】窗口添加一个系统变量 type_64_double，在【Signal Generator Configuration-Random】对话框中设置最小值【Minimum】为 9，最大值【Maximum】为 16，采样周期【Samping Time】为 1000ms。

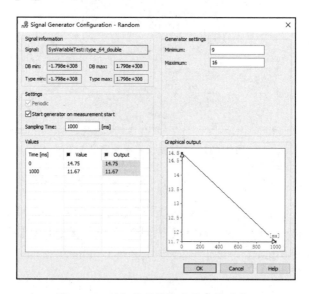

图 4-105　随机值信号发生器参数设置

在【Symbol Explorer】窗口中勾选【Active】列和【Autostart】列，启动测量后，在【Graphics】窗口观察以上 Symbol 值的变化，如图 4-106 所示。

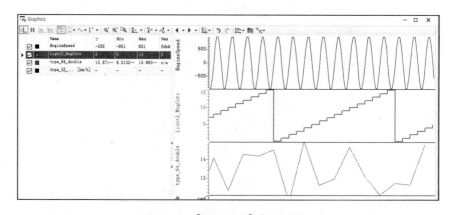

图 4-106　【Graphics】窗口波形图

4. IG 模块

在 CANoe 的 IG 模块中也内置了信号发生器的功能，如图 4-107 所示。

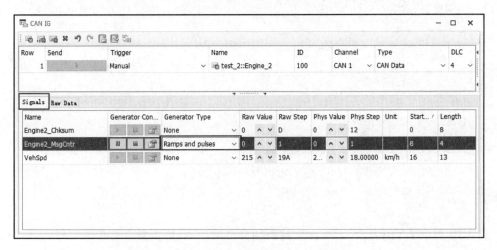

图 4-107　IG 模块中的信号发生器功能

4.9　可视化序列

CANoe 的可视化序列（Visual Sequencer）功能允许用户创建图形化的自动命令序列刺激网络和控制应用程序。每个序列都显示在一个单独的窗口中，并且可以在测量期间进行编辑。与 IG 模块相比，Visual Sequencer 更加灵活，与 CAPL 代码相比，Visual Sequencer 更加简单。

在 Visual Sequencer 中，用户可以设置多个 Visual Sequences，这些 Visual Sequences 可以用于重复的网络模拟和 Write 窗口输出。通过 Visual Sequencer 内置的指令集，用户可以方便地生成和发送自定义的报文序列，并且可以实时观察和调试报文序列的发送情况。

在 CANoe 的【Simulation】菜单下单击【Automation】选项，打开【Automation Sequences】窗口，用户可以在【Visual Sequences】子页面下创建、导入测试序列，可视化序列视图如图 4-108 所示。

1. 新建序列

在【Visual Sequences】子页面下，单击 图标创建一个测试序列，并勾选【Active】列的复选框来激活该序列。如果勾选了【Autostart】列的复选框，那么在测量开始后，该序列将自动运行。用户可通过【Repetition】列选择执行一次【once】，还是重复执行【periodic】，如图 4-108 所示，创建两个测试序列。

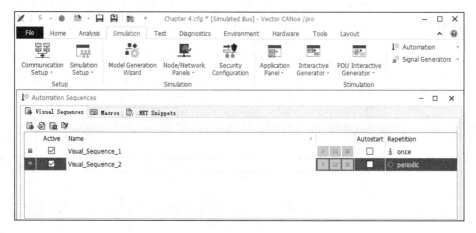

图 4-108　可视化序列视图

2. 序列指令集

表 4-10 列出了 Visual Sequencer 支持的部分常用指令，更多指令可参考 CANoe 帮助文档。

表 4-10　Visual Sequencer 常用指令

指令	描述
Set	设置信号、系统变量或环境变量的值
Wait	在指定的时间段内暂停序列
Wait For	暂停序列的执行，直到变量满足特定条件
Wait For CAN Frame	停止序列的执行，直到某个 CAN 帧到达
Wait For CAN Raw Frame	停止序列的执行，直到 CAN 帧到达
Wait For Key	停止序列的执行，直到按下某个键
Send CAN Frame	发送 CAN 帧
Send CAN Raw Frame	在没有数据库支持的情况下，传输已参数化的 CAN 帧
Send CAN Error Frame	发送一个 CAN 错误帧
If	向序列添加条件分支
Else If	
Else	
End If	
Repeat	定义一个重复执行的命令块
Repeat End	
Break	退出循环
Exit	结束序列的执行
Check	检查信号、系统变量或环境变量的值

续表

指令	描述
Write	输出信号、系统变量或环境变量的值到 Write 窗口
Write Text	输出字符串到 Write 窗口
Control Replay Block	启动或停止重播文件
Comment	定义注释行

3. 编辑序列

选中测试序列，单击 图标，打开【Visual Sequencer】对话框，如图 4-109 所示，这是一个简单的测试序列示例。

- 第 1 行指令【Write Text】：向 Write 窗口打印"等待用户按键"。
- 第 2 行指令【Wait For Key】：等待用户按下按键"A"。
- 第 3 行指令【Comment】：注释、解释说明，不执行。
- 第 4、7、10 行指令【If 、Else、End If】：条件判断语句。
- 第 5 行和第 8 行指令【Wait】：延时等待。
- 第 6 行和第 9 行指令【Set】：设置系统变量、信号值。
- 第 11 行指令【Write Text】：向 Write 窗口打印"序列结束"。

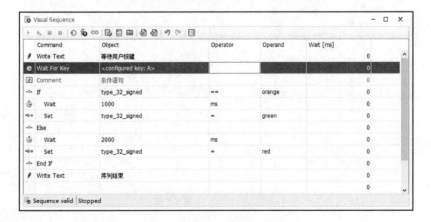

图 4-109　编辑可视化序列

4. 序列断点调试

在打开的【Visual Sequence】对话框中单击 图标，激活调试模式，在需要调试的指令行双击鼠标左键可设置断点，再次双击鼠标左键可取消断点，然后单击 图标，执行该序列，遇到断点处会停止并高亮显示，如图 4-110 所示。

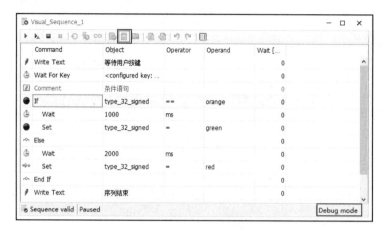

图 4-110　可视化序列调试模式

5. 导入/导出文件

在打开的【Visual Sequence】对话框中单击图标，可将该测试序列导出为.vsq 文件，单击图标，也可以将.vsq 文件导入可视化序列配置中，如图 4-111 所示。

图 4-111　导入/导出功能

4.10　创建 DBC 文件

DBC 文件是由 Vector 公司开发的一种描述 CAN 总线通信协议的数据库格式，它包含了 CAN 网络中所有信息和信号的定义，是进行 CAN 网络开发和测试的重要依据。

CANdb++ Editor 是 CANoe 软件中的一个工具，用于编辑 DBC 文件。在【Tools】菜单下单击【CANdb++ Editor】选项，即可打开 CANdb++ Editor 工具，该工具视图如图 4-112 所示。

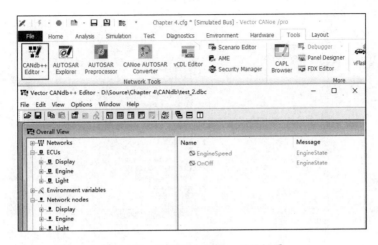

图 4-112　CANdb++Editor 工具视图

（1）需求分析。

假设有一个简易的 CAN 网络，该网络有 3 个节点：发动机（Engine）、大灯（Light）、仪表盘（Display），报文矩阵定义如表 4-11 所示。

表 4-11　报文矩阵定义

发送节点	接收节点	报文ID	报文名称	信号名	起始位	信号长度	最小值	最大值	初始值	Factor	Offset	ValueTable
Engine	Display	0x123	EngineState	OnOff	0	1	0	1	0	1	0	0x00:Off 0x01:On
				EngineSpeed	1	15	0	0	0	1	0	NA
Light	Display	0x321	LightState	HeadLight	0	1	0	1	0	1	0	NA
				FlashState	2	1	0	1	0	1	0	NA

Engine 节点有一个报文 EngineState，发送给 Display 节点，该报文有两个信号——OnOff、EngineSpeed。

Light 节点有一个报文 LightState，发送给 Display 节点，该报文有两个信号——HeadLight、FlashLight。

下面根据以上需求开发一个简易 DBC 文件。

（2）新建文件。

在 CANdb++ Editor 工具的主界面中，打开【File】菜单，选择【Create Database】选项，在弹出的【Template】对话框中选择【Vector_IL_Basic Template.dbc】选项，创建一个 DBC 文件，如图 4-113 所示。

图 4-113　创建 DBC 文件

（3）创建节点。

在【Network nodes】处单击鼠标右键，在弹出的快捷菜单中选择【New】选项，如图 4-114 所示，依次创建出 Engine、Light、Display 节点。

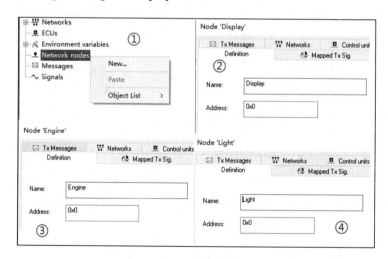

图 4-114　创建网络节点

（4）创建报文。

在【Messages】处单击鼠标右键，在弹出的快捷菜单中选择【New】选项，依次创建 EngineState 报文和 LightState 报文，并根据表 4-11 设置报文的 ID 和 DLC，如图 4-115 所示。

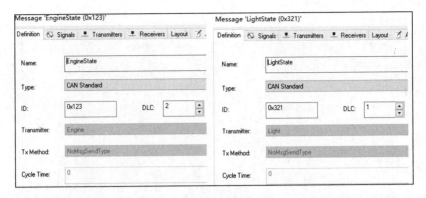

图 4-115　创建报文

（5）关联报文和节点。

　　拖动【Messages】结构下的 EngineState 报文到【Network nodes】→【Engine】→【Tx Messages】结构下，说明报文 EngineState 是从 Engine 节点发出的，同理拖动 LightState 报文到【Light】→【Tx Messages】结构下，如图 4-116 所示。

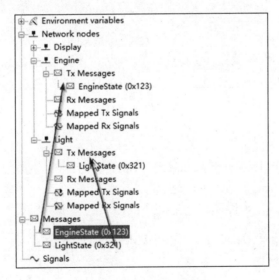

图 4-116　关联节点和报文

（6）创建信号。

　　在【Signals】处单击鼠标右键，在弹出的快捷菜单中选择【New】选项，如图 4-117 所示，依次创建出 EngineSpeed、OnOff、HeadLight、FlashLight 信号，并根据表 4-11 设置信号的长度、默认值等属性。

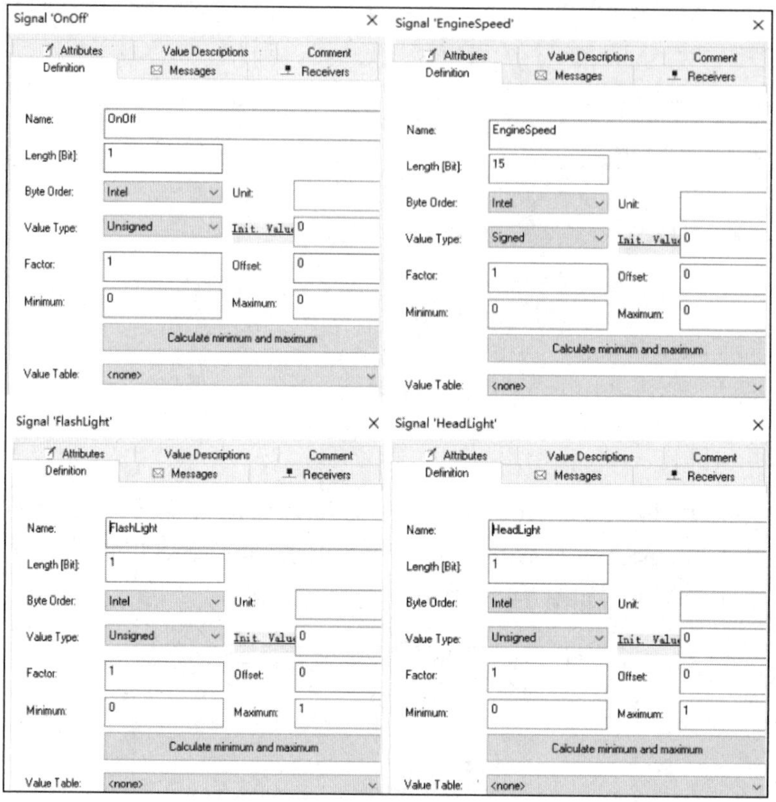

图 4-117　创建信号

（7）关联信号与报文。

拖动【Signals】结构下的 EngineSpeed 和 OnOff 信号到【Messages】→【EngineState】结构下，说明这两个信号是在 EngineState 报文中定义的，如图 4-118 所示。

同理可拖动 FlashLight、HeadLight 信号到【Messages】→【LightState】结构下。

（8）信号布局。

在【Messages】结构下，双击 EngineState 报文，打开报文编辑窗口，切换到【Layout】子页面，根据表 4-11 中定义的信号起始位，拖动 OnOff 信号和 EngineSpeed 信号到指定的位置，如图 4-119 所示，同理可完成对其他报文信号的布局。

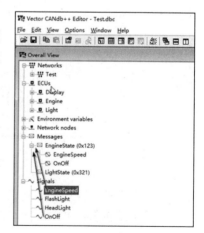

图 4-118　关联信号与报文

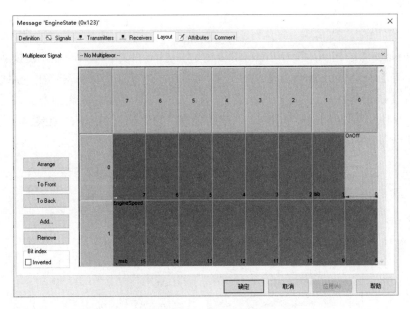

图 4-119　信号自动布局

（9）关联 Rx 节点的信号。

Display 节点接收来自 Engine 节点和 Light 节点的报文，但不发送任何报文。

双击【Display】节点，打开节点编辑对话框，在【Mapped Rx Sig】子页面下，单击【Add: all from one message】按钮选择需要发送到该节点的报文，再单击【确定】按钮即可，如图 4-120 所示。

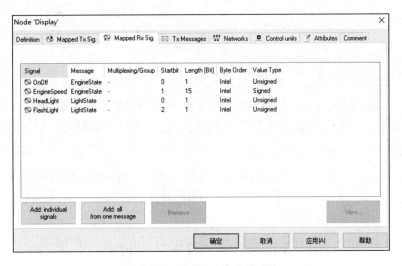

图 4-120　关联 Rx 节点的信号

（10）报文属性设置。

在【Messages】结构下，双击 EngineState 报文，打开报文编辑对话框，切换到【Attributes】子页面下，将【GenMsgILSupport】属性设置为"Yes"，该报文将仿真输出到总线上，否则不会输出；将【GenMsgSendType】属性设置为 Cyclic，即该报文以周期方式输出到总线；将【GenMsgCyleTime】属性设置为 100，即该报文发送的周期是 100ms。如图 4-121 所示，同理可完成对其他报文的属性设置。

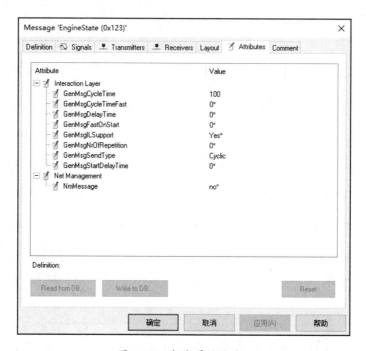

图 4-121　报文属性设置

（11）创建数值表。

数值表（Value Tables）是用于描述 CAN 网络中信号值的表格。在 DBC 文件中，数值表定义了信号的取值范围、单位、偏移量等信息，有助于更好地理解信号的实际意义和变化范围。

在【View】菜单中选择【Value Tables】选项，在打开的编辑对话框中，单击鼠标右键，在弹出的快捷菜单中选择【New】选项创建一个数值表，或者双击已定义的数值表可以重新编辑该数值表，如图 4-122 所示。

如图 4-123 所示，创建一个数据值表，在【Definition】选项卡中将名称设置为"VtSig_OnOff"，在【Value Descriptions】选项卡中定义值和值描述信息。

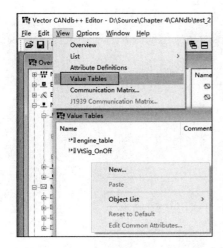

图 4-122　【Value Tables】选项

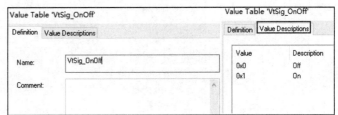

图 4-123　编辑数值表

双击新建的 OnOff 信号，打开信号编辑对话框，将【Value Table】属性设置为"ViSig_OnOff"，如图 4-124 所示。

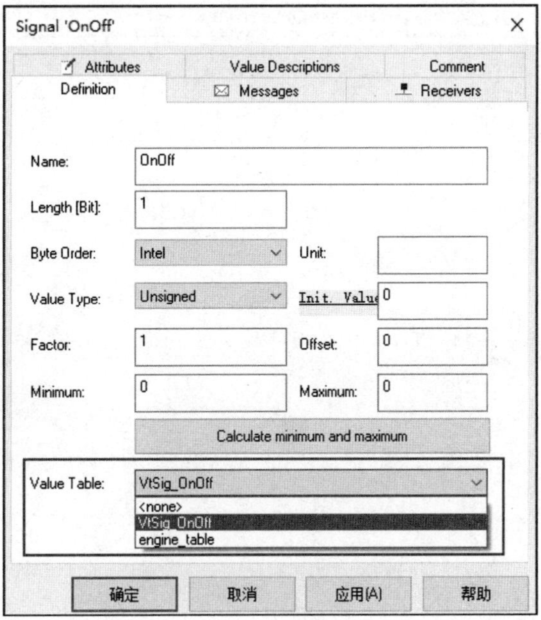

图 4-124　设置【Value Tables】属性

（12）一致性检测。

在编辑完 DBC 文件后，在【File】菜单中选择【Consistency Check】选项，执行一致性检测，如图 4-125 所示，输出结果没有报错即可。

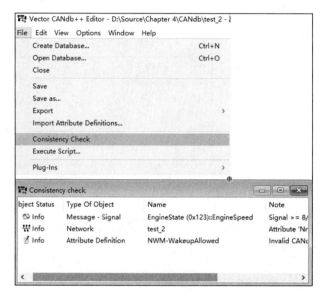

图 4-125　一致性检测

第 5 章　Panel 设计

5.1　Panel Designer 简介

Panel Designer 是 Vector 公司开发的一款用于创建和设计 CANoe 面板的工具。

通过 Panel Designer，用户可以添加各种控件（如按钮、滑块、文本框等）并定义其行为和外观，还可以将面板与 CANoe 仿真环境中的信号和变量进行关联，实时进行数据的显示和控制，以实现与仿真模型的交互。此外，Panel Designer 还提供了丰富的图形化界面和布局工具，使用户能够轻松设计出符合自己需求的 Panel 界面。Panel Designer 设计界面如图 5-1 所示。

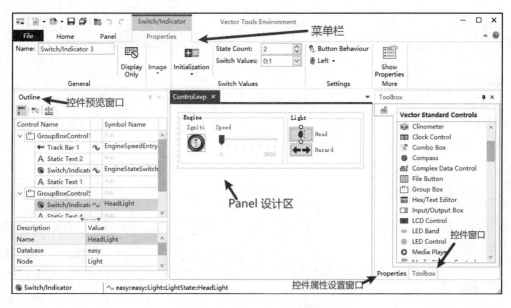

图 5-1　Panel Designer 设计界面

1. 视图选项

用户可以通过【Home】菜单的【Views】（视图）选项打开指定的视图窗口，如图 5-2 所示，视图窗口信息如下。

- Output（编译输出）：Panel 的报错和提示信息显示窗口。
- Project Documents（工程文件）：Panel 工程文件列表。

- Properties（控件属性）：设置控件属性。
- Toolbox（控件）：控件的集合窗口。
- Outline（控件信息）：概括 Panel 中使用的控件信息。
- Symbol Explorer（符号资源管理）：Symbol 资源管理器窗口。
- Reset Layout（重置）：重置控件布局。

2. 工程文件窗口

Panel 面板被保存成.xvp 后缀格式文件，【Project Documents】窗口可显示打开的文件夹下的所有 Panel 文件，如图 5-3 所示。

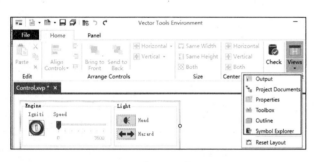

图 5-2　【Views】选项　　　　　　图 5-3　工程文件窗口

3. 控件信息窗口

控件信息窗口显示了正在编辑的 Panel 文件的所有控件信息，包括控件名称、绑定的符号名称等，如图 5-4 所示。

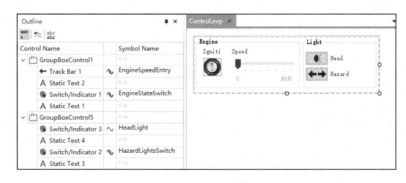

图 5-4　控件信息窗口

4. 符号资源管理窗口

在 Panel Designer 中有两种方式将控件和 Symbol 绑定，一种是在【Properties】窗口选择 Symbol，另一种是直接拖动【Symbol Explorer】窗口中的 Symbol 到控件上，即可实现快速绑定，如图 5-5 所示。

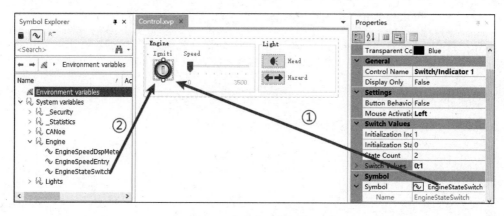

图 5-5 符号资源管理窗口

5. 控件窗口

Panel Designer 提供了丰富的控件，支持用户设计功能强大的人机交互界面，如图 5-6 所示，用户可以在【Toolbox】窗口中通过双击或者鼠标拖曳的方式将控件放置到 Panel 面板中。

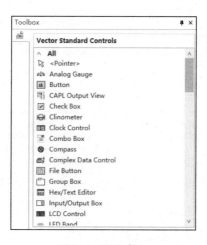

图 5-6 控件窗口

（1）控件分类。

显示类（Display Elements）控件：既可以作为输出也可以作为输入的一类控件，比如

Hex/Text Editor、Input/Output Box、Switch/Indicator 等。

控制类（Control Elements）控件：这类控件和显示类控件明显不同的是，其无法在 Panel 面板中更改 Symbol 的值，只能在 CANoe 或者 CAPL 中更改。

静态类（Static Element）控件：无须绑定 Symbol，适用于结构布局、分组或者解释说明，比如 Static Text、Picture Box、Group Box 等控件。

特殊类控件：使用特殊元素可以执行预定义的操作，无须绑定 Symbol，比如 File Button、Start Stop Control 等控件。

（2）控件总览。

【ToolBox】窗口中的所有控件如表 5-1 所示。

表 5-1　控件简介

图标	控件名称	描述	控件类型
	Pointer	标记工具	—
	Analog Gauge	显示用户定义的值	显示类
	Button	按钮控件，用于触发动作	显示类和控制类
	CAPL Output View	连续不断地显示文本	特殊类
	Check Box	复选框，选择或显示多个选项	显示类和控制类
	Clinometer	显示横向和纵向坡度	显示类
	Clock Control	显示时间或用作秒表	显示类和特殊类
	Combo Box	下拉列表，用于显示或选择数据库值表中的符号值	显示类和控制类
	Compass	显示基点和速度	显示类
	Complex Data Control	发送或接收事件和其他复杂的数据结构	显示类和控制类
	File Button	打开指定路径的文件	特殊类
	Group Box	控件分组	静态类
	Hex/Text Editor	输入和显示大量数据（十六进制/文本格式）	显示类和控制类
	Input/Output Box	输入或显示文本	显示类和控制类
	LCD Control	数码管样式显示浮点数	显示类
	LED Band	在面板中突出显示	显示类

续表

图标	控件名称	描述	控件类型
	LED Control	选择和显示已定义的状态	显示类和控制类
	Media Player	播放媒体文件	显示类和特殊类
	Media Stream Control	播放流媒体	特殊类
	Meter	显示用户定义的值范围	显示类
	Method Call Control	调用一个方法	显示类和特殊类
	MOST Send Button	发送 MOST 信息	特殊类
	NM Control	显示和编辑网络管理的值	特殊类
	Numeric Up/Down	数值输入和显示	显示类和控制类
	Panel Control Button	在测量过程中打开其他面板	特殊类
	Path Dialog	交互式地选择文件和文件夹	控制类
	Picture Box	在面板中添加图片	静态类
	Progress Bar	进度条	显示类
	Radio Button	单选按钮，用于选择或显示互斥选项	控制类
	Stop Control	开始和停止测量	特殊类
	Static Text	输入文本	静态类
	Switch/Indicator	选择和显示已定义状态	显示类和控制类
	Tab Control	选项卡控件，分页放置控件	静态类和特殊类
	Track Bar	在已定义的值范围内设置值	显示类和控制类

6. 控件属性窗口

用户可以通过【Properties】窗口查看和修改控件的各种属性，例如颜色、字体、大小、位置等。通过调整这些属性，可以自定义控件的外观和行为，以满足特定的需求。

【注意】：在默认情况下，【Properties】窗口只显示常用属性，在使用时，要在【Properties】窗口的工具栏上单击【Properties】选项，才能看到控件的所有属性，如图 5-7 所示。

7. 编译输出窗口

在编辑 Panel 文件时，【Output】窗口输出报错和提示信息，如图 5-8 所示。

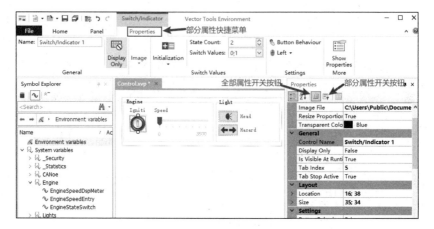

图 5-7　控件属性窗口

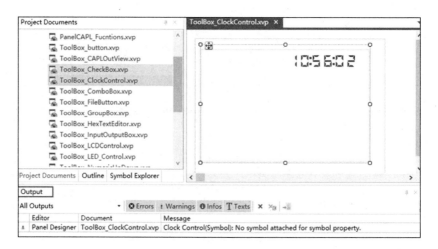

图 5-8　编译输出窗口

5.2　新建 Panel 工程

1. 新建与保存 Panel 文件

在 CANoe 的【Home】菜单下，单击【Panel】按钮，在下拉列表中选择【New Panel】选项，即可打开 Panel Designer 工具，如图 5-9 所示。

在 Panel Designer 中选择【File】菜单的【Save】选项（快捷键"Ctrl + S"）或【Save as】选项保存 Panel 文件，如图 5-10 所示。

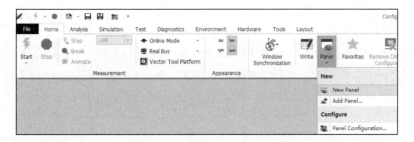

图 5-9　打开 Panel Designer 工具

2. 编辑 Panel 文件

如果 Panel 文件已被加载到 CANoe 工程中，则选择需要编辑的 Panel 文件，并单击鼠标右键，在弹出的快捷菜单中选择【Edit】选项，打开 Panel Designer，如图 5-11 所示。

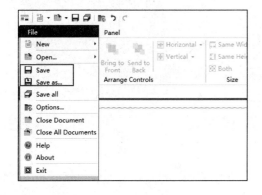

图 5-10　保存 Panel 文件

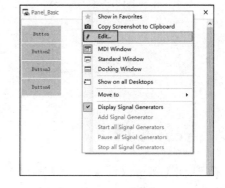

图 5-11　选择【Edit】选项

3. 加载 Panel 文件

在 CANoe 的【Home】菜单下单击【Panel】按钮，在下拉列表中选择【Add Panel】选项，即可将 Panel 文件加载到 CANoe 工程中，如图 5-12 所示。

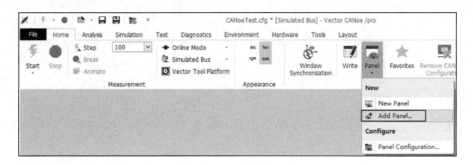

图 5-12　加载 Panel 文件

4. 移除 Panel 文件

在 CANoe 的【Home】菜单下单击【Panel】按钮，在下拉列表中选择【Panel Configuration】选项，打开【Panel Configuration】对话框，选中 Panel 文件，单击【Remove】按钮，即可将其从 CANoe 工程中移除，如图 5-13 所示。

图 5-13　移除 Panel 文件

5.3　控件布局

在 Panel Designer 的【Home】菜单栏中包含 Arrange Controls、Size 和 Center in Panel 控件，如图 5-14 所示。

【注意】：至少选中两个控件，布局控件才可用。

图 5-14　控件布局视图

1. 方向对齐布局

按住【Ctrl + 鼠标左键】依次选中多个控件，单击左对齐图标，即可将控件向左对齐，如图 5-15 所示。

【注意】：其他控件向第一个被选中的控件对齐。

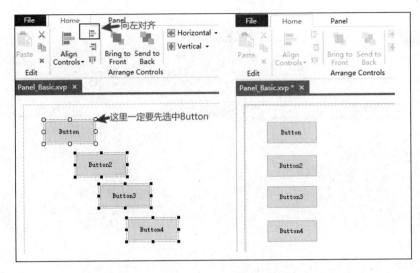

图 5-15　控件对齐布局

2. 前后层叠布局

如图 5-16 所示，Button2 控件在 Button 控件之上，先选中 Button 控件，然后单击【Bring To Front】选项，Button 控件将被移到上层。

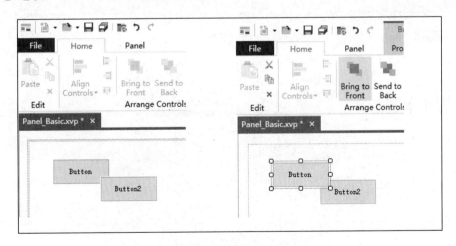

图 5-16　控件层叠布局

3. 控件间隔布局

如图 5-17 所示，Button2 控件在 Button 控件之上，选中这两个控件，单击【Horizontal】菜单下的【Remove Spacing】（水平方向移除选中控件的间隙）选项和【Vertical】菜单下的【Remove Spacing】（垂直方向移除选中控件的间隙）选项，即可对控件完成间隔的布局。

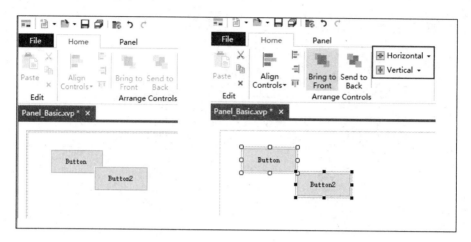

图 5-17　控件间隔布局

4. 控件大小布局

如图 5-18 所示，Button2 控件和 Button 控件大小不同，先选中 Button 控件再选中 Button2 控件，然后单击【Both】选项，则 Button2 控件和 Button 控件被调整成相同大小。

如果只需要调整长度或者宽度，则可以选择【Same Width】或【Same Hight】选项。

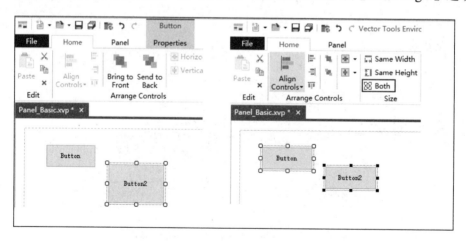

图 5-18　控件大小布局

5. 控件中心布局

如图 5-19 所示，Button 控件都在 Panel 的左上角，单击【Center in Panel】功能区中的【Both】选项，控件都被移动到了 Panel 的中心位置。

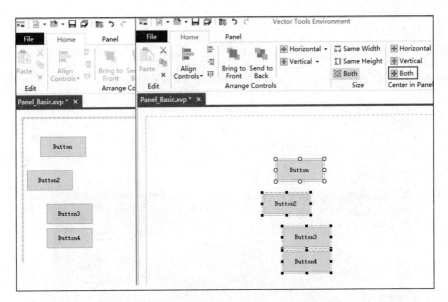

图 5-19　控件中心布局

5.4　Panel 面板设置

用户可以通过 Panel Designer 的【Panel】菜单栏对 Panel 面板进行重命名设置、面板大小设置，以及背景色和背景图片设置等，如图 5-20 所示。

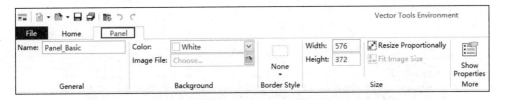

图 5-20　【Panel】菜单

1. 背景色和背景图片

在设计 Panel 时，可以通过【Background】属性为面板设置背景色或者背景图片。

【说明】：当给 Panel 添加背景图片时，可以单击【Fit Image Size】选项使 Panel 尺寸大小根据图片尺寸大小自动适配，如图 5-21 所示。

2. 面板大小

在 Panel Designer 中有以下两种方式调节 Panel 面板的大小，如图 5-22 所示。

- 直接拖曳 Panel 右下角对面板大小进行调节。
- 选择【Panel】菜单下的【Width】和【Height】选项对面板大小进行调节。

【注意】：单击【Resize Proportionally】选项会同比例地更改 Panel 面板的宽和高。

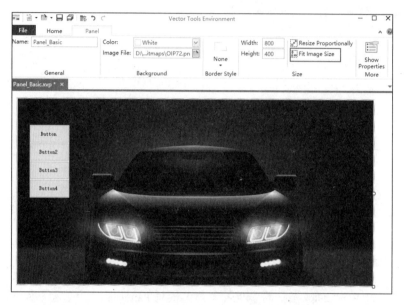

图 5-21　设置 Panel 背景图片

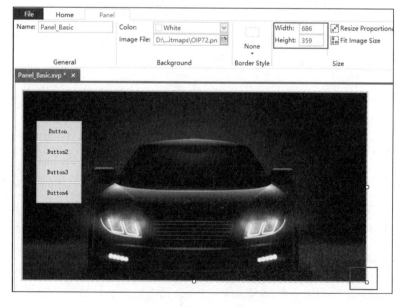

图 5-22　调整 Panel 面板的大小

5.5　静态控件

1. 静态文本

Static Text（静态文本）控件没有交互性，只是简单地显示文本内容，如图 5-23 所示。

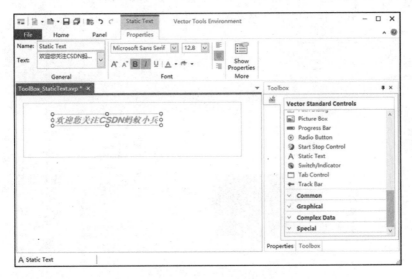

图 5-23　Static Text 控件

2. 分组框

在 Panel Designer 中，用户可以使用 Group Box（分组框）控件来创建一个容器，将多个控件（如按钮、文本框等）集合在一起，并为它们添加分组标题。这样做的好处是可以方便地对一组控件进行统一管理和布局，提高用户界面的可读性和易用性，如图 5-24 所示。

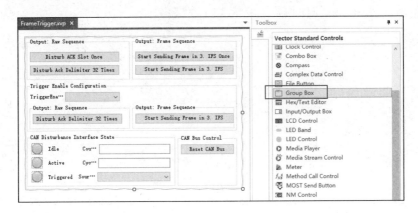

图 5-24　Group Box 控件

3. 图片框

Panel Designer 中的 Picture Box（图片框）控件用于在面板上显示图片。使用这个控件可以展示图标、图片等视觉元素，提高面板的美观性和可读性。

在【Properties】菜单下，在【Image File】下拉列表中选择图片所在路径，单击【Fit Image Size】按钮使 Picture Box 控件的大小根据图片大小自动适配，如图 5-25 所示。

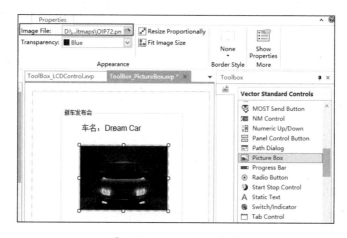

图 5-25   Picture Box 控件

5.6　按钮

Panel Designer 中的 Button（按钮）控件用于触发或切换某些动作或事件。通过该控件，用户可以改变关联 Symbol 的值，在 CAPL 程序中判断 Symbol 的值并执行相应的代码功能。如图 5-26 所示，将 Button 控件和系统变量 Test_3 绑定。

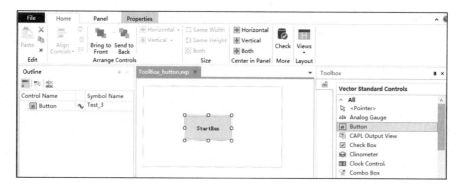

图 5-26   Button 控件

1. Button 控件的值的变化

运行 CANoe，单击 Button 控件后，系统变量 Test_3 的值变为 1。若松开鼠标，则 Test_3 的值恢复为 0，由此可见 Button 控件的值是自动恢复的，如图 5-27 所示。

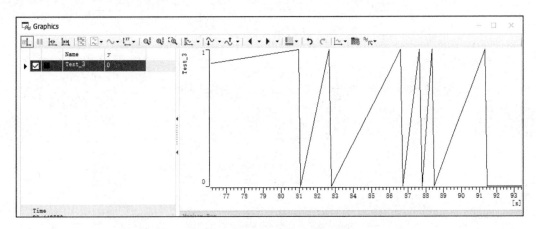

图 5-27　Button 控件的值的变化

因为 Button 控件的值是自恢复的，所以在处理 Button 控件事件时，代码需要加上非零判断，否则就会重复触发事件，示例代码如下。

```
on sysvar Panel::Test_3
{
  if(@this)
  {
    //do somethng
  }
}
```

2. Name 属性和 Text 属性的区别

在【Properties】菜单下的 General 功能区，有【Name】和【Text】两个属性，如图 5-28 所示。

【Name】是控件的名称，如在使用 openPanel(char panelName[])函数时，传入的参数值使用的就是控件的 Name 属性。

【Text】是控件的描述信息，可以通过 Font 功能区更改显示字体样式。

图 5-28　Name 和 Text 属性

3. Button 控件样式

在【Properties】窗口中将【Use Windows Style】属性设置成 False，【Background Color】属性则处于激活状态，如图 5-29 所示，将该属性设为 Yellow。

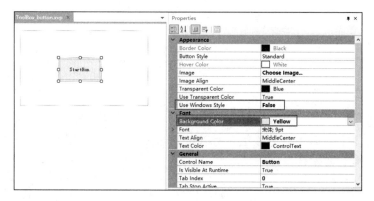

图 5-29　更改 Button 控件的样式

Button 控件的【Button Style】属性的默认选项是 Standard，此时有些属性为不可用状态。将【Button Style】属性设置成 CustomFlat，激活这些属性，如图 5-30 所示，将边框属性【Border Color】设置成 Red，鼠标光标悬浮属性【Hover Color】设置成 Fuchsia。

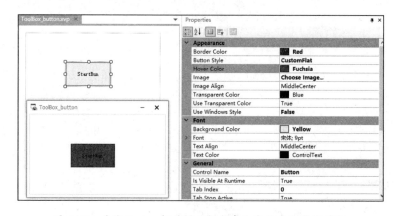

图 5-30　更改 Button 控件的边框颜色和鼠标光标悬停属性

5.7　开关/显示控件

Switch/Indicator（开关/显示）控件是 Panel Designer 中最常用的控件之一，用于模拟和监控汽车网络中的信号状态。当作为 Switch 控件使用时，该控件允许用户手动控制信号的状态，而当作为 Indicator 控件使用时，则用于显示信号的当前状态。用户可以通过设置控件的 Image File 属性，使其表现出物理性质，从而帮助用户直观地理解和操作。

当单击 Switch/Indicator 控件时，不仅控件值会发生改变，代表状态的图片样式也会发生变化，以提醒使用者注意。如图 5-31 所示，在模拟汽车发动机点火开关时，每单击一次控件，图标的样式就会发生一次变化，从而代表点火开关的状态发生改变。

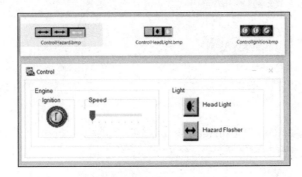

图 5-31　Switch/Indicator 控件应用示例

1. 设置控件图片

Switch/Indicator 控件的默认样式如图 5-32 所示。

如图 5-33 所示，使用 Paint 软件画了一个 150 像素 × 50 像素的图片，并填充不同颜色。

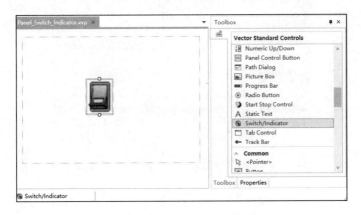

图 5-32　Switch/Indicator 控件

【说明】：Switch/Indicator 控件要求绑定的图片必须是矩形的，且长是宽的倍数。

该图片应该包含 n 个图标元素，但第一个图标元素不是有效的，仅用于在设计 Panel 时显示，从第二个图标元素开始才和 Symbol 的值对应起来，所以若要设计一个能够表示 n 个值的图标文件，那么它应该要包含 $n+1$ 个图标元素。

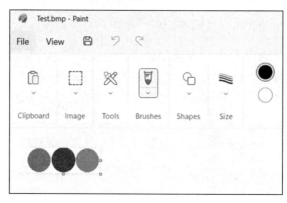

图 5-33　150 像素 × 50 像素的图片

在【Properties】窗口中选择【Image File】属性，选择 Test.bmp 图片，然后单击【Fit Image Size】选项将控件显示大小设置成图片的像素大小，将【State Count】属性设置成 2，则【Switch Values】属性将会自动显示为 "0；1"，最后将该控件与系统变量 Test_1 关联，如图 5-34 所示。

Properties	
∨ **Appearance**	
Border Style	None
Image File	D:\Source\Chapter 5\Panels\Bitmaps\Test.bmp
Resize Proportionally	True
Transparent Color	■ Blue
∨ **General**	
Control Name	**Switch/Indicator**
Display Only	False
Is Visible At Runtime	True
Tab Index	**0**
Tab Stop Active	True
∨ **Layout**	
Location	**56; 53**
Size	**38; 41**
∨ **Settings**	
Button Behaviour	False
Mouse Activation Type	**Left**
Show Initial Picture	False
∨ **Switch Values**	
Epsilon	0
Initialization Increment	1
Initialization Start Value	0
State Count	2
Switch Values	**0;1**
∨ **Symbol**	
∨ Symbol	〰 Test_1
Name	Test_1
Namespace	Panel
Symbol Filter	**Variable**

图 5-34　Switch/Indicator 控件属性

【说明】：在编辑状态时，控件的颜色是图片的第一个颜色（灰色）；在运行状态时，当系统变量 Test_1 等于 0 时，控件的颜色是红色；当系统变量等于 1 时，控件的颜色是绿色。

2. 控件的值的变化

在 Switch/Indicator 控件上，单击鼠标，控件值发生改变，若松开鼠标，则控件值维持不变，如图 5-35 所示。

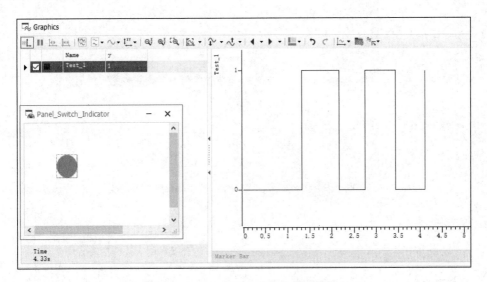

图 5-35　Switch/Indicator 控件的值的变化

【说明】：用户可通过将 Switch/Indicator 控件的【Button Behaviour】属性设置成 True，来实现 Button 控件的值自恢复的效果。

3. 控件状态和图片的显示

如图 5-36 所示，使用 Paint 软件画了一个 300 像素×50 像素的图片来进一步学习图片在 Switch/Indicator 控件中的使用。

图 5-36　300 像素×50 像素的图片

在 Panel 中再放置一个 Switch/Indicator 控件，并将该控件的【Image File】属性设置为 Test_2.bmp，将【State Count】属性设置成 5，并和系统变量 Test_2 做关联，如图 5-37 所示。

【说明】：用户可以通过设置【Switch Values】属性，来给控件的每个状态指定一个具体的值，否则值从零递增。

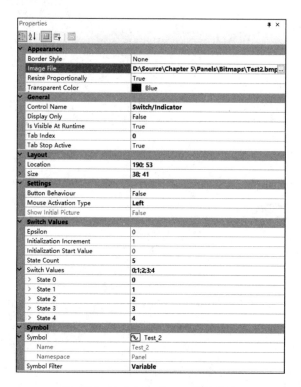

图 5-37　Switch/Indicator 控件属性

在【Graphics】窗口中添加系统变量 Test_2，运行 CANoe，连续单击鼠标左键，可以看到系统变量 Test_2 的值从 0 到 4 变化，控件颜色也是随之变化，如图 5-38 所示。

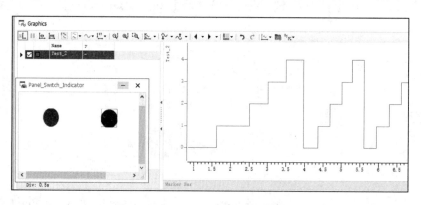

图 5-38　Switch/Indicator 控件值变化

4. 控件的鼠标设置

在默认情况下，Switch/Indicator 控件的【Mouse Activation Type】属性值为 Left，单击鼠

标左键，可以改变控件关联 Symbol 的值，单击鼠标右键则无效。用户可以将该属性设置为
【Left And Right】，则单击鼠标右键，Symbol 值加 1，单击鼠标左键，Symbol 值减 1，如图 5-39
所示。

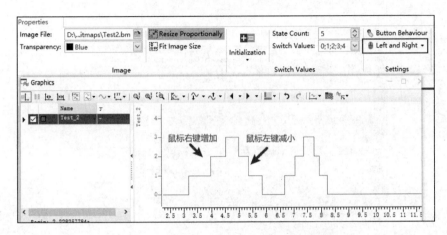

图 5-39　【Left And Right】选项的测试结果

5.8　路径对话框

　　Path Dialog（路径对话框）控件通常用于获取文件或文件夹的路径。通过 Panel，用户可以轻松选择文件或文件夹，并获取其路径，如图 5-40 所示。

　　【注意】：与 Path Dialog 控件绑定的 Symbol 类型只能是字符串类型的系统变量。

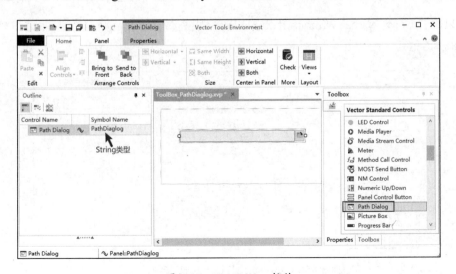

图 5-40　Path Dialog 控件

Path Dialog 控件的常用属性如图 5-41 所示。

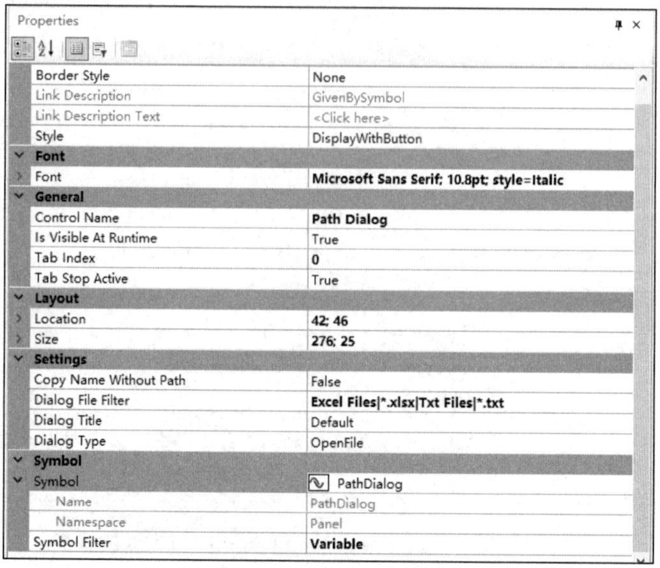

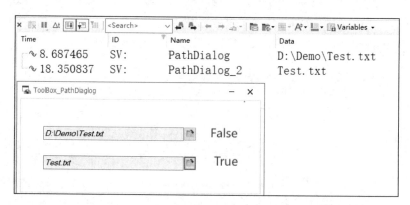

图 5-41　Path Dialog 控件的属性设置

用户可以通过【Dialog Type】属性来选择 Path Dialog 控件是用于打开文件（Open File）、打开文件夹（Open Folder），还是保存文件（Save File）的。

【Dialog File Filter】属性可以过滤出指定后缀格式的文件，支持过滤多个类型，图 5-42 中将该属性设置为 Excel Files|*.xlsx|Txt Files|*.txt，则用户只能选择.xlsx 和.txt 文件。

如果将【Copy Name Without Path】的属性设置成 False，则与控件绑定的系统变量 PathDialog 的值是完整路径，否则 PathDialog 的值是文件名，如图 5-42 所示。

图 5-42　Copy Name Without Path 属性的设置

5.9　输入/输出框

Panel Designer 中的 Input/Output Box（输入/输出框）控件用于单行输入和输出显示，绑定的 Symbol 数据类型可以是整型、浮点和字符串。

如图 5-43 所示，在 Panel 面板上添加几个 Input/Output Box 控件。

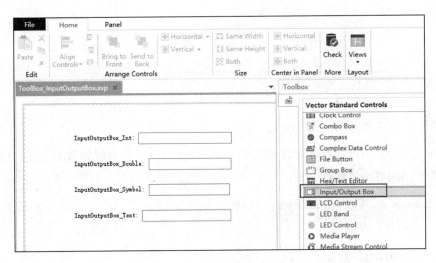

图 5-43　Input/Output Box 控件

1. 显示类型属性设置

Input/Output Box 控件根据绑定的 Symbol 的数据类型不同可以设置【Value Interpretation】属性为不同的显示类型，如表 5-2 所示。

表 5-2　【Value Interpretation】属性选项

选项	Symbol 数据类型	说明
Text	字符串	以文本形式显示 Symbol 的值
Decimal	整型	以十进制数形式显示 Symbol 的值
Hexadecimal	整型	以十六进制数形式显示 Symbol 的值
Binary	整型	以二进制数形式显示 Symbol 的值
Double	浮点数	以浮点数形式显示 Symbol 的值，可通过【Decimal Places】设置有效小数点位数
Science	浮点数	以科学记数法形式显示 Symbol 的值
Symbolic	整型	如果 Symbol 设置了【Value Table】属性，则可以显示 Value Table 的描述，否则显示数值

图 5-44 所示为 4 种不同类型的 Input/Output Box 控件的显示效果。

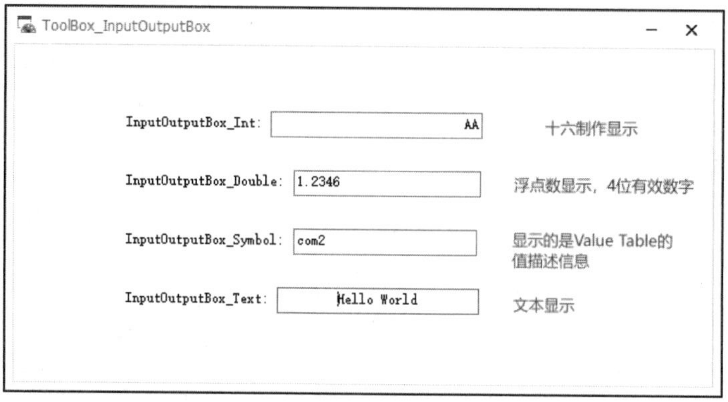

图 5-44　Input/Output Box 控件显示

2. 报警属性设置

用户可以通过【Alarm Display】属性为 Input/Output Box 控件设置报警功能，当控件绑定的 Symbol 的值超过定义的最小值或者最大值时，控件将呈现不同的背景色。

如图 5-45 所示，【Alarm Display】属性有 4 个选项，用户可以选择不同的方式定义报警值。

- None：不设置警报限制值。
- Attributes：在数据库级别定义警报限制值，用户可以使用特殊属性来实现这一点，只有在数据库中定义了相应的属性时，此选项才可用。
- DBValues：数据库中定义的 Symbol 的范围值，比如信号的最大值和最小值。
- UserDefinedValues：用户可以通过【Lower Limit】属性设置最小值，通过【Upper Limit】属性设置最大值。

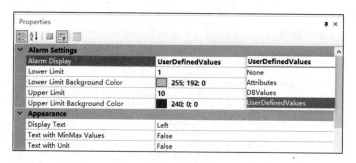

图 5-45　【Alarm Display】属性

如图 5-46 所示，设置控件的【Alarm Display】属性为 UserDefinedValues，当控件绑定的 Symbol 值大于 10 时，就显示红色，当 Symbol 值小于 1 时，就显示黄色。

图 5-46　【Alarm Display】属性测试结果

5.10　组合框

Panel Designer 中的 Combo Box（组合框）控件用于提供一组选项供用户选择，如图 5-47 所示。

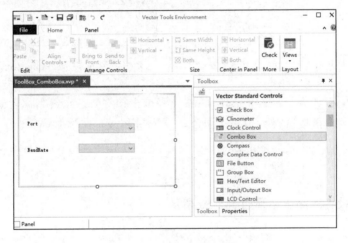

图 5-47　Combo Box 控件

【说明】：Combo Box 控件必须和 Symbol 关联，而且与之关联的 Symbol 必须设置【Value Table】属性，因为组合框是通过下拉列表选择的，选项来自于 Symbol 中定义的值。

如图 5-48 所示，为系统变量 Port 设置一个【Value Table】属性。

Combo Box 控件的常用属性如图 5-49 所示。

【Combo Box Style】：设置 Combo Box 控件的样式，有 3 种样式可供选择，分别为 Drop DownList、SimpleList、FlatDropDownList。

【Displayed Rows】：当控件的【Combo Box Style】属性设置为 DropDownList 时，可通过该属性设置单击控件时显示的可见元素数量。

- Show All Items：显示所有元素。
- Show Configured Items：显示的元素数量由【Drop Down Max Items】属性值决定。

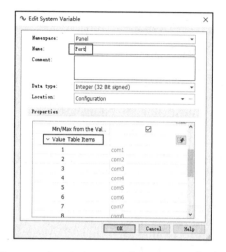

图 5-48　系统变量 Port 的【Value Table】属性

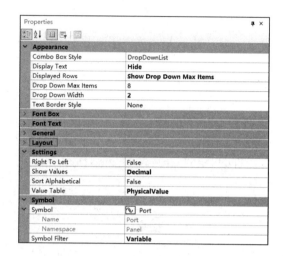

图 5-49　Combo Box 控件属性

【Show Values】：如果该属性值为非 None，则单击控件时，元素名称后面会额外显示出名称对应的数值，用户可以选择数值以十进制、十六进制或者二进制显示。

【Sort Alphabetical】：当该属性值为 True 时，下拉列表元素按照字母排序显示，否则按照数值从小到大显示。

Combo Box 控件的测试结果如图 5-50 所示。

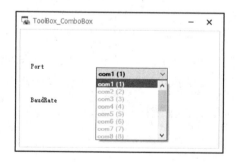

图 5-50　Combo Box 控件的测试结果

5.11　复选框

Panel Designer 中的 Check Box（复选框）控件用于表示一个选项是否被选中。

【说明】：Check Box 控件必须和 Symbol 关联后才能使用，否则在运行时控件是无法被选中的，如图 5-51 所示。

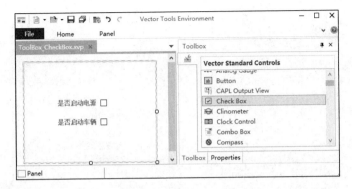

图 5-51　Check Box 控件

Check Box 控件的常用属性如图 5-52 所示。

【Check Position】：设置 Check Box 控件的文本信息相对于控件的位置。

【Switch Values】：在默认情况下，当勾选 Check Box 控件时，Symbol 值为 1，不勾选时，Symbol 值为 0，用户可以通过该属性设置为别的值。

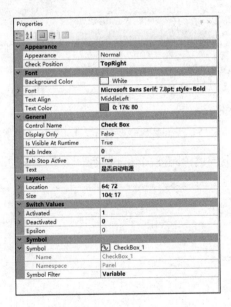

图 5-52　Check Box 控件属性

5.12　单选按钮

Panel Designer 中的 Radio Button（单选按钮）控件用于在多个控件选项中用户只能选择一个，而不能同时选择多个，如图 5-53 所示。

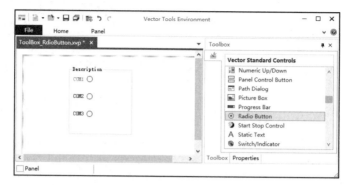

图 5-53　Radio Button 控件

所有的 Radio Button 控件都必须绑定同一个 Symbol，但是每个单选按钮的【Activated】属性要设置不同的值，如图 5-54 所示。

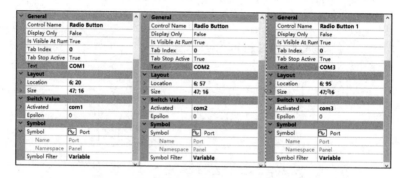

图 5-54　Radio Button 控件【Activated】属性

如图 5-55 所示，单击不同的 Radio Button 控件，系统变量 Port 值也随着变化。

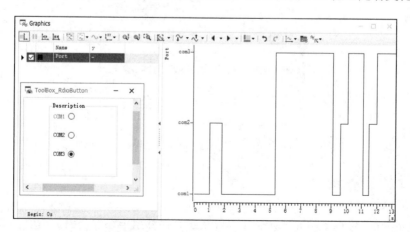

图 5-55　Radio Button 控件测试结果

5.13　进度条

Panel Designer 中的 Progress Bar（进度条）控件用于表示某个任务或操作的进度，用户可以通过进度条的长度和颜色来了解任务的完成情况。

下面通过 Button、Input/Output box 和 Progress Bar 这 3 个控件来模拟软件下载服务进度，如图 5-56 所示。

● Button：用于执行开始下载的动作。

● Input/Output Box：下载进度的文本描述信息。

● Progress Bar：显示下载进度。

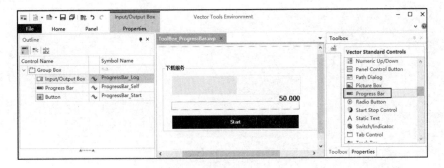

图 5-56　Progress Bar 控件

Progress Bar 控件的常用属性如图 5-57 所示。

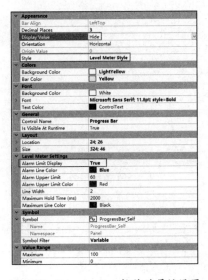

图 5-57　Progress Bar 控件的属性设置

【Display Value】：控件实时显示的数值相对于控件的位置，设置为 Hide，表示隐藏该数值。

【Style】：设置 Progress Bar 控件的样式，默认为 Windows Style 选项，用户无法设置控件的颜色和背景色，图 5-57 中将【Style】属性设置为 Level Meter Style，将【Background Color】属性设置为 LightYellow，将【Bar Color】属性设置为 Yellow。

【Level Meter Settings】：该分组下的属性可以设置控件的警戒线，图 5-57 中将【Alarm Limit Display】属性设置为 True，将【Alarm Upper Limit】属性设置为 60。当进度条到达报警戒线后，【Maximum Line Color】属性的颜色将由 Black 变为 Red，从而达到提示用户的目的。

下面是一段模拟软件下载的伪代码。

```
/*@!Encoding:936*/
variables
{
  msTimer timer_demo;
  char  Text[500];
  int  step_counter;
}

on timer timer_demo
{
   step_counter = step_counter +1 ;
snprintf(Text,elCount(Text),"Downloading %.2f%%...",(double)step_counter);
sysSetVariableString (sysvar::Panel::ProgressBar_Log,Text);
sysSetVariableFloat(sysvar::Panel::ProgressBar_Self,(double)step_counter);

if (step_counter < 100)
   setTimer(timer_demo,100);
}

on sysvar Panel::ProgressBar_Start
{
  if(@this)
  {
   snprintf(Text,elCount(Text),"Satrt Downloading...");
   sysSetVariableString (sysvar::Panel::ProgressBar_Log,Text);
   StartDownload();
  }
```

```
}

void StartDownload()
{
    step_counter = 0;
    setTimer(timer_demo,1000);
}
```

执行上述测试代码，测试结果如图 5-58 所示。

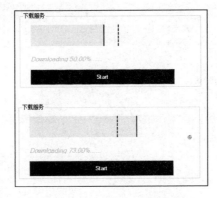

图 5-58　Progress Bar 控件的测试结果

5.14　滑动条

Panel Designer 中的 Track Bar（滑动条）控件用于表示一个连续的值或范围，如图 5-59 所示。

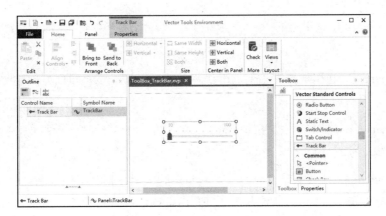

图 5-59　Track Bar 控件

Track Bar 控件的常用属性如图 5-60 所示。

Appearance	
Background Color	☐ White
Border Style	None
Display Minimum/Maximum	**True**
Orientation	Horizontal
Show Value Tooltip	**True**
Tick Style	**TopLeft**
General	
Control Name	**Track Bar**
Display Only	False
Is Visible At Runtime	True
Tab Index	**29**
Tab Stop Active	True
Layout	
Settings	
Commit Value	**Only Last Value**
Large Change	**4**
Small Change	**2**
Tick Frequency	**10**
Symbol	
Symbol	〰 TrackBar
Name	TrackBar
Namespace	Panel
Symbol Filter	**Variable**
Value Range	
Maximum	**100**
Minimum	0

图 5-60　Track Bar 控件属性设置

【Value Range】：设置控件的最大值和最小值，

【Display Min/Max】：设置是否显示 Track Bar 控件的取值范围。

【Show Value Tooltip】：当该属性值为 True 时，移动滑块会实时显示控件的当前值。

【Tick Style】：设置控件刻度线的样式，设置为 None 时会去掉刻度线；设置为 TopLeft 时，刻度线将显示在控件的上方。

【Tick Frequency】：默认情况下，刻度线间隔的最小单位是 1，通过该属性可以修改控件的刻度线间隔。

【Small Change】：当用户拖动控件的滑块移动或者每按一下键盘的方向键时，控件增加或者减小的数值，即为该参数的值。

【Large Change】：当用户在控件的最右侧或者左侧单击鼠标时，控件增加或者减少的数值即为该参数的值，注意【Large Change】属性的值必须是【Small Change】属性值的整数倍。

【Commit Value】：当设置该属性为 All Values 时，用户拖动滑块移动，Symbol 值随之不断变化，会不断触发该 Symbol 的值改变事件；当该属性设置为 Only Last Value 时，只有鼠标释放时，Symbol 的值才会发生变化。

5.15　十六进制/文本编辑器

Panel Designer 中的 Hex/Text Editor（十六进制/文本编辑器）控件用于显示和编辑文本或数字。这个控件能够以十进制或十六进制的格式显示数字，方便用户进行进制转换和编辑。

图 5-61 中列举了 Byte 数组、整型数组、字符串类型的显示方式。

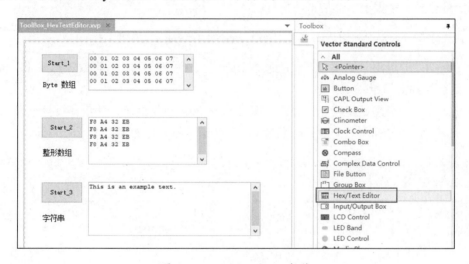

图 5-61　Hex/Text Editor 控件

下面通过 3 个不同的 Symbol 类型学习 Hex/Text Editor 控件的使用。

如图 5-62 的左图所示，控件绑定的 Symbol 类型是 Byte 数组，将【Editor Layout】属性设置为 OnlyHexfield。将【Columns/letters per line】属性设置为每行显示 8 个字节数，可用来显示一条完整的 CAN 报文，两个字节之间自动通过空格间隔。

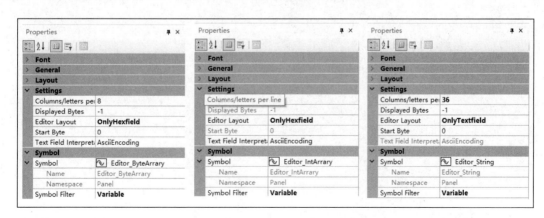

图 5-62　控件属性设置

如图 5-62 的中间图所示，控件绑定的 Symbol 类型是整型数组，【Editor Layout】属性选择 OnlyHexfield，【Columns/letters per line】属性被禁用，则控件中每行以 Hex 方式显示一个整数，该整数占 4 个字节，自动通过空格隔开。

如图 5-62 的右图所示，控件绑定的 Symbol 类型是 String，【Editor Layout】属性选择 OnlyTextfiled。该控件只支持英文字符输出，且不会自动换行，可通过【Columns/letters per line】属性指定每行显示多少个字节后自动换行。

示例代码如下，代码中的 Start_1、Start_2、Start_3 的含义如下。

- Start_1，通过定时器模拟报文赋值给 Byte 数组类型的系统变量 Editor_ByteArray，然后在控件上显示。
- Start_2，对整型数组类型的系统变量 Editor_IntArray 赋值，然后在控件上显示。
- Start_3，对 String 类型的系统变量 Editor_String 赋值，然后在控件上显示。

【注意】代码中定义的临时变量 IntArray 数组的大小一定和系统变量 Editor_IntArray 定义的数组大小一致，否则无法对 Editor_IntArray 赋值。

```
/*@!Encoding:936*/
variables
{

  long IntArrary[4];
  msTimer timer_demo;
}


on sysvar_update sysvar::Panel::Start_1
{
  if(@this)
  {
    setTimer(timer_demo,1000);
  }
}


on timer timer_demo
{
    byte ByteData[16];
    int i ;
    for(i=0;i<elcount(ByteData);i++)
```

```
      ByteData[i]= random(0xFF);
    sysSetVariableData
(sysvar::Panel::Editor_ByteArrary,ByteData,elcount(ByteData));
    setTimer(timer_demo,1000);
}

on sysvar_update sysvar::Panel::Start_2
{
  if(@this)
  {
    long retVal;
    IntArrary[0]= 0x11111111;
    IntArrary[1]= 0x22222222;
    IntArrary[2]= 0x33333333;
    IntArrary[3]= 0x44444444;
    retVal = sysSetVariableLongArray (sysvar::Panel::Editor_IntArrary,
IntArrary,elcount(IntArrary));

  }
}

on sysvar_update sysvar::Panel::Start_3
{
  if(@this)
  {
   char  Text[500];
   int i;
   dword DTC[3] = {0xD08998,0xD01123,0xD05695};
   char  Descriable[3][20]={"Power High","Power Lower","Crc Error"};
   byte Status[3] = {0x09,0x2B,0x2F};
  snprintf(Text,elCount(Text),"%8s%16s%12s","DTC","Descriable", "Status");
   for(i=0;i<3;i++)
   {
  snprintf(Text,elCount(Text),"%s%8X%16s%12X",Text,DTC[i],
Descriable[i],Status[i]);
   }
   sysSetVariableString (sysvar::Panel::Editor_String,Text);
  }
}
```

执行上述代码，在 Panel 上分别按下按钮 Start_1、Start_2、Start_3，测试结果如图 5-63 所示。

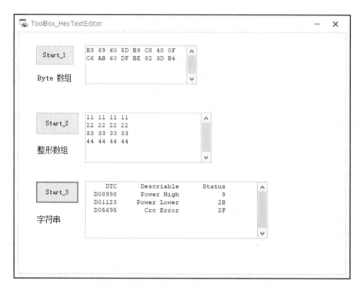

图 5-63 Hex/Text Editor 控件的测试结果

5.16 CAPL 输出视图

Panel Designer 中的 CAPL Output View（文本输出）控件用于连续地输出文本、系统状态、程序运行结果等信息。

如图 5-64 所示，在 Panel 面板中放置一个 CAPL Output View 控件，背景色设置为黑色，字体颜色设置为绿色，【OutPut Mode】属性设为 Append。

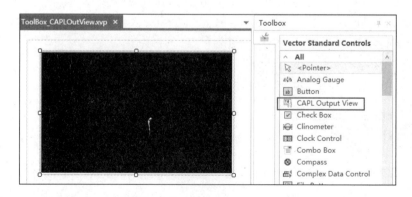

图 5-64 CAPL Output View 控件

该控件不需要绑定 Symbol，在 CAPL 中可通过 putValueToControl 函数向控件输出信息，并通过 DeleteControlContent 函数清空控件中的文本信息。

在测量运行时向控件中输出测试日志信息的示例代码如下。

```
/*@!Encoding:936*/
 on key 'a'
{
 char timeBuffer[64];
 char tempText[256];
 int i ;

 getLocalTimeString(timeBuffer);
 snprintf(tempText,elCount(tempText),"%s:开始执行测试\n",timeBuffer);
 putValueToControl("ToolBox_CAPLOutView","CAPLOutputView",tempText);

 getLocalTimeString(timeBuffer);
 snprintf(tempText,elCount(tempText),"%s:正在执行测试步骤（1）\n",timeBuffer);
 putValueToControl("ToolBox_CAPLOutView","CAPLOutputView",tempText);

 getLocalTimeString(timeBuffer);
 snprintf(tempText,elCount(tempText),"%s:测试结束，结果 PASS\n",timeBuffer);
 putValueToControl("ToolBox_CAPLOutView","CAPLOutputView",tempText);
}
```

上述代码的输出结果如图 5-65 所示。

图 5-65　CAPL Output View 控件的测试结果

5.17   数码管

5.17.1   LED 灯

Panel Designer 中的 LED Control（LED 灯）控件用于表示某个信号或变量的状态，可以用于指示设备的运行状态、故障状态等。

如图 5-66 所示，在 Panel 面板中添加两个 LED Control 控件。

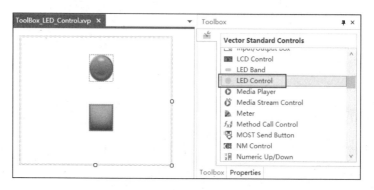

图 5-66   LED Control 控件

LED Control 控件的常用属性如图 5-67 所示。

- 【LED Form】：设置 LED Control 控件的形状，可以是圆形、正方形、三角形等。
- 【Switch Values】：LED Control 控件可以有多种显示状态，并且用户可以为每种状态配置不同的显示颜色。

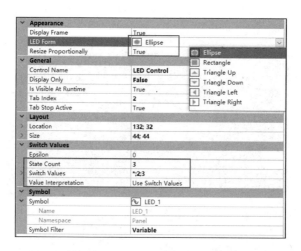

图 5-67   LED Control 控件属性

如图 5-68 所示，将【State Count】属性设置为 3，单击【Switch Values】属性，用户可在弹出的【Switch Values】对话框中配置 LED Control 控件每个状态的 Symbol 数值和显示颜色。

在图 5-68 中，当该 LED Control 控件绑定的 Symbol 值为 1 时，控件状态为 Red；当 Symbol 值为 2 时，状态为 Blue，其他值状态为 GreenYellow。

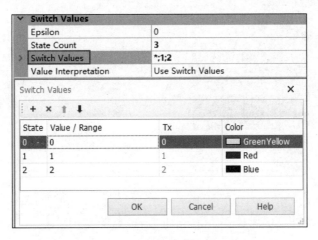

图 5-68　控件属性设置

在【Switch Values】属性中，用户也可以为一个状态设置一个数值范围，如图 5-69 所示，当该控件绑定的 Symbol 数值处于[1,3)区间时，控件的显示状态都为红色。

LED Control 控件既可以作为显示控件，也可以作为输入控件。当作为输入控件时，用户可以通过单击 LED Control 控件改变绑定的 Symbol 的数值。若控件状态对应的是一个数值，当用户单击控件时，Symbol 的数值就是一个确定的值；若控件状态对应的是数值区间，当用户单击控件时，Symbol 的数值由 Tx 列用户设定的值决定，如图 5-69 所示。当作为输入控件时，用户单击控件到 Red 状态，设置 Symbol 的数值为 2，也可以设置为 1，只要处于[1,3)区间都可以。

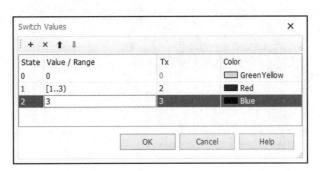

图 5-69　Switch Values 属性

5.17.2　LCD 显示屏

Panel Designer 中的 LCD Control（LCD 显示屏）控件常用来显示数字，比如电压、电流等，如图 5-70 所示，在 Panel 面板上放置两个 LCD Control 控件用于显示电源电压和电流。

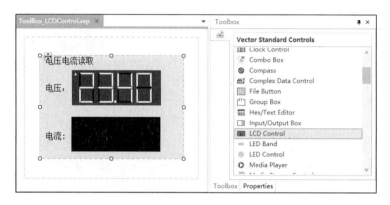

图 5-70　LCD Control 控件

LCD Control 控件的常用属性如图 5-71 所示。

每个数码管可以显示一个数字，以小数点为界，用户可通过【Before Decimal Point】属性设置整数的位数，通过【After Decimal Point】属性设置小数的位数。

默认 LCD Control 控件点亮的段是红色，背景色和没有被点亮的段是黑色，用户可通过【Appearance】属性区中的相关属性设置数码管的样式。

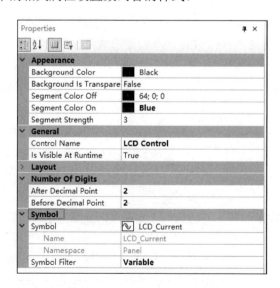

图 5-71　LCD Control 控件属性

在下面的示例代码中，LCD Control 控件将显示随机值。

```
/*@!Encoding:936*/
variables
{
  msTimer timer_V;
  msTimer timer_C;
}

on start
{
  setTimerCyclic(timer_V,500);
  setTimerCyclic(timer_C,500);
}

on timer timer_V
{
  sysSetVariableFloat(sysvar::Panel::LCD_Voltage,random(1000)/100.0);
}
on timer timer_C
{
  sysSetVariableFloat(sysvar::Panel::LCD_Current,random(1000)/100.0);
}
```

运行上述代码，测试结果如图 5-72 所示。

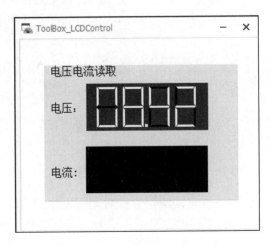

图 5-72　LCD Control 控件的测试结果

5.18　时钟

时钟（Clock Control）控件可以用作时钟和秒表，如图 5-73 所示。

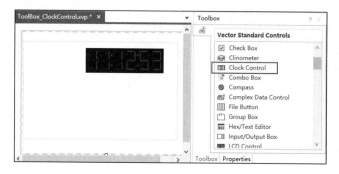

图 5-73　Clock Control 控件

如果将【Mode】属性设置为 Clock，将【Source】属性设置为 PCSystemTime，那么 Clock Control 控件不需要绑定任何 Symbol，运行 CANoe 就会自动获取 PC 的系统时间，如图 5-74 所示。

另外，用户可通过【Appearance】属性设置控件的样式。

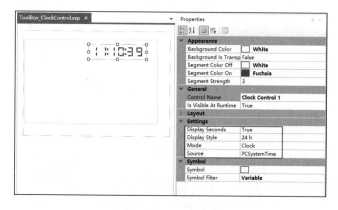

图 5-74　Clock Control 控件的属性设置

5.19　选项卡

在 Panel Designer 中，Tab Control（选项卡）控件用于创建和管理多个面板。通过使用 Tab Control 控件，用户可以在一个容器内创建多个选项卡，每个选项卡可以包含不同的控件和内容，用户可以根据自己的需要轻松地在不同的面板之间切换，如图 5-75 所示。

图 5-75　Tab Control 控件

1. 编辑控件

在【Properties】菜单下可通过图 5-76 中的相关属性操作选项卡控件。

- 单击【Add Tab】按钮可以增加一个选项卡。
- 单击【X】图标可以删除选中的选项卡。
- 单击【←】和【→】图标可以切换选项卡。
- 在【Tab Caption】列表框中可以修改选项卡的名称。

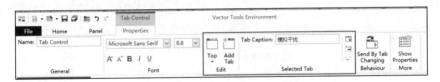

图 5-76　编辑 Tab Control 控件属性

2. 控件样式

在【Properties】窗口中的【Flat Style】属性区，将【Flat Style】属性设置为 True，可改变选项卡的样式，如图 5-77 所示，将处于激活状态的选项卡颜色设为 Fuchsia，提高辨识度。

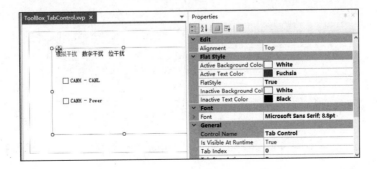

图 5-77　设置控件样式

5.20 面板控制按钮

使用 Panel Designer 中的 Panel Control Button（面板控制按钮）控件可以在测量期间打开其他 Panel 面板，如图 5-78 所示。

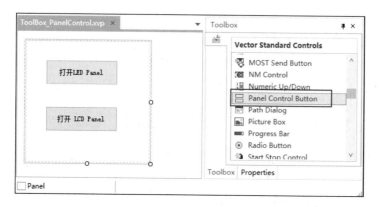

图 5-78　Panel Control Button 控件

如图 5-79 所示，选中控件，单击【Referenced Panels】选项，在打开的【Configuration of Referenced Panels】对话框中单击【Add】按钮，选择需要打开的 Panel 文件路径。

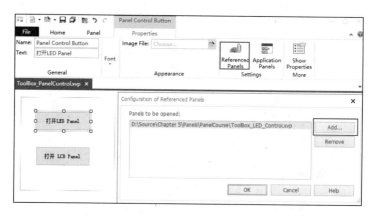

图 5-79　加载 Panel 文件路径

5.21 测量控制

使用 Panel Designer 中的 Start Stop Control（测量控制）控件可以在离线模式和在线模式下启动和停止 CANoe 测量，如图 5-80 所示。

图 5-80　Start Stop Control 控件

5.22　面板控制函数

CAPL 内置了一些函数可以在 CANoe 运行时控制 Panel、修改控件属性等。

1. 打开/关闭 Panel 文件

通过 openPanel 和 closePanel 函数可以打开/关闭一个 Panel 文件，示例代码如下。

【注意】：Panel 文件必须已经被添加到了 CANoe 环境中。

```
on key 'b'
{
  openPanel("FuncDemo");
}
 on key 'c'
{
  closePanel("FuncDemo");
}
```

2. 设置控件的可见性

SetControlVisibility 函数可以设置 Panel 文件中控件的可见性，示例代码如下，根据传参的不同用户可以灵活选择 Panel 文件中控件的可见性。

- void SetControlVisibility(char[] panel, char[] control, long visible);

如果参数 panel 为空字符串，那么作用对象是所有打开的 Panel 文件，如果参数 control 为空字符串，那么作用对象是指定 Panel 文件的所有控件。

```
on key 'd'
{
  SetControlVisibility("FuncDemo","Button",0);//隐藏一个控件
 //SetControlVisibility("FuncDemo","",0);      //隐藏全部控件
 //SetControlVisibility("","Button",0);        //隐藏全部打开Panel文件中的Button控件
 //SetControlVisibility("","",0);              //隐藏全部打开Panel文件中的全部控件
}
```

运行上述代码，测试结果如图 5-81 所示。

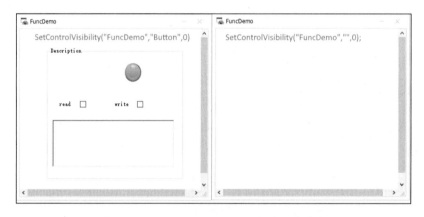

图 5-81　SetControlVisibility 函数的测试结果

3. 设置控件的可操作性

下面的函数可以设置控件是否允许操作。

● void enableControl(char panel[], char control[], long enable);

下面的示例代码，将禁用 FuncDemo 面板中名为 Button 的控件。

```
on key 'e'
{
  enableControl("FuncDemo","Button",0);
}
```

运行上述代码，测试结果如图 5-82 所示。

4. 设置控件字体样式

（1）计算颜色值。

下面的函数可以将 RGB 三原色值转为整型数值。

● long MakeRGB(long Red, long Green, long Blue)

用户可以在【Font】属性区单击【Text Color】或者【Background Color】属性，在打开的【Colors】对话框中提取到想要颜色的 RGB 数值，如图 5-83 所示。

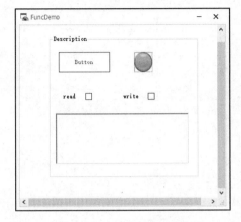

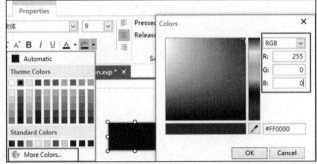

图 5-82　禁止操作 Button 控件　　　　图 5-83　在 Panel Designer 中提取颜色的 RGB 数值

（2）设置控件字体颜色和背景色。

下列函数可以更改控件的字体、背景色。

● void SetControlForeColor(char[] panel, char[] control, long color)　//字体颜色

● void SetControlBackColor (char[] panel, char[] control, long color);　//背景色

● void SetControlColors(char[] panel, char[] control, long backcolor, long textcolor) // 同时设置字体颜色和背景色

● void SetDefaultControlColors(char[] panel, char[] control)// 重置控件颜色

【注意】：Button 控件的【Button Style】属性要设置成非 Standard 类型。针对任何控件，如果在 Panel Designer 中不能设置控件的颜色，则 CAPL 函数也无法设置。

示例代码如下。

```
on key 'g'
{
  SetControlForeColor("FuncDemo", "Button", MakeRGB(252,64,17));  // 红色
  SetControlBackColor("FuncDemo", "Button", MakeRGB(48,242,41));  // 绿色
}
```

运行上述代码，测试结果如图 5-84 所示。

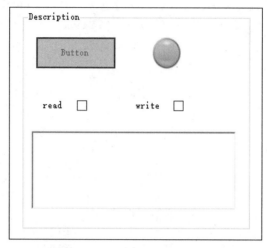

图 5-84   设置控件的字体颜色和背景色

第6章 XML 编程

6.1 测试模块

1. 解释说明

testmodule 标签是 XML 文件结构的顶级标签，用于描述可执行的测试序列单元，详细说明如表 6-1 所示。

表 6-1 testmodule 标签

项目	说明
标签名称	Test Module（在 xml 文件中书写为 testmodule）
说明	Testmodule 标签是 CANoe 软件中可执行的测试序列单元 • 一个 XML 文件有且只有一个 testmodule 标签 • 测量开始后，任何时候都可以执行测试模块 • 一个 XML 测试模块中可以包含任意数量的 Test Group 和 Test Case • 测试模块执行的结果会输出到测试报告中
语法示例	`<testmodule title="Title of test module " version="1.0"></testmodule>`
属性	• title（强制）：测试模块的标题 • version（强制）：测试模块的版本

2. 语法结构

testmodule 标签中可以包含以下标签类型，标注 optional 的语法结构是可选的，示例代码如下。

```xml
<?xml version="1.0" encoding="iso-8859-1" standalone="yes"?>
<testmodule title="Test module title" version="Test module version">
   <description>Test module description (optional)</description>
   Declaration of the variants (optional)
   Information about the test engineer, test setup and SUT for the test report
(optional)
   Global definitions (optional)
   Preparation (optional)
   Definition of constraints (optional)
   Definition of conditions (optional)
   List of test groups and test cases
```

```
    Finalization (optional)
</testmodule>
```

3. 测试用例

创建一个 testmoudle 标签的测试用例，新建 XML_TEST.xml 文件并输入下面的代码。

```
<testmodule title="UDS 测试" version="1.13"></testmodule>
```

在测试用例执行界面中单击□图标执行，如图 6-1 所示。

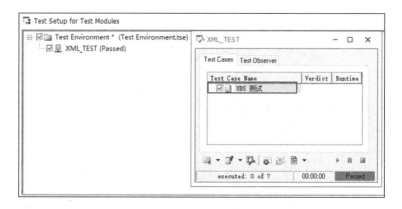

图 6-1 testmodule 标签的测试用例执行界面

测试结果如图 6-2 所示，文件名和报告的开头都是"UDS 测试"，即 testmodule 标签 title 属性的值。

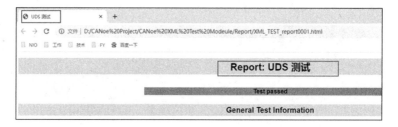

图 6-2 testmodule 标签的测试结果

6.2 测试分组

1. 解释说明

testgroup 标签是 testmodule 标签的子标签，用于测试用例分组。testgroup 标签也可以嵌套 testgroup 标签并呈现一种树形结构，使测试结构更加清晰。

testgroup 标签的详细说明如表 6-2 所示

表 6-2 testgroup 标签

项目	说明
标签名称	Test Group（在 XML 文件中书写为 testgroup）
说明	• 测试组为测试模块的测试用例提供结构 • 一个测试模块可以包含测试组，也可以直接包含测试用例 • 测试组可以包含测试用例或嵌套其他测试组
语法示例	`<testgroup ident=" ID of the test group " title="Title of test group" variants="A" ></testgroup>`
属性	• title（强制）：测试组的标题
	• ident（可选）：测试组的识别 ID
	• variants（可选）：指定的变体上执行测试组

2. 语法结构

类似于 testmodule 标签，在 testgroup 标签下可以使用其他标签，标注 optional 的语法结构是可选的，示例代码如下。

```
<testgroup ident="identifier of the test group" title=" test group">
   <description>Description of the Test Group (optional)</description>
   List of Information blocks for the test report
   Precondition (optional)
   Preparation (optional)
   Definition of constraints (optional)
   Definition of conditions (optional)
   List of test groups and test cases
   Finalization (optional)
</testgroup>
```

3. 测试用例

继续在 XML_TEST.xml 文件中追加 testgroup 标签的测试代码。

【说明】：在 XML 文件中，使用"<!--注释内容 -->"语法添加注释。

```
<testmodule title="UDS 测试" version="1.13">
   <testgroup title="服务测试">
      <!-- father -->
      <testgroup title="22 服务">
         <!-- children 1 -->
```

```
        <testgroup title="会话服务10"></testgroup>
        <!-- grandchildren -->
    </testgroup>

    <testgroup title="19服务">
        <!-- children 2 -->
        <testgroup title="19 02"></testgroup>
    </testgroup>
</testgroup>
<testgroup title="负响应码测试">
    <testgroup title="NRC 13 测试"></testgroup>
    <!-- grandchildren -->
</testgroup>
<testgroup title="功能"></testgroup>
</testmodule>
```

测试结果如图 6-3 所示，测试用例分组呈现。

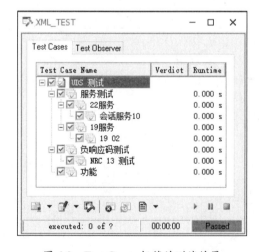

图 6-3 Test Group 标签的测试结果

6.3 CAPL 测试用例

1. 解释说明

在 XML 测试模块中，用户可以在 XML 文件中通过 capltestcase 标签来调用 CAPL 文件中编写的测试用例，详细说明如表 6-3 所示。

表 6-3　capltestcase 标签

项目	说明
标签名称	CAPL Test Case（在 XML 文件中书写为 capltestcase）
说明	• XML 文件中通过 capltestcase 标签来调用 CAPL 文件中编写的测试用例 • capltestcase 标签可以参数化并调用 CAPL 文件中的测试用例 • XML 测试模块的 CAPL 文件中不能有 MainTest 代码块，其他与 CAPL 测试模块一样 • CAPL 中的事件只有在 XML 测试模块运行期间有效，如果 XML 测试模块运行完毕，事件代码块不再有效 • 类似于 CAPL 测试模块，on start、on prestart 和 on stop 事件结构在 XML 测试模块中也是无效的

语法示例	`<capltestcase name=" CAPL name of CAPL test case" title=" Displayed name of the CAPL test case" ident=" ID of the test case" variants="A" >`
	　`<caplparam name="Parameter name" type="string|float|int|signal|envvar|sysvar">`Parameter value`</caplparam>`
	`</capltestcase>`

属性	• title（可选）：有了这个属性，测试用例可以获得一个标题，而不是默认的 name 属性的名称。如果在 XML 文件中基于多次调用参数不同，测试用例名称相同时，则 title 属性特别有用，可以实现测试用例复用
	• name（强制）：name 属性的值是 CAPL 文件中测试用例的名称，必须严格一致
	• dent（可选）：该属性用于为测试用例分配唯一的 ID，这个 ID 会显示在测试报告中
	• variants（可选）：指定的变体上执行测试用例
	• caplparam type & name（可选）：CAPL 测试用例调用的参数列表。参数的数量、顺序和类型必须与 CAPL 代码中的参数声明相匹配

2. name 属性

capltestcase 标签的 name 属性的值必须和 CAPL 文件中测试用例的名称严格一致。

示例代码如下，通过 XML 文件中的 capltestcase 标签调用 TC_Called_by_XML 测试用例。

```
<testmodule title="UDS 测试" version="1.13">
   <capltestcase name="TC_Called_by_XML"/>
</testmodule>
```

CAPL 文件中的测试用例代码如下。

```
testcase TC_Called_by_XML()
{
  testStep("","测试");
}
```

测试结果如图 6-4 所示。

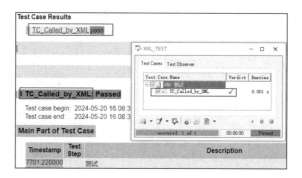

图 6-4   name 属性的测试结果

3. title 属性

如果 capltestcase 标签设置了 title 属性，则在测试模块窗口中显示的就是 title 属性的值，否则默认显示的是 name 属性的值。

建议在使用 XML 文件调用 CAPL 文件中的测试用例时，同时定义 name 属性和 title 属性，因为 name 属性的值只能用英文表示，而 title 属性的值既支持中文也支持英文。

如下面的示例代码，定义了 3 个测试用例，name 属性值是相同的，但是 title 属性值不同，从而实现了对测试用例的复用。

```
<testmodule title="UDS 测试" version="1.13">
    <capltestcase name="TC_Called_by_XML" title = "这是第一个 XML 测试用例"/>
    <capltestcase name="TC_Called_by_XML" title = "这是第二个 XML 测试用例"/>
    <capltestcase name="TC_Called_by_XML" title = "这是第三个 XML 测试用例"/>
</testmodule>
```

测试结果如图 6-5 所示，测试模块窗口中的测试用例名称和 title 属性值相同。

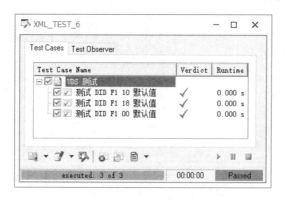

图 6-5   title 属性的测试结果

4. ident 属性

用户可以通过 CAPL Test Case 标签的 ident 属性为测试用例设置一个独一无二的 ID，可以在测试报告中体现，示例代码如下。

```
<testmodule title="UDS 测试" version="1.13">
  <capltestcase name="TC_Called_by_XML" title = "这是一个 XML 测试用例" ident =
"654721"/>
</testmodule>
```

测试结果如图 6-6 所示。

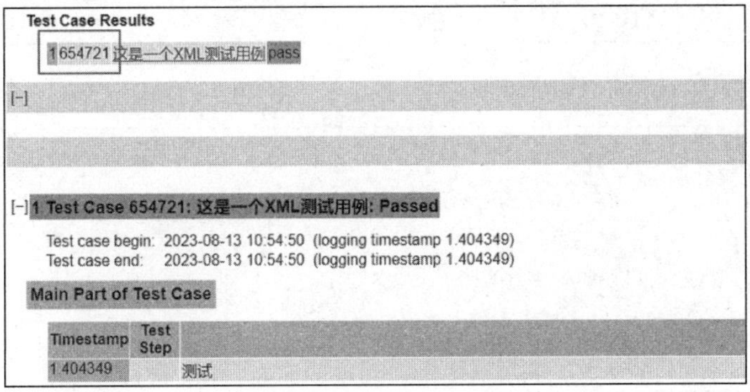

图 6-6　ident 属性的测试结果

5. caplparam 标签

caplparam 标签是 capltestcase 的子标签，用于向 CAPL 文件中的测试用例传递参数。参数类型可以是整型、浮点数、字符串、信号、系统变量、环境变量。

对于 XML 文件中 caplparam 标签有以下几点说明。

- XML 中的参数名称和数据类型要和 CAPL 文件中的测试用例严格对应。
- XML 中的整型只有 int，对应着 CAPL 文件中的所有整型。
- XML 中的浮点数只有 float，对应着 CAPL 文件中的 float/double。
- XML 中的系统变量有 Integer、Float、String and Data 等，和 CAPL 文件中的一一对应。
- XML 中的信号根据总线的不同而不同，可以是 cansignal、insignal 或者 flexraysignal。

下面的 XML 测试代码列举了各种类型的参数。

```
<testmodule title="UDS 测试" version="1.13">
  <capltestcase name="TC_Called_by_XML" title = "这是一个 XML 测试用例" >
```

```xml
    <capltestcase name="TC_XML_Parameter_Test" title = "XML 测试传参测试">
        <caplparam name="int_type" type="int">10</caplparam>
        <caplparam name="float_type" type="float">20</caplparam>
        <caplparam name="str_type" type="string">字符串数据类型传递</caplparam>
        <caplparam name="sysvar_type" type="sysvar">
          <sysvar namespace="SysVariableTest" name="type_32_signed"></sysvar>
        </caplparam>
        <caplparam name="cansignal" type="signal">
            <cansignal name="OnOff" />
        </caplparam>
    </capltestcase>
</testmodule>
```

CAPL 文件中的测试用例代码如下。

```capl
testcase TC_XML_Parameter_Test(long int_type, double float_type, char
str_type[],sysvarInt* sysvar_type,signal * cansignal)
{
  teststep("","整型:%d",int_type);
  teststep("","浮点数:%f",float_type);
  teststep("","字符串:%s",str_type);
  teststep("","整型系统变量:%d",@sysvar_type);
  teststep("","CAN 信号:%f",$cansignal);
}
```

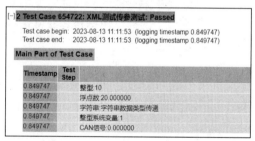

图 6-7　caplparam 标签的测试结果

XML 文件中的测试代码如下。

测试结果如图 6-7 所示。

6. sysvar 标签

当系统变量作为参数时，caplparam 标签只能传递系统变量的当前值，无法改变系统变量的值。用户可以在 preparation 标签中通过 sysvar 标签修改系统变量的值，然后通过 caplparam 标签将修改后的值传递到 CAPL 文件中的测试用例。

```xml
<testmodule title="UDS 测试" version="1.13">
    <preparation>
        <initialize title="Initialize test module" wait="1000">
            <sysvar namespace="SysVariableTest" name="type_32_signed">2</sysvar>
```

```
        </initialize>
    </preparation>
    <capltestcase name="TC_XML_Parameter_Test" title = "XML 测试传参测试">
        <caplparam name="int_type" type="int">10</caplparam>
        <caplparam name="float_type" type="float">20</caplparam>
        <caplparam name="str_type" type="string">字符串数据类型传递</caplparam>
        <caplparam name="sysvar_type" type="sysvar">
            <sysvar namespace="SysVariableTest" name="type_32_signed"></sysvar>
        </caplparam>
        <caplparam name="cansignal" type="signal">
            <cansignal name="OnOff" />
        </caplparam>
    </capltestcase>
</testmodule>
```

测试结果如图 6-8 所示。

7. 测试用例复用示例

在一些测试用例设计场景中（比如遍历测试条件）有相同的测试步骤、结构，合理地利用 capltestcase 标签和 caplparam 标签，可以提高 CAPL 文件中测试用例的复用度。

比如 UDS 测试中，需要验证"某些 22 服务 DID 的默认值是否正确"。示例代码如下，在 XML

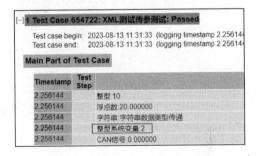

图 6-8　sysvar 标签的测试结果

文件中通过 capltestcase 标签调用 3 次 UDS_Server22_test 测试用例，在每次调用时通过 caplparam 标签传递不同的参数值，这样就实现了测试用例的复用。

XML 文件中的测试代码如下。

```
<testmodule title="UDS 测试" version="1.13">
    <capltestcase name="UDS_Server22_test" title = "测试 DID F1 10 默认值">
        <caplparam name="diag_req" type="string">22 F1 10</caplparam>
        <caplparam name="exp_res"  type="string">62 F1 10 10 10 ...</caplparam>
    </capltestcase>
    <capltestcase name="UDS_Server22_test" title = "测试 DID F1 18 默认值">
        <caplparam name="diag_req" type="string">22 F1 18</caplparam>
        <caplparam name="exp_res"  type="string">62 F1 18 05 20 ...</caplparam>
    </capltestcase>
    <capltestcase name="UDS_Server22_test" title = "测试 DID F1 00 默认值">
        <caplparam name="diag_req" type="string">22 F1 10</caplparam>
```

```
        <caplparam name="exp_res"  type="string">62 F1 10 00 00 ...</caplparam>
    </capltestcase>
</testmodule>
```

　　CAPL 文件中的测试代码如下，该测试用例仅仅向读者展示复用的思路和代码框架。

```
testcase UDS_Server22_test(char diag_req[] , char exp_res[])
{
  testStep("","发送诊断请求 %s",diag_req);
  //这里是诊断请求接收实现代码
  testStep("","收到诊断响应数据 %s",exp_res);
  testStep("","收到诊断响应数据和期望值一致则 Pass, 否则 Fail");
}
```

　　测试结果如图 6-9 所示。

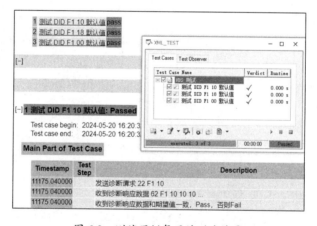

图 6-9　测试用例复用的测试结果

6.4　XML 测试用例

1. 解释说明

在 XML 文件中有两种编写测试用例的方法。

- 通过 CAPL 编写测试用例，然后通过 XML 文件中的 capltestcase 标签来调度 CAPL 文件中的测试用例。
- 在 XML 文件中通过 testcase 标签编写测试用例。XML 语法丰富，可以在 testcase 标签内使用 vardef 标签来定义变量，使用 if 标签进行条件判断，使用 for_loop 标签循环语句，以及使用 request 标签来发送诊断等。

testcase 标签的详细说明如表 6-4 所示。

表 6-4 testcase 标签

项目	说明
标签名称	Test Case（在 XML 文件中书写为 testcase）
说明	XML 文件中的 testcase 标签包含测试执行的实际指令
语法示例	`<testcase ident=" ID of the test case " title="Title of test case" version="1.0" variants="A" ></testcase>`
属性	• title（强制）：测试用例的名称
	• dent（强制）：测试用例的 ID，会显示在测试报告中
	• version（可选）：指定测试用例的版本
	• variants（可选）：指定的变体上执行测试用例

2. 语法结构

testcase 标签是 testmodule 或者 testgroup 的子标签，testcase 标签也可以包含一些其他标签，标注 optional 的语法结构是可选的，示例代码如下。

```
<testcase ident="Identification of the test case, e.g. number"
title="Title of the test case" version="Optional version name";>
    <description>Description of the test case (optional)</description>
    List of information blocks for the test report
    Precondition (optional)
    Preparation (optional)
    Definition of constraints (optional)
    Definition of conditions (optional)
    List of comments, test functions and control functions
    Finalization (optional)
</testcase>
```

3. 测试用例（1）

下面在 XML 文件中通过 testcase 标签实现对 Engine 节点的报文周期监测，代码中用到了 conditions、cycletime_rel、node 等特定内置标签，示例代码如下。

```
<testmodule title="UDS 测试" version="1.13">
    <testcase ident="tc001" title="报文周期检测相对时间">
        <conditions>
            <cycletime_rel title="Cycle Time" min="0.9" max="1.1">
                <node name="Engine" />
```

```
            </cycletime_rel>
        </conditions>
        <wait title="Wait" time="5s"/>
    </testcase>
</testmodule>
```

测试结果如图 6-10 所示。

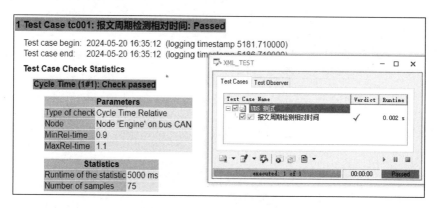

图 6-10　testcase 标签的测试结果

4. 测试用例（2）

在 XML 测试模块中，如何通过 XML 循环执行 CAPL 文件中的测试用例呢？

capltestcase 标签不支持嵌入循环标签语句，自然不可实现循环调用测试用例。

用户可以在 CAPL 文件中的 testfunction 模块中实现测试逻辑，在 XML 文件的 testcase 标签中使用 capltestfunction 标签来调用 CAPL 文件中的 testfunction 模块。

如下面的示例代码，在 preparation 标签下通过 vardef 标签定义一个循环变量，然后通过 for_loop 标签定义循环体，在循环中体中通过 capltestfunction 标签多次调用 Loop_Called_By_XML 测试函数。

XML 文件中的测试代码如下。

```
<testmodule title="UDS 测试" version="1.13">
    <testcase ident="tc003" title="循环调用测试用例">
        <preparation>
            <vardef name="looptimes" type="int">0</vardef>
        </preparation>
        <for_loop title="循环结构" loopvar="looptimes" stopvalue="5" startvalue=
"0"  increment ="1">
```

```
          <comment>**********************</comment>
          <capltestfunction name="Loop_Called_By_XML" title = "XML 循环调用 ">
              <caplparam name="int_type" type="int">10</caplparam>
              <caplparam name="float_type" type="float">20</caplparam>
              <caplparam name="str_type" type="string">字符串数据</caplparam>
          </capltestfunction>
          <wait title="等待 1s 再执行下次测试" time="1000"/>
      </for_loop>
    </testcase>
</testmodule>
```

CAPL 文件中的测试代码如下。

```
testfunction Loop_Called_By_XML(long int_type, double float_type, char str_type[])
{
  testStepPass("1.0","参数 int_type：%d",int_type);
  testStepPass("2.0","float_type：%f",float_type);
  testStepPass("3.0","str_type：%s",str_type);
}
```

测试结果如图 6-11 所示。

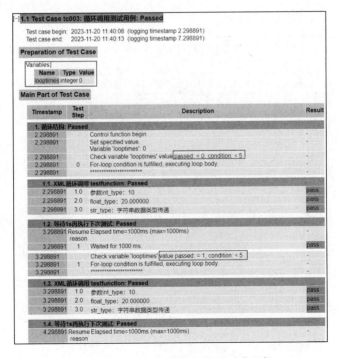

图 6-11 testcase 标签循环调用测试函数

6.5　调用 CAPL 函数

1. 解释说明

XML 文件中的 capltestfunction 标签可以调用 CAPL 文件中的 testfunction 模块，如表 6-5 所示。

表 6-5　capltestfunction 标签

项目	说明
标签名称	CAPL Test Function（XML 文件中书写为 capltestfunction）
说明	• XML 文件中通过 capltestfunction 标签来调用 CAPL 文件中的 testfunction • capltestfunction 标签可以被用在 testcase、preparation 或者 completion 标签下 • capltestfunction 标签可以将参数传递给 CAPL 文件中的 testfunction • capltestfunction 标签和 capltestcase 标签语法一样。

语法示例	`<testcase title=" Name of test case" ident="ID of test case">`
	`  <capltestfunction name="CAPL name of test function" title="Display name for CAPL test function">`
	`    <caplparam name="Parameter name"`
	`            type="float|int|string|signal|envvar|sysvar">Parameter value</caplparam>`
	`  </capltestfunction>`
	`</testcase>`

属性	• title（可选）：测试函数的标题，将在测试报告中显示。如果从一个 XML 测试模块多次调用相同的 CAPL 测试函数并使用不同的参数，这将特别有用
	• name（强制）：name 属性的值必须和 CAPL 文件中测试函数的名称严格一致
	• caplparam type & name（可选）：CAPL 测试函数调用的参数列表。参数的数量、顺序和类型必须与 CAPL 代码中的参数声明相匹配

2. 测试用例（1）

下面的 XML 代码是 capltestfunction 标签在 preparation 标签下的使用示例。

在实际工程应用中，常常在 XML 文件的开头使用下面的代码结构来初始化测试之前的操作。

```
<testmodule title="UDS 测试" version="1.13">
  <preparation>
    <capltestfunction name="InitTest" title = "测试前的准备工作"/>
  </preparation>
  <capltestcase name="TC_Called_by_XML" title = "这是一个 XML 测试用例"/>
</testmodule>
```

CAPL 文件中的代码如下。

```
testfunction InitTest()
{
  testStep("","可以通过 preparation 标签调用 testfunction 来执行测试前的准备工作");
}
```

测试结果如图 6-12 所示。

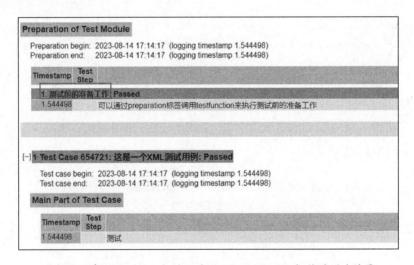

图 6-12　在 preparation 标签下使用 capltestfunction 标签的测试结果

3. 测试用例（2）

下面的 XML 代码是 capltestfunction 标签在 testcase 标签下的使用示例。

```
<testmodule title="UDS 测试" version="1.13">
  <testcase ident="tc002" title="这是一个测试 XML 调用 CAPL Test Function 的测试用例">
  <capltestfunction name="XML_Call_TestFunction_Test" title="call test function">
    <caplparam name="int_type" type="int">10</caplparam>
    <caplparam name="float_type" type="float">20</caplparam>
    <caplparam name="str_type" type="string">字符串数据类型传递</caplparam>
    <caplparam name="sysvar_type" type="sysvar">
      <sysvar namespace="SysVariableTest" name="type_32_signed"/>
    </caplparam>
    <caplparam name="cansignal" type="signal">
      <cansignal name="OnOff" />
    </caplparam>
```

```
    </capltestfunction>
    </testcase>
</testmodule>
```

CAPL 文件中的测试代码如下。

```
testfunction XML_Call_TestFunction_Test(long int_type, double
float_type, char str_type[],sysvarInt* sysvar_type,signal * cansignal)
{
  teststep("","整型:%d",int_type);
  teststep("","浮点数:%f",float_type);
  teststep("","字符串:%s",str_type);
  teststep("","整型系统变量:%d",@sysvar_type);
  teststep("","CAN 信号:%f",$cansignal);
}
```

测试结果如图 6-13 所示。

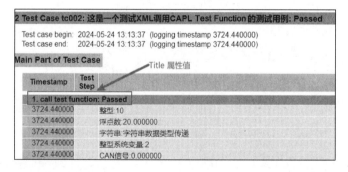

图 6-13   在 testcase 标签下使用 capltestfunction 标签的测试结果

6.6   测试准备和结束

1. 解释说明

用户可以在 preparation 标签和 completion 标签中添加描述信息，定义/设置 Symbol 的值，以及调用 CAPL 文件中的 testfunction 标签等，示例代码如下。

testmodule、testgroup 和 testcase 标签都可能包含 preparation 和 finalization 标签。preparation 和 finalization 标签都是可选的，并且可以彼此独立地实现。

```
//语法结构
<preparation>
```

```
   List of comments, variable definitions, system variables definitions, test
functions and control functions
</preparation>
<completion>
   List of comments, test functions and control functions
</completion>
```

2. 测试用例

preparation 标签和 completion 标签的示例代码如下。

【注意】：sysvar 标签要在 initialize 标签下。

```
<testmodule title="UDS 测试" version="1.13">
   <preparation>
      <comment>
         preparation 标签和 completion 标签测试
         1、用户可以在 preparation 标签和 completion 标签中添加描述信息，定义/设置
Symbol 的值，以及调用 CAPL 文件中的 testfunction 等。
         2、testmodule、testgroup 和 testcase 标签都可能包含 preparation 和
finalization 标签。
      </comment>
      <capltestfunction name="InitTest" title = "测试前的准备工作"/>
      <initialize title="Initialize test module" wait="100">
         <sysvar namespace="SysVariableTest" name="type_32_signed">2</sysvar>
      </initialize>
   </preparation>

   <testgroup title="测试用例序列">
      <capltestcase name="TC_Called_by_XML" title = "这是一个 XML 测试用例" />
   </testgroup>

   <completion>
      <capltestfunction name="finishTest" title = "测试结束的收尾工作"/>
      <initialize title="finish test module" wait="100">
         <sysvar namespace="SysVariableTest" name="type_32_signed">0</sysvar>
      </initialize>
   </completion>
</testmodule>
```

测试结果如图 6-14 所示。

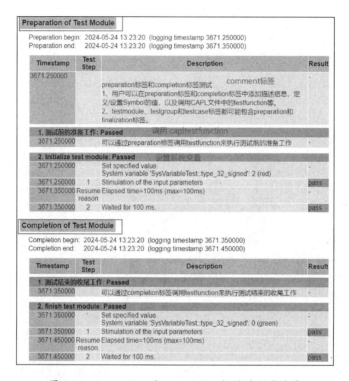

图 6-14　preparation 和 completion 标签的测试结果

6.7　测试报告信息打印

1. 描述标签

description 标签可用于在 testmodule/testgroup/testcase 标签下输出文本信息。

下面的 XML 代码实现了在 testmodule 标签和 testgroup 标签下添加描述信息。

```
<testmodule title="UDS 测试" version="1.13">
    <description>
        testmodule 标签下可用 description 输出文本信息
    </description>

    <testgroup title="测试用例序列">
        <description>
            testgroup 标签下可用 description 输出文本信息
```

```
    </description>
    <capltestcase name="TC_Called_by_XML" title = "这是一个 XML 测试用例" />
  </testgroup>
</testmodule>
```

description 标签的测试结果如图 6-15 所示。

图 6-15　description 标签的测试结果

2. 注释标签

在 preparation、finalization、testcase 标签下，可以使用 comment（注释）标签来添加文本信息和图片。

下面的 XML 代码通过 comment 标签向测试报告中添加一行文本和一张图片，图片路径是相对于该 XML 文件的相对路径或者绝对路径。

```
<testmodule title="UDS 测试" version="1.13">
  <preparation>
    <comment>
        可以在 preparation 标签下添加文本信息
        可以使用回车键来换行
    </comment>

    <comment>
        <text>添加一张图片.</text>
        <resource width="400px" height="400px">car_pic.png</resource>
    </comment>
  </preparation>

<testgroup title="测试用例序列">
    <capltestcase name="TC_Called_by_XML" title = "这是一个 XML 测试用例" />
```

```
    </testgroup>
</testmodule>
```

测试结果如图 6-16 所示。

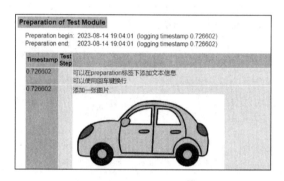

图 6-16　comment 标签的测试结果

3. 外部链接标签

可以在 testmodule、testgroup、testcase 标签下使用 externalref（外部链接标签）标签，向测试报告中加入一个外部链接。

```
<testmodule title="UDS 测试" version="1.13">
    <testgroup title="测试用例序列">
        <externalref type="url" title="学习 CANoe 认准 CSDN 蚂蚁小兵">
            https://×××××
        </externalref>
        <capltestcase name="TC_Called_by_XML" title = "这是一个 XML 测试用例" />
    </testgroup>
</testmodule>
```

测试结果如图 6-17 所示。

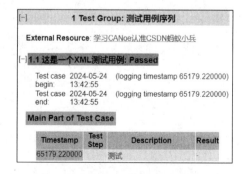

图 6-17　externalref 标签的测试结果

4. 其他标签

测试报告输出的标签还有 extendedinfo、info、engineer、sut 等，本书不再做介绍，更多 XML 语法请参考 CANoe 帮助文档。

6.8　延时等待

在 XML 文件中可以通过 wait 标签等待一段时间（s、ms、us），wait 标签详细解释如表 6-6 所示。

表 6-6　wait 标签

项目	说明
标签名称	Wait（在 XML 文件中书写为 wait）
说明	在 XML 代码中等待一段时间
语法示例	`<wait title="..." time="..."/>`
属性	• title（强制）：等待指令的功能名称，显示在测试报告中
	• time（强制）：等待的时间，默认单位是毫秒（ms）

下面的 XML 代码在 preparation 阶段通过 wait 标签等待 5000ms。

```
<testmodule title="UDS 测试" version="1.13">
    <preparation>
        <wait time="5000ms" title="等待 5000ms，系统初始化完成" />
    </preparation>

    <testgroup title="测试用例序列">
        <capltestcase name="TC_Called_by_XML" title = "这是一个 XML 测试用例" />
    </testgroup>
</testmodule>
```

测试结果如图 6-18 所示。

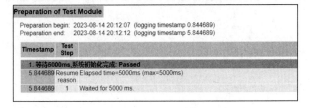

图 6-18　wait 标签的测试结果

6.9 测试序列分类

variants（测试序列分类）通常是指一组具有不同特性或配置的实例，例如，在 XML 测试模块中，可能会有多种不同的测试用例，这些测试用例可以根据自动化程度、功能等进行分类。用户可以在 XML 文件中，给每个测试用例设置不同的 variants 属性，在测试模块窗口选择不同的测试序列即可筛选出需要的测试用例。

1. 定义 variants

必须在 XML 文件开头处通过 variants 标签定义测试序列分类。如下面的代码示例，根据测试用例的自动化程度，在 variants 标签下定义 3 个测试序列，即 Auto、Manual、SemiAuto。

```
<testmodule title="xml 编程测试" version="1.1">
    <description>variants 函数示例</description>
    <variants>
        <variant name="Auto">自动化测试用例</variant>
        <variant name="Manual">手动测试用例</variant>
        <variant name="SemiAuto">半自动测试用例</variant>
    </variants>
</testmodule>
```

测量启动前，在测试模块执行窗口【Variant】的下拉列表中选择相应选项，如图 6-19 所示。

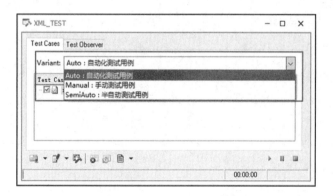

图 6-19　选择测试序列分类

2. 应用 vriants

（1）测试用例的 variants 属性。

如下面的示例代码，将测试用例 TC_002 的 variants 属性设置为 Auto，将测试用例

TC_003 的 variants 属性设置为 Manual SemiAuto，将测试用例 TC_004 的 variants 属性设置为 SemiAuto。

```xml
<testmodule title="xml 编程测试" version="1.1">
    <description>variants 函数示例</description>
    <variants>
        <variant name="Auto">自动化测试用例</variant>
        <variant name="Manual">手动测试用例</variant>
        <variant name="SemiAuto">半自动测试用例</variant>
    </variants>
    <testgroup title="TestGroup_1">
        <capltestcase name="TC_Called_by_XML" title="TC_001" />
        <capltestcase name="TC_Called_by_XML" title="TC_002" variants="Auto"/>
        <capltestcase name="TC_Called_by_XML" title="TC_003" variants="Manual
SemiAuto"/>
        <capltestcase name="TC_Called_by_XML" title="TC_004" variants="SemiAuto"/>
    </testgroup>
</testmodule>
```

如图 6-20 所示，【Variant】的下拉列表中选择【Auto：自动化测试用例】，结果只有 TC_001 和 TC_002 被选中，TC_001 没有设置 variants 属性，默认属于任何 Variant，TC_002 的 variants 属性为 "Auto"，也要被选中。

如图 6-21 所示，【Variant】的下拉列表中选择【Manual：手动测试用例】，结果只有 TC_001、TC_003 被选中，TC_003 的 variants 属性为 "Manual SemiAuto"，则当测试序列选择 "Manual" 或者 "SemiAuto" 时都会选中 TC_003。

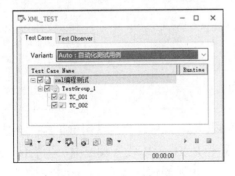

图 6-20　Auto：自动化测试用例

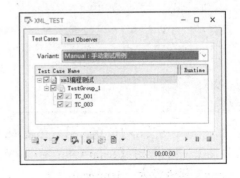

图 6-21　Manual：手动测试用例

如图 6-22 所示，【Variant】的下拉列表中选择【SemiAuto：半自动测试用例】，只有 TC_001、TC_003 和 TC_004 被选中。

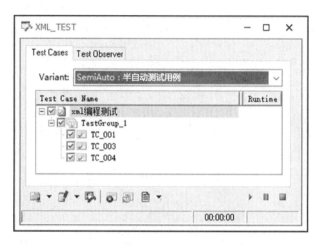

图 6-22　SemiAuto：半自动测试用例

2. 测试分组的 variants 属性

如下面的示例代码，testgroup 标签的 variants 属性为 "Auto"，测试用例 TC_005 没有设置 variants 属性，TC_006 的 variants 属性为 "SemiAuto"。

```
<testmodule title="xml 编程测试" version="1.1">
    <description>variants 函数示例</description>
    <variants>
        <variant name="Auto">自动化测试用例</variant>
        <variant name="Manual">手动测试用例</variant>
        <variant name="SemiAuto">半自动测试用例</variant>
    </variants>
    <testgroup title="TestGroup_2" variants="Auto">
        <capltestcase name="TC_Called_by_XML" title="TC_005"/>
        <capltestcase name="TC_Called_by_XML" title="TC_006" variants="SemiAuto"/>
    </testgroup>
</testmodule>
```

如图 6-23 所示，TC_005 只有在【Variant】选择【Auto：自动化测试用例】时才会被选中。虽然测试序列选择【SemiAuto：半自动测试用例】，但是 TC_006 没有被选中，即使 TC_006 的 variants 属性设为 "SemiAuto：半自动测试用例"。这说明测试用例的 variants 属性受顶层的 testgroup 标签的 variants 属性约束。

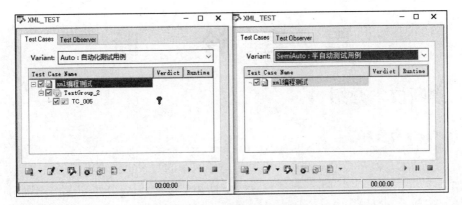

图 6-23　testgroup 标签的 variant 属性

第 7 章　诊　　断

7.1　诊断技术介绍

1. 诊断技术的应用

随着电子技术与汽车技术的结合，驾驶员对于汽车的需求也不再仅仅局限于代步功能，而是迫切希望提高汽车的动力性、舒适性、经济性和安全性。从 20 世纪 80 年代起，欧美等地区的汽车制造商开始在电喷系统中装备车载自诊断模块（On-Board Diagnostic Module），以便快速界定车身发生故障的部位，方便售后维修。诊断（Diagnostic）技术对汽车的开发、生产和售后起着重要的作用。

2. 诊断技术协议

目前常见的诊断技术协议有 OBD（On-Board Diagnostic）和 UDS（Unified Diagnostic Service）。

OBD 是对汽车排放和与驱动性相关的故障的标准化诊断规范，有严格的排放针对性，其实质是通过监测汽车的动力和排放控制系统来监控汽车的排放功能。当汽车的动力或排放控制系统出现故障时，故障灯就会点亮。

UDS 提供的是一个诊断服务的基本框架，主机厂和零部件供应商可以根据实际情况选择实现其中的一部分或自定义一些私有化的诊断服务，所以基于 UDS 协议的诊断又常常被称为增强型诊断（Enhanced Diagnostic），UDS 没有统一的实现标准，其优势在于方便生产线检测设备的开发，同时方便了售后维修保养和车联网的功能实现。

3. ISO 14229-1 简介

ISO 14229-1 是一项国际标准，用于规范汽车诊断通信，也被称为 UDS（统一诊断服务），该标准定义了诊断通信协议的数据通信方式、命令结构、数据格式和错误码，以及诊断仪器与车辆之间的通信方式，包括物理层和传输层协议。

如图 7-1 所示是车载领域常见网络的协议标准，ISO 14229-1 协议处于 OSI 模型的顶层（应用层），说明该标准适用于所有的网络协议。

【说明】：CAN 总线网络的物理层和传输层协议为 ISO 11898-2 和 ISO 15765-2，Flexray 总线网络的物理层和传输层协议为 ISO 17458-4 和 ISO 10681-2，车载 Ehernet 总线网络的物理层和传输层协议为 ISO 13400-3 和 ISO 13400-2，LIN 总线网络的物理层和传输层协议为 ISO 17987-4 和 ISO 17987-2。

Applicability	OSI seven layer	Enhanced diagnostics services						WWH-OBD
七层协议	Application (layer 7)	ISO 14229-1 ISO 14229-3 UDSonCAN, ISO 14229-4 UDSonFR, ISO 14229-5 UDSonIP, ISO 14229-6 UDSonK-Line, ISO 14229-7 UDSonLIN, further standards						ISO 27145-3
	Presentation (layer 6)	vehicle manufacturer specific						ISO 27145-2
	Session (layer 5)				ISO 14229-2			
	Transport (layer 4)	① ISO 15765-2	② ISO 10681-2	③ ISO 13400-2	Not applicable	④ ISO 17987-2	further standards	ISO 27145-4
	Network (layer 3)	ISO 15765-2	ISO 10681-2	ISO 13400-2		ISO 17987-2	further standards	
	Data link (layer 2)	ISO 11898-1, ISO 11898-2	ISO 17458-2	ISO 13400-3, IEEE 802.3	ISO 14230-2	ISO 17987-3	further standards	
	Physical (layer 1)	ISO 11898-2	ISO 17458-4		ISO 14230-1	ISO 17987-4	further standards	

图 7-1　各种网络总线协议标准

4. UDS 类型

UDS 协议本质上是一系列服务的集合，常见的 UDS 类型如表 7-1 所示，每种服务都有自己独立的诊断服务标识符（Service Identifier，SID）。

表 7-1　UDS 类型

大类	SID (0x)	诊断服务名	服务（Service）
诊断和通信管理功能单元	10	诊断会话控制	Diagnostic Session Control
	11	ECU 复位	ECU Reset
	27	安全访问	Security Access
	28	通信控制	Communication Control
	29	认证服务	Authentication
	3E	待机握手	Tester Present
	83	访问时间参数	Access Timing Parameter
	84	安全数据传输	Secured Data Transmission
	85	控制 DTC 的设置	Control DTC Setting
	86	事件响应	Response On Event
	87	链路控制	Link Control
数据传输功能单元	22	通过 ID 读数据	Read Data By Identifier
	23	通过地址读取内存	Read Memory By Address
	24	通过 ID 读比例数据	Read Scaling Data By Identifier
	2A	通过周期 ID 读取数据	Read Data By Periodic Identifier
	2C	动态定义标识符	Dynamically Define Data Identifier
	2E	通过 ID 写数据	Write Data By Identifier
	3D	通过地址写内存	Write Memory By Address
存储数据传输功能单元	14	清除诊断信息	Clear Diagnostic Information
	19	读取故障码信息	Read DTC Information
输入/输出控制功能单元	2F	通过 ID 控制输入/输出	Input Output Control By Identifier
例行程序功能单元	31	例行程序控制	Routine Control
上传/下载功能单元	34	请求下载	Request Download
	35	请求上传	Request Upload
	36	数据传输	Transfer Data
	37	请求退出传输	Request Transfer Exit
	38	请求传输文件	RequestFileTransfer

【说明】：ISO 14229-1 随着时间的推移和需求的不断变更，已经历了多个版本的更新。例如，2013 版本相对于 2006 版本在功能寻址情况下的 NRC 响应、子功能支持等方面进行了改进。而 2020 版本则新增了 0x29 服务并删除了 83 服务。

5. 诊断通信格式

UDS 是一种交互协议（Request/Response），采用一问一答（Request/Response）的形式进行。诊断请求由诊断仪（Tester）发给 ECU（电子控制单元），请求中包含了服务 ID（SID）和相关的参数，当 ECU 收到诊断请求后，根据请求内容决定是否给出正响应、负响应或者不响应。诊断服务的通信格式如图 7-2 所示。

诊断请求格式根据是否包含子功能（Sub-function）和数据标识符（DID）分为如下 3 类。

（1）带有 Sub-function 的请求：SID + Sub-function +（可选的 DID +数据）。

（2）不带有 Sub-function 但带有 DID 的请求：SID + DID +数据。

（3）仅包含 SID 的请求：SID。

● 肯定响应格式：（SID + 40）+ 数据。

● 否定响应格式：0x7F + SID + NRC。

【说明】：SID 表示服务类型，Sub-function 表示对该服务的具体操作，DID 用于指定要读取或写入的数据项。0x7F 为否定响应的标识，NRC（Negative Response Code）为否定响应码，用于指示具体的错误原因。

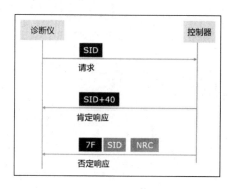

图 7-2　诊断服务的通信格式

7.2　诊断描述文件

CANoe 软件的诊断功能非常强大，它可以帮助开发人员进行高效的 ECU 诊断和测试。

在 CANoe 软件的【Diagnostics】菜单下，选择【Diagnostic/ISO TP】选项，如图 7-3 所示。这时可以打开【Diagnostics/ ISO TP Configuration】窗口，用户在此配置诊断描述文件。

图 7-3　选择 Diagnostics/ISO TP

诊断描述文件用于定义服务信息、控制器信息及传输层参数等，常见的诊断描述文件的格式有 CDD、ODX、PDX 等。

- CDD：全称为 CANdela Diagnostic Description，是 Vector 公司开发的一种诊断描述文件，可通过 CANdelaStudio 软件创建与编辑。
- ODX：全称为 Open Diagnostic Data Exchange，是全球通用的诊断描述格式，可通过 ODXStudio 软件创建与编辑。
- PDX：全称为 Open Diagnostic Data Exchange/Packed ODX，可以将多个 ODX 文件打包成一个 PDX 文件。

1. 添加诊断描述文件

在打开的【Diagnostics/ISO TP Configuration】窗口中，选择指定网络，单击【Add Diagnostic Description】，在弹出的快捷菜单中选择第一个选项，再选择本地的诊断描述文件即可，如图 7-4 所示。同理，可以通过【Open】选项打开一个诊断描述文件，选择【Remove】选项移除一个诊断描述文件。

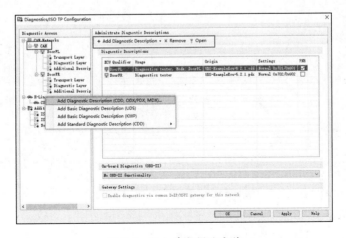

图 7-4　添加诊断描述文件

2. 诊断描述信息

在添加诊断描述文件后，首页配置参数如图 7-5 所示，部分参数信息如下。

【ECU qualifier】：诊断目标 ECU 的名称，该参数值在 CANoe 环境中具有唯一性。在 CAPL 代码中使用 diagSetTarget(char ecuName[])函数设置诊断对象时，ecuName 参数传递的值就是 ECU qualifier 参数的值。

【Diagnostics tester】：在 CANoe 中使用诊断控制台（Diagnostics Console）发送诊断请求时，用户可以使用物理地址发送诊断或使用功能地址发送诊断。

【Simulation by】：如果对仿真的 ECU 发送诊断，这里需要选择 ECU；如果是真实在线的 ECU 则无须选择。

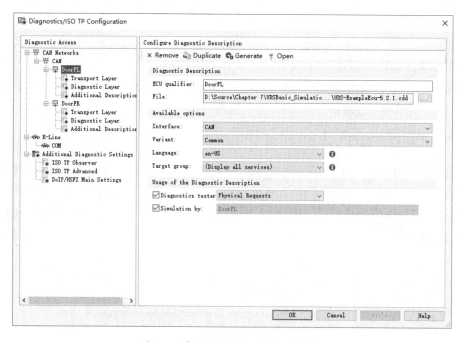

图 7-5　诊断描述信息首页配置参数

3. 传输层参数

传输层（Transport Layer）的配置参数如图 7-6 所示，部分参数信息如下。

【Override manually】：如果加载的诊断描述文件信息和实际总线信息不匹配，则可以勾选该选项，手动更改参数。

【Addressing】：定义了诊断请求的物理寻址、功能寻址，以及诊断响应的报文 ID。

【Additional ISO TP protocol parameters】：定义了诊断通信过程中传输层协议的相关参数，CAN 总线的传输层参数在 ISO 15765-2 标准中有详细定义。

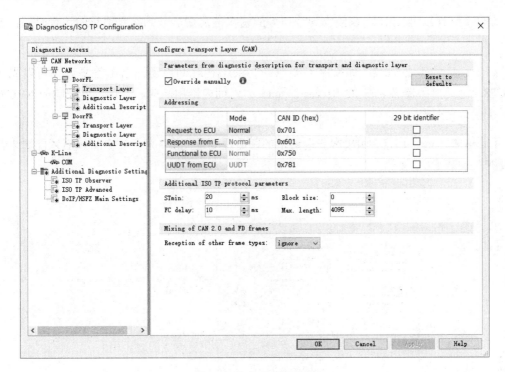

图 7-6　传输层参数配置

4. 诊断层参数

图 7-7 是诊断会话层参数配置窗口，部分参数信息如下，且这些参数在 ISO 15765-3 中有详细定义。

【Override manually】：如果加载的诊断描述文件信息和实际总线信息不匹配，则可以勾选该选项，手动更改参数。

【'Tester Present' request】：如果勾选该选项，在诊断仪与 ECU 建立了诊断会话后，CANoe 将周期性地发送 3E 服务来维持会话在线。在 CAPL 程序中可以使用 DiagStopTesterPresent 或 DiagStartTesterPresent 函数禁用或者启用该功能。

【S3 client time】：CANoe 自动发送会话保持诊断请求的周期。

【S3 server time】：服务器离开非默认会话的超时时间，这个时间必须要大于 S3 client time。

【P2 client】：客户端成功发送请求消息到接收到服务器端的应答消息的超时时间。

【P2 extended client】：客户端成功发送请求消息，在接收到服务器端响应的 NRC 78 之后，客户端使用此时间再次等待 ECU 响应。

【P2 server】：服务器端在接收到客户端的请求消息后，开始答复消息的运行时间，典型值为 50ms。

【P2 extended server】：如果服务器在 P2 Server 时间内无法给出答复，则可以先响应 NRC78，之后服务器必须在 P2 Server Extended 时间内给出响应，也可以继续响应 NRC78，然后重置该定时器。

【Seed & Key DLL】：如果客户端请求的服务需要使用$27 服务安全解锁后才能请求，则需要在此加载 DLL 文件。

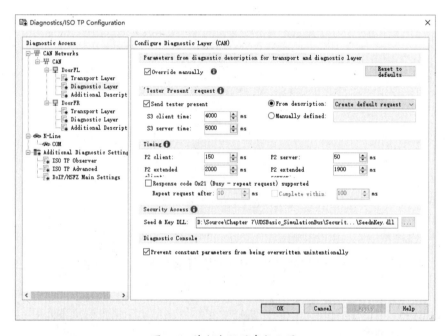

图 7-7　诊断会话层参数配置

5. 诊断控制台窗口

当加载了诊断描述文件后，在 CANoe 的【Diagnostics】菜单下选择【Diagnostic Console】选项可打开诊断控制台窗口，如图 7-8 所示，在启动测量后，用户可以在此发送诊断服务，诊断控制台中的常用功能如下。

（1）用户可以通过 图标来激活和关闭 3E 服务。

（2）用户可以通过 图标查看诊断请求历史记录，并且可以在下拉列表中单击诊断请求记录，就会发送该诊断请求。

（3）用户可以通过 ✖ 图标清空诊断窗口数据。

（4）用户可以在【Execute】的下拉列表中选择诊断服务，或者直接输入 Hex 格式的诊断数据，比如直接输入"10 01"，单击【Execute】按钮或者按回车键发送诊断请求。

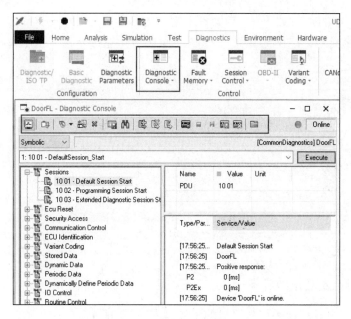

图 7-8　诊断控制台窗口

在使用【Trace】窗口分析诊断报文时，如果禁用【Bus Systems】选项，则【Trace】窗口就只显示诊断报文，不显示通信报文，这有利于分析诊断问题，如图 7-9 所示。

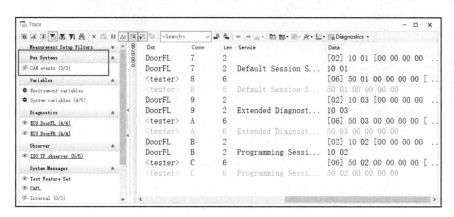

图 7-9　禁用【Bus Systems】选项

7.3　诊断报文和通信报文的区别

标准 CAN 报文的 ID 用 11Bit 来表示，能表示的 ID 值最大为 0x7FF。行业规定一般使用 0～0x500 定义通信报文，0x500～0x5FF 定义网络管理报文，0x600～0x7FF 定义诊断报文。一般的通信报文是周期性报文，而诊断报文通常是事件触发的非周期性报文。

图 7-10 所示为 DBC 文件和 CDD 文件中定义的诊断报文 ID。一个 ECU 一般会定义 3 个报文 ID 来用于诊断通信，即用于接收诊断仪物理和功能诊断请求的 ID，以及响应诊断仪的 ID。

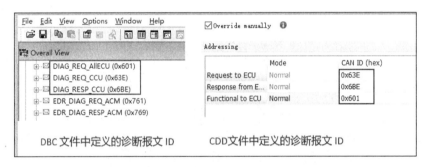

图 7-10　DBC 文件和 CDD 文件中定义的诊断报文 ID

1. 诊断控制台发送诊断服务

在诊断控制台中发送诊断服务"$10 01"，如图 7-11 所示。

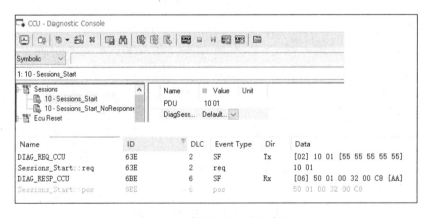

图 7-11　诊断控制台发送诊断

报文 ID＝0x63E 发送的内容是 02 10 01 [55 55 55 55 55]，首字节 02 是单帧的数据长度，[55]是发送数据不足 8 个字节时的默认填充字节。

报文 ID = 0x73E 响应的内容是 06 50 01 00 32 00 C8 [AA]，首字节 06 是单帧的数据长度，[AA]是 ECU 响应数据不足 8 个字节时的默认填充。

2. IG 模块发送诊断服务

诊断通信是通过报文 ID 实现的，CANoe 中的诊断控制台集成了应用层和传输层协议，用户无须关注诊断数据的传输过程。如果不通过诊断控制台发送诊断，则可以通过 IG 模块发送诊断。

如图 7-12 所示，在 IG 模块添加 0x63E 报文，然后填充 8 个字节。在启动测量后，在 IG 模块中单击【Send】发送该报文后，ECU 也给出了诊断正响应。

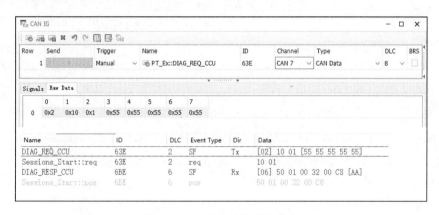

图 7-12　IG 模块发送诊断请求

7.4　传输层协议

一帧 CAN/LIN 报文可以携带最多 8 个字节的有效数据，一帧 CANFD 报文可以携带最多 64 个字节的有效数据，一帧 Flexray 报文可以携带最多 254 个字节的有效数据，一帧标准 Ethernet 报文可以携带最多 1500 个字节的有效数据。而在应用层，ISO14229-1 协议规定诊断数据长度是可以大于单帧报文的负载长度的，如何将诊断数据分组进行有效的传输，这便是传输层要处理的问题。不同的车载网络有不同的传输层协议标准，本节基于国际标准 ISO 15765-2 讲解诊断数据如何在 CAN 网络中传输，其他车载网络可参考如表 7-1 所示的对应标准。

如图 7-13 所示，通过协议控制信息（N_PCI）将 CAN 总线的诊断数据分为单帧（Single Frame，SF）、首帧（First Frame，FF）、连续帧（Consecutive Frame，CF）和流控帧（Flow Control Frame，FC）。

【说明】：CAN_DL 表示 CAN 报文的有效负载长度，CAN 帧最大是 8 个字节，CANFD 帧最大是 64 个字节。SF_DL 表示单帧请求的数据长度。FF_DL 表示多帧请求的数据长度。

N_PDU name	Byte #1		Byte #2	Byte #3	Byte #4	Byte #5	Byte #6
	Bits 7 – 4	Bits 3 – 0					
SingleFrame (SF) (CAN_DL ≤ 8)	0000_2	SF_DL	—	—	—	—	—
SingleFrame (SF) (CAN_DL > 8)	0000_2	0000_2	SF_DL	—	—	—	—
FirstFrame (FF) (FF_DL ≤ 4 095)	0001_2	FF_DL					
FirstFrame (FF) (FF_DL > 4 095)	0001_2	0000_2	0000 0000₂	FF_DL			
ConsecutiveFrame (CF)	0010_2	SN	—	—	—	—	—
FlowControl (FC)	0011_2	FS	BS	ST_{min}	N/A	N/A	N/A

图 7-13　传输控制协议信息

1. 单帧

单帧诊断请求如图 7-14 所示，诊断报文[02] 10 01 [55 55 55 55 55]是单帧请求报文，因为请求数据只有 2 个字节，Data length 等于 8，所以单帧的格式适用 CAN_DL≤8 的场景，N_PCI 占 1 个字节，[02]这个字节的高 4Bit = 0，表示是单帧，低 4Bit = 2，表示数据长度。

诊断报文[00 0E] 62 F1 50 30 …是单帧响应报文，Data length 等于 16，所以单帧的格式适用 CAN_DL >8 的场景，N_PCI 占 2 个字节，其中高 4Bit = 0，表示是单帧，低 12Bit = 0x00E，表示数据长度。

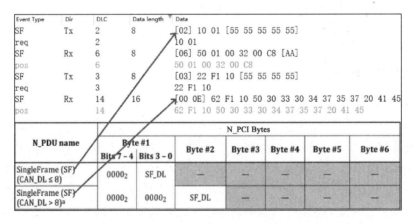

图 7-14　单帧诊断请求

2. 多帧的格式

多帧传输流程如图 7-15 所示。

如图 7-16 所示，是通过【Trace】窗口截取的一个多帧报文传输示例。

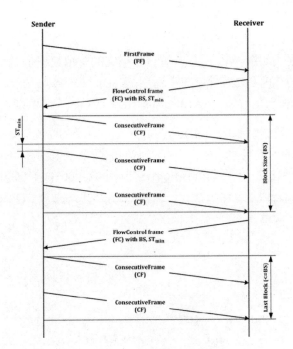

图 7-15　多帧传输流程

Name	ID	DLC	Event Type	Dir	Data
DIAG_REQ_CCU	63E	2	SF	Tx	[02] 19 0A [55 55 55 55 55]
FaultMemory_ReadAllS...	63E	2	req		19 0A
DIAG_RESP_CCU	6BE	259	FF	Rx	[11 03] 59 0A 7F D0 07 88
DIAG_REQ_CCU	63E	0	FC.CTS	Tx	[30 00 1E 55 55 55 55 55]
DIAG_RESP_CCU	6BE	0	CF	Rx	[21] 00 F2 CB 87 4B F2 CE
DIAG_RESP_CCU	6BE	0	CF	Rx	[22] 87 4B F1 00 17 40 F1
DIAG_RESP_CCU	6BE	0	CF	Rx	[23] 00 16 40 98 81 15 0B
DIAG_RESP_CCU	6BE	0	CF	Rx	[24] 98 81 14 48 98 81 46
DIAG_RESP_CCU	6BE	0	CF	Rx	[25] 40 98 81 71 40 98 82
DIAG_RESP_CCU	6BE	0	CF	Rx	[26] 15 0B 98 82 14 40 98
DIAG_RESP_CCU	6BE	0	CF	Rx	[27] 82 46 40 98 82 71 40
DIAG_RESP_CCU	6BE	0	CF	Rx	[28] 98 83 15 0B 98 83 14
DIAG_RESP_CCU	6BE	0	CF	Rx	[29] 40 98 83 71 40 98 84
DIAG_RESP_CCU	6BE	0	CF	Rx	[2A] 15 0B 98 84 11 00 98
DIAG_RESP_CCU	6BE	0	CF	Rx	[2B] 84 92 00 98 84 97 00
DIAG_RESP_CCU	6BE	0	CF	Rx	[2C] 98 84 98 00 98 84 F0
DIAG_RESP_CCU	6BE	0	CF	Rx	[2D] 00 98 85 11 00 98 85
DIAG_RESP_CCU	6BE	0	CF	Rx	[2E] 15 0B 98 85 92 00 98
DIAG_RESP_CCU	6BE	0	CF	Rx	[2F] 85 97 00 98 85 98 00
DIAG_RESP_CCU	6BE	0	CF	Rx	[20] 98 85 F0 00 98 86 15
DIAG_RESP_CCU	6BE	0	CF	Rx	[21] 0B 98 86 11 40 98 87
DIAG_RESP_CCU	6BE	0	CF	Rx	[22] 15 0B 98 87 11 40 98
DIAG_RESP_CCU	6BE	0	CF	Rx	[23] 88 15 0B 98 88 11 40
DIAG_RESP_CCU	6BE	0	CF	Rx	[24] 98 89 15 0B 98 89 11
DIAG_RESP_CCU	6BE	0	CF	Rx	[25] 40 98 8E 12 40 98 8E
DIAG_RESP_CCU	6BE	0	CF	Rx	[26] 14 40 98 8A 00 40 98
DIAG_RESP_CCU	6BE	0	CF	Rx	[27] 8B 46 40 98 8B 19 40
DIAG_RESP_CCU	6BE	0	CF	Rx	[28] 98 8B 16 40 98 8B 91
DIAG_RESP_CCU	6BE	0	CF	Rx	[29] 40 98 8B 98 40 98 8B
DIAG_RESP_CCU	6BE	0	CF	Rx	[2A] 18 40 98 8B 71 40 98
DIAG_RESP_CCU	6BE	0	CF	Rx	[2B] 8C 46 40 98 8C 19 40
DIAG_RESP_CCU	6BE	0	CF	Rx	[2C] 98 8C 16 40 98 8C 91
DIAG_RESP_CCU	6BE	0	CF	Rx	[2D] 40 98 8C 98 40 98 8C
DIAG_RESP_CCU	6BE	0	CF	Rx	[2E] 18 40 98 8C 71 40 98
DIAG_RESP_CCU	6BE	0	CF	Rx	[2F] 8D 15 0B 98 8D 14 40
DIAG_RESP_CCU	6BE	0	CF	Rx	[20] 98 8D 46 4B 98 8D 71
DIAG_RESP_CCU	6BE	0	CF	Rx	[21] 40 98 8F 71 40 98 8F
DIAG_RESP_CCU	6BE	0	CF	Rx	[22] 1C 40 98 8F 92 40 98
DIAG_RESP_CCU	6BE	0	CF	Rx	[23] 8F 1D 40 98 8F 11 40
DIAG_RESP_CCU	6BE	0	CF	Rx	[24] F1 10 55 0B F1 10 56
DIAG_RESP_CCU	6BE	0	CF	Rx	[25] 00 [AA AA AA AA AA AA]
FaultMemory_ReadAllS...	6BE	259	pos		59 0A 7F D0 07 88 00 F2 CB ...

图 7-16　多帧报文传输

（1）首帧。

多帧传输的首帧格式如图 7-17 所示，第一帧报文的首帧数据是 11 01 30 31 32 33 34 35，发送的诊断请求数据的长度是 256 个字节，适用 FF_DL≤4095 的场景。所以首帧报文的前两个字节的高 4Bit = 1，表示是首帧，低 12Bit=0x101（256），表示数据长度。

第二帧报文的首帧数据是 10 00 00 00 10 00 30 31，发送的诊断请求数据的长度是 4096 个字节，适用 FF_DL > 4095 的场景。所以首帧报文的前两个字节的高 4Bit=1，表示是首帧，低 12Bit（默认）=0x000，且第 3 个字节到第 6 个字节为 0x00001000（4096），表示数据长度。

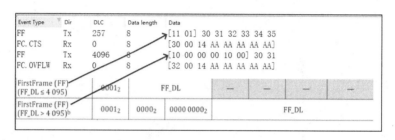

图 7-17　多帧传输的首帧格式

（2）连续帧。

参见图 7-13，第 1 个字节的高 4Bit = 2，是连续帧标识，低 4Bit 是帧序列号（SN）标识，第 1 个连续帧的序列号为 1，后续连续帧的序号从 1 加到 15，然后返回到 0，再从 0 加到 15，循环往复，如表 7-2 所示。

表 7-2　SN 参数增长规则

N_PDU	FF	CF	CF	CF	CF	CF	CF	CF
SN（16 进制）	0	1	⋯	E	F	0	1	⋯

（3）流控帧。

流控帧由接收端发送，用于通知发送端继续发送还是暂停发送数据，以便接收端能够处理已接收的数据并准备接收更多数据，流控帧的作用是防止接收端过载，并确保数据在 CAN 网络中均匀、有序地传输。

① 流状态参数定义。

流控帧的第 1 个字节的高 4Bit = 3 是流控帧标识，第 1 个字节的低 4Bit 是状态指示（Flow Status，FS）参数，接收端通过 FS 参数告知发送端是否可以继续发送消息，FS 参数的值定义如表 7-3 所示。

表 7-3 FS 参数的值定义

16 进制值	说明
0	ContinueToSend (CTS) 继续发送：通知发送端可以持续发送连续帧，接收端准备好接收最大 BS 个连续帧
1	Wait (WAIT) 等待：通知发送端停止发送连续帧，等待接收端再次发送流控帧，并重置 N_BS 定时器
2	Overflow (OVFLW) 溢出：当首帧消息长度超过接收端的缓存区大小时，接收端发送溢出标志的流控帧，告知发送端终止发送消息
3~F	Reserved（保留）

② 块大小参数定义。

流控帧的第 2 个字节是传输块大小（Block Size，BS）参数，BS 参数表示接收端缓冲区一次性可接收的最大字节数。通过设置适当的 BS 参数，接收端可以控制发送端连续发送数据的数量，以避免接收端过载或数据丢失。

BS 参数的值定义如表 7-4 所示。

表 7-4 BS 参数的值定义

16 进制值	说明
0	BlockSize (BS) BS 参数值为 0，表示允许发送端发送剩下的连续帧数据直到传输完毕，且接收端不再发送流控帧
01~FF	BlockSize (BS) BS 参数值为 1~0xFF，表示发送方在收到流控帧后能够发送的最大数目的连续帧

BS 参数测试示例如图 7-18 所示，左边图是 BS 参数等于 0 的示例，发送端可以持续传输数据直到发送完毕，右边图是 BS 参数等于 10 的示例，发送端在每次传输 10 帧连续帧后，就暂停数据传输，直到再次接收到接收端发出的流控帧后再发送连续帧。

③ 间隔时间参数定义。

流控帧的第 3 个字节是间隔时间（SeparationTime minimum，STmin）参数，STmin 参数用于指示发送端在连续发送帧之间等待的最少时间。发送端在发送连续帧时，会根据 STmin 参数来控制发送的速率，以确保接收端有足够的时间处理数据。如果发送端在两个连续帧之间的等待时间少于 STmin，则接收端可能无法处理接收到的数据，导致数据丢失或网络不稳定。

STmin 参数的值定义如表 7-5 所示。

Event Type	Dir	DLC	Data length	Data	h	Data
SF	Tx	2	8	[02] 19 0A [55 55 55 55 55]		[02] 19 0A [55 55 55 55 55]
req		2	BS = 0	19 0A	BS = 10	19 0A
FF	Rx	583	8	[12 47] 59 0A FF 80 01 11		[12 47] 59 0A FF 80 01 11
FC.CTS	Tx	0	8	[30 00 00 55 55 55 55 55]		[30 0A 00 55 55 55 55 55]
CF	Rx	0	8	[21] 50 80 01 12 50 80 01		[21] 50 80 01 12 50 80 01
CF	Rx	0	8	[22] 1A 00 80 01 1B AF 80		[22] 1A 00 80 01 1B AF 80
CF	Rx	0	8	[23] 05 11 50 80 05 12 50		[23] 05 11 50 80 05 12 50
CF	Rx	0	8	[24] 80 05 1A 00 80 05 1B		[24] 80 05 1A 00 80 05 1B
CF	Rx	0	8	[25] AF 95 54 56 00 80 10		[25] AF 95 54 56 00 80 10
CF	Rx	0	8	[26] 11 50 80 10 12 50 80		[26] 11 50 80 10 12 50 80
CF	Rx	0	8	[27] 10 1A 00 80 10 1B AF		[27] 10 1A 00 80 10 1B AF
CF	Rx	0	8	[28] 80 20 11 50 80 20 12		[28] 80 20 11 50 80 20 12
CF	Rx	0	8	[29] 50 80 20 1A 00 80 20		[29] 50 80 20 1A 00 80 20
CF	Rx	0	8	[2A] 1B AF 80 21 11 50 80		[2A] 1B AF 80 21 11 50 80
CF	Rx	0	8	[2B] 21 12 50 80 21 1A 00		[30 0A 00 55 55 55 55 55]
CF	Rx	0	8	[2C] 80 21 1B AF 80 28 11		[2B] 21 12 50 80 21 1A 00
CF	Rx	0	8	[2D] 50 80 28 12 50 80 28		[2C] 80 21 1B AF 80 28 11
CF	Rx	0	8	[2E] 1A 00 80 28 1B AF 80		[2D] 50 80 28 12 50 80 28
CF	Rx	0	8	[2F] 29 11 50 80 29 12 50		[2E] 1A 00 80 28 1B AF 80
CF	Rx	0	8	[20] 80 29 1A 00 80 29 1B		[2F] 29 11 50 80 29 12 50

图 7-18   BS 参数测试示例

表 7-5   STmin 参数的值定义

16 进制值	说明
00～7F	Stmin 的范围是 0ms～127ms
80～F0	该范围值为协议保留
F1～F9	Stmin 的范围是 100us～900us，参数值 F1 代表 100us，参数值 F9 代表 900us
FA～FF	该范围值为协议保留

如图 7-19 所示，接收端发送的流控帧 STmin 参数为 0x1E（30）ms，客户端依据此时间间隔发送连续帧。

Time	Event Type	Dir	Data
0.000000	SF	Tx	[02] 19 0A [55 55 55 55 55]
0.000000	req		19 0A
0.000576	FF	Rx	[11 03] 59 0A 7F D0 07 88
0.070441	FC.CTS	Tx	[30 00 1E 55 55 55 55 55]
0.031347	CF	Rx	[21] 00 F2 CB 87 4B F2 CE
0.032003	CF	Rx	[22] 87 4B F1 00 17 40 F1
0.032002	CF	Rx	[23] 00 16 40 98 81 15 0B
0.031997	CF	Rx	[24] 98 81 14 48 98 81 46
0.032003	CF	Rx	[25] 40 98 81 71 40 98 82
0.032000	CF	Rx	[26] 15 0B 98 82 14 40 98
0.031999	CF	Rx	[27] 82 46 40 98 82 71 40
0.031997	CF	Rx	[28] 98 83 15 0B 98 83 14
0.032002	CF	Rx	[29] 40 98 83 71 40 98 84
0.032003	CF	Rx	[2A] 15 4B 98 84 11 40 98
0.031999	CF	Rx	[2B] 84 92 40 98 84 97 40
0.031994	CF	Rx	[2C] 98 84 98 40 98 84 F0
0.032003	CF	Rx	[2D] 40 98 85 11 40 98 85

图 7-19   STmin 参数测试示例

7.5　CAPL 诊断函数及其自动化

用户基于 CANoe 软件的诊断控制台，可以手动发送诊断服务，对 ECU 进行简单的测试，但是在面对更加复杂的诊断测试场景时，必须要通过 CAPL 程序编写自动化测试用例，诊断自动化不仅可以提高测试效率和可靠性，还可以减少人为因素对测试结果的影响，提高测试的一致性和可重复性。

CAPL 语言内置了大量与诊断相关的函数，从而帮助用户高效、便捷地开发测试用例，不过大多数函数需要在 CANoe 中加载诊断描述文件才可以使用，本节的所有示例代码都基于真实的 ECU 测试。

1. 定义诊断对象

在 CAPL 程序中用户可以通过关键字 diagRequest 和 diagResponse 定义诊断请求对象和诊断响应对象。

如下面的两个诊断对象的定义都是合法的，其中 form 1 中的 ECUqualifier 参数是在 CANoe 中加载的诊断描述文件的 ECU 名称，form 2 没有指定该诊断对象的所属 ECU，需要在使用时通过 diagSetTarget 函数指定诊断目标 ECU。

- diagRequest ECUqualifier.serviceIdentifier objectName// form 1
- diagRequest serviceIdentifier objectName// form 2

用户可以从【Symbols】窗口中直接将诊断对象拖到 CAPL 中，如图 7-20 所示。

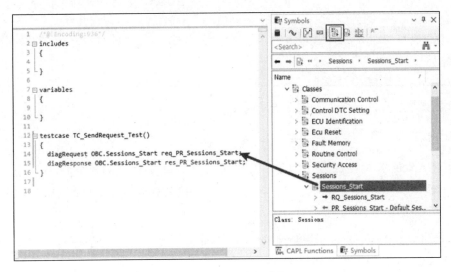

图 7-20　定义诊断对象

2. 发送诊断请求

通过下列函数能够以诊断物理寻址或功能寻址的方式发送诊断请求。

- long diagSendRequest (diagRequest request) //物理寻址发送诊断请求
- long diagSendFunctional(diagRequest request) //功能寻址发送诊断请求

在 CANoe 中插入一个 XML Test Module 测试模块，XML 文件中的代码如下。

```xml
<testmodule title="诊断函数测试" version="1.1">
  <testgroup title="UDS 测试">
      <capltestcase name="TC_001_SendRequest_Test" title="诊断发送请求测试"/>
  </testgroup>
</testmodule>
```

CAPL 文件中的代码如下。

```
testcase TC_001_SendRequest_Test()
{
  long retVal;
  diagRequest OBC.Sessions_Start req_Sessions_Start;
  diagResponse OBC.Sessions_Start res_Sessions_Start;

  retVal = diagSendRequest (req_Sessions_Start);
  teststep("","物理寻址 diagSendRequest 返回值: %d",retVal);

  retVal = diagSendFunctional (req_Sessions_Start);
  teststep("","功能寻址 diagSendFunctional 返回值: %d",retVal);
  testWaitForTimeout(100);
}
```

运行测试模块，测试结果如图 7-21 所示。

3. 诊断目标设置

如果 CANoe 工程中加载了多个 ECU 的诊断描述文件，则不建议通过 diagRequest ECU.serviceIdentifier objectName 方式定义诊断对象，因为如果指定了目标 ECU 名称，那么这段代码就只能用于测试该 ECU。

可以通过 diagRequest serviceIdentifier objectName 的方式定义诊断服务，在发送诊断前使用 diagSetTarget 函数设置诊断目标 ECU 即可。

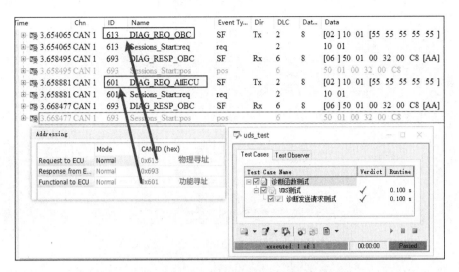

图 7-21   diagSendRequest 函数的测试结果

【注意】：diagSetTarget 函数只能在测试节点中使用，不可用于仿真节点。

XML 文件中的代码如下。

```
<testmodule title = "诊断函数测试" version = "1.1">
   <testgroup title = "UDS 测试">
   <capltestcase name = "TC_001_SendRequest_Test" title = "诊断发送请求测试" />
   <capltestcase name = "TC_002_diagSetTarget_test" title = "诊断目标设置测试" />
   </testgroup>
</testmodule>
```

CAPL 文件中的代码如下，先通过 diagSetTarget 函数设置诊断目标 ECU，再通过 diagSendRequest 函数发送诊断。当需要对其他的 ECU 发送诊断时，只需修改 ECUName 的值即可。

```
testcase TC_002_diagSetTarget_test()
{
  long retVal;
  diagRequest Sessions_Start req_Sessions_Start;
  char ECU_Name[20] = "OBC";

  diagSetTarget(ECU_Name);
  retVal = diagSendRequest (req_Sessions_Start);
  teststep("","物理寻址 diagSendRequest 返回值: %d",retVal);
}
```

测试结果如图 7-22 所示。

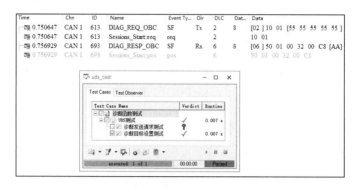

图 7-22　diagSetTarget 函数的测试结果

如果将上述代码中的 diagSetTarget（ECU_Name）注销，则测试结果返回 error code −98，而"−98"在 CAPL 语言中的定义是没有诊断目标的，如图 7-23 所示。

图 7-23　不设置诊断目标的测试结果

4. 等待诊断请求发送

若 diagSendRequest 函数返回值等于 0，则表明发送成功，但是并不能保证诊断请求数据已经被完全发送到总线上。在工程应用中，需要再次调用 TestWaitForDiagRequestSent 函数，如果该函数返回值为 1，则表明诊断请求已经发送到总线上。

● long TestWaitForDiagRequestSent (diagRequest request, dword timeout)

XML 文件中的代码如下。

```
<testmodule title="诊断函数测试" version="1.1">
  <testgroup title="UDS 测试">
```

```
        <capltestcase name="TC_001_SendRequest_Test" title="诊断发送请求测试"/>
        <capltestcase name="TC_002_diagSetTarget_test" title="诊断目标设置测试"/>
        <capltestcase name="TC_003_WaitRequestSendOk_Test" title="等待诊断请求发
送完毕"/>
    </testgroup>
</testmodule>
```

CAPL 文件中的代码如下。

```
testcase TC_003_WaitRequestSendOk_Test()
{
  long retVal;
  diagRequest Sessions_Start req_Sessions_Start;
  char ECU_Name[20] = "OBC";

  diagSetTarget(ECU_Name);
  retVal = diagSendRequest (req_Sessions_Start);
  teststep("","物理寻址 diagSendRequest 返回值: %d",retVal);

  if (TestWaitForDiagRequestSent(req_Sessions_Start, 2000)== 1)
    TestStepPass("Request was sent successfully!");
  else
    TestStepFail("Request could not be sent!");
}
```

测试结果如图 7-24 所示。

图 7-24　TestWaitForDiagRequestSent 函数的测试结果

5. 等待收到诊断响应

在发送端发送诊断请求之后，需要使用下面的函数等待 ECU 发送诊断响应。

- long TestWaitForDiagResponse (diagRequest request, dword timeout)// form 1
- long TestWaitForDiagResponse (dword timeout)// form 2

该函数的返回值如下。

- 返回值< 0：内部错误。
- 返回值为 0：超时，指定时间内没收到诊断响应。
- 返回值为 1：指定时间内收到了诊断响应。

【说明】：在使用该函数之前，应确保使用了 TestWaitForDiagRequestSent 函数。

在默认情况下，该函数收到正响应或者负响应（NRC）都会立即退出，如果收到 NRC78，那么该函数会使用 P2*Server 时间继续等待直到 timeout 参数超时。

form 2 格式的函数表示接收到任何的诊断响应都会触发该事件。

XML 文件中的代码如下。

```xml
<testmodule title="诊断函数测试" version="1.1">
    <testgroup title="UDS 测试">
        <capltestcase name="TC_001_SendRequest_Test" title="诊断发送请求测试"/>
        <capltestcase name="TC_002_diagSetTarget_test" title="诊断目标设置测试"/>
        <capltestcase name="TC_003_WaitRequestSendOk_Test" title="等待诊断请求发送完毕"/>
        <capltestcase name="TC_004_WaitForECUresponse_Test" title="等待 ECU 发送诊断响应"/>
    </testgroup>
</testmodule>
```

CAPL 文件中的代码如下。

```c
testcase TC_004_WaitForECUresponse_Test()
{
 long retVal;
 diagRequest Sessions_Start req_Sessions_Start;
 char ECU_Name[20] = "OBC";

 diagSetTarget(ECU_Name);
 retVal = diagSendRequest (req_Sessions_Start);
 teststep("","物理寻址 diagSendRequest 返回值: %d",retVal);

 if (TestWaitForDiagRequestSent(req_Sessions_Start, 2000)== 1)
```

```
{
  TestStepPass("Request was sent successfully!");
  if(TestWaitForDiagResponse( req_Sessions_Start, 5000) == 1)
  {
    TestStepPass("Received ECU Response successfully!");
  }
  else
  {
    TestStepFail("Not Received ECU Response!");
  }
}
else
{
  TestStepFail("Request could not be sent!");
}
}
```

测试结果如图 7-25 所示。

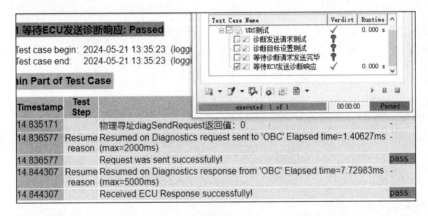

图 7-25　TestWaitForDiagResponse 函数的测试结果

6. 判断收到的响应类型

TestWaitForDiagResponse 函数只能判断 ECU 是否有响应，无法判断是正响应还是负响应，所以还需要使用 DiagGetLastResponseCode 函数返回特定诊断目标的最后一次响应结果。

- long diagGetLastResponseCode (diagRequest req)//form 1
- long diagGetLastResponseCode ()//form 2

该函数的返回值如下。

- 返回值为-1：没有错误，返回正响应。
- 返回值为 0：超时，没有响应。
- 返回值>0：负响应码，如 NRC13、NRC7F 等。

XML 文件中的代码如下。

```xml
<testmodule title="诊断函数测试" version="1.1">
    <testgroup title="UDS 测试">
        <capltestcase name="TC_001_SendRequest_Test" title="诊断发送请求测试"/>
        <capltestcase name="TC_002_diagSetTarget_test" title="诊断目标设置测试"/>
        <capltestcase name="TC_003_WaitRequestSendOk_Test" title="等待诊断请求发
送完毕"/>
        <capltestcase name="TC_004_WaitForECUresponse_Test" title="等待 ECU 发送
诊断响应"/>
        <capltestcase name="TC_005_CheckECU_ResponseType_Test" title="判断 ECU
发送诊断响应是否是正响应"/>
    </testgroup>
</testmodule>
```

CAPL 文件中的代码如下。如果 TestWaitForDiagResponse 函数的返回值等于 1，则说明收到了目标 ECU 的诊断响应，然后用 DiagGetLastResponseCode 函数进行判断；如果该函数的返回值等于-1，则说明收到了目标 ECU 的正响应。

```capl
testcase TC_005_CheckECU_ResponseType_Test()
{
  long retVal;
  diagRequest Sessions_Start req_Sessions_Start;
  char ECU_Name[20] = "OBC";

  diagSetTarget(ECU_Name);
  retVal = diagSendRequest (req_Sessions_Start);
  teststep("","物理寻址 diagSendRequest 返回值: %d",retVal);

  if (TestWaitForDiagRequestSent(req_Sessions_Start, 2000)== 1)
  {
    TestStepPass("Request was sent successfully!");
    if(TestWaitForDiagResponse( req_Sessions_Start, 5000) == 1)
    {
      TestStepPass("Received ECU Response successfully!");
      if(DiagGetLastResponseCode(req_Sessions_Start) == -1)
      {
```

```
            TestStepPass("Received ECU Postival Response successfully!");
        }
        else
        {
            TestStepFail("","Not Received ECU Postival Response! NRC Code = 0x%X",
DiagGetLastResponseCode(req_Sessions_Start) );
        }
    }
    else
    {
        TestStepFail("Not Received ECU Response!");
    }
}
else
{
        TestStepFail("Request could not be sent!");
}
}
```

测试结果如图 7-26 所示。

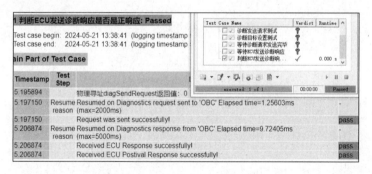

图 7-26　DiagGetLastResponseCode 函数的测试结果

7. 打印诊断数据到测试报告

下列函数可以把诊断请求数据和诊断响应数据输出到测试报告中。

- TestReportWriteDiagObject (diagRequest req)//打印诊断请求数据
- TestReportWriteDiagResponse (diagRequest req)//打印诊断响应数据

XML 文件中的代码如下。

```xml
<testmodule title="诊断函数测试" version="1.1">
  <testgroup title="UDS 测试">
      <capltestcase name="TC_001_SendRequest_Test" title="诊断发送请求测试"/>
```

```
    <capltestcase name="TC_002_diagSetTarget_test" title="诊断目标设置测试"/>
    <capltestcase name="TC_003_WaitRequestSendOk_Test" title="等待诊断请求发
送完毕"/>
    <capltestcase name="TC_004_WaitForECUresponse_Test" title="等待 ECU 发送
诊断响应"/>
    <capltestcase name="TC_005_CheckECU_ResponseType_Test" title="判断 ECU
发送诊断响应是否是正响应"/>
    <capltestcase name="TC_006_PrintDiagnosticData" title="打印诊断数据到测试
报告"/>
  </testgroup>
</testmodule>
```

CAPL 文件中的代码如下。

```
testcase TC_006_PrintDiagnosticData()
{
  long retVal;
  diagRequest Sessions_Start req_Sessions_Start;
  char ECU_Name[20] = "OBC";

  diagSetTarget(ECU_Name);
  //DiagSetPrimitiveByte(req_Sessions_Start,1,0x04);
  retVal = diagSendRequest (req_Sessions_Start);
  teststep("","物理寻址 diagSendRequest 返回值：%d",retVal);

  if (TestWaitForDiagRequestSent(req_Sessions_Start, 2000)== 1)
  {
    TestReportWriteDiagObject(req_Sessions_Start);
    TestStepPass("Request was sent successfully!");
    if(TestWaitForDiagResponse( req_Sessions_Start, 5000) == 1)
    {
      TestReportWriteDiagResponse(req_Sessions_Start);
       TestStepPass("Received ECU Response successfully!");
      if(DiagGetLastResponseCode(req_Sessions_Start) == -1)
      {
        TestStepPass("Received ECU Postival Response successfully!");
      }
      else
      {
        TestStepFail("","Not Received ECU Response! NRC CODE = 0x%X",
DiagGetLastResponseCode(req_Sessions_Start) );
      }
```

```
    }
    else
    {
      TestStepFail("Not Received ECU Response!");
    }
  }
  else
  {
    TestStepFail("Request could not be sent!");
  }
}
```

测试结果如图 7-27 所示，在测试报告中打印出了诊断数据，该诊断数据是基于加载到 CANoe 环境中的诊断描述文件进行解析的。如果诊断描述文件中的诊断对象没定义或者诊断参数定义不完善，则测试报告中显示的诊断数据就无法正常解析，不过这并不影响诊断数据在总线中传输的完整性。

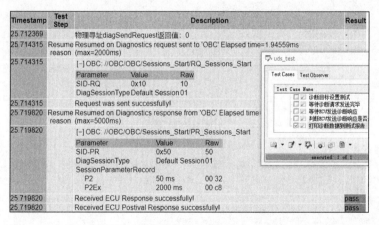

图 7-27　诊断数据输出到测试报告的测试结果

8. 诊断通用函数（1）

在前面通过一系列的示例函数，讲解了诊断请求和诊断响应判断的基本逻辑，下面将上述示例代码封装成一个通用函数，从而提高诊断代码的复用度。

XML 文件中的代码如下。

```
<testmodule title="诊断函数测试" version="1.1">
  <testgroup title="UDS 测试">
    <capltestcase name="TC_007_SendRequestFucntion_test" title="将诊断发送封
装成通用函数"/>
```

```
    </testgroup>
</testmodule>
```

　　CAPL 文件中的代码如下。封装的函数名为 Diag_SendRequest，该函数的功能就是发送诊断并期望 ECU 给出正响应。

```
variables
{
  long ReqMaxWaitTime = 150;//ms
  long ResMaxWaitTime = 4000;//ms
}

testcase TC_007_SendRequestFucntion_test()
{
  long retVal;
  diagRequest Sessions_Start req_Sessions_Start;
  char ECU_Name[20] = "OBC";

  diagSetTarget(ECU_Name);
  Diag_SendRequest(req_Sessions_Start);
}

void Diag_SendRequest(diagrequest *DiagReq)
{
  long retVal;
  retVal = diagSendRequest (DiagReq);
  teststep("","物理寻址 diagSendRequest 返回值：%d",retVal);
  if (TestWaitForDiagRequestSent(DiagReq, ReqMaxWaitTime)== 1)
  {
    TestReportWriteDiagObject(DiagReq);
    TestStepPass("Request was sent successfully!");
    if(TestWaitForDiagResponse( DiagReq, ResMaxWaitTime) == 1)
    {
      TestReportWriteDiagResponse(DiagReq);
       TestStepPass("Received ECU Response successfully!");
      if(DiagGetLastResponseCode(DiagReq) == -1)
      {
        TestStepPass("Received ECU Postival Response successfully!");
      }
      else
      {
```

```
        TestStepFail("","Not Received ECU Response! NRC CODE =
0x%X",DiagGetLastResponseCode(DiagReq) );

      }
      else
      {
        TestStepFail("Not Received ECU Response!");
      }
    }
    else
    {
      TestStepFail("Request could not be sent!");
    }
}
```

测试结果如图 7-28 所示。

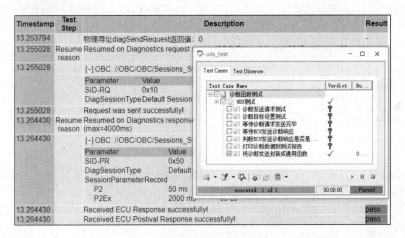

图 7-28　诊断通用函数（1）的测试结果

9. 诊断服务的参数设置

诊断描述文件中的诊断服务由各种参数构成，在发送诊断请求时，发送的都是参数的默认值，可通过下面的函数更改参数的值，并发送不同的诊断数据。

（1）参数设置（diagSetParameter 函数）。

① 参数是数值。

- long diagSetParameter (diagRequest obj, char parameterName[], double newValue)

XML 文件中的代码如下。

```
<testmodule title="诊断函数测试" version="1.1">
  <testgroup title="诊断服务参数设置函数">
      <capltestcase name="TC_008_SetRequestParameter_01" title="诊断服务参数是
数值时"/>
  </testgroup>
</testmodule>
```

Sessions_Start 服务的参数 DiagSessionType 的默认值是 0x01，可以将 diagSetParameter 函数设置成 0x03，示例代码如下。

```
testcase TC_008_SetRequestParameter_01()
{
  long retVal;
  diagRequest Sessions_Start req_Sessions_Start;
  char ECU_Name[20] = "OBC";

  diagSetTarget(ECU_Name);
  diagSetParameter(req_Sessions_Start,"DiagSessionType",0x03);
  Diag_SendRequest(req_Sessions_Start);
}
```

测试结果如图 7-29 所示。

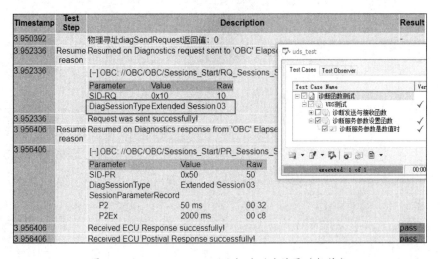

图 7-29 　diagSetParameter 函数的测试结果（数值）

② 参数是字符串。

● long diagSetParameter (diagRequest obj, char parameterName[], char newValue[])

XML 文件中的代码如下。

```
<testmodule title="诊断函数测试" version="1.1">
  <testgroup title="诊断服务参数设置函数">
    <capltestcase name="TC_008_SetRequestParameter_01" title="诊断服务参数是
数值时"/>
    <capltestcase name="TC_009_SetRequestParameter_02" title="诊断服务参数是
字符串时"/>
  </testgroup>
</testmodule>
```

CAPL 中的代码如下。将 Sessions_Start 服务的参数 DiagSessionType 设置成 "0x03"。

```
testcase TC_009_SetRequestParameter_02()
{
  long retVal;
  diagRequest Sessions_Start req_Sessions_Start;
  char ECU_Name[20] = "OBC";

  diagSetTarget(ECU_Name);
  diagSetParameter(req_Sessions_Start,"DiagSessionType","0x03");
  Diag_SendRequest(req_Sessions_Start);
}
```

测试结果如图 7-30 所示。

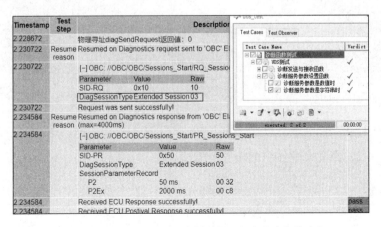

图 7-30　diagSetParameter 函数的测试结果（字符串）

（2）单字节设置诊断服务（DiagSetPrimitiveByte 函数）。

该函数可以对诊断服务的指定位置的字节进行重新赋值。

- long diagSetPrimitiveByte(diagRequest request, dword bytePos, dword newValue)

XML 文件中的代码如下。

```
<testmodule title="诊断函数测试" version="1.1">
    <testgroup title="诊断服务参数设置函数">
        <capltestcase name="TC_008_SetRequestParameter_01" title="诊断服务参数是
数值时"/>
        <capltestcase name="TC_009_SetRequestParameter_02" title="诊断服务参数是
字符串时"/>
        <capltestcase name="TC_010_SetRequestParameter_03" title="单字节设置诊断
服务"/>
    </testgroup>
</testmodule>
```

CAPL 文件中的代码如下。Sessions_Start 服务默认发送$10 01，通过 DiagSetPrimitiveByte 函数将诊断请求数据的第 2 个字节设置成 0x03。

```
testcase TC_010_SetRequestParameter_03()
{
  long retVal;
  diagRequest Sessions_Start req_Sessions_Start;
  char ECU_Name[20] = "OBC";
  diagSetTarget(ECU_Name);
  DiagSetPrimitiveByte(req_Sessions_Start,1,0x03);
  Diag_SendRequest(req_Sessions_Start);
}
```

测试结果如图 7-31 所示。

（3）设置全部的诊断服务（diagSetPrimitiveData 函数）。

该函数允许用户重置诊断服务的全部数据。

- long diagSetPrimitiveData (diagRequest obj, byte* buffer, dword buffersize)

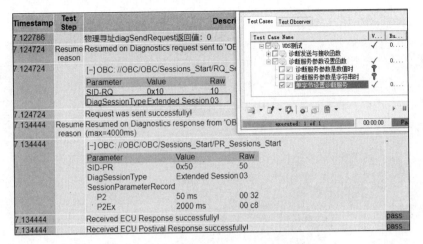

图 7-31　diagSetPrimitiveByte 函数的测试结果

XML 文件中的代码如下。

```xml
<testmodule title="诊断函数测试" version="1.1">
   <testgroup title="诊断服务参数设置函数">
      <capltestcase name="TC_008_SetRequestParameter_01" title="诊断服务参数是
数值时"/>
      <capltestcase name="TC_009_SetRequestParameter_02" title="诊断服务参数是
字符串时"/>
      <capltestcase name="TC_010_SetRequestParameter_03" title="单字节设置诊断
服务"/>
      <capltestcase name="TC_011_SetRequestParameter_04" title="重置全部的诊断
服务数据"/>
   </testgroup>
</testmodule>
```

CAPL 文件中的代码如下。

```capl
testcase TC_011_SetRequestParameter_04()
{
  long retVal;
  diagRequest Sessions_Start req_Sessions_Start;
  byte req_data[4095];
  char ECU_Name[20] = "OBC";

  diagSetTarget(ECU_Name);
```

```
req_data[0] = 0x10;
req_data[1] = 0x03;
diagSetPrimitiveData(req_Sessions_Start,req_data,2);
Diag_SendRequest(req_Sessions_Start);
}
```

测试结果如图 7-32 所示。

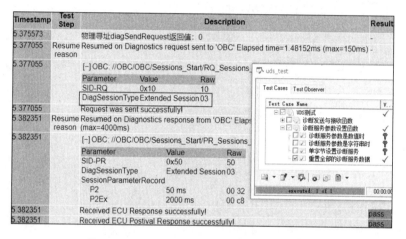

图 7-32　diagSetPrimitiveData 函数的测试结果

10. 使用*通配符定义诊断服务

在上面的示例中,定义的都是具体的诊断对象。比如在发送会话请求时定义了 diagRequest Sessions_Start req_Sessions_Start。如果发送复位请求, 就需要定义 diagRequest ECU_Reset req_ECUReset _Start。如果发送其他的诊断服务, 就需要定义其他的诊断对象,不仅工作量巨大, 而且如果更换了诊断目标 ECU, 且诊断描述文件中定义的诊断服务名称不同, 则该 CAPL 代码也就无法实现复用。为了设计复用性更高的诊断自动化测试用例, 就不能定义具体的诊断对象, 只能定义"抽象"的诊断服务。

*通配符在正则表达式中的意思为任意的, 使用*通配符定义诊断服务, 可以理解为定义一个空的诊断服务, 在发送具体的诊断服务请求时, 通过相关诊断函数进行数据填充后, 它就可以指向任意一个诊断服务。定义方式如下。

- diagRequest * req_generic

XML 文件中的代码如下。

```
<testmodule title="诊断函数测试" version="1.1">
  <testgroup title="诊断服务参数设置函数">
```

```
<capltestcase name="TC_012_SetRequestParameter_05" title="基于*通配符定义诊断
服务"/>
  </testgroup>
</testmodule>
```

CAPL 文件中的代码如下。在使用 diagRequest * req_generic 定义诊断服务后，可通过 diagResize 函数设置诊断请求的数据长度，以及通过 diagSetPrimitiveData 函数设置诊断请求的数据。

```
testcase TC_012_SetRequestParameter_05()
{
  long retVal;
  diagRequest * req_generic;
  byte req_data[4095];
  char ECU_Name[20] = "OBC";

  diagSetTarget(ECU_Name);

  req_data[0] = 0x10;
  req_data[1] = 0x03;
  diagResize(req_generic,2);
  diagSetPrimitiveData (req_generic,req_data,2);
  Diag_SendRequest(req_generic);
}
```

测试结果如图 7-33 所示。

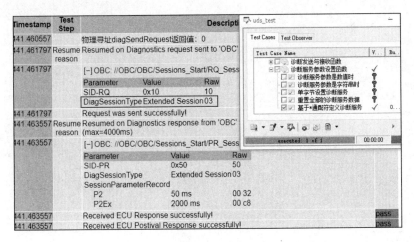

图 7-33　基于*通配符定义诊断服务的测试结果

11. 诊断通用函数（2）

在实际工程项目测试的初级阶段，有可能还未收到有效的诊断描述文件，或者诊断描述文件中的服务定义不完善，所以在做诊断测试时不能太依赖诊断描述文件。

在诊断通用函数（1）的基础上，使用*通配符封装一个通用性更强的函数，虽然这个函数还需要在 CANoe 中加载诊断描述文件，但已经可以不在乎诊断服务定义是否完善了。

XML 文件中的代码如下。

```xml
<testmodule title="诊断函数测试" version="1.1">
  <testgroup title="诊断服务参数设置函数">
  <capltestcase name="TC_012_SetRequestParameter_05" title="基于*通配符定义诊断
服务"/>
  <capltestcase name="TC_013_SendRequestFucntion_06" title="基于*通配符封装的通
用诊断函数（2）"/>
  </testgroup>
</testmodule>
```

CAPL 文件中的代码如下，封装函数名称为 Diag_SendRequest_PrimitiveData。

```
testcase TC_013_SendRequestFucntion_06()
{
  byte req_data[4095];
  char ECU_Name[20] = "OBC";

  diagSetTarget(ECU_Name);

  req_data[0] = 0x10;
  req_data[1] = 0x03;

  Diag_SendRequest_PrimitiveData(req_data,2);
}

void Diag_SendRequest_PrimitiveData (byte PrimitiveData[],long DataSize)
{
  long retVal;
  diagrequest *DiagReq ;

  diagResize(DiagReq,DataSize);
  diagSetPrimitiveData (DiagReq,PrimitiveData,DataSize);
```

```
retVal = diagSendRequest (DiagReq);
teststep("","物理寻址 diagSendRequest 返回值: %d",retVal);

if (TestWaitForDiagRequestSent(DiagReq, ReqMaxWaitTime)== 1)
{
  TestReportWriteDiagObject(DiagReq);
  TestStepPass("Request was sent successfully!");
  if(TestWaitForDiagResponse( DiagReq, ResMaxWaitTime) == 1)
  {
    TestReportWriteDiagResponse(DiagReq);
     TestStepPass("Received ECU Response successfully!");
    if(DiagGetLastResponseCode(DiagReq) == -1)
    {
      TestStepPass("Received ECU Postival Response successfully!");
    }
    else
    {
      TestStepFail("","Not Received ECU Response! NRC CODE =
0x%X",DiagGetLastResponseCode(DiagReq) );
    }
  }
  else
  {
    TestStepFail("Not Received ECU Response!");
  }
}
else
{
    TestStepFail("Request could not be sent!");
  }
}
```

测试结果如图 7-34 所示。

12. 诊断通用函数（3）

在诊断通用函数（1）和（2）中都期望发送的诊断回复为正响应，否则就会判断为 Fail，而且都以物理寻址的方式发送诊断请求。在诊断测试中，需要注入错误的诊断数据，期望 ECU

不响应或者给出负响应，还需要物理寻址和功能寻址都可选择，基于这些需求，进一步封装诊断通用函数（3）。

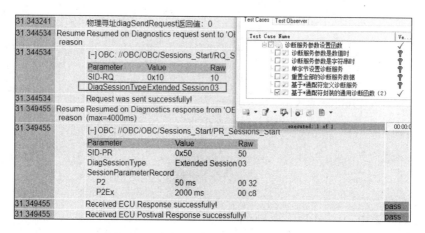

图 7-34　诊断通用函数（2）的测试结果

XML 文件中的代码如下。

```
<testmodule title="诊断函数测试" version="1.1">
  <testgroup title="诊断服务参数设置函数">
    <capltestcase name="TC_012_SetRequestParameter_05" title="基于*通配符定义诊
断服务"/>
    <capltestcase name="TC_013_SendRequestFucntion_06" title="基于*通配符封装的
通用诊断函数（2）"/>
    <capltestcase name="TC_013_SendRequestFucntion_07" title="基于*通配符封装的
通用诊断函数（3）"/>
  </testgroup>
</testmodule>
```

在 CAPL 文件中，封装的函数名称为 Diag_SendRequest_Generic，可以发送任意的诊断请求，并且可判断期望的响应结果，该函数的参数定义如下。

● PrimitiveData：待发送的诊断请求数据。

● DataSize：待发送诊断请求数据的长度。

● ExpResCode：期望收到的诊断响应码，如 0x13、0x12 等。

● SendType：设置诊断请求发送类型，0 为物理寻址，1 为功能寻址。

在测试用例 TC_014_SendRequestFucntion_test 中，以物理寻址的方式发送$10 04 诊断请求，期待 ECU 响应 NRC12。CAPL 文件中的代码如下。

```
variables
{
  long ReqMaxWaitTime = 150;//ms
  long ResMaxWaitTime = 4000;//ms

  const long No_Response = 0;
  const long PostitiveResponse = -1;
  const long NrcResponse_12 = 0x12;
  const long NrcResponse_13 = 0x13;
  const byte gPhys = 0;
  const byte gFunc  = 1;
}

testcase TC_014_SendRequestFucntion_07()
{
  byte req_data[4095];
  char ECU_Name[20] = "OBC";

  diagSetTarget(ECU_Name);

  req_data[0] = 0x10;
  req_data[1] = 0x04;

  Diag_SendRequest_Generic(req_data,2,NrcResponse_12,gPhys);
}

long Diag_SendRequest_Generic (byte PrimitiveData[],long DataSize,long
ExpResCode,byte SendType)
{
  long retVal;
  diagrequest *DiagReq ;

  diagResize(DiagReq,DataSize);
  diagSetPrimitiveData (DiagReq,PrimitiveData,DataSize);

  if (SendType == 1) //功能寻址
    retVal = DiagSendFunctional(DiagReq);
  else //物理寻址
    retVal = diagSendRequest (DiagReq);
```

```capl
if(TestWaitForDiagRequestSent(DiagReq, ReqMaxWaitTime)== 1)
{
  TestReportWriteDiagObject(DiagReq);
  retVal = TestWaitForDiagResponse( DiagReq, ResMaxWaitTime);
  switch( retVal)
  {
    case 0: //诊断没响应
        if(ExpResCode == 0)//
        {
           TestStepPass("No response was received,as expected.");
        }
        else
        {
           TestStepFail("No response, but expected receive response.");
        }
        break;

    case 1: //诊断有响应
        TestReportWriteDiagResponse(DiagReq); //打印诊断接收
        retVal = DiagGetLastResponseCode(DiagReq);

        if(retVal == -1 ) // -1 表示正响应
        {
           if(ExpResCode == -1)
           {
             TestStepPass("Positival response was received, as expected.");
           }
           else
           {
             TestStepFail("","Positival response was received when NRC 0x%x was
expected.",ExpResCode);
           }
           return 1;
        }
        else
        {
           if(ExpResCode == retVal)
           {
```

```
            TestStepPass("","NRC 0x%x was received, as expected.",ExpResCode);
        }
        else
        {
            TestStepFail("","NRC 0x%x was received when 0x%x was expected.",
retVal,ExpResCode);
        }
    }
    break;
    default: // 传输错误
        TestStepFail("","There a Error code received = %.",retVal);
    }
}
else
{
    TestStepFail("Request could not be sent!");
}
return 0;
}
```

测试结果如图 7-35 所示。

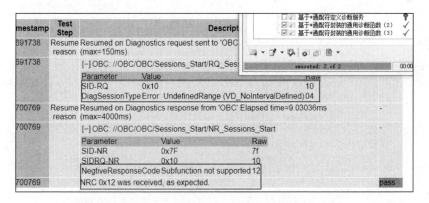

图 7-35　诊断通用函数（3）的测试结果

13. 获取诊断响应参数值（DiagGetRespParameter 函数）

（1）返回数值。

该函数以数值的方式返回诊断响应的参数值：

- double diagGetRespParameter (diagRequest req, char parameterName[])

XML 文件中的代码如下。

```
<testmodule title="诊断函数测试" version="1.1">
  <testgroup title="接收诊断响应数据">
    <capltestcase name="TC_015_DiagResponseData_01" title="读取诊断响应数据——
参数为数值类型"/>
  </testgroup>
</testmodule>
```

CAPL 文件中的代码如下。

```
testcase TC_015_DiagResponseData_01()
{
  diagRequest Sessions_Start req_Sessions_Start;
  char ECU_Name[20] = "OBC";
  dword Response;

  diagSetTarget(ECU_Name);
  Diag_SendRequest(req_Sessions_Start);

  Response =  (dword)DiagGetRespParameter(req_Sessions_Start,"P2");
  teststep("","P2 = 0x%X",Response);
}
```

测试结果如图 7-36 所示。

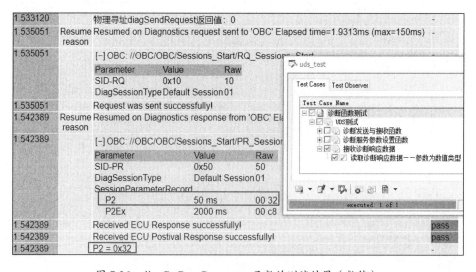

图 7-36　diagGetRespParameter 函数的测试结果（数值）

（2）返回字符串。

该函数以字符串的方式返回诊断响应的参数值，函数返回值为返回的字符串数据的长度。

- long diagGetRespParameter (diagRequest req, char parameterName[], char buffer[], dword bufferLen)

XML 文件中的代码如下。

```
<testmodule title="诊断函数测试" version="1.1">
  <testgroup title="接收诊断响应数据">
    <capltestcase name="TC_015_DiagResponseData_01" title="读取诊断响应数据——
参数为数值类型"/>
    <capltestcase name="TC_016_DiagResponseData_02" title="读取诊断响应数据——
参数为字符串类型"/>
  </testgroup>
</testmodule>
```

CAPL 文件中的代码如下。

```
testcase TC_016_DiagResponseData_02()
{
  diagRequest Sessions_Start req_Sessions_Start;
  char ECU_Name[20] = "OBC";
  char Response[200];
  long par_size;

  diagSetTarget(ECU_Name);
  Diag_SendRequest(req_Sessions_Start);
  par_size =
  diagGetRespParameter(req_Sessions_Start,"P2",Response,elcount(Response));
  teststep("","P2 = %s",Response);
  teststep("","par_size = %d", par_size);
}
```

测试结果如图 7-37 所示。

（3）返回 Byte 数组。

该函数以 Byte 数组的方式返回诊断响应的参数值：

- long diagGetRespParameterRaw (diagRequest req, char parameterName[], byte buffer[], dword bufferLen)

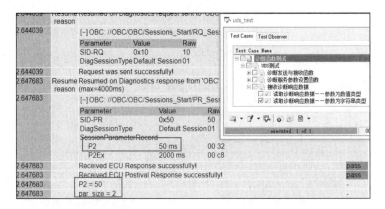

图 7-37　diagGetRespParameter 函数的测试结果（字符串）

XML 文件中的代码如下。

```
<testmodule title="诊断函数测试" version="1.1">
   <testgroup title="接收诊断响应数据">

    <capltestcase name="TC_015_DiagResponseData_01" title="读取诊断响应数据——
参数为数值类型"/>

   <capltestcase name="TC_016_DiagResponseData_02" title="读取诊断响应数据——参
数为字符串类型"/>
   <capltestcase name="TC_017_DiagResponseData_03" title="读取诊断响应数据——参
数为 Byte 数组类型"/>
   </testgroup>
</testmodule>
```

CAPL 文件中的代码如下。

```
testcase TC_017_DiagResponseData_03()
{
 diagRequest ECU_Identification_Read req_ECU_Identification_Read;
 char ECU_Name[20] = "OBC";
 byte Response[200];
 long retVal,i;

 diagSetTarget(ECU_Name);
 diagSetParameter(req_ECU_Identification_Read,"DataIdentifier",0xF110);
 Diag_SendRequest(req_ECU_Identification_Read);
 retVal = diagGetRespParameterRaw(req_ECU_Identification_Read,"DataRecord",
Response,elcount(Response));
```

```
teststep("","retVal = %d",retVal);
for(i = 0; i < 11;i++)
    teststep("","DataRecord[%d] = 0x%X",i,Response[i]);
}
```

测试结果如图 7-38 所示。

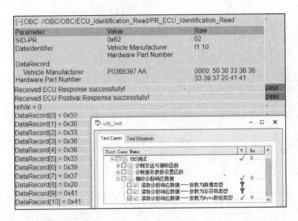

图 7-38 diagGetRespParameterRaw 函数的测试结果

14. 读取诊断响应的所有数据

在发送诊断时可以通过 DiagSetPrimitiveByte 函数来设置发送诊断数据，在接收诊断响应时可以通过 diagGetRespPrimitiveByte 函数来获取诊断响应数据。

- long diagGetRespPrimitiveSize(diagRequest request)//返回诊断响应的数据大小
- long diagGetRespPrimitiveByte(diagRequest request, DWORD bytePos)//根据字节索引读取诊断响应数据

XML 文件中的代码如下。

```
<testmodule title="诊断函数测试" version="1.1">
    <testgroup title="接收诊断响应数据">
        <capltestcase name="TC_015_DiagResponseData_01" title="读取诊断响应数据——
参数为数值类型"/>
        <capltestcase name="TC_016_DiagResponseData_02" title="读取诊断响应数据——
参数为字符串类型"/>
        <capltestcase name="TC_017_DiagResponseData_03" title="读取诊断响应数据——
参数为Byte 数组类型"/>
        <capltestcase name="TC_018_DiagResponseData_04" title="读取诊断响应数据——
按字节索引读取"/>
```

```
            </testgroup>
</testmodule>
```

CAPL 文件中的代码如下。

```
testcase TC_018_DiagResponseData_04()
{
    diagRequest ECU_Identification_Read req_ECU_Identification_Read;
    char ECU_Name[20] = "OBC";
    byte Response[200];
    long Size,i;
    diagSetTarget(ECU_Name);
    diagSetParameter(req_ECU_Identification_Read,"DataIdentifier",0xF110);
    Diag_SendRequest(req_ECU_Identification_Read);

    Size = DiagGetRespPrimitiveSize(req_ECU_Identification_Read);
    teststep("","Response Size = %d",Size);
    for(i = 0; i < Size;i++)
        Response[i] = DiagGetRespPrimitiveByte(req_ECU_Identification_Read,i);

    for(i = 0; i < Size;i++)
        teststep("","DataRecord[%d] = 0x%X",i,Response[i]);
}
```

测试结果如图 7-39 所示。

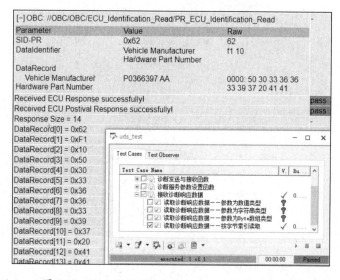

图 7-39　DiagGetRespPrimitiveSize 函数的测试结果

15. 诊断通用函数（4）

通过诊断通用函数（1）、（2）和（3）实现了诊断请求发送和诊断响应结果判断，下面在此基础上进一步封装诊断通用函数（4），实现功能包含发送诊断请求和获取诊断响应的数据。

XML 文件中的代码如下。

```
<testmodule title="诊断函数测试" version="1.1">
  <testgroup title="接收诊断响应数据">
   <capltestcase name="TC_019_SendRequestFucntion_05" title="封装的通用诊断函
数（4）"/>
  </testgroup>
</testmodule>
```

在 CAPL 文件中，封装的函数名称为 Diag_SendRequestAndGetResponse，可以发送任意的诊断请求，并返回诊断响应数据，该函数的参数定义如下。

- PrimitiveData：待发送的诊断请求数据。
- DataSize：待发送的诊断请求数据长度。
- SendType：设置诊断请求发送类型，0 为物理寻址，1 为功能寻址。
- ResponseData：接收到的诊断响应数据。

Diag_SendRequestAndGetResponse 函数的返回值为读取的诊断响应的字节数。CAPL 文件中的代码如下。

```
testcase TC_019_SendRequestFucntion_05()
{
 byte req_data[4095];
 byte Response[4095];
 long ResSize,i;
 char ECU_Name[20] = "OBC";

 diagSetTarget(ECU_Name);

 req_data[0] = 0x22;
 req_data[1] = 0xF1;
 req_data[2] = 0x10;

 ResSize = Diag_SendRequestAndGetResponse(req_data,3,gPhys,Response);
```

```
  for(i = 0; i < ResSize;i++)
    teststep("","Response[%d] = 0x%X",i,Response[i]);
}


long Diag_SendRequestAndGetResponse(byte RequestData[],long RequestSize,byte
SendType,byte ResponseData[])
{
  long Size,i;
  diagrequest *DiagReq ;

  Size = 0;
  diagResize(DiagReq,RequestSize);
  diagSetPrimitiveData (DiagReq,RequestData,RequestSize);

  if (SendType == 1) //功能寻址
    DiagSendFunctional(DiagReq);
  else //物理寻址
    diagSendRequest (DiagReq);

  if (TestWaitForDiagRequestSent(DiagReq, ReqMaxWaitTime)== 1)
  {
    TestReportWriteDiagObject(DiagReq);
    TestStepPass("Request was sent successfully!");
    if(TestWaitForDiagResponse( DiagReq, ResMaxWaitTime) == 1)
    {
      TestReportWriteDiagResponse(DiagReq);
      TestStepPass("Received ECU Response successfully!");

      Size = DiagGetRespPrimitiveSize(DiagReq);
      teststep("","Response Size = %d",Size);
      for(i = 0; i < Size;i++)
        ResponseData[i] = DiagGetRespPrimitiveByte(DiagReq,i);
    }
    else
    {
      TestStepFail("Not Received ECU Response!");
    }
  }
  else
```

```
{
    TestStepFail("Request could not be sent!");
}
return Size;
}
```

测试结果如图 7-40 所示。

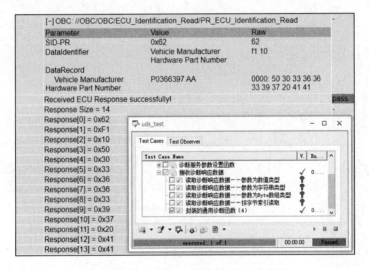

图 7-40 诊断通用函数（4）的测试结果

16. $27 服务安全解锁

有些诊断服务，需要经过$27 服务安全解锁后，才能获得相应的读写权限，CAPL 内置了一些相关的函数来实现解锁功能，具体如下。

【注意】：需要在诊断配置窗口加载 Seed & Key DLL.dll 文件。

（1）TestWaitForUnlockEcu 函数。

该函数是 CAPL 的内置函数，传入安全等级参数即可完成解锁，函数返回值为 0，则说明解锁成功。

- long TestWaitForUnlockEcu(long securityLevel)// form 1
- long TestWaitForUnlockEcu(char ecuQualifier[], dword securityLevel)// form 2

XML 文件中的代码如下。

```
<testmodule title="诊断函数测试" version="1.1">
```

```
<testgroup title="安全解锁">
    <capltestcase name="TC_020_UnLockECU" title="安全解锁 - TestWaitForUnlockEcu"/>
</testgroup>
</testmodule>
```

CAPL 文件中的代码如下。

```
testcase TC_020_UnLockECU()
{
  long retVal;
  diagRequest Sessions_Start req_Sessions_Start;
  byte req_data[4095];
  char ECU_Name[20] = "OBC";

  diagSetTarget(ECU_Name);

  req_data[0] = 0x10;
  req_data[1] = 0x03;
  diagSetPrimitiveData(req_Sessions_Start,req_data,2);
  Diag_SendRequest(req_Sessions_Start);

  retVal = TestWaitForUnlockEcu(ECU_Name,0x03);
  teststep("","解锁结果 = %d（0 为成功，否则失败）",retVal);
}
```

测试结果如图 7-41 所示。

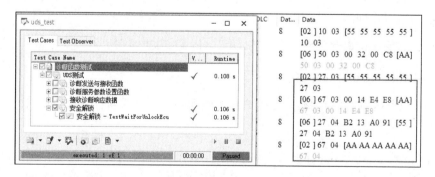

图 7-41   TestWaitForUnlockEcu 函数的测试结果

（2）diagGenerateKeyFromSeed 函数。

在一些场景下，用户需要注入错误的秘钥来验证 ECU 的防攻击性和安全性是否满足规范要求。这时集成度过高的 TestWaitForUnlockEcu 函数就不适用了，用户可以根据内置函数 diagGenerateKeyFromSeed 来计算 key 值。

【**说明**】：在 CAPL 中调用该函数时，该函数将调用 Seed & Key DLL.dll 中的 GenerateKeyExOpt 或 GenerateKeyEx 接口函数计算 key 值。

- long diagGenerateKeyFromSeed (byte seedArray[], dword seedArraySize, dword securityLevel, char variant[], char ipOption[], byte keyArray[], dword maxKeyArraySize, dword& keyActualSizeOut)

函数的参数解释如下。

- seedArray：输入的 seed 数组。
- seedArraySize：输入的 seed 数组长度。
- securityLevel：安全解锁等级。
- variant：诊断描述文件中的 variant 参数值，一般传入空字符串即可。
- ipOption：可选参数，一般传入空字符串即可。
- keyArray：该函数计算出来的 key 数组。
- maxKeyArraySize：输入的 keyArray 数组允许的最大字节数。
- keyActualSizeOut：输出的 keyArray 数组实际的字节数。

XML 文件中的代码如下。

```
<testmodule title="诊断函数测试" version="1.1">
  <testgroup title="安全解锁">
      <capltestcase name="TC_020_UnLockECU" title="安全解锁
- TestWaitForUnlockEcu"/>
      <capltestcase name="TC_021_UnLockECU_2" title="安全解锁
- DiagGenerateKeyFromSeed"/>
  </testgroup>
</testmodule>
```

CAPL 文件中的代码如下。封装的安全解锁通用函数名称为 SecurityAccess，该函数基于* 通配符设计，不依赖诊断描述文件中的 $27 服务是否完善，调用时只需传入解锁等级即可。

```
testcase TC_021_UnLockECU_2()
{
  long retVal;
  diagRequest Sessions_Start req_Sessions_Start;
  byte req_data[4095];
```

```
    char ECU_Name[20] = "OBC";

    diagSetTarget(ECU_Name);

    req_data[0] = 0x10;
    req_data[1] = 0x03;
    diagSetPrimitiveData(req_Sessions_Start,req_data,2);
    Diag_SendRequest(req_Sessions_Start);

    SecurityAccess(0x03);
}

void SecurityAccess(byte gSecurityLevel)
{
    diagrequest *DiagSeedKey ;
    long i, resSize,ret;
    byte gSeedArray[255];
    int gSeedArraySize ;
    char gVariant[200]    = "Variant1";
    char gOption[200]     = "option";
    byte gKeyArray[255];
    int  gMaxKeyArraySize = 255;
    dword gActualSize     = 0;

    diagResize(DiagSeedKey,2);
    DiagSetPrimitiveByte(DiagSeedKey,0,0x27);
    DiagSetPrimitiveByte(DiagSeedKey,1,gSecurityLevel);
    //发送诊断
    if (Diag_SendRequest(DiagSeedKey) == 1)
    {
      resSize = DiagGetRespPrimitiveSize(DiagSeedKey);
      gSeedArraySize =  resSize - 2 ; //去除诊断头部

      for(i = 0; i < gSeedArraySize; i ++)
      {
        gSeedArray[i] = DiagGetRespPrimitiveByte(DiagSeedKey, i+2);
      }
```

```
//计算 key 值
ret = DiagGenerateKeyFromSeed (gSeedArray, gSeedArraySize ,
gSecurityLevel, gVariant, gOption, gKeyArray, gMaxKeyArraySize, gActualSize);
if(ret==0)
{
  diagResize(DiagSeedKey,2+gActualSize);
  DiagSetPrimitiveByte(DiagSeedKey,0,0x27);
  DiagSetPrimitiveByte(DiagSeedKey,1,gSecurityLevel + 1);

  for(i = 0; i < gActualSize; i ++)
  {
      DiagSetPrimitiveByte(DiagSeedKey,i+2,gKeyArray[i]);
  }
   Diag_SendRequest(DiagSeedKey);
}
else
{
  TestStepFail("can't generate key.");
}
}
}
```

测试结果如图所示 7-42 所示，TestWaitForUnlockEcu 函数不会将诊断数据打印在测试报告中，而封装的 SecurityAccess 函数会将解锁的诊断数据打印在测试报告中。

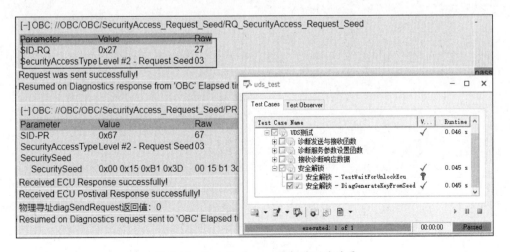

图 7-42　SecurityAccess 函数的测试结果

7.6　诊断自动化测试用例设计实战

1. 测试用例（1）

在诊断测试中，除了测试诊断服务的正响应外，还需要测试诊断服务的 NRC 功能。

测试需求：以 0x10 服务为例，测试 0x10 服务的 NRC 符合 ISO 14229-1 标准。

XML 文件中的代码如下。

```
<testmodule title="诊断函数测试" version="1.1">
    <testgroup title="测试用例自动化开发实例">
        <capltestcase name="TC_UDS_S10_NRC_Test" title="0x10 服务 NRC 测试"/>
    </testgroup>
</testmodule>
```

CAPL 文件中的代码如下，本测试用例简单测试了 10 服务的 NRC 0x7E/0x12/0x13 功能，其测试用例结构比较完善，包含测试用例 title、录制日志文件、测试步骤递增。读者可以基于此设计思路，开发其他服务的测试用例。

```
void TestStep_Descriable(long & Father_TS_i, long & Child_TS_i, char
Descriable[])
{
  // 测试步骤递增
  char testStep[10];
  snprintf(testStep, elcount(testStep), "Step:%d.%d", Father_TS_i,Child_TS_i);
  TestStep(testStep,Descriable);

  if(Child_TS_i == 0)
    Father_TS_i ++ ;
}

testcase TC_UDS_S10_NRC_Test()
{
  byte req_data[4095];
  char testCaseTitle[100];
  char LoggingFile[200];
  char ECU_Name[20] = "OBC";

  testGetCurrentTestCaseTitle(testCaseTitle,elCount(testCaseTitle));
```

```
 testCaseTitle(testCaseTitle,"测试 0x10 服务 NRC 符合规范");

 snprintf(LoggingFile,elCount(LoggingFile),"D:\\logging\\%s_{UserName}_
{LocalTime}.blf",testCaseTitle);
 setLogFileName("Logging",LoggingFile);
 startLogging("Logging",100);

 diagSetTarget(ECU_Name);

 TestStep_i = 0 ;
 SubtestStep_i = 0;
 TestStep_Descriable(TestStep_i,SubtestStep_i,"物理寻址发送 10 01 进入默认会话");
 req_data[0] = 0x10;
 req_data[1] = 0x01;
 Diag_SendRequest_Generic(req_data,2,PostitiveResponse,gPhys);

 TestStep_Descriable(TestStep_i,SubtestStep_i,"发送 10 02，期望 ECU 响应 NRC 7e");
 req_data[0] = 0x10;
 req_data[1] = 0x02;
 Diag_SendRequest_Generic(req_data,2,0x7e,gPhys);

 TestStep_Descriable(TestStep_i,SubtestStep_i,"发送 10 04，期望 ECU 响应 NRC 12");
 req_data[0] = 0x10;
 req_data[1] = 0x04;
 Diag_SendRequest_Generic(req_data,2,0x12,gPhys);

 TestStep_Descriable(TestStep_i,SubtestStep_i,"发送 10 03 00，期望 ECU 响应 NRC 13");
 req_data[0] = 0x10;
 req_data[1] = 0x03;
 req_data[2] = 0x00;
 Diag_SendRequest_Generic(req_data,3,0x13,gPhys);

 stopLogging("Logging",100);
}
```

测试结果如图 7-43 所示。

2. 测试用例（2）

测试需求：读取并验证 ECU 软件版本是否正确。

0.802107	Step 2.0 发送 10 04 ,期望ECU响应NRC 12		-
0.802752	Resume reason	Resumed on Diagnostics request sent to 'OBC' Elapsed time=0.645484ms (max=150ms)	-
0.802752		[-] OBC: //OBC/OBC/Sessions_Start/RQ_Sessions_Start Parameter / Value / Raw SID-RQ / 0x10 / 10 DiagSessionType / Error: UndefinedRange (VD_NoIntervalDefined) / 04	-
0.811990	Resume reason	Resumed on Diagnostics response from 'OBC' Elapsed time=9.23805ms (max=4000ms)	-
0.811990		[-] OBC: //OBC/OBC/Sessions_Start/NR_Sessions_Start Parameter / Value / Raw SID-NR / 0x7F / 7f SIDRQ-NR / 0x10 / 10 NegtiveResponseCode / Subfunction not supported / 12	-
0.811990		NRC 0x12 was received, as expected.	pass
0.811990	Step 3.0 发送 10 03 00, 期望ECU响应NRC 13		-
0.812617	Resume reason	Resumed on Diagnostics request sent to 'OBC' Elapsed time=0.626484ms (max=150ms)	-
0.812617		[-] OBC: //OBC/OBC/Sessions_Start/RQ_Sessions_Start Parameter / Value / Raw SID-RQ / 0x10 / 10 DiagSessionType / Extended Session / 03	-
0.822079	Resume reason	Resumed on Diagnostics response from 'OBC' Elapsed time=9.46203ms (max=4000ms)	-
0.822079		[-] OBC: //OBC/OBC/Sessions_Start/NR_Sessions_Start Parameter / Value / Raw SID-NR / 0x7F / 7f SIDRQ-NR / 0x10 / 10 NegtiveResponseCode / Incorrect message length or invalid format / 13	-
0.822079		NRC 0x13 was received, as expected.	pass

图 7-43　测试用例（1）的测试结果

XML 文件中的代码如下。

```
<testmodule title="诊断函数测试" version="1.1">
   <testgroup title="测试用例自动化开发实例">
       <capltestcase name="TC_UDS_S10_NRC_Test" title="0x10 服务 NRC 测试"/>
       <capltestcase name="TC_UDS_DID_F118_Test" title="DID F118 验证软件版本"/>
   </testgroup>
</testmodule>
```

该测试用例有 3 个测试步骤：进入拓展会话；安全解锁；发送诊断请求，以获取诊断响应数据并和期望值比较。

```
testcase TC_UDS_DID_F118_Test()
{
  byte req_data[4095];
  char testCaseTitle[100];
  char LoggingFile[200];
  char ECU_Name[20] = "OBC";
  byte SoftVersion[14] =
  {0x62,0xF1,0x18,0x50,0x30,0x33,0x33,0x34,0x34,0x38,0x32,0x20,0x41,0x48};
  byte Response[4095];
  long ResSize;
```

```
  testCaseTitle(testCaseTitle,"测试 22 F1 18 服务,检测软件版本是否正确");
  snprintf(LoggingFile,elCount(LoggingFile),"D:\\logging\\%s_{UserName}_{Loc
alTime}.blf",testCaseTitle);
  setLogFileName("Logging","D:\\logging\\{UserName}_{LocalTime}.blf");
  startLogging("Logging",100);


  diagSetTarget(ECU_Name);


  TestStep_i = 0 ;
  SubtestStep_i = 0;
  TestStep_Descriable(TestStep_i,SubtestStep_i,"物理寻址 发送 10 03 进入拓展会话");
  req_data[0] = 0x10;
  req_data[1] = 0x03;
  Diag_SendRequest_Generic(req_data,2,PostitiveResponse,gPhys);


  TestStep_Descriable(TestStep_i,SubtestStep_i,"发送 27 03 安全解锁");
  SecurityAccess(3);


  TestStep_Descriable(TestStep_i,SubtestStep_i,"发送 22 F1 18, 期望 ECU 响应数据和
期望值一致");
  req_data[0] = 0x22;
  req_data[1] = 0xF1;
  req_data[2] = 0x18;
  ResSize = Diag_SendRequestAndGetResponse(req_data,3,gPhys,Response);


  if(memcmp(Response,SoftVersion,14) == 0)
  {
    testStepPass("","软件版本和期望值一致");
  }
  else
  {
    testStepFail("","软件版本和期望值不一致");
  }
  stopLogging("Logging",100);
}
```

测试结果如图 7-44 所示。

图 7-44　测试用例（2）的测试结果

7.7　基于 GenericUDS.cdd 实现诊断

在没有诊断描述文件的情况下，用户可以选择 CANoe 内置的标准诊断描述文件 GenericUDS.cdd，经过简单的配置后即可使用。

如图 7-45 所示，在加载诊断描述文件时，选择【Add Standard Diagnostic Description （CDD）】选项，在弹出的快捷菜单中，选择【GenericUDS】选项。

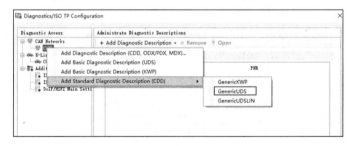

图 7-45　加载 GenericUDS.cdd 文件

（1）　因为这里选用的是标准模板数据库描述文件，所以在使用时要根据实际情况修改 ECU 的名称，如图 7-46 所示，修改【ECU qualifier】参数。

图 7-46　修改【ECU qualifier】参数

（2）根据实际情况修改传输层参数，如图 7-47 所示。

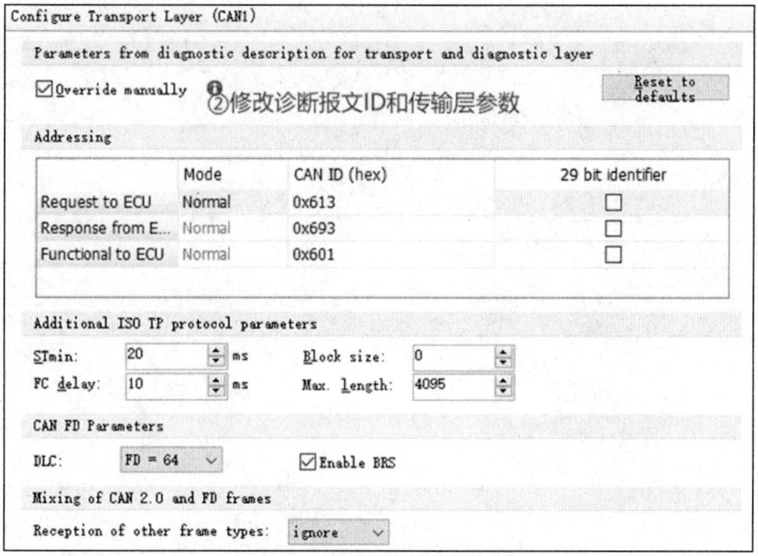

图 7-47　修改传输层参数

（3）根据实际情况修改诊断层参数，如图 7-48 所示。

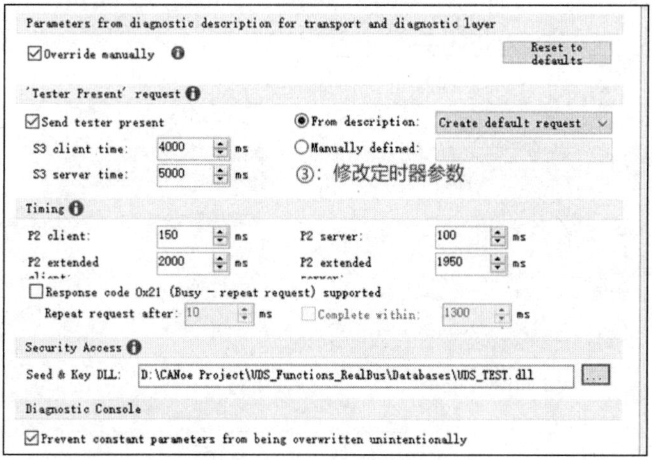

图 7-48　修改诊断层参数

　　下面的测试用例，因为是基于标准诊断描述文件 GenericUDS.cdd 设计的，所以在定义诊断服务时不可再用文件中定义的诊断服务，应该使用*通配符，通过相关的 CAPL 诊断函数来重组诊断数据。

XML 文件中的代码如下。

```
<testmodule title="诊断函数测试" version="1.1">
    <testgroup title="使用模板诊断数据库文件">
        <capltestcase name="TC_022_Use_Generic_UDS_CDD" title="使用模板诊断数据库
文件"/>
    </testgroup>
</testmodule>
```

CAPL 文件中的代码如下。

```
testcase TC_022_Use_Generic_UDS_CDD()
{
  byte req_data[4095];
  char ECU_Name[20] = "OBC";

  diagSetTarget(ECU_Name);

  req_data[0] = 0x10;
  req_data[1] = 0x03;

  Diag_SendRequest_Generic(req_data,2,PostitiveResponse,gPhys);
}
```

测试结果如图 7-49 所示。

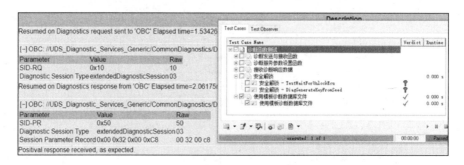

图 7-49   基于 GenericUDS.cdd 的测试结果

7.8   基于诊断 ID 实现 CAN TP 层功能

通过 CANoe 软件中的诊断控制台或者 CAPL 内置函数，用户可以轻松地完成诊断测试。

但是在有些测试场景中，比如 TP 层测试，这就需要用户自己实现对诊断数据的分段和重组。

下面的示例代码基于诊断 ID 封装了 4 个通用函数：发送单帧诊断请求、接收单帧诊断响应数据、发送多帧诊断请求、接收多帧诊断响应数据。

【说明】：以下的测试用例基于诊断 ID 实现诊断功能，没有在 CANoe 软件中加载诊断描述文件。

（1）单帧诊断请求。

XML 文件中的代码如下。

```xml
<testmodule title="诊断函数测试" version="1.1">
  <testgroup title="基于诊断 ID,不依赖 CDD 文件,自封装诊断函数">
      <capltestcase name="UDS_Send_SingleFrame" title="发送单帧诊断请求"/>
  </testgroup>
</testmodule>
```

重新创建一个名为 self_defined_uds.can 的文件，并加载到测试模块中。

封装的单帧诊断请求函数为 SendSingleFrame，参数定义如下。

- ReqID：发送诊断请求的 CAN ID。
- ReqData：发送诊断请求数据。
- ReqDataSize：发送诊断请求的数据长度。
- Channel：发送诊断请求的 CAN 通道。

ConvertByteArrToStr 函数的实现功能是将 Byte 数组转为字符串方便打印输出。

测试用例 UDS_Send_SingleFrame 函数实现的功能是发送诊断请求 10 01，示例代码如下。

```c
void ConvertByteArrToStr(byte hexRawData[],long length ,char
outStr[],char option[])
{
  long i;
  snprintf(outStr,elcount(outStr),"%s",option);
  for(i=0;i<length;i++)
  {
    if(hexRawData[i]<0x10)
      snprintf(outStr,elcount(outStr),"%s0%X ",outStr,hexRawData[i]);
```

```
      else
        snprintf(outStr,elcount(outStr),"%s%X ",outStr,hexRawData[i]);
    }
}


void SendSingleFrame(dword ReqID,byte ReqData[],long ReqDataSize,byte Channel)
{
  byte i ;
  char comment[200];
  message * Msg;
  CANSettings defaultArbSettings;
  CANSettings defaultDbrSettings;
  canFdGetConfiguration(Channel, defaultArbSettings, defaultDbrSettings);
  Msg.id = ReqID;
  Msg.can = Channel;
  Msg.DataLength = ReqDataSize;
  Msg.FDF = (defaultArbSettings.flags & 0x100) > 0 ? 1 : 0;
  for(i=0;i<ReqDataSize;i++)
  {
    Msg.byte(i) = ReqData[i];
  }
  output(Msg);
  ConvertByteArrToStr(ReqData,ReqDataSize,comment,"");
  #if TEST_NODE
    teststep("CAN TX:",comment);
  #endif
}
testcase UDS_Send_SingleFrame ()
{
  byte sendData[8]  = {0x02,0x10,0x01,0x00,0x00,0x00,0x00,0x00};
  SendSingleFrame(0x613,sendData,8, 1);
}
```

测试结果如图 7-50 所示。

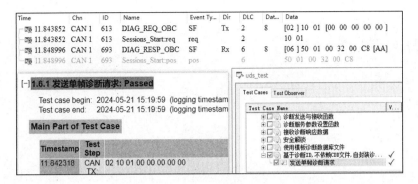

图 7-50 发送单帧诊断请求的测试结果

（2）接收单帧诊断响应。

XML 文件中的代码如下。

```
<testmodule title="诊断函数测试" version="1.1">
    <testgroup title="基于诊断ID,不依赖CDD文件,自封装诊断函数">
        <capltestcase name="UDS_Send_SingleFrame" title="发送单帧诊断请求"/>
        <capltestcase name="UDS_Get_SingleFrame"  title="接收单帧诊断响应数据"/>
    </testgroup>
</testmodule>
```

封装的接收单帧诊断响应函数 GetSingleFrame 的参数定义如下。

- RecID：诊断响应 CAN ID。
- RecData：接收诊断数据的数组。
- DLC：CAN 响应报文长度。
- BusName：CAN 总线名称。
- WaitMaxTime：等待诊断报文响应的最大时间。

下面代码中的测试用例使用 SendSingleFrame 函数发送诊断请求$10 01，然后立刻调用 GetSingleFrame 函数接收诊断响应数据。

```
testcase UDS_Get_SingleFrame()
{
  byte sendData[8]  = {0x02,0x10,0x01,0x00,0x00,0x00,0x00,0x00};
  byte getData[64];
  long DataLength;
  SendSingleFrame(0x613,sendData,8,1);
  GetSingleFrame(0x693,getData,DataLength,"CAN1",100);
}
```

```
long GetSingleFrame(dword RecID, byte RecData[],long & DLC,char BusName[],long
WaitMaxTime)
{
  long i,j;
  char comment[200];
  double s_time;
  message * RMsg;
  long result;
  long P2_Server = 50;              //可以移植到全局变量
  long P2_Max_Server = 5000;        //可以移植到全局变量
  long wait_time;

  if(strncmp(BusName,"",elcount(BusName)) != 0)
  {
    SetBusContext(GetBusNameContext(BusName));
  }
  s_time = timeNow();
  wait_time = P2_Server;

  do
  {
    result = testWaitForMessage(RecID,wait_time);
    if(result == 1)
    {
      if(TestGetWaitEventMsgData(RMsg) == 0)
      {
          DLC = RMsg.DataLength;
        for(i=0;i< RMsg.DataLength;i++)
        {
          RecData[i] = RMsg.byte(i);
        }
        ConvertByteArrToStr(RecData,RMsg.DataLength,comment,"");
        teststeppass("RX:",comment);
        if(RecData[1] == 0x7F && RecData[3] == 0X78)
        {
          wait_time = P2_Max_Server;
          continue;
```

```
        }
        else
        {
            return 1;
        }
    }
    else
    {
        testStepFail("","收到 CAN 报文 0x%X,但是没读取到数据",RecID);
        return 0;
    }
    }
    else
    {
        testStepFail("","没有收到 CAN 报文 0x%X",RecID);
        return 0;
    }
}while((timeNow() - s_time)/100.0 < WaitMaxTime);
return 1;
}
```

测试结果如图 7-51 所示。

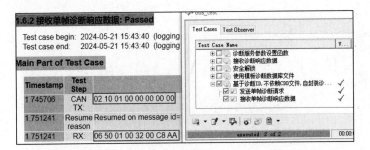

图 7-51　接收单帧诊断响应数据的测试结果

（3）发送多帧诊断请求。

XML 文件中的代码如下。

```
<testmodule title="诊断函数测试" version="1.1">
    <testgroup title="基于诊断 ID,不依赖 CDD 文件,自封装诊断函数">
```

```
        <capltestcase name="UDS_Send_SingleFrame" title="发送单帧诊断请求"/>
        <capltestcase name="UDS_Get_SingleFrame" title="接收单帧诊断响应数据"/>
        <capltestcase name="UDS_Send_MultiFrames" title="发送多帧诊断请求"/>
    </testgroup>
</testmodule>
```

封装的发送多帧诊断请求函数 SendMultiframes 的参数定义如下。

- ReqID：诊断请求的 CAN ID。
- ReqData：发送诊断数据。
- RecID：诊断响应 CAN ID。
- BusName：CAN 总线名称。
- Channel：发送诊断请求的 CAN 通道。

CANFD_Flag 函数的实现根据输入的通道，来判断该通道是 CAN 总线还是 CANFD 总线。

CalculateFramesSenquenc 函数解析多帧的首帧报文格式，并计算需要发送的连续帧数量。

测试用例 UDS_Send_MultiFrames 函数实现的功能是先发送多帧诊断请求，再读取响应数据，CAPL 文件中的代码如下。

```
testcase UDS_Send_MultiFrames()
{
  byte sendData[500] = {0x11,0x2C,0x2E,0xf1,0x89};
  byte getData[64];
  long DataLength;
  SendMultiframes(0x613,sendData,0x693,"CAN1",1);

  GetSingleFrame(0x693,getData,DataLength,"CAN1",2000);
}

long SendMultiframes(dword ReqID,byte ReqData[],dword RecID,char BusName[],byte
Channel)
{
  byte payload[64];
  byte N_PCItype;
  long DataLength;
  long FrameNum;
  long byte_counter;
  long retVal;
```

```
long Send_DLC,Ret_DL;
long i,j;
byte TX_SN,FS,BS,STmin;

Send_DLC = CANFD_Flag(Channel)==1?64:8;
N_PCItype = (ReqData[0]>>4) & 0x0F ;   //报文第一个字节的前 4Bit 代表报文类型
CalculateFramesSenquence(ReqData,Send_DLC,DataLength,FrameNum);//计算要发送
多少帧连续帧
TX_SN = 1;//连续帧序号从 1 开始，计算到 15 之后，再从 0 计算到 15
byte_counter = Send_DLC ;
if(N_PCItype == 0x01)  //如果是多帧
{
  SendSingleFrame(ReqID,ReqData,Send_DLC,Channel);
  retVal = GetSingleFrame(RecID,payload,Ret_DL,BusName,2000) ;
  if(retVal == 1)
  {
    //解析流控帧参数，但是暂时只处理 STmin 参数，代码逻辑暂时只处理 FS=0 和 BS=0 的情况
    FS = payload[0] & 0x0F;
    BS =  payload[1];
    STmin = payload[2]; //暂时只处理 ms 时间
    for(j=0;j<FrameNum - 1;j++) // 循环接收连续帧，-1 是去掉首帧，首帧数已被收集
    {
      payload[0]= ((TX_SN++)%16) | 0x20 ;          // 循环计算连续帧序号

      for(i=1;i< Send_DLC;i++)                      //连续帧的 byte(0) 是 SIV
      {
        payload[i] =  ReqData[byte_counter++];
      }
      testWaitForTimeout(STmin*1.1);               //连续帧发送间隔
      SendSingleFrame(ReqID,payload,Send_DLC,Channel);
    }
  }
  else
  {
    testStepFail("","没有接收到流控帧");
    return -1;
  }
```

```
    return byte_counter - 2;                        //发送首帧前两个字节非数据段
  }
  else
  {
    SendSingleFrame(ReqID,payload,Send_DLC,Channel);
  }
  return 1;
}
byte CANFD_Flag(byte channel)
{
  CANSettings defaultArbSettings;
  CANSettings defaultDbrSettings;
  byte CANFD_FLAG;

  canFdGetConfiguration(channel, defaultArbSettings, defaultDbrSettings);
  CANFD_FLAG = (defaultArbSettings.flags & 0x100) > 0 ? 1 : 0;
  return CANFD_FLAG;
}
long CalculateFramesSenquence(byte payload[],long frame_dlc, long &
DataLength,long & FrameNum)
{
  long divisor;
  long remainder;
  long can_dlc_type;

  can_dlc_type= 0;
  // 首帧的 byte(0) 的低 4Bit 和 byte(1) 是多帧的首帧数据长度
  DataLength = ((payload[0]<<8) + payload[1]) & 0x0FFF ;

  if(DataLength != 0)                              //小于 4095 个字节
  {
    //+1 是因为首帧的 byte(0) 和 byte(1) 非数据，-1 是因为连续帧的 byte(0) 非数据
    divisor = (DataLength+1)/(frame_dlc - 1);
    remainder = (DataLength+1)%(frame_dlc - 1);
    FrameNum =  remainder?(divisor+1):divisor;
    can_dlc_type = 2;
```

```
 }
 else // 大于 4095 字节
 {
   DataLength =(payload[2]<<24) | (payload[3]<<16) | (payload[4]<<8)|
payload[5];
   if(DataLength != 0)
   {
     //+5 是因为首帧的 byte(0) 到 byte(6) 非数据，-1 是因为连续帧的 byte(0) 非数据
     divisor = (DataLength+5)/(frame_dlc - 1);
     remainder = (DataLength+5)%(frame_dlc - 1);
     FrameNum = remainder?(divisor+1):divisor;
     can_dlc_type =6;
   }
   else
     testStepFail("多帧的首帧数据长度为 0");
 }
 return can_dlc_type;
}
```

测试结果如图 7-52 所示。

Timestamp	Test Step	Description	Result
11.060211	CAN TX:	首帧　11 2C 2E F1 89 00 00 00 00 00 00 00 00 00 00 00 00 00 00 00 00 00 00 00 00 00 00 00 00 00 00 00 00 00 00 00 00 00 00 00 00 00 00 00 00 00 00 00 00 00 00 00 00 00 00 00 00 00 00 00 00 00 00 00	-
11.063495	Resume reason	Resumed on message id=1683 (0x693) Elapsed time=3.28352ms (max=50ms)	-
11.063495	RX:	30 00 14 AA AA AA AA AA　流控帧	pass
11.063495	CAN TX:	21 00 00 00 00 00 00 00 00 00 00 00 00 00 00 00 00 00 00 00 00 00 00 00 00 00 00 00 00 00 00 00 00 00 00 00 00 00 00 00 00 00 00 00 00 00 00 00 00 00 00 00 00 00 00 00 00 00 00 00 00 00 00 00	-
11.083495	Resume reason	Elapsed time=20ms (max=20ms)　连续帧	-
11.083495	CAN TX:	22 00 00 00 00 00 00 00 00 00 00 00 00 00 00 00 00 00 00 00 00 00 00 00 00 00 00 00 00 00 00 00 00 00 00 00 00 00 00 00 00 00 00 00 00 00 00 00 00 00 00 00 00 00 00 00 00 00 00 00 00 00 00 00	-
11.103495	Resume reason	Elapsed time=20ms (max=20ms)	-
11.103495	CAN TX:	23 00 00 00 00 00 00 00 00 00 00 00 00 00 00 00 00 00 00 00 00 00 00 00 00 00 00 00 00 00 00 00 00 00 00 00 00 00 00 00 00 00 00 00 00 00 00 00 00 00 00 00 00 00 00 00 00 00 00 00 00 00 00 00	-
11.123495	Resume reason	Elapsed time=20ms (max=20ms)	-
11.123495	CAN TX:	24 00 00 00 00 00 00 00 00 00 00 00 00 00 00 00 00 00 00 00 00 00 00 00 00 00 00 00 00 00 00 00 00 00 00 00 00 00 00 00 00 00 00 00 00 00 00 00 00 00 00 00 00 00 00 00 00 00 00 00 00 00 00 00	-
11.134197	Resume reason	Resumed on message id=1683 (0x693) Elapsed time=10.702ms (max=50ms)	-
11.134197	RX:	03 7F 2E 7F AA AA AA AA	pass

图 7-52　多帧诊断请求的测试结果

（4）接收多帧诊断响应数据。

XML 文件中的代码如下。

```
<testmodule title="诊断函数测试" version="1.1">
    <testgroup title="基于诊断 ID,不依赖 CDD 文件,自封装诊断函数">
        <capltestcase name="UDS_Send_SingleFrame" title="发送单帧诊断请求"/>
        <capltestcase name="UDS_Get_SingleFrame" title="接收单帧诊断响应数据"/>
        <capltestcase name="UDS_Send_MultiFrames" title="发送多帧诊断请求"/>
        <capltestcase name="UDS_Get_MutiFrames" title="接收多帧诊断响应数据"/>
    </testgroup>
</testmodule>
```

封装的接收多帧诊断响应数据函数 GetMultiFramesData 的参数定义如下。

- RecData：诊断数据接收数组。
- RecID：诊断响应 CAN ID。
- BusName：CAN 总线名称。
- Channel：发送通道。
- ReqID：诊断请求 CAN ID。
- FC_Frame：发送的流控帧数据。
- ReqSize：发送的流控帧数据长度。

测试用例 UDS_Get_MutiFrames 函数实现的是发送单帧诊断请求，然后接收 ECU 响应的多帧数据，代码如下。

```
testcase UDS_Get_MutiFrames()
{
  byte sendData[8]  = {0x02,0x19,0x0A,0x00,0x00,0x00,0x00,0x00};
  byte sendData_FC[8]  = {0x30,0x00,0x00,0x00,0x00,0x00,0x00,0x00};
  byte getData[4095];
  char getDataStr[4095];
  long ResDataSize;
  SendSingleFrame(0x613,sendData,8,1);

 ResDataSize= GetMultiFramesData(getData,0x693,"CAN1",1,0x613,sendData_FC,8);
 ConvertByteArrToStr(getData,ResDataSize,getDataStr,"");
 testStep("","接收数据（0x%X）: %s",ResDataSize,getDataStr);
}


long GetMultiFramesData(byte RecData[],dword RecID, char BusName[],byte
Channel,dword ReqID,byte FC_Frame[],long ReqSize)
{
```

```
  byte N_PCItype;
  byte payload[64];
  long DataLength,Ret_DL;
  long FrameNum;
  long byte_counter;
  long i,j,k;

  byte_counter = 0;
  if(GetSingleFrame(RecID,payload,Ret_DL,BusName, 5000) == 1)
  {
    N_PCItype = (payload[0]>>4) & 0x0F ;//报文第一个字节的前4Bit代表报文类型
    if(N_PCItype == 0x01)
    {
      k = CalculateFramesSenquence(payload,Ret_DL,DataLength,FrameNum);
      testStep("","CAN报文长度%d,总共应该发送%d字节,分成%d帧
",Ret_DL,DataLength,FrameNum);
      for(i=k;i< Ret_DL;i++) //k的值为N_PCI占的字节数
      {
        RecData[byte_counter++] = payload[i];
      }

      SendSingleFrame(ReqID,FC_Frame,ReqSize,Channel); //Teser发送流控帧
      for(j=0;j<FrameNum - 1;j++) // 循环接收连续帧,-1是去掉首帧,首帧数已被收集
      {
        if(GetSingleFrame(RecID,payload,Ret_DL,BusName,50,2000) == 1)
        {
          for(i=0;i< Ret_DL-1;i++)
          {
            if(byte_counter < DataLength)
              RecData[byte_counter++] = payload[i+1];
          }
        }
        else
        {
          testStepFail("","接收连续帧报文超时,期望收到%d帧报文,实际收
到%d",FrameNum,j+1);
          return -1;
        }
      }
    }
  }
```

```
    else                                      //如果是单帧
    {
      DataLength = payload[0]& 0x0F ;         //单帧低 4Bit 是数据长度
      for(i=0;i< Ret_DL - 1;i++)
      {
          RecData[byte_counter ++] = payload[i+1];
      }
    }
    return byte_counter;
  }
  else
  {
    testStepFail("","没有接收到 CAN 报文");
    return -1;
  }
  return 1;
}
```

测试结果如图 7-53 所示。

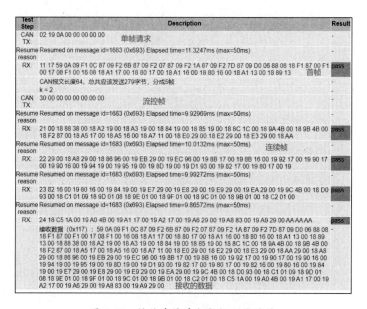

图 7-53   接收多帧诊断数据测试结果

7.9 基于 OSEK_TP.dll 实现诊断

在不用诊断描述文件的情况下，用户还可以基于 CANoe 内置的 OSEK_TP.dll 动态链接库文件实现 CAN 诊断通信，该 DLL 内封装了大量的与 CAN 传输协议相关的函数。

1. 加载 OSEK_TP.dll 文件

如图 7-54 所示，在网络节点配置的【Components】选项中加载 OSEK_TP.dll 文件。

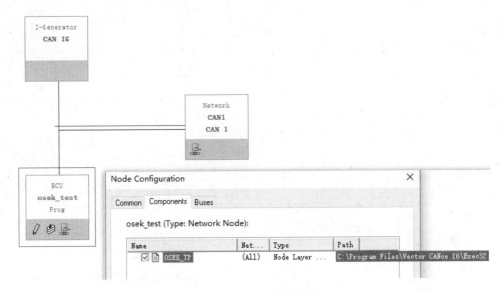

图 7-54 加载 OSEK_TP.dll 文件

OSEK_TP.dll 文件的路径，通常位于 CANoe 软件的安装目录下的 Exec32 文件夹中，例如 C:\Program Files\Vector CANoe 16\Exec32。

用户也可以在测试模块节点的 CAPL 文件中通过 "#pragma library" 引用 "osek_tp.dll"，代码如下。

【注意】：不要在节点配置，也不要在 CAPL 文件中同时引用 DLL 文件，否则会引起冲突。

```
includes
{
  #pragma library("osek_tp.dll")
}
```

当引入 DLL 文件后，可以在打开的 CAPL 文件中的【CAPL Functions】窗口看到 "osek_tp.dll" 的函数库，如图 7-55 所示。

图 7-55　"osek_tp.dll" 函数库

2. 创建连接与发送诊断

本示例中用于创建通信连接和发送诊断的函数如表 7-6 所示。

表 7-6　TP 层建立连接

函数	描述
CanTpCreateConnection	根据地址模式创建一个连接，本示例使用的是正常 11Bit 地址的 CANFD 总线，所以传入参数是 0，如果是拓展 29Bit 地址，则需要传入参数 1
CanTpSetRxIdentifier	设置连接用于接收（Rx）协议数据消息的 CAN ID
CanTpSetTxIdentifier	设置连接用于发送（Tx）协议数据消息的 CAN ID
CanTpSetMaxCANFDFrameLength	如果是 CANFD 总线，则需要在建立通信前调用该函数，传入参数最小值为 8，最大值为 64
CanTpSendData	开始发送诊断数据

下面基于 OSEK_TP.dll 文件建立诊断通道，示例代码如下。

```
/*@!Encoding:65001*/
variables
{
  long dbHandle;
}

on start
{
  InitConn(0x613,0x693);
}
InitConn(dword txID  ,dword rxID)
{
  dbHandle = CanTpCreateConnection(0); // Normal mode
```

```
  CanTpSetTxIdentifier(dbHandle, txID);
  CanTpSetRxIdentifier(dbHandle, rxID);
  // 因为测试使用的 ECU 是 CAN-FD , 所以需要设置
  CanTpSetMaxCANFDFrameLength(dbHandle,64);
}

on key 'a'
{
  byte txDataBuffer[2]={0x19,0x0A};
  write("*************press key a*************");

  CanTpSendData(dbHandle, txDataBuffer, 2);
}
```

按下按键"a",诊断数据发送成功,如图 7-56 所示。

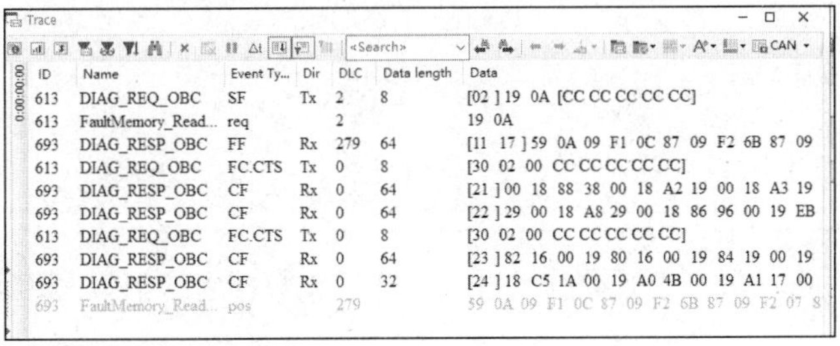

图 7-56　TP 层建立连接结果

3. 回调函数

用户在使用 OSEK_TP.dll 进行通信时,必须在 CAPL 程序中定义如表 7-7 所示的回调函数,来反馈发送诊断和数据接收的过程,比如通过 CanTp_SendCon 函数可以判断诊断发送完毕且成功,通过 CanTp_ReceptionInd 函数来接收诊断响应数据。

表 7-7　TP 回调函数

函数	描述
CanTp_ErrorInd	连接发生错误触发该函数
CanTp_FirstFrameInd	在诊断数据发送第一帧成功后会调用此函数
CanTp_PreSend	在每次预定发送 CAN 消息时,都会调用这个回调函数
CanTp_ReceptionInd	当使用给定句柄的连接接收到数据时,调用此函数
CanTp_SendCon	如果诊断数据发送完毕且成功就会调用此函数
CanTp_TxTimeoutInd	如果 CAN 消息不能在超时时间 Ar 或 As 内发送,则调用该函数

在上面示例代码的基础上增加以下回调函数。

```
//发送成功后会调用此函数
void CanTp_SendCon( long connHandle, dword count)
{
  write( "Transmission of %d byte on connection %d successful", count,
connHandle);
}

//接收到报文会调用此函数
void CanTp_ReceptionInd( long connHandle, byte data[])
{
  write( "Received %d byte on connection %d: [%02x] ..." , elcount( data),
connHandle, data[0]);
}

//连接过程中报错会调用此函数
void CanTp_ErrorInd( long connHandle, long error)
{
  write( "Error %d for connection %d", error, connHandle);
}
```

再次运行程序，可以看到诊断数据发送成功和接收数据完毕都触发了回调函数，如图 7-57 所示。

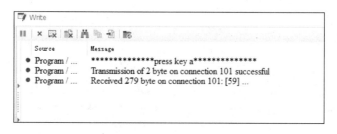

图 7-57　TP 层回调函数的测试结果

4. 修改诊断未使用字节的默认值

用户可以通过 CanTpSetPadding 函数对未使用字节的默认值进行修改。

- long CanTpGetPadding(long connHandle)// form 1
- long CanTpSetPadding(long connHandle, long paddingValue)// form 2

在默认情况下，未使用字节用 0xCC 填充，下面改成用 0x00 填充，如图 7-58 所示。

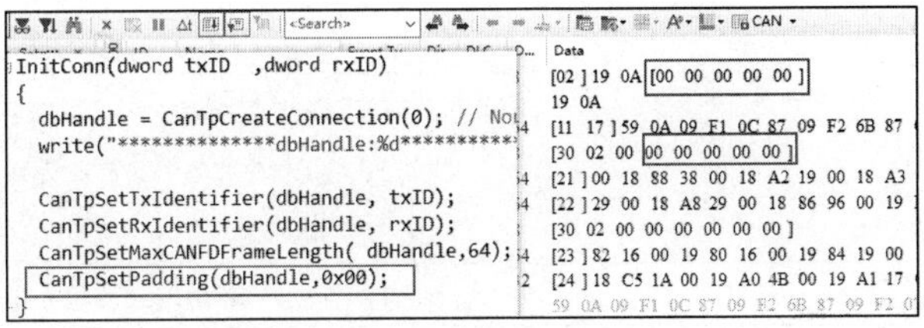

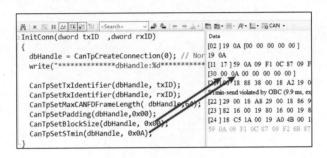

图 7-58　修改未使用字节填充值

5. 修改流控帧参数

在默认情况下，服务器端发送的流控帧是【30 02 00 CC CC CC CC CC】，客户端每发送两帧报文，服务器端就要重新发送一帧流控帧。可以通过 CanTpSetBlockSize 函数将 BS 参数修改成 0x00，则服务器端不再发送流控帧。CanTpSetSTmin 函数可以修改流控帧的 STmin 参数，如图 7-59 所示。

图 7-59　修改流控帧参数

6. 传输层时间参数

多帧传输由一系列的定时器参数组成，以保证数据按时完成传输，若超时未能传输，则会报给 TP 层相关错误，时间参数函数如表 7-8 所示。

表 7-8　时间参数函数

函数	描述
CanTpGetTimeBr	获取 TP 层 Br 参数数值（单位为毫秒）
CanTpGetTimeCs	获取 TP 层 Cs 参数数值（单位为毫秒）
CanTpGetTimeoutAr	获取 TP 层 Ar 参数数值（单位为毫秒）
CanTpGetTimeoutAs	获取 TP 层 As 参数数值（单位为毫秒）
CanTpGetTimeoutBs	获取 TP 层 Bs 参数数值（单位为毫秒）
CanTpGetTimeoutCr	获取 TP 层 Cr 参数数值（单位为毫秒）
CanTpSetTimeBr	设置 TP 层 Br 参数数值（单位为毫秒）

续表

函数	描述
CanTpSetTimeCs	设置 TP 层 Cs 参数数值（单位为毫秒）
CanTpSetTimeoutAr	设置 TP 层 Ar 参数数值（单位为毫秒）
CanTpSetTimeoutAs	设置 TP 层 As 参数数值（单位为毫秒）
CanTpSetTimeoutBs	设置 TP 层 Bs 参数数值（单位为毫秒）
CanTpSetTimeoutCr	设置 TP 层 Cr 参数数值（单位为毫秒）

测试代码如下。

```
on key 'e'
{
    write( "Ar_ms value = %d", CanTpGetTimeoutAr(dbHandle));
    write( "As_ms value = %d", CanTpGetTimeoutAs(dbHandle));
    write( "Br_ms value = %d", CanTpGetTimeBr(dbHandle));
    write( "Bs_ms value = %d", CanTpGetTimeoutBs(dbHandle));
    write( "Br_ms value = %d", CanTpGetTimeBr(dbHandle));
    write( "Cr_ms value = %d", CanTpGetTimeoutCr(dbHandle));
}
//测试结果：
Program / Model     Ar_ms value = 1000
Program / Model     As_ms value = 1000
Program / Model     Br_ms value = 900
Program / Model     Bs_ms value = 1000
Program / Model     Br_ms value = 900
Program / Model     Cr_ms value = 1000
```

7.10　诊断协议自动化软件

DiVa（Diagnostic Integration and Validation Assistant）是德国 Vector 公司开发的用于诊断协议的自动化测试软件。

DiVa 拓展了 CANoe 的测试功能，功能强大，支持 CAN、LIN、FlexRay、Ethernet 等多种汽车总线协议，且使用简单，根据导入的 CDD 或 ODX 文件进行简单配置即可生成自动且全面的测试用例，然后在 CANoe 中导入用例执行测试即可生成清晰而简明的测试报告。

DiVa 软件需要单独安装，且需要额外的许可证授权才可使用，读者可通过帮助文档进一步了解 DiVa 软件教程的使用，本书不做深入讨论。

第 8 章　CAN 通信

8.1　交互层模型库

8.1.1　标准模型库

CANoe 软件通过内置的模型库进一步拓展了 CANoe 的功能，每个模型库是由一系列函数组成的，被封装成一个 DLL 文件，用户可以在 CANoe 软件中或者 CAPL 程序中直接调用这些 DLL 文件，从而实现特定的功能。

不同的总线类型、不同的协议层上有不同的模型库，常用的标准模型库如表 8-1 所示，比如，在数据库文件是 DBC 格式的 CAN 总线工程中，用户可以使用 CANoe IL 模型库，在 AUTOSAR 格式的 CAN 总线工程中，用户可以使用 AUTOSAR PDU IL 模型库。

Vector 公司还和不同的 OEM 厂商合作，定制开发了一些模型库，比如戴姆勒公司的 Daihatsu IL 库、宝马公司的 BMW IL 库等。

CANoe IL 模型库的 DLL 文件是 CANoeILNLVector.dll，OSEK TP 模型库的 DLL 文件是 osek_tp.dll。这些 DLL 文件一般在 CANoe 软件的安装目录下，如 C:\Program Files\Vector CANoe 16\Exec32。

表 8-1　常用的标准模型库

总线类型	标准模型库			
	交互层 （Interaction Layer，IL）	网络管理 （Network Managemen，NM）	传输层 （Transport Protocol，TP）	诊断层 （Diagnostic Protocol，DP）
CAN	CANoe IL AUTOSAR PDU IL	OSEK NM AUTOSAR NM	OSEK TP	—
FlexRay	AUTOSAR PDU IL	AUTOSAR NM	AUTOSAR FR TP	—
Ethernet	Some IP IL AUTOSAR PDU IL	AUTOSAR UDP NM	—	DoIP

下面以 CAN 总线交互层（Interaction Layer）的模型库 CANoe IL 为例，讲解如何使用模型库，如图 8-1 所示。DBC 文件中定义的报文和信号在发送到总线（CAN Bus）之前要经过交互层，用户通过 CAPL 程序内对报文和信号的读写操作也要经过交互层，所以用户可以在交互层通过 CANoe IL 模型库实时监测总线上的数据流量、信号变化，也可以根据需要控制报文是否发送，修改信号数值，设置报文发送周期等。

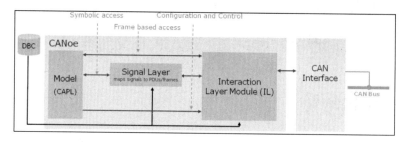

图 8-1　交互层模型

如图 8-2 所示，将 DBC 文件中节点的【NodeLayerModules】属性设置为 CANoeILNLVector.dll，【ILUsed】属性选择 Yes。配置完成后，在节点配置的【Components】页面可以看到自动加载了 CANoeILNLVector.dll 文件，如图 8-3 所示。用户就可以在网络节点的 CAPL 程序中使用 CANoeILNLVector.dll 文件中的相关函数了。

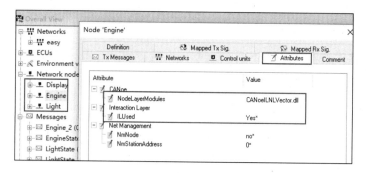

图 8-2　DBC 文件配置 NodeLayerModules 属性

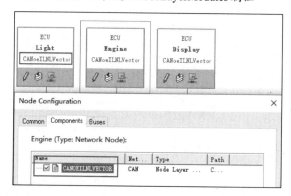

图 8-3　节点配置 CANoeILNLVector.dll

8.1.2　IL 层控制函数

CANoeILNLVector.dll 集合了丰富的函数，包括控制、故障注入、报文处理、信号处理等函数，表 8-2 列出了比较常用的 IL 层控制函数。

【说明】：网络节点函数，即只能在网络节点的 CAPL 程序中使用的函数，测试模块函数，即只能在测试模块节点的 CAPL 程序中使用的函数。

表 8-2　IL 层控制函数

网络节点函数	测试模块函数	描述
ILControlInit	——	初始化 IL 层，只能在 on preStart 中调用该函数，在调用后，周期报文发送停止，信号不可设置
ILControlStart	ILNodeControlStart	报文开始周期发送，可设置信号值
ILControlStop	ILNodeControlStop	报文停止周期发送，不可设置信号值
ILControlWait	ILNodeControlWait	报文停止周期发送，可设置信号值
ILControlResume	ILNodeControlResume	重新开始周期发送报文

1. 示例（1）

在 Engine 节点加载一个 Engine.can 文件，代码如下。

```
/*@!Encoding:936*/

on preStart
{
  ILControlInit();
  writeLineEx(-3,0,"初始化 IL 层，默认节点不发送报文");
}


on key 'a'
{
  ILControlStart();
  writeLineEx(-3,0,"按下'a',开始发送报文");
}


on key 'b'
{
  ILControlStop();
  writeLineEx(-3,0,"按下'b',停止发送报文");
}
```

在启动测量后，Engine 节点没有报文发出，按下按键 "a" 后，Engine 节点开始发送报文，按下按键 "b" 后，Engine 节点停止发送报文，测试结果如图 8-4 所示。

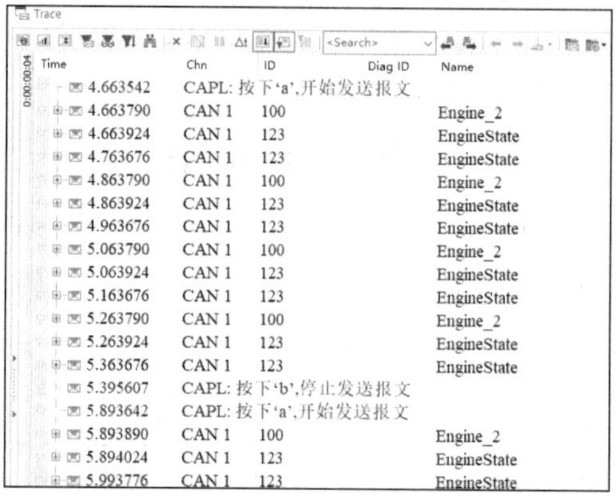

图 8-4　IL 层网络节点的控制函数测试结果

2. 示例（2）

下面创建一个测试模块节点，并加载一个 TestModule.can 文件，代码如下。

```
/*@!Encoding:936*/
void MainTest ()
{
 writeLineEx(-3,0,"ILNodeControlStop:关闭 Light 节点仿真，不发送报文");
 ILNodeControlStop("Light");
 testWaitForTimeout(200);

 writeLineEx(-3,0,"ILNodeControlStart :开启 Light 节点仿真，发送报文");
 ILNodeControlStart("Light");
 testWaitForTimeout(200);
}
```

在启动测量后，执行测试模块，测试结果如图 8-5 所示。

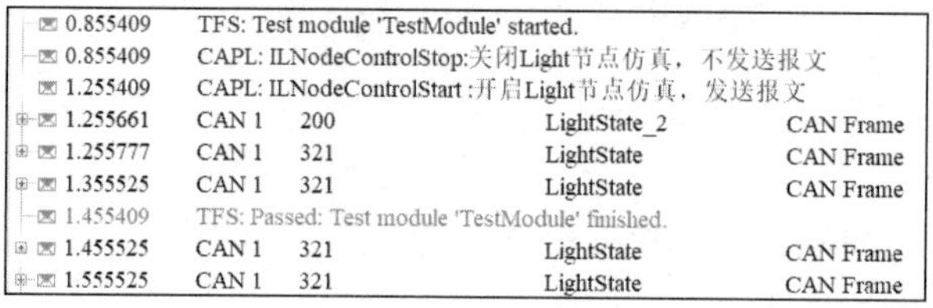

图 8-5　IL 层测试模块节点的控制函数测试结果

3. 示例（3）

在如图 8-6 所示的示例代码中，通过系统变量来控制网络节点仿真的开启和关闭。

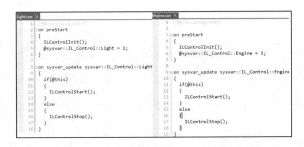

图 8-6　系统变量控制仿真节点的开启和关闭

创建一个 Panel 面板（IL_Control.vxp），该 Panel 面板上列出总线中的所有仿真的网络节点，用户可以通过 Panel 面板来控制节点仿真的开启和关闭，如图 8-7 所示。

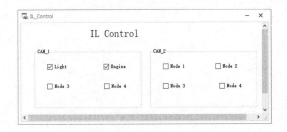

图 8-7　Panel 面板控制仿真节点的开启和关闭

8.1.3　IL 层故障注入

表 8-3 列出了常用的交互层故障注入函数。

表 8-3　IL 层故障注入函数

网络节点函数	测试模块函数	描述
ILFaultInjectionDisableMsg	TestDisableMsg	禁止发送报文
ILFaultInjectionEnableMsg	TestEnableMsg	开始发送报文
ILFaultInjectionResetMsgCycleTime	TestResetMsgCycleTime	重置报文周期为 DBC 中的定义值
ILFaultInjectionResetMsgDlc	TestResetMsgDlc	重置报文 DLC 为 DBC 中的定义值
ILFaultInjectionSetMsgCycleTime	TestSetMsgCycleTime	设置报文周期
ILFaultInjectionSetMsgDlc	TestSetMsgDlc	设置报文 DLC
ILFaultInjectionResetAllFaultInjections	TestResetAllFaultInjections	重置所有故障注入设置

下面通过 3 个示例讲解在网络节点的 CAPL 程序中，故障注入函数的使用。

1. 禁止/开始发送报文

在下面的示例代码中，使用 ILFaultInjectionDisableMsg 函数、ILFaultInjectionEnableMsg 函数禁用/开始发送报文。

下面的示例代码通过两种方式传入报文参数。

（1）通过 lookupMessage 函数查询数据库的方式，该方法可用在测试开始前报文名称未知的测试场景，可以提高代码的复用性。

（2）直接使用 CANoe 工程环境中加载的数据库报文，如果该报文不存在，则编译阶段报错。

```
on key 'b'
{
  writeLineEx(-3,0,"禁止发送报文 EngineState ");
  //ILFaultInjectionDisableMsg(lookupMessage("EngineState"));    //方式1
  ILFaultInjectionDisableMsg(EngineState);                       //方式2
}

on key 'c'
{
  writeLineEx(-3,0,"开始发送报文 EngineState");
  //ILFaultInjectionEnableMsg(lookupMessage("EngineState"));      //方式1
  ILFaultInjectionEnableMsg(EngineState);                        //方式2
}
```

测试结果如图 8-8 所示。

⊞ ☒ 2.800134	CAN 1	123	EngineState		CAN Frame	Tx	2	00	00
⊞ ☒ 2.900134	CAN 1	123	EngineState		CAN Frame	Tx	2	00	00
☒ 2.990775	CAPL: 禁止发送 EngineState								
☒ 4.365171	CAPL: 开始发送报文 EngineState								
⊞ ☒ 4.400134	CAN 1	123	EngineState		CAN Frame	Tx	2	00	00
⊞ ☒ 4.500134	CAN 1	123	EngineState		CAN Frame	Tx	2	00	00
⊞ ☒ 4.600134	CAN 1	123	EngineState		CAN Frame	Tx	2	00	00
⊞ ☒ 4.700134	CAN 1	123	EngineState		CAN Frame	Tx	2	00	00

图 8-8　报文禁用与启用函数的测试结果

2. 设置报文周期

在下面的示例代码中，通过 ILFaultInjectionSetMsgCycleTime、ILFaultInjectionResetMsgCycleTime 函数设置/重置 CAN 报文 EngineState 的周期。

```
on key 'd'
{
  writeLineEx(-3,0,"设置报文 EngineState 周期为 500 ms  ");
  //ILFaultInjectionSetMsgCycleTime(lookupMessage("EngineState"),500); //方式1
  ILFaultInjectionSetMsgCycleTime(EngineState,500);                    //方式2
}
```

```
on key 'e'
{
  writeLineEx(-3,0,"重置报文 EngineState 周期为 100 ms");
  ILFaultInjectionResetMsgCycleTime(lookupMessage("EngineState"));    //方式 1
  //ILFaultInjectionResetMsgCycleTime(EngineState);                   //方式 2
}
```

测试结果如图 8-9 所示。

⊞ ⊠ 2.100134	CAN 1	123	EngineState	CAN Frame	Tx	2	00	00
⊞ ⊠ 2.200134	CAN 1	123	EngineState	CAN Frame	Tx	2	00	00
⊞ ⊠ 2.300134	CAN 1	123	EngineState	CAN Frame	Tx	2	00	00
⊠ 2.314854	CAPL: 设置报文 EngineState 周期为 500 ms							
⊞ ⊠ 2.400134	CAN 1	123	EngineState	CAN Frame	Tx	2	00	00
⊞ ⊠ 2.900134	CAN 1	123	EngineState	CAN Frame	Tx	2	00	00
⊞ ⊠ 3.400134	CAN 1	123	EngineState	CAN Frame	Tx	2	00	00
⊠ 3.848978	CAPL: 重置报文 EngineState 周期为 100ms							
⊞ ⊠ 3.900134	CAN 1	123	EngineState	CAN Frame	Tx	2	00	00
⊞ ⊠ 4.000134	CAN 1	123	EngineState	CAN Frame	Tx	2	00	00
⊞ ⊠ 4.100134	CAN 1	123	EngineState	CAN Frame	Tx	2	00	00
⊞ ⊠ 4.200134	CAN 1	123	EngineState	CAN Frame	Tx	2	00	00

图 8-9　设置报文周期函数的测试结果

3. 设置报文 DLC

在下面的示例代码中，通过 ILFaultInjectionSetMsgDlc、ILFaultInjectionResetMsgDlc 函数设置/重置报文 EngineState 的 DLC 属性。

【说明】：如果是 CAN 总线，则参数 DLC 的取值范围是 0~8；如果是 CAN-FD 总线，则参数 DLC 的取值范围是 0~15。

```
on key 'f'
{
  writeLineEx(-3,0,"设置报文 EngineState DLC = 8");
  //ILFaultInjectionSetMsgDlc (lookupMessage("EngineState"),8);    //方式 1
  ILFaultInjectionSetMsgDlc (EngineState,8);                       //方式 2
}


on key 'g'
{
  writeLineEx(-3,0,"重置报文 EngineState DLC =2");
  ILFaultInjectionResetMsgDlc (lookupMessage("EngineState"));      //方式 1
  //ILFaultInjectionResetMsgDlc (EngineState);                     //方式 2
}
```

测试结果如图 8-10 所示。

Time		Chn	ID	Name	Event Type	Dir	DLC	Data
⊕ 🖾	1.100134	CAN 1	123	EngineState	CAN Frame	Tx	2	00 00
⊕ 🖾	1.200134	CAN 1	123	EngineState	CAN Frame	Tx	2	00 00
⊕ 🖾	1.300134	CAN 1	123	EngineState	CAN Frame	Tx	2	00 00
⊕ 🖾	1.400134	CAN 1	123	EngineState	CAN Frame	Tx	2	00 00
⟍	1.480531	CAPL: 设置报文 EngineState DLC = 8						
⊕ 🖾	1.500250	CAN 1	123	EngineState	CAN Frame	Tx	8	00 00 00 00 00 00 00 00
⊕ 🖾	1.600250	CAN 1	123	EngineState	CAN Frame	Tx	8	00 00 00 00 00 00 00 00
⊕ 🖾	1.700250	CAN 1	123	EngineState	CAN Frame	Tx	8	00 00 00 00 00 00 00 00
⊕ 🖾	1.800250	CAN 1	123	EngineState	CAN Frame	Tx	8	00 00 00 00 00 00 00 00
⊕ 🖾	1.900250	CAN 1	123	EngineState	CAN Frame	Tx	8	00 00 00 00 00 00 00 00
⊕ 🖾	2.000250	CAN 1	123	EngineState	CAN Frame	Tx	8	00 00 00 00 00 00 00 00
⟍	2.015201	CAPL: 重置报文 EngineState DLC = 2						
⊕ 🖾	2.100134	CAN 1	123	EngineState	CAN Frame	Tx	2	00 00
⊕ 🖾	2.200134	CAN 1	123	EngineState	CAN Frame	Tx	2	00 00

图 8-10　设置报文 DLC 函数的测试结果

8.2　仿真 Counter 信号和 CRC 信号

1. applILTxPending 函数

假设 ECU1 节点和 ECU2 节点之间通过 CAN 总线通信，ECU1 将要发送一帧重要报文给 ECU2，该报文除了包含必要的信号数据外，还包含 Counter 信号和 CRC 信号。ECU2 在接收到这帧数据后，会根据约定的加密算法计算 CRC 信号值和 Counter 信号值，然后与接收到的信号值进行比对。如果比对失败，将会向上上报故障，以此来确保通信过程中的数据安全。

在默认情况下，CANoe 会根据 DBC 中定义的报文的默认值发送仿真报文，仿真报文在被发送到总线之前会经过回调函数 applILTxPending，用户可以在该函数中计算报文的 CRC 信号和 Counter 信号，然后将该报文发送到总线上。

图 8-11 是报文 Engine_2 的信号布局，到 Byte（0）是 CRC 信号，Byte（1）的低 4Bit 是 Counter 信号。

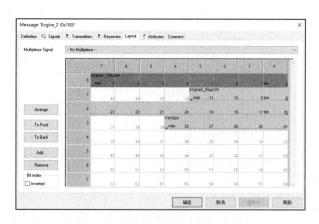

图 8-11　报文 Engine_2 的信号布局

在 Engine.can 文件中加入下面的代码，修改 Engine_2（0x100）报文的 Counter 信号值和 CRC 信号值。

```
dword applILTxPending (long aId, dword aDlc, byte data[])
{
    if(aId == 0x100)//如果是 0x100 报文
    {
        byte payload[64];//存储报文
        int i;
        byte tempCounter;

        tempCounter =  data[1]&0x0F;
        tempCounter = (tempCounter + 1)%16;

        data[1] = (data[1]&0xF0) | tempCounter;

        for(i=1;i <aDlc;i++)
        {
          payload[i - 1] = data[i];
        }

        data[0] = crc8(payload,aDlc 1);
    }
    return 1;
}
//crc8 算法，不同厂家有可能需求不同，不可直接套用
byte crc8(byte data[],long length)
{
  byte t_crc;
  long f,b;
  t_crc = 0xFF;
  for(f=0;f<length;f++)
  {
    t_crc ^= data[f];
    for(b=0;b<8;b++)
    {
        if((t_crc&0x80)!=0)
```

```
        {
            t_crc <<= 1;
            t_crc ^= 0x1D;
        }
        else
            t_crc <<= 1;
    }
}
return ~t_crc;
}
```

测试结果如图 8-12 所示，Counter 的值从 0～15 循环变化，CRC 值也随之变化。

⊞ ☒ 3.000246	CAN 1	100	Engine_2	CAN Frame	Tx	8	89	00	15	02	00
⊟ ☒ 3.200242	CAN 1	100	Engine_2	CAN Frame	Tx	8	D4	01	15	02	00
├ ～ Engine2_MsgCntr			1	1							
├ ～ VehSpd			29.9812 km/h	215							
└ ～ Engine2_Chksum			212	D4							
⊞ ☒ 3.400244	CAN 1	100	Engine_2	CAN Frame	Tx	8	33	02	15	02	00
⊞ ☒ 3.600244	CAN 1	100	Engine_2	CAN Frame	Tx	8	6E	03	15	02	00
⊞ ☒ 3.800248	CAN 1	100	Engine_2	CAN Frame	Tx	8	E0	04	15	02	00
⊞ ☒ 4.000244	CAN 1	100	Engine_2	CAN Frame	Tx	8	BD	05	15	02	00
⊞ ☒ 4.200242	CAN 1	100	Engine_2	CAN Frame	Tx	8	5A	06	15	02	00
⊞ ☒ 4.400246	CAN 1	100	Engine_2	CAN Frame	Tx	8	07	07	15	02	00
⊞ ☒ 4.600242	CAN 1	100	Engine_2	CAN Frame	Tx	8	5B	08	15	02	00
⊞ ☒ 4.800244	CAN 1	100	Engine_2	CAN Frame	Tx	8	06	09	15	02	00
⊞ ☒ 5.000242	CAN 1	100	Engine_2	CAN Frame	Tx	8	E1	0A	15	02	00
⊞ ☒ 5.200242	CAN 1	100	Engine_2	CAN Frame	Tx	8	BC	0B	15	02	00
⊞ ☒ 5.400246	CAN 1	100	Engine_2	CAN Frame	Tx	8	32	0C	15	02	00
⊞ ☒ 5.600242	CAN 1	100	Engine_2	CAN Frame	Tx	8	6F	0D	15	02	00

图 8-12　applILTxPending 函数的测试结果

2. 定时器方法

在无法使用 applILTxPending 函数的情况下，用户也可以通过定时器的方法仿真发送报文，示例代码如下。

```
/*@!Encoding:936*/
variables
{
  msTimer msg_timer;
  byte counter;
  dword Msg_ID;
  byte channel;
}


On key 'A'
```

```
{
  Msg_ID = 0x100;
  channel = 1;
  setTimerCyclic(msg_timer,500);
}

on timer msg_timer
{
  byte i ;
  message * msg;
  byte simMSG[8];

  msg.id = Msg_ID;
  msg.can = channel;
  msg.DataLength = 8;
  msg.FDF = 0;

  counter = (counter + 1)%16;
  simMSG[0] = counter;
  msg.byte(1) = counter;
  msg.byte(0) = crc8(simMSG, 7);
  output(msg);
}
```

禁用仿真节点，按下按键"a"，测试结果如图 8-13 所示。

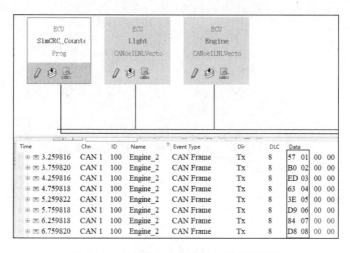

图 8-13　定时器方法仿真报文的测试结果

第 9 章 CANoe 硬件控制

9.1 RS232 功能

RS232 是一种常见的串行通信协议。在 CANoe 软件中用户可以通过 CAPL 内置函数控制支持 RS232 协议的硬件设备，RS232 串口控制函数如表 9-1 所示。

表 9-1 RS232 串口控制函数

函数	简短描述
RS232Close	关闭串口
RS232Open	打开串口
RS232Configure	配置串口
RS232SetHandshake	配置串口握手参数
RS232Send	发送数据
RS232Receive	开启串口数据接收
RS232OnSend	在函数 RS232Send 执行成功后，会调用该回调函数
RS232OnReceive	在调用 RS232Receive 函数后，通过该回调函数接收串口数据
RS232OnError	串口连接或者传输过程中出现错误，调用该回调函数

9.1.1 串口连接

打开计算机的【设备管理器】窗口，展开【端口】选项查看计算机上连接的串口通信设备，如图 9-1 所示，连接设备的端口号为 COM 29。

图 9-1 【设备管理器】窗口

下面是一个连接串口设备的示例代码。

```
/*@!Encoding:936*/
variables
{
  long ComPort = 29;
  long ComBaudrate = 9600;
}
on key 'a'
{
  RS232_Init(ComPort,ComPort,8,1,0);
}
long RS232_Init(dword port, dword baudrate,dword numberOfDataBits, dword
numberOfStopBits, dword parity)
{
  if(rs232Open(port) == 0)
  {
    writeLineEx(0,3,"无法打开串口 %d!",port);
    return 0;
  }
  if(rs232Configure(port, baudrate, 8, 1, 0)==0)
  {
    writeLineEx(0,3,"无法配置串口 %d!",port);
    return 0;
  }
  writeLineEx(0,0,"打开串口 %d 成功!",port);
  return 1;
}
on preStop
{
  RS232Close(ComPort);
  writeLineEx(0,0,"关闭串口成功!");
}
```

9.1.2　串口数据发送

在串口设备连接成功后，可通过 RS232Send 函数将数据发送出去。当数据发送完毕后，回调函数 RS232OnSend 就会被调用。

- dword RS232Send(dword port, byte buffer[], dword number) // 串口发送
- RS232OnSend(dword port, byte buffer[], dword number) // 数据发送成功后的回调函数

下面的示例代码，向程控电源发送"输出"指令，并在 RS232OnSend 回调函数中，将成功发送的数据输出到【Write】窗口。

```
on key 'a'
{
  // 打开电源输出指令
  byte OpenPower[8] = {0x01,0x06,0x00,0x01,0x00,0x01,0x19,0xCA};
  RS232_Init(ComPort, ComBaudrate,8,1,0);
  RS232_SendFrame(ComPort,OpenPower,elcount(OpenPower));
}
long RS232_SendFrame(dword port, byte buffer[], dword number )
{
    if(RS232Send(port, buffer, number ) == 0)
    {
      writeLineEx(0,3,"串口%d不存在或者没打开!",port);
      return 0;
    }
    return 1;
}
RS232OnSend(dword port, byte buffer[], dword number)
{
    char tempStr[200];
    long i;
    snprintf(tempStr, elcount(tempStr),"");
    for(i=0;i<number;i++)
        snprintf(tempStr, elcount(tempStr),"%s%X ",tempStr,buffer[i]);
    writeLineEx(0,0, "串口(%d)发送指令: %s ",port,tempStr);
}
```

测试结果如图 9-2 所示。

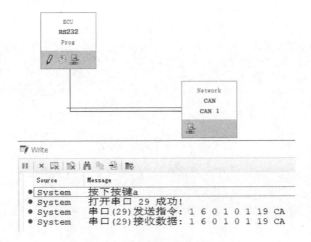

图 9-2　串口数据发送的测试结果

9.1.3　串口数据接收

在串口连接成功后，必须调用一次 RS232Receive 函数开启串口数据接收，在串口的接收缓存中只要有数据就会触发 RS232OnReceive 函数。

- dword RS232Receive(dword port, byte buffer[], dword size)//开启串口接收
- RS232OnReceive(dword port, byte buffer[], dword number)//串口接收回调函数

下面的示例代码，读取程控电源的电压值。

```
/*@!Encoding:936*/
on key 'b'
{
  // 读取电压指令
  byte ReadVlotage[8] = {0x01,0x03,0x00,0x10,0x00,0x01,0x85,0xCF};
  writeLineEx(0,0,"按下按键%c",this);
  RS232_SendFrame(ComPort,ReadVlotage,elcount(ReadVlotage));
}

long RS232_Init(dword port, dword baudrate,dword numberOfDataBits, dword
numberOfStopBits, dword parity)
{
  byte recieveBuffer[255];
  if(rs232Open(port) == 0)
  {
    writeLineEx(0,3,"无法打开串口 %d!",port);
```

```
    return 0;
  }
  if(rs232Configure(port, baudrate, 8, 1, 0)==0)
  {
    rs232Close(port);
    writeLineEx(0,3,"无法配置串口 %d!",port);
    return 0;
  }
  if( RS232Receive(port, recieveBuffer, elcount(recieveBuffer))!= 1)
  {
    writeLineEx(0,3,"串口 %d 接收数据使能失败! ",port);
    return 0;
  }
  writeLineEx(0,0,"打开串口 %d 成功!",port);
  return 1;
}
long RS232_SendFrame(dword port, byte buffer[], dword number )
{
    if(RS232Send(port, buffer, number ) == 0)
    {
      writeLineEx(0,3,"串口%d 不存在或者没打开!",port);
      return 0;
    }
  return 1;
}
RS232OnSend(dword port, byte buffer[], dword number)
{
    char tempStr[200];
    long i;
    snprintf(tempStr, elcount(tempStr),"");
    for(i=0;i<number;i++)
       snprintf(tempStr, elcount(tempStr),"%s%X ",tempStr,buffer[i]);
    writeLineEx(0,0, "串口(%d)发送指令: %s ",port,tempStr);
}
RS232OnReceive(dword port, byte buffer[], dword number)
{
    char tempStr[255];
    long i;
    snprintf(tempStr, elcount(tempStr),"");
```

```
    for(i=0;i<number;i++)
        snprintf(tempStr, elcount(tempStr),"%s%X ",tempStr,buffer[i]);
    writeLineEx(0,0, "串口(%d)接收数据: %s ",port,tempStr);
}
on preStop
{
  RS232Close(ComPort);
  writeLineEx(0,0,"关闭串口成功!");
}
```

测试结果如图 9-3 所示。

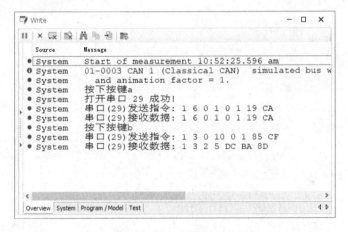

图 9-3　串口数据接收的测试结果

9.1.4　错误回调函数

如果串口在连接、发送、接收过程中报错，则会调用 RS232OnError 回调函数。

● RS232OnError(dword port, dword errorFlags)

参数 errorFlags 不同的 Bit 位置表示不同的报错类型，如表 9-2 所示。

表 9-2　串口报错类型

Bit 位置	报错信息
0	发送数据失败
1	接收数据失败
2	帧错误，可能由奇偶校验不匹配或任何其他帧不匹配引起（例如停止位的数量）
3	帧奇偶校验错误，由奇偶不匹配引起

续表

Bit 位置	报错信息
4	发送器缓冲区溢出，发送缓存区无法快速处理要发送的数据
5	接收器缓冲区溢出，接收缓存区不能够快速处理接收的数据
6	停止状态标识，由串口设备发送的流程控制信息
7	超时，是由设置过短的超时参数造成的，如 RS232SetHandshake 参数

监测串口错误的示例代码如下。

```
RS232OnError(dword port, dword errorFlags)
{
  if (errorFlags & 0x01)
    writeLineEx(0,3,"发送错误");
  if (errorFlags & 0x02)
    writeLineEx(0,3,"接收错误");
}
```

9.1.5 虚拟串口验证

如果读者没有支持 RS232 协议的硬件进行学习验证，则可以通过一些虚拟串口软件（如 Virtual Serial Port Driver）创建一对虚拟串口，如图 9-4 所示。

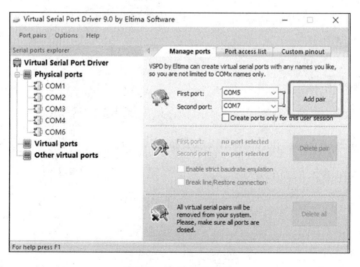

图 9-4 虚拟串口软件

打开 CANoe 内置的 RS232 示例工程，工程参考路径为 C:\Users\Public\Documents\Vector\CANoe\Sample Configurations 16\IO_HIL\RS232。

该工程中有两个 Panel 面板，分别选择对应的虚拟串口，即可测试数据发送和接收，如图 9-5 所示。

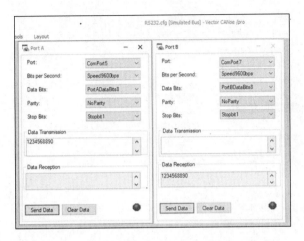

图 9-5　虚拟串口测试

9.2　I/O 功能

Vector 公司的 VN 网络设备接口卡背面会有一个 CH5-IO 接口，如图 9-6 所示。该接口内置了数字输入/输出、模拟输入等功能，可用于电压采集、时间同步、触发继电器、Doip 激活线等。

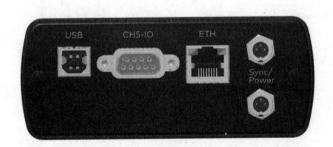

图 9-6　VN 网络设备 I/O 视图

9.2.1　I/O 配置

在 CANoe 软件的【Hardware】菜单下选择【Vector I/O】选项，打开【Vector I/O Configuration】窗口，如图 9-7 所示，添加一个 VN7640 设备的 I/O 配置。

在创建 I/O 配置后，可以看到该设备 I/O 的引脚定义，以"D"开头的引脚定义表示数字端口，以"A"开头的引脚定义表示模拟端口。

【注意】： 不同的网络接口卡 I/O 硬件端口定义可能有差异，详情参考用户手册。

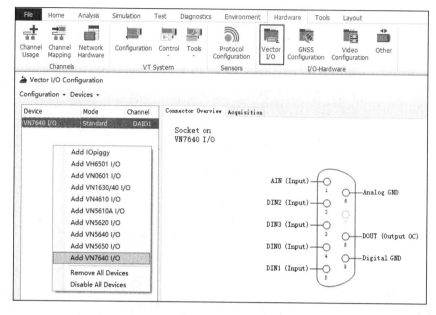

图 9-7　创建 VN7640 设备的 I/O 配置

在创建完 I/O 配置后，CANoe 软件自动生成 I/O 对应的系统变量，如图 9-8 所示。

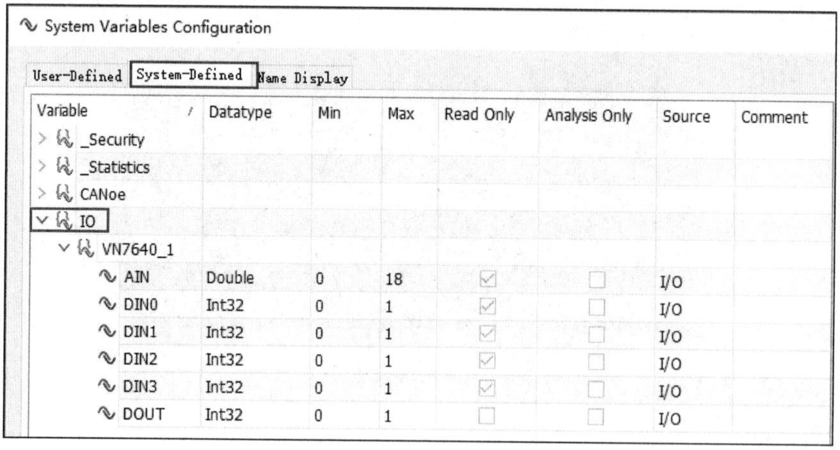

图 9-8　I/O 对应的系统变量

9.2.2　I/O 口的数字输入功能

VN7640 设备的 DIN0（引脚 4）和 DIN1（引脚 5）都是数字输入端口，按照图 9-9 所示进行接线，DIN1 接电源正极，Digital GND（引脚 9）接电源负极。

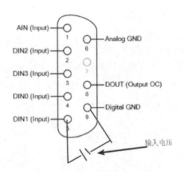

图 9-9　数字输入功能测试

　　DIN1 端口的电路原理图如图 9-10 所示，由一个差分放大器组成，当输入电压大于参考电压（Vref）时，OUT 端输出 1，否则输出 0。

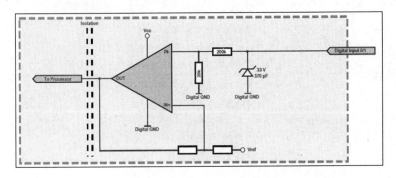

图 9-10　数字输入端口电路原理图

　　将系统变量 Sysvar::IO::VN7640_1::DIN1 添加到【Graphics】窗口，设置电源电压在 0V～5V 范围内变化，可以看到系统变量的值在 0 和 1 之间变化，如图 9-11 所示。

图 9-11　数字输入功能的测试结果

如表 9-3 所示是 VN7640 设备的使用手册中的 I/O 电气参数，不同的 VN 设备，电气参数可能不同，在使用时请参考具体的使用手册。

表 9-3　VN7640 使用手册中的 I/O 电气参数

I/O 类型	电气参数
模拟输入（Analog Input）	输入电压范围：0V～18V，在外接电阻的情况下，最大可达 30V
数字输入（Digital Input）	输入电压范围：0V～32V 输入信号频率最高为 1kHz 输入电压高于 2.8V，采样值为 1，低于 2.3V，采样值为 0
数字输入/输出（Digital Input/Output）	推挽输出模式（Push/Pull mode）：可用于 Doip 激活线 推输出模式（Push-Mode only）：可用于唤醒触发 输出高电平：空载模式下输出电压为 13V 输出高电平：负载为 346 Ω时输出电压为 5.5V 输出低电平：0V 输入电压范围：0V～16V 输入电压大于 3.4V，内部系统变量值为 1 输入电压低于 2.5V，内部系统变量值为 0
数字输出（Digital Output）	开漏输出模式（Open-Drin Output） 外部电路的电压最高为 32V 输出频率高达 1kHz 最大电流为 500mA 具有短路保护功能

9.2.3　I/O 口的模拟输入功能

依据图 9-12 所示进行接线，模拟输入 AIN（引脚 1）接电源正极，模拟 Analog GND（引脚 6）接电源负极。

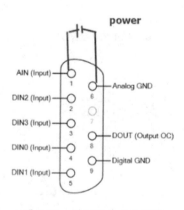

图 9-12　模拟输入功能测试

AIN 端口电路原理图如图 9-13 所示，该引脚内部通过一个差分放大器和 10 位精度的 ADC 芯片将模拟电压转换为数字信号，从而完成对电压的采集。

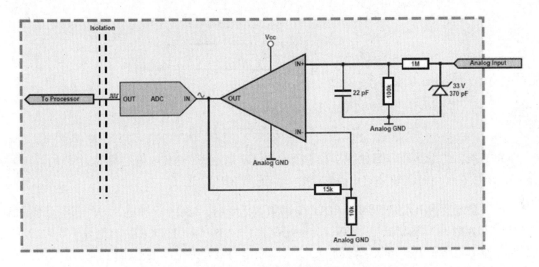

图 9-13　AIN 电路原理图

设置电源输出电压为 6V，在【Graphics】窗口可以看到系统变量 Sysvar::IO::VN7640_1::AIN 的值为 5.984V，如图 9-14 所示。

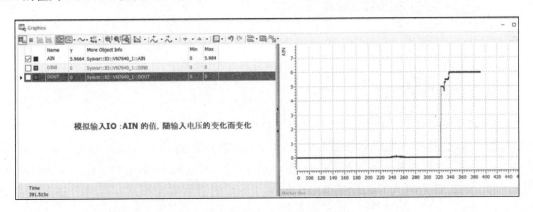

图 9-14　模拟输入功能的测试结果

9.2.4　I/O 口的数字输出功能

依据图 9-15 所示接外部电路，数字输出端口 DOUT（引脚 8）通过电阻接外部电源的正极，数字 Digital GND（引脚 9）接电源负极。

【注意】：根据表 9-3 可知外接电源的电压不能超过 32V，输入的最大电流不能超过 500mA。

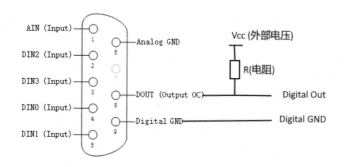

图 9-15　数字输出外围电路连接图

DOUT 端口的电路原理图如图 9-16 所示，该电路是由一个 MOS 管组成的漏极输出（Open Drain），所以在使用时需要外接电源和上拉电阻形成闭环电路。

当设置系统变量 IO::VN7640_1::DOUT 的值等于 1 时，MOS 管导通，与外部电路形成闭合电路，则 DOU 端口输出低电平 0V；当系统变量 IO::VN7640_1::DOUT 的值等于 0 时，MOS 管不通，外部电路属于开路状态，则 DOU 端口输出的是外部电源的电压值。

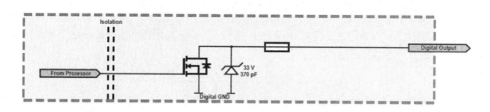

图 9-16　DOUT 端口的电路原理图

9.2.5　I/O 口的模式设置

VN7640 设备 I/O 的 DIN2（引脚 2）和 DIN3（引脚 3）既可以作为数字输入端口，也可以作为数字输出端口。在默认情况下，VN7640 设备的 I/O 配置是 standard（标准模式），DIN2 和 DIN3 端口作为数字输入模式使用，如图 9-17 所示，将【Mode】选项设置为 Custom（用户模式），将 DIN2 设置为 Output(pp)/Activation Line，即推挽输出模式，常用于 Doip 激活线的电压。

DIN2 的电路原理图如图 9-18 所示，该电路是由两个 MOS 管组成的推挽输出电路（Push-Pull Output），推挽输出电路相比于开漏输出电路，不需要外接电路也有输出推动能力。当系统变量 sysvar::IO::VN7640_1::DIN2 的值等于 1 时，图 9-18 中上面的 MOS 管导通，下面的 MOS 管闭合，内部电压 Vcc 与 GND_ISO 形成闭合电路，DIN2 端口输出电压为高电平 13V；当系统变量 sysvar::IO::VN7640_1::DIN2 的值等于 0 时，上面的 MOS 管闭合，下面的 MOS 管导通，DIN2 端口输出低电压 0V。

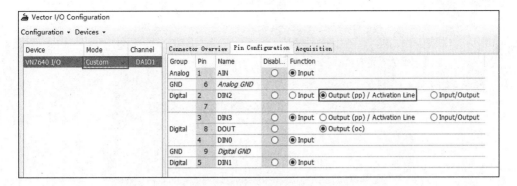

图 9-17　设置 I/O 模式为 Custom

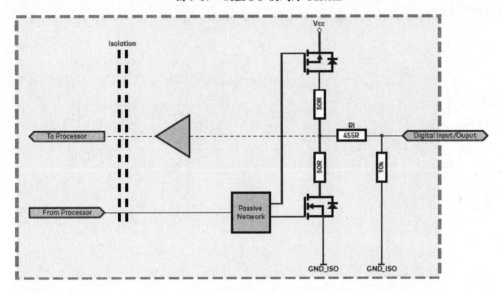

图 9-18　DIN2 的电路原理图

9.3　PicoScope 示波器

PicoScope 是英国比克科技（Pico Technology）公司研发生产的一款高精度、高性能的示波器，图 9-19 所示为 6403E-034 型号示波器。

CANoe 软件嵌入了 Scope 功能模块，用户可以通过【Scope】窗口或者 CAPL 内置函数方便地控制 PicoScope 示波器。

【说明】：Scope 模块属于 CANoe 软件的拓展功能，需要额外取得许可授权才可以使用。

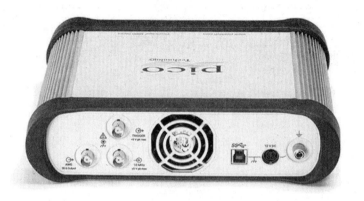

图 9-19　6403E-034 型号示波器

9.3.1　PicoScope 选型

用户可参考帮助文档，查看不同型号的 PicoScope 示波器适用的 CANoe 软件版本，如图 9-20 所示。

【说明】：本节示例采用的是 6403E-034 型号示波器和 CANoe 16.2 版本。

Scope » Supported Scope Devices

Supported Hardware

Device	Number of Scope Channels	Number of Bus Channels	Minimum Sampling Interval	Maximum Sampling Rate	Max. Supported Buffer Size per Channel	Min. CANoe Version
6403E-034	4 + ext. Trigger 16 MSO-channels	2×CAN or 2×FlexRay or 4×LIN or 4×I/O	400 ps (for 1×CAN/FlexRay) 200ps (1xI/O)	200 ms capture time at 5GS /s	1 GS	15
6824E-034	8 + ext. Trigger 16 MSO-channels	4×CAN or 4×FlexRay or 8×LIN or 8×I/O	400 ps (for 1×CAN/FlexRay) 200ps (1xI/O)	800 ms capture time at 5GS /s	4 GS	15
5444D-034	4 + ext. Trigger	2×CAN or 2×FlexRay or 4×LIN or 4×I/O	4 ns (for 1×CAN/FlexRay)	500 MS/s	256 MS	11.0 SP3

图 9-20　CANoe 软件版本和 PicoScope 示波器型号匹配

9.3.2　PicoScope 示波器驱动安装

通过 Pico 官网下载 PicoScope 示波器的图像软件，如图 9-21 所示，在安装软件的同时也安装了驱动，用户可以不用打开该软件。

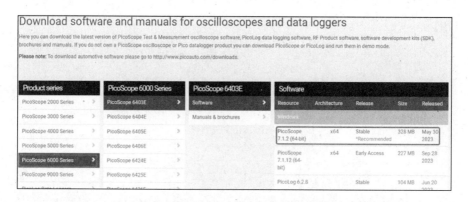

图 9-21　PicoScope 示波器驱动下载

9.3.3　硬件连接

PicoScope 示波器一般和网络设备接口卡（如 VN1630/VH6501 等）一起使用，在测试 CAN 网络时，需要将 A/B 通道或者 C/D 通道分别连接到 CANH/CANL 上，如图 9-22 所示。

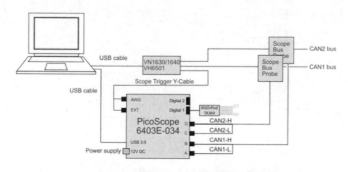

图 9-22　PicoScope 示波器硬件连接图

9.3.4　Scope 窗口

通过【Analysis】菜单打开【Scope】窗口，如图 9-23 所示，单击【New scope】选项，选择对应的 PicoScope 示波器型号，新建一个 Scope 配置。

在新建的 Scope 配置上单击鼠标右键，在弹出的快捷菜单中选择【Configuration】选项，打开【Scope Hardware Configuration】窗口，单击【Device type】选项，选择连接的 PicoScope 型号，【Analog channels】选项的 CAN_H 和 CAN_L 要和实际连接的硬件通道保持一致，如图 9-24 所示。

在新建的 Scope 配置上单击鼠标右键，在弹出的快捷菜单中选择【Add trigger condition】选项，在弹出的列表中有 4 种触发示波器开始测量的方式：CAN Frame、CAN Any Error Type、I/O Trigger、Digital Trigger，如图 9-25 所示。

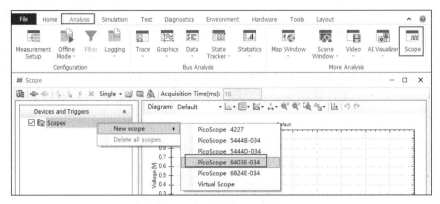

图 9-23　创建 Scope 配置

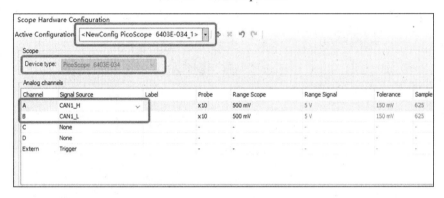

图 9-24　配置 Scope 通道

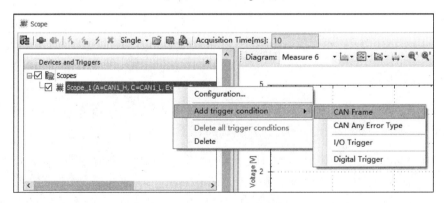

图 9-25　设置示波器触发条件

　　选择【CAN Frame】的触发方式，在打开的【Trigger Condition Configuration】对话框中，选择触发的报文 ID 数值和 ID 数值范围，如图 9-26 所示。

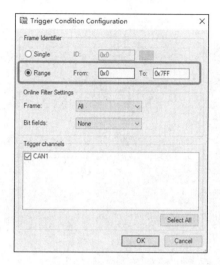

图 9-26　配置 CAN 报文触发条件

9.3.5　Scope 工具栏

【Scope】窗口中工具栏的图标及功能描述如表 9-4 所示。

表 9-4　【Scope】窗口中工具栏功能

图标及功能	功能描述
	Connect Scope Hardware：连接 Scope 硬件
	Dis Connect Scope Hardware：断开 Scope 硬件连接
	Activate Trigger：激活触发，但是必须已经设置了触发条件
	Deactivate Trigger：停止触发
	Trigger Now：立即触发 Scope，可以不设置触发条件
	Abort Capture：中止正在运行的 Scope 硬件操作
[Single | Repeat]	设置 Scope 触发模式：单次触发和重复触发
	Import：导入 logging 文件
	Configuration：打开 Scope 配置对话框
	Togle Compare Mode：激活对比模式

在测量运行状态时，先单击 图标连接 Scope 硬件，再单击 图标即可抓取到报文波形，如图 9-27 所示。

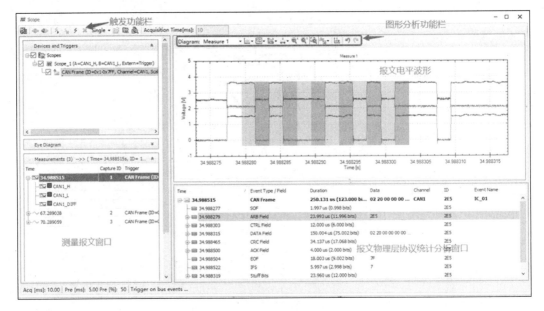

图 9-27 【Scope】窗口采集到的报文波形

9.3.6　Scope 相关函数

（1）连接与断开。

在 CAPL 程序中，scopeConnect 函数连接示波器，scopeDisconnect 函数断开示波器，testWaitForScopeEvent 函数检测连接/断开示波器是否成功。

下面示例代码中的 Scope_Connect 和 Scope_Connect 是二次封装的函数，方便在测试报告中打印函数的执行结果。

```
long Scope_Connect()
{
  long res;
  res = scopeConnect();
  if(res < 0 || res > 2)
  {
    testStepFail("","连接示波器失败，错误码 =%d! ", res);
    return 0;
  }
  else if(res == 1)
  {
    if(testWaitForScopeEvent(eScopeConnected, 8000) != 1)
    {
      testStepFail("","没有收到连接示波器的事件! ");
```

```
      return 0;
    }
  }
  testStepPass("","连接示波器成功！");
  return 1;
}

long Scope_Disconnect()
{
  long res;
  res = scopeDisconnect();
  if(res <= 0 || res > 2)
  {
    testStepFail("","断开示波器失败，错误码 =%d！", res);
    return 0;
  }
  else if(res == 1)
  {
    if(testWaitForScopeEvent(eScopeDisconnected, 8000) != 1)
    {
      testStepFail("","没有收到断开示波器的事件！");
      return 0;
    }
  }
  testStepPass("","断开示波器成功！");
  return 1;
}
```

（2）激活与取消激活触发条件。

在 CAPL 程序中，scopeActivateTrigger 函数激活示波器，scopeDeactivateTrigger 函数取消激活示波器，testWaitForScopeEvent 函数检测激活/取消激活示波器是否成功。

下面示例代码中的 Scope_ActivateTrigger 和 Scope_DeactivateTrigger 是二次封装的函数，方便在测试报告中打印函数的执行结果。

【注意】只有在【Scope】窗口中设置的触发条件满足时，示波器才会开始捕获波形。

```
long Scope_ActivateTrigger()
{
  long res;
  res = scopeActivateTrigger();
  if(res <= 0 || res > 2)
```

```
    {
        testStepFail("","激活示波器失败，错误码 =%d! ", res);
        return 0;
    }
    else if (res == 1)
    {
        if (testWaitForScopeEvent(eScopeTriggerActivated, 8000) != 1)
        {
            testStepFail("","没有收到激活示波器的事件! ");
            return 0;
        }
    }
    testStepPass("","激活示波器成功! );
    return 1;
}


long Scope_DeactivateTrigger()
{
    long res;
    res = scopeDeactivateTrigger();
    if (res <= 0 || res > 2)
    {
        testStepFail("","取消激活示波器失败，错误码 =%d! ", res);
        return 0;
    }
    else if (res == 1)
    {
        if (testWaitForScopeEvent(eScopeTriggerDeactivated, 8000) != 1)
        {
            testStepFail("","没有收到取消激活示波器的事件! ");
            return 0;
        }
    }
    testStepPass("","取消激活示波器成功! );
    return 1;
}
```

如图 9-28 所示，只有检测到报文 ID 等于 0x2E5 时，示波器才开启测量。

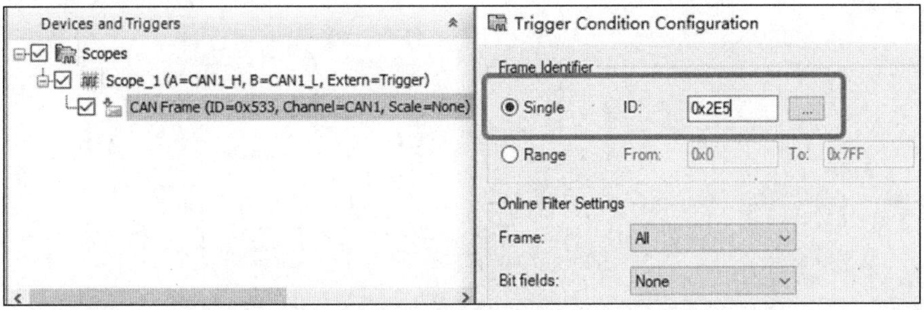

图 9-28　设置 Scope 触发条件

运行下面代码，在【Scope】窗口中，示波器将捕获到时长为 5000ms 的 0x2E5 报文。

```
testcase Scope_Test_1()
{
  Scope_Connect();
  Scope_ActivateTrigger();
  testWaitForTimeout(5000);
  Scope_DeactivateTrigger();
  Scope_Disconnect();
}
```

（3）立即触发。

● long scopeTriggerNow()

自动化测试中的触发条件往往是变化的，而 scopeTriggerNow 函数不需要在【Scope】窗口中设置触发条件，在任何时刻执行 scopeTriggerNow 函数都可以立即捕获到需要的图形，所以 scopeTriggerNow 函数比 scopeActivateTrigger 函数更加常用。

下面的示例代码中封装了一个 Scope_TriggerNow 函数，可以在收到指定的报文时立即触发示波器采集波形。

```
long Scope_TriggerNow(dword messageID,long WaitTime,char busName[])
{
  long res;
  if(strncmp(busName,"",elcount("busName")) != 0)//
    SetBusContext(GetBusNameContext(busName));
  if(testWaitForMessage(messageID,WaitTime) == 1)
  {
```

```
      TestStepPass("","收到报文 0X%X",messageID);
    }
    else
    {
      TestStepFail("","没有收到报文 0X%X",messageID);
      return 0;
    }
    res = scopeTriggerNow();
    if(res != 1)
    {
      testStepFail("","立即触发示波器失败，错误码 =%d! ", res);
      return 0;
    }
    if(testWaitForScopeEvent(eScopeTriggered, 50000) != 1)
    {
      testStepFail("","没有收到立即触发示波器的事件! ");
      return 0;
    }
    testStepPass("","立即触发示波器成功! ");
    return 1;
}

testcase Scope_Test_2()
{
  Scope_Connect();
  Scope_TriggerNow(0x2E5,1000,"");
  Scope_Disconnect();
}
```

（4）波形显示调整。

在【Scope】窗口中，捕捉到的波形默认显示样式如图 9-29 所示，即集中在一条线上，需要用户手动调整才能看到细节。

在 CAPL 程序中触发示波器采集波形后，通过 testWaitForScopeFitData 函数将需要的报文段（比如数据段、仲裁段等）展现到【Scope】窗口中。

【说明】：下面的代码是将 CAN 报文的仲裁段数据显示在【Scope】窗口中，更多的 Scope 操作示例请参考 CANoe 内置工程 C:\Users\Public\Documents\Vector\CANoe\Sample Configurations 16\CAN\Scope\BitMaskAnalysisCAN。

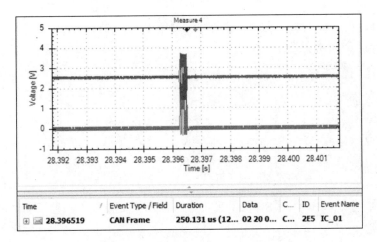

图 9-29　捕捉到的波形默认显示样式

```
long Scope_TriggerNow_FitData(dword messageID,long WaitTime,char
busName[])
{
    long res;
    message  * targetMsg;
    if(strncmp(busName,"",elcount("busName")) != 0)
        SetBusContext(GetBusNameContext(busName));
    if(testWaitForMessage(messageID,WaitTime) == 1)
    {
      TestStepPass("","收到报文 0X%X",messageID);
    }
    else
    {
      TestStepFail("","没有收到报文 0X%X",messageID);
      return 0;
    }
    TestGetWaitEventMsgData(targetMsg);
    res = scopeTriggerNow();
    if(res != 1)
    {
        testStepFail("","立即触发示波器失败，错误码 =%d! ", res);
        return 0;
    }
    if(testWaitForScopeEvent(eScopeTriggered, 50000) != 1)
    {
```

```
    testStepFail("","没有收到立即触发示波器的事件！");
    return 0;
  }
  testStepPass("","立即触发示波器成功！");
  testWaitForScopeFitData(targetMsg,
eCAPLScopeDataField_CAN_Arbitration_Identifier,
eCAPLScopeDataField_CAN_Arbitration_Identifier);
  return 1;
}
```

测试结果如图 9-30 所示，【Scope】窗口中只显示报文仲裁段，且报文仲裁段居中显示。

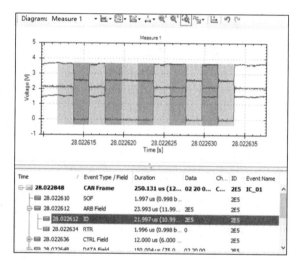

图 9-30　报文仲裁段居中显示

（5）截图保存。

用户可以在 CAPL 程序中通过 testReportAddWindowCapture 函数将采集的波形图插入测试报告中，波形图的源文件被保存在测试报告的同级目录下，示例代码如下。

```
testcase Scope_Test_3()
{
  Scope_Connect();
  Scope_TriggerNow_FitData(0x2E5,1000,"");
  testReportAddWindowCapture("Scope","","Screenshot of CAN message");
  Scope_Disconnect();
}
```

测试报告中显示的 Scope 截图如图 9-31 所示。

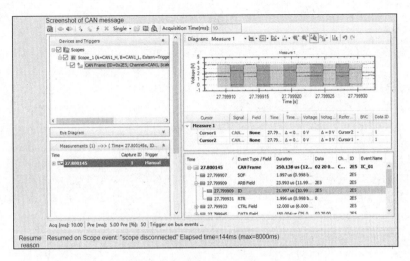

图 9-31　测试报告中的 Scope 截图

（6）分析测量。

CANoe 集成了大量的 Scope 测量分析函数，可以用于测试总线的信号电平电压、信号电平的时长、信号电平的上升沿/下降沿等。

下面通过 testWaitScopeGetMessageBits 函数获取报文每个 Bit（位）的类型、信号电平电压、时间长度等。

在 Scope_TriggerNow_FitData 函数的 testWaitForScopeFitData 代码下加上下面封装的 Scope_testWaitScopeGetMessageBits 函数，然后执行测试用例 Scope_Test_3()。

```
void Scope_testWaitScopeGetMessageBits(message * msg,long channel)
{
  dword arraySize = 200;
  long res;
  long evtNo;
  ScopeBitData data1[200];
  ScopeBitData data2[200];
  ScopeBitData data3[200];
  ScopeAnalysisSetup setupAnalyse;
  CANSettings Set;
  canGetConfiguration(channel, Set);
  setupAnalyse.samplePoint=(Set.tseg1+1.0)*100.0/(Set.tseg1+Set.tseg2+1.0);
```

```
res = testWaitScopeGetMessageBits(msg, setupAnalyse, arraySize, data1, data2,
data3);

if(res > 0 || res == -105)
{
  int i;
  for(i = 0; i < arraySize;++i)
  {
    testStep("","CANH: StarTime%.6f s, Type: %d, TypeExt: %d, BitLength: %d,
Voltage: %.6f, BitValue: %d", data1[i].StartTime /1000000000., data1[i].type,
data1[i].typeEx, data1[i].bitLength,
data1[i].signalVoltage,data1[i].bitValue);
    testStep("","CANL: StarTime%.6f s, Type: %d, TypeExt: %d, BitLength: %d,
Voltage: %.6f, BitValue: %d", data2[i].StartTime /1000000000., data2[i].type,
data2[i].typeEx, data2[i].bitLength,
data2[i].signalVoltage,data2[i].bitValue);
    testStep("","CANDiff: StarTime%.6f s, Type: %d, TypeExt: %d, BitLength: %d,
Voltage: %.6f, BitValue: %d", data3[i].StartTime /1000000000., data3[i].type,
data3[i].typeEx, data3[i].bitLength,
data3[i].signalVoltage,data3[i].bitValue);
    if(i > 5) //write only first 5 results
    break;
  }
 }
}
```

测试报告中打印的结果如图 9-32 所示。

```
CANH: StarTime28.611251 s, Type: 100, TypeExt: 0, BitLength: 1997, Voltage: 3.622000, BitValue: 0
CANL: StarTime28.611251 s, Type: 100, TypeExt: 0, BitLength: 1997, Voltage: 1.496000, BitValue: 0
CANDiff: StarTime28.611251 s, Type: 100, TypeExt: 0, BitLength: 1997, Voltage: 2.126000, BitValue: 0
CANH: StarTime28.611253 s, Type: 101, TypeExt: 0, BitLength: 2003, Voltage: 3.622000, BitValue: 0
CANL: StarTime28.611253 s, Type: 101, TypeExt: 0, BitLength: 2003, Voltage: 1.456000, BitValue: 0
CANDiff: StarTime28.611253 s, Type: 101, TypeExt: 0, BitLength: 2003, Voltage: 2.166000, BitValue: 0
CANH: StarTime28.611255 s, Type: 101, TypeExt: 0, BitLength: 1997, Voltage: 2.559000, BitValue: 1
CANL: StarTime28.611255 s, Type: 101, TypeExt: 0, BitLength: 1997, Voltage: 2.559000, BitValue: 1
CANDiff: StarTime28.611255 s, Type: 101, TypeExt: 0, BitLength: 1997, Voltage: 0.000000, BitValue: 1
CANH: StarTime28.611257 s, Type: 101, TypeExt: 0, BitLength: 2003, Voltage: 3.582000, BitValue: 0
CANL: StarTime28.611257 s, Type: 101, TypeExt: 0, BitLength: 2003, Voltage: 1.496000, BitValue: 0
CANDiff: StarTime28.611257 s, Type: 101, TypeExt: 0, BitLength: 2003, Voltage: 2.086000, BitValue: 0
CANH: StarTime28.611259 s, Type: 101, TypeExt: 0, BitLength: 1997, Voltage: 2.559000, BitValue: 1
CANL: StarTime28.611259 s, Type: 101, TypeExt: 0, BitLength: 1997, Voltage: 2.598000, BitValue: 1
CANDiff: StarTime28.611259 s, Type: 101, TypeExt: 0, BitLength: 1997, Voltage: -0.039000, BitValue: 1
CANH: StarTime28.611261 s, Type: 101, TypeExt: 0, BitLength: 2003, Voltage: 2.559000, BitValue: 1
CANL: StarTime28.611261 s, Type: 101, TypeExt: 0, BitLength: 2003, Voltage: 2.598000, BitValue: 1
CANDiff: StarTime28.611261 s, Type: 101, TypeExt: 0, BitLength: 2003, Voltage: -0.039000, BitValue: 1
CANH: StarTime28.611263 s, Type: 101, TypeExt: 0, BitLength: 1997, Voltage: 2.559000, BitValue: 1
CANL: StarTime28.611263 s, Type: 101, TypeExt: 0, BitLength: 1997, Voltage: 2.559000, BitValue: 1
CANDiff: StarTime28.611263 s, Type: 101, TypeExt: 0, BitLength: 1997, Voltage: 0.000000, BitValue: 1
```

图 9-32　读取的 CAN 报文 Bit（位）的信息

9.3.7　PicoScope 和 VH6501 联合使用

VH6501 是 Vector 公司研发的 CAN/CANFD 总线干扰仪，通过 PicoScope 可以直观地观测到被干扰的位。

（1）硬件连接。

PicoScope、VH6501 和网络接口卡的硬件连接示意图如图 9-33 所示。

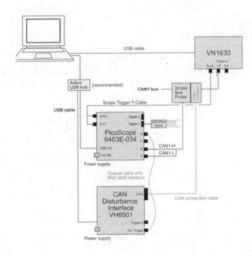

图 9-33　PicoScope、VH6501 和 VN1630 的硬件连接图

（2）示例代码。

下面的示例代码实现干扰 ECU 的 0x2E5 报文的 AckDelimiter 位，正常报文的该位是隐性电平（逻辑值为 1），通过 VH6501 将该位干扰为显性电平（逻辑值为 0）。

```
variables
{
long errframe_flag;
}

on errorFrame
{
  if(errframe_flag == 1)
  {
    scopeTriggerNow();
    errframe_flag = 0;
  }
}
```

```
testcase Scope_Test_4()
{
  Scope_Connect();
  errframe_flag = 1;
  VH6501_CAN_disturbance_Start(0x2E5);
  Testwaitfortimeout(2000);
  //Scope_Disconnect();
}
void VH6501_CAN_disturbance_Start(long TriggerMsgID)
{
  CanDisturbanceFrameTrigger          frameTrigger;
  CanDisturbanceSequence              sequence;
  CanDisturbanceTriggerRepetitions    repetitions;
  CANSettings                         settings;
  message *                           triggerMessage;
  long                                validityMask;
  long  result;
  int   oneBitTick;
  dword flags;
  long  channel = 1;
  long  deviceID = 1;

  triggerMessage.id = TriggerMsgID;
  canGetConfiguration(channel, settings);
  oneBitTick = 1000000000.0/settings.baudrate/6.25;
  sequence.Clear();
  validityMask =0;
  frameTrigger.SetMessage(triggerMessage, deviceID, validityMask);

  frameTrigger.TriggerFieldType
=@sysvar::CanDisturbance::Enums::FieldType::AckSlot;
  frameTrigger.TriggerFieldOffset = 0;
  result = sequence.AppendToSequence(oneBitTick, 'd');

  repetitions.Cycles = 1;
  repetitions.HoldOffCycles = 0;
  repetitions.HoldOffRepetitions =0;
  repetitions.Repetitions = 0;

  canDisturbanceTriggerEnable(deviceID, frameTrigger, sequence, repetitions, 0X20);
}
```

测试结果如图 9-34 所示，由于 VH6501 总对设置的下一位电平起干扰作用，所以如果要干扰报文的 AckDelimiter 位，则要设置 AckDelimiter 的前一个位，即 AckSlot 位。

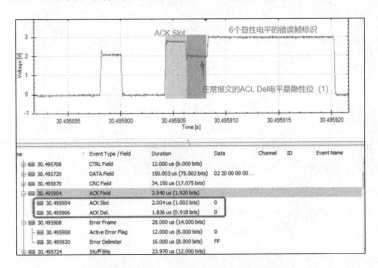

图 9-34　AckDelimiter 位被干扰的波形图

如图 9-35 所示是一个正常报文的波形图，可以与图 9-34 中被干扰的波形对比看一下区别。

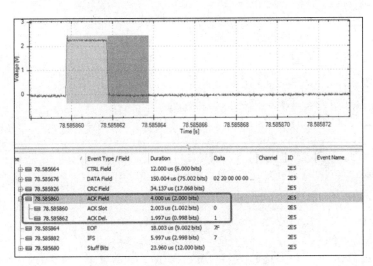

图 9-35　AckDelimiter 位正常的波形图

第 10 章　常用函数库

10.1　时间函数

1. 当前时间

下列函数返回从测量开始到当前的时间，根据精度不同，有如下 4 种格式。

- dword timeNow();　　　//form1，单位为 10 微秒
- float timeNowFloat();　// form2，单位为 10 微秒
- float TimeNowNS();　　// form3，单位为 1 纳秒
- int64 timeNowInt64();　// form4，单位为 1 纳秒

示例代码如下：

```
On key 'a'
{
   //1 秒 = 1000000 微秒，函数的单位是 10 微秒，所以除以 100000 得到 1 秒
   write("time1:%ld 单位 10 微秒 ",timeNow());
   write("time2:%f  单位 1 秒",timeNow()/100000.0);

   write("time3:%f 单位 10 微秒 ",timeNowFloat());
   write("time4:%f 单位 1 秒",timeNowFloat()/100000.0);

   //1 秒 = 1000 000 000 纳秒
   write("time5:%I64d 单位 1 纳秒",timeNowInt64());
   write("time6:%f 单位 1 秒",timeNowInt64()/1000000000.0);

   write("time7:%f 单位 1 纳秒",TimeNowNS());
   write("time8:%f 单位 1 秒",TimeNowNS()/1000000000.0);
}
//测试结果:
Program / Model        time1:131593 单位 10 微秒
Program / Model        time2:1.315930  单位 1 秒
Program / Model        time3:131593.000000 单位 10 微秒
Program / Model        time4:1.315930 单位 1 秒
Program / Model        time5:1315925300 单位 1 纳秒
Program / Model        time6:1.315925 单位 1 秒
Program / Model        time7:1315925300.000000 单位 1 纳秒
Program / Model        time8:1.315925 单位 1 秒
```

2. 将当前时间转换为字符串

下面的函数将数值时间（纳秒）转换为 days:hours:minutes: seconds,microseconds 的字符串格式。

- long TimeToString(int64 timeNS, char buffer[]);

示例代码如下。

```
On key 'c'
{
  char timeString[20];
  TimeToString(timeNowInt64(), timeString);
  Write("当前 CANoe 已经运行的时间：%s", timeString);
}
//测试结果：
Program / Model          当前 CANoe 已经运行的时间: 0:00:00:27.859648
```

3. 获取计算机本地时间数组

下面的函数以数组的形式返回当前计算机系统的日期时间。数组中的每个元素代表一个特定的时间单位，例如秒、分钟、小时、天等。

- void getLocalTime(long time[]);

时间数组元素值如表 10-1 所示。

表 10-1　时间数组元素值

索引	描述
0	Seconds (0 - 59)
1	Minutes (0 - 59)
2	Hours (0 - 23)
3	Day of month (1 - 31)
4	Month (0 - 11)
5	Year (0 - xxx, offset of 1900, e.g. 117 = 2017)
6	Day of week (0 - 6, sunday is 0)
7	Day of Year (0 - 365)
8	Flag for daylight saving time (0 - 1, 1 = daylight saving time)

下面的示例代码基于 getLocalTime 函数生成日志保存路径。

```
On key 'C'
{
  long tm[9];
  char Time[100];
  char logPath[200];
  getLocalTime(tm);
  snprintf(Time,elcount(Time),"%d-%d-%d",tm[5]+1900,tm[4]+1,tm[3]);
  snprintf(logPath,elCount(logPath),"D:\\TraceLogging\\%s\\Trace", Time);
  write("日志保存路径：%s",logPath);
}
//测试结果：
Program / Model      日志保存路径：D:\TraceLogging\2023-12-4\Trace
```

4. 获取计算机本地时间字符串

下面的函数以字符串形式返回当前计算机系统的日期时间。

● void getLocalTimeString(char timeBuffer[]);

获取计算机本地时间的示例代码如下。

```
On key 'b'
{
  char DataTime[64];
  getLocalTimeString(DataTime);
  write("当前计算机日期时间: %s", DataTime);
}
//测试结果：
Program / Model      当前计算机系统日期时间: Tue Aug 22 09:44:53 2023
```

10.2 数学函数

CAPL 内置了常用的数学函数，以支持各种计算和信号处理任务，如表 10-2 所示。

表 10-2 数学函数

函数名	函数语法	简短解释
sin	double sin(double x)	正弦值
cos	double cos(double x)	余弦值

函数名	函数语法	简短解释
arccos	double arccos(double x)	反余弦函数
arcsin	double arcsin(double x)	反正弦函数
arctan	double arctan(double x)	反正切函数
_ceil	float _ceil(float x)	计算一个值的上限，即大于或等于该值的最小整数，如 3.4 的上限整数是 4
_floor	float _floor(float x)	计算一个值的下限，即小于或等于该值的最大整数。如 3.4 的下限整数是 3
_Log	double _log(double x)	计算自然对数
_Log10	double _log10(double x)	计算以 10 为底的对数
_max	long _max(long x, long y) // form 1	返回两个数的最大数
	dword _max(dword x, dword y) // form 2	
	int64 _max(int64 x, int64 y) // form 3	
	qword _max(qword x, qword y) // form 4	
	float _max(float x, float y) // form 5	
_min	long _min(long x, long y) // form 1	返回两个数的最小数
	dword _min(dword x, dword y)// form 2	
	int64 _min(int64 x, int64 y) // form 3	
	qword _min(qword x, qword y) // form 4	
	float _min(float x, float y) // form 5	
_pow	double _pow(double x, double y);	返回 x 的 y 次方。
_round	long _round(double x) // form 1	将输入数四舍五入，取最接近的整数，如 3.4 约等于 3，3.5 约等于 4
	int64 _round64(double x) // from 2	
abs	long abs(long x)	返回绝对值
	double abs(double x)	
exp	double exp(double x)	计算指数函数
random	dword random(dword num)	返回一个随机整数，如 x = random(100)，则 X 的取值范围为[0,99]
sqrt	double sqrt(double x)	计算平方根

部分函数的测试示例如下。

```
On key 'd'
{
    write("_ceil(3.4) = %.0f",_ ceil(3.4));
    write("_floor(3.4) = %.0f",_floor(3.4));
```

```
   write("_round(3.4) = %d",_ round(3.4));
   write("_round(3.5) = %d",_ round(3.5));
   write("random(100) = %d", random(100));
}
//测试结果：
Program / Model       _ceil(3.4) = 4
Program / Model       _floor(3.4) = 3
Program / Model       _round(3.4) = 3
Program / Model       _round(3.5) = 4
Program / Model        random(100) = 68
```

CAPL 语言算法遵循小端格式（Intel），下列函数可以交换整型数据的字节顺序，将小端格式转换为大端格式（Motorola），或者将大端格式转换为小端格式。

- word swapWord(word x);　　// form 1
- int swapInt(int x);　　　　// form 2
- dword swapDWord(dword x); // form 3
- long swapLong(long x);　　// form 4
- int64 swapInt64(int64 x);　// form 5
- qword swapQWord(qword x); // form 6

示例代码如下。

```
On key 'D'
{
  int data_int = 0x2345;
  long  data_long = 0x43fd;
  dword data_dword = 0xda567812;
  write("swapInt(0x%X) -> 0x%X",data_int,swapInt(data_int));
  write("swapLong(0x%X) -> 0x%X",data_long,swapLong(data_long));
  write("swapDWord(0x%X) -> 0x%X",data_dword,swapDWord(data_dword));
}
//测试结果：
Program / Model    swapInt(0x2345) -> 0x4523
Program / Model    swapLong(0x43FD) -> 0xFD430000
Program / Model    swapDWord(0xDA567812) -> 0x127856DA
```

10.3　字符串函数

CAPL 程序中常用的字符串处理函数如表 10-3 所示。

表 10-3　字符串处理函数

函数名	函数语法	描述
_gcvt	void _gcvt(double val, int digits, char s[])	将浮点数转换为字符串
atodbl	double atodbl(char s[])	将字符串转换为双精度数
atol	long atol(char s[])	将字符串转换为 32 位整数
ltoa	void ltoa(long val, char s[], long base)	将 32 位整数转换为字符串
snprintf	long snprintf(char dest[], long len, char format[],...)	将格式化的字符串打印到字符数组
strlen	long strlen(char s[])	获取以字节为单位的字符串长度
strncat	void strncat(char dest[], char src[], long len)	将一个字符串追加到另一个字符串
strncmp	long strncmp(char s1[], char s2[], long len)	比较两个字符串（以字节为单位）
	long strncmp(char s1[], char s2[], long s2offset, long len)	
	long strncmp_off(char s1[], long s1offset, char s2[], long s2offset, long len)	
strncpy	void strncpy(char dest[], char src[], long max)	将一个字符串复制到另一个字符串（以字节为单位）
	void strncpy_off(char dest[], long destOffset, char src[], long max)	
strstr	long strstr(char s1[], char s2[])	在另一个字符串中搜索一个字符串（以字节为单位）
	long strstr_off(char s1[], long offset, char s2[])	
strtod	int strtod(char s[], double& result)	将字符串转换为浮点数
	int strtod(char s[], dword startIndex, double& result)	
strtol	int strtol(char s[], long& result)	将字符串转换为 32 位整数
	int strtol(char s[], dword startIndex, long& result)	
strtoll	int strtoll(char s[], int64& result)	将字符串转换为 64 位整数
	int strtoll(char s[], dword startIndex, int64& result)	
strtoul	int strtoul(char s[], dword& result)	将字符串转换为无符号 32 位整数
	int strtoul(char s[], dword startIndex, dword& result)	
strtoull	int strtoull(char s[], qword& result)	将字符串转换为无符号 64 位整数
	int strtoull(char s[], dword startIndex, qword& result)	
substr_cpy	void substr_cpy(char dest[], char src[], long srcStart, long len, long max)	将子字符串复制到另一个字符串（以字节为单位）
	void substr_cpy_off(char dest[], long destOffset, char src[], long srcStart, long len, long max)	
str_replace	long str_replace(char s[], char searched[], char replacement[])	用另一个字符串替换字符串中出现的所有文本
strstr_regex	long strstr_regex(char s[], char pattern[])	在字符串中搜索正则表达式模式
strstr_regex_off	long strstr_regex_off(char s[], long offset, char pattern[])	
toLower	char toLower(char c)	将字符或字符串转换为小写
	void toLower(char dest[], char source[], dword bufferSize)	
toUpper	char toUpper(char c)	将字符或字符串转换为大写
	void toUpper(char dest[], char source[], dword bufferSize)	

1. 字符串长度：strlen 函数和 elCount 函数

elCount 函数返回数组的定义大小，而 strlen 函数返回字符数组中的字符个数，示例代码如下。

```
On key 'e'
{
  char buffer[100] = "CANalyzer";
  Write("strlen:%d",strlen(buffer));
  Write("elCount:%d",elCount(buffer));
}
//输出结果：
Program / Model          strlen:9
Program / Model          elCount:100
```

2. 将字符串转换为数值

（1）将字符串转换为浮点数：atodbl 函数。

atodbl 函数将字符串转换为双精度数。

● double atodbl(char s[])：输入的字符串参数必须具有以下格式。

　　[Blank space] [Sign] [Digits] [.Digits] [{d | D | e | E}[Sign]Digits]

● Blank space（空白）：可能由空格和制表符组成，但这些字符将被忽略。

● Sign（符号）：是正（+）或者负（−）。

● Digits（数字）：一个或多个十进制数字。

● {d | D | e | E}[Sign]Digits：科学计数法表示的小数部分。

该函数的转换规则如下。

● 在第一个不兼容字符处停止解析。

● 在默认情况下，以十进制转换，如果字符串以 0x 开头，则使用十六进制转换。

● 如果转换失败，则函数返回值为 0。

示例代码如下。

```
On key 'f'
{
  double d;
```

```
  d = atodbl(" -3.7");        // -3.7
  d = atodbl("0x1F");         // 31.0
  d = atodbl("1.3E2");        // 130.0
}
```

（2）将字符串转换为双精度数：strtod 函数。

strtod 函数将字符串转换为双精度数，其输入的字符串参数的格式与 atodb 函数输入的字符串参数的格式一致。

- int strtod(char s[], double& result)　　　　　　　// from 1
- int strtod(char s[], dword startIndex, double& result) // form 2

strtod 函数的转换规则如下。

- 在第一个不兼容字符处停止解析。
- 在默认情况下，以十进制转换，如果字符串以 0x 开头，则使用十六进制转换。
- 如果转换成功，则 result 参数返回转换后的数值，且函数返回转换的第 1 个字符的索引值；如果转换失败，则 result 参数值为 0，且函数返回值为-1 或者-2。
- 该函数（form 2 格式）可以通过 startIndex 参数从指定位置开始转换字符。

示例代码如下。

```
On key 'F'
{
  char s[20] = "-1.23 2.4E3";
  double number1, number2;
  int res;
  res = strtod(s, number1);
  write("number1: %g, res: %d", number1, res); //output: number1: -1.23, res: 5
  res = strtod(s, res, number2);
  write("number2: %g, res: %d", number2, res); //output: number2: 2400, res: 11
}
```

（3）将字符串转换为 long 整型：atol 函数。

atol 函数将字符串转换为 long 整型，如果字符串以 "0x" 开始，则使用十六进制转换,该函数忽略输入字符串前面的空白字符，如果转换失败，则函数返回值为 0。

- long atol(char s[])

示例代码如下。

```
On key 'g'
{
  long z1, z2;
  z1 = atol("200"); //z1 = 200
  z2 = atol("0xFF"); //z2 = 255
}
```

（4）将字符串转换为整型：strtol、strtoll、strtoul 和 strtoull 函数

strtol、strtoll、strtoul 和 strtoull 函数可分别将输入字符串转换为有符号 32 位整数、有符号 64 位整数、无符号 32 位整数、无符号 64 位整数。以 strtol 函数为例，函数格式如下。

- int strtol(char s[], long& result)   // form 1
- int strtol(char s[], dword startIndex, long& result) // from 2

以上函数的转换规则如下。

- 如果字符串以"0x"开头，则使用十六进制转换；若以"0"开头，则使用为八进制转换。
- 该函数忽略输入字符串前面的空白字符。
- 如果转换成功，则 result 参数返回转换后的数值，且函数返回转换的第 1 个字符的索引值；如果转换失败，则 result 参数值为 0，函数返回值为-1 或者-2。
- 该函数（form 2 格式）可以通过 startIndex 参数从指定位置开始转换字符。

示例代码如下。

```
On key 'G'
{
  char s[20] = "123 0xFF";
  long number1, number2;
  int res;
  res = strtol(s, number1);
  write("number1: %d, res: %d", number1, res); // output: number1: 123, res: 3
  res = strtol(s, res, number2);
  write("number2: %d, res: %d", number2, res); // output: number2: 255, res: 8
}
```

3. 将数值转换为字符串

（1）将浮点数转换为字符串：_gcvt 函数。

_gcvt 函数将浮点数转换为包含小数点和符号位的字符串，digits 参数决定保留多少位有效数字。

- void _gcvt(double val, int digits, char s[])

示例代码如下。

```
On key 'h'
{
  char s[15];

  float val1 = 3.1415926535;
  float val2 = 271828.18284;
  _gcvt(val1, 10, s);
  writeToLogEx("val1: %f: s: %s", val1, s);
  _gcvt(val2, 9, s);
  writeToLogEx("val2: %f: s: %s", val2, s);
  _gcvt(val2, 5, s);
  writeToLogEx("val2: %f: s: %s", val2, s);
  _gcvt(val2, 20, s); // String size too small, string stays unchanged
  writeToLogEx("val2: %f: s: %s", val2, s);
}
//输出结果:
val1: 3.141593: s: 3.141592654
val2: 271828.182840: s: 271828.182
val2: 271828.182840: s: 2.7183e+005
val2: 271828.182840: s: 2.7183e+005
```

（2）将 long 整型转换为字符串：ltoa 函数。

ltoa 函数将 long 整型转换为字符串，base 参数指定转换，允许值的范围为 2～36，一般为二进制、十六进制和十进制。

- void ltoa(long val, char s[], long base)

示例代码如下。

```
On key 'H'
```

```
{
  byte z = 0xff;
  char s1[9],s2[9];
  ltoa(z,s1,2);
  ltoa(z,s2,10);
  write("z: %d s1= %s",z, s1);
  write("z: %d s2= %s",z, s2);
}
//输出结果:
Program / Model          z: 255 s1= 11111111
Program / Model          z: 255 s2= 255
```

4. 字符串操作

（1）格式化输出：snprintf 函数。

snprintf 函数是 CAPL 程序中最常用的字符串函数之一，用于格式化输出字符串，其语法与 write 函数相同，函数返回值是写入 dest 参数的字符数。

● long snprintf(char dest[], long len, char format[], …)

示例代码如下。

```
On key 'i'
{
  char buffer[100];
  char name[20] = "mayixiaobing";
  long height = 180;
  long ret;
  ret = snprintf(buffer,elcount(buffer),"name: %s; height:%d", name,height);
  write("%s\n 字符大小 = %d", buffer, ret);
}
//输出结果:
Program / Model          name: mayixiaobing; height:180
Program / Model          字符大小 = 29
```

（2）字符串复制：strncpy 函数。

下列函数将 src 参数中的字符串复制到 dest 参数字符串，max 参数指定复制的最大字节数，不能大于 dest 参数数组的大小。

● void strncpy(char dest[], char src[], long max)

- void strncpy_off (char dest[], long destOffset, char src[], long max)

【注意】：strncpy 函数会将 dest 参数中原来的字符串覆盖掉，如果要保留 dest 参数中的字符串，则可以使用 strncpy_off 函数，从指定位置开始，将 src 参数中的字符串复制到 dest 参数字符串。

示例代码如下。

```
On key 'j'
{
  char s[30] = "CANoeAndCAPL";
  char s_2[30] = "CANoeAndCAPL";
  strncpy(s, "world", elCount(s)); //max 参数大于 src 参数字节数，则完全复制
  write("s = %s",s);
  strncpy(s, "world", 2);          //max 参数小于 src 参数字节数，则只复制指定数量的字节
  write("s = %s",s);
  strncpy_off(s_2, strlen(s_2),"world", elcount(s_2));
  write("s_2 = %s",s_2);
}
//输出结果：
Program / Model    s = world
Program / Model    s = w
Program / Model    s_2 = CANoeAndCAPLworld
```

（3）子字符串复制：substr_cpy 函数。

下列函数通过 srcStart 参数和 len 参数截取 src 参数中的子字符串，然后将截取的子字符串复制到 dest 参数。

- void substr_cpy(char dest[], char src[], long srcStart, long len, long max)
- void substr_cpy_off(char dest[], long destOffset, char src[], long srcStart, long len, long max)

示例代码如下。

```
On key 'k'
{
  char s1[20];
  char s2[20] = "Vector";
  substr_cpy(s1, "CANoe", 0, 6, elcount(s1));
  write("s1 = %s",s1);
```

```
  substr_cpy_off(s2,strlen(s2),"CANoe", 0, 6, elcount(s1));
  write("s2 = %s",s2);
}
//输出结果:
Program / Model    s1 = CANoe
Program / Model    s2 = VectorCANoe
```

（4）字符串拼接：strncat 函数。

strncat 函数将 src 参数的字符串拼接在 dest 参数后，len 参数表示最后输出的 dest 参数的最大长度。

- void strncat(char dest[], char src[], long len)

示例代码如下。

```
On key 'l'
{
  char s[200];
  strncat(s, "Vector", elcount(s));
  strncat(s, " CANoe", elcount(s));
  write("s = %s",s);
}
//输出结果:
Program / Model        s = Vector CANoe
```

5. 字符串比较：strncmp 函数

下列函数比较 s1 字符串和 s2 字符串，比较字节数由 len 参数决定。如果 s1 和 s2 相等，则函数结果为 0；如果 s1 小于 s2，则结果是−1；如果 s1 大于 s2，则结果是 1。

- long strncmp(char s1[], char s2[], long len)   // form 1
- long strncmp(char s1[], char s2[], long s2offset, long len)   // form 2
- long strncmp_off(char s1[], long s1offset, char s2[], long s2offset, long len) // form 3

示例代码如下。

```
On key 'L'
{
  char s1[20] = "Informatik";
  char s2[20] = "Vector Informatik";
  if (strncmp(s1, s2, strlen(s2)) == 0)
```

```
   write("Form1 : Equal!");
 else
   write("Form1 : Unequal!");

 if (strncmp(s1, s2, 7,strlen(s1)) == 0)
   write("Form2 : Equal!");
 else
   write("Form2 : Unequal!");
}
//输出结果:
Program / Model    Form1 : Unequal!
Program / Model    Form2 : Equal!
```

6. 字符串查找: strstr 函数

下列函数在 s1 字符串中搜索 s2 字符串, 函数返回值是 s2 字符串在 s1 字符串中的第 1 个字节位置。如果在 s1 中没有搜索到 s2, 则函数返回-1。

- long strstr(char s1[], char s2[])
- long strstr_off(char s1[], long offset, char s2[])

示例代码如下。

```
On key 'm'
{
 long pos;
 char s1[18] = "Vector Informatik";
 char s2[11] = "Informatik";
 pos = strstr(s1, s2); // pos = 7
}
```

7. 字符串查找并替换: str_replace 函数

下列函数在 s 参数的字符串中查找所有出现 searched 参数的文本, 如果找到该文本, 则用 replacemen 参数的文本替换所有找到的文本。

如果替换成功, 则函数返回值为 1, 否则返回值为 0。

- long str_replace(char s[], char searched[], char replacement[])　　　　　　// form 1
- long str_replace(char s[], long startoffset, char replacement[], long length) //form 2

示例代码如下。

```
On key 'M'
{
  char buffer[70] = "12A456A789A";
  str_replace(buffer, "A", "0");
  write(buffer); // 12045607890
}
```

8. 正则表达式查找：strstr_regex 函数

CAPL 语言集成了 Perl 语言的正则表达式语法，正则表达式可以满足更加复杂的匹配查找功能。

下列函数基于正则表达式查找字符串，如果查找匹配成功，则函数返回匹配的字符串的索引位置，否则函数返回值为-1。

- long strstr_regex(char s[], char pattern[])
- long strstr_regex_off(char s[], long offset, char pattern[])

示例代码如下，"[a-z]"表示任意一个小写字母，"*"表示任何一个字符都可以。

```
On key 'N'
{
  char buffer[70] = "Vector Informatik";
  long res;
  res = strstr_regex(buffer, "Inf[a-z]*"); // 7
}
```

9. 字符/字符串大小写转换：toLower 和 toUpper 函数

下列函数可以将输入的字符或字符串从大写转换为小写，或者从小写转换为大写，下列函数的输入字符只支持字符 a～z 和 A～Z。

- char toUpper(char c)   // form 1
- void toUpper(char dest[], char source[], dword bufferSize) // form 2
- char toLower(char c)   // form 3
- void toLower(char dest[], char source[], dword bufferSize) // form 4

示例代码如下。

```
On key 'n'
{
  char outStr[200];
```

```
  write("字符：%c",toUpper('c'));
  toUpper(outStr, "mayixiaobing", elcount(outStr));
  write("字符串：%s",outStr);
}
//输出结果：
Program / Model        字符：C
Program / Model        字符串：MAYIXIAOBING
```

10.4　数据库访问函数

1. 动态读取 DBC 文件（DBLookup 函数）

DBLookup 函数允许用户在测量过程中搜索数据库中的报文和信号，以及它们的属性。

（1）访问报文属性。

DBLookup 函数可以获取的报文属性如表 10-4 所示。

表 10-4　DBLookup 函数获取报文属性

属性	描述	返回值类型
Name	报文的名称	char[]
DLC	报文的 DLC 长度	long
Transmitter	报文发送节点的名称	char[]
AttributeName	报文的属性名，如报文周期、GenMsgCycleTime 等	char[]或者 float

下面的示例代码是 DBLookup 函数在 CAPL 程序中的典型应用，通过遍历所有报文，读取数据库中的报文及其属性。

```
on key 'a'
{
  dword msgid;
  message * MessageTemp;
  struct MSG_INFO
  {
    dword MSG_ID;
    long MSG_DLC;
    long MSG_Cycle;
  } msg_info[ long ];


  for(msgid=0;msgid<0x7ff;msgid++)
```

```
{
  MessageTemp.id = msgid;
  if(DBLookup(MessageTemp))
  {
    if(strncmp(DBLookup(MessageTemp).Transmitter, "Engine", 30) == 0)
    {
      msg_info[msgid].MSG_ID = msgid;
      msg_info[msgid].MSG_DLC = DBLookup(MessageTemp).DLC;
      msg_info[msgid].MSG_Cycle = DBLookup(MessageTemp).GenMsgCycleTime;
    }
  }
}

for(long id:msg_info)
{
  write("msg_info[0x%X].MSG_ID : 0x%X" ,id,msg_info[id].MSG_ID);
  write("msg_info[0x%X].MSG_DLC : %d" ,id,msg_info[id].MSG_DLC);
  write("msg_info[0x%X].MSG_Cycle : %d",id,msg_info[id].MSG_Cycle);
}
}
```

上面示例代码中的 DBLookup(MessageTemp).GenMsgCycleTime 属性在 DBC 文件中的定义如图 10-1 所示。

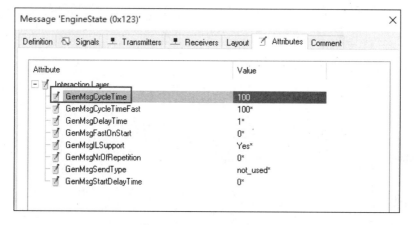

图 10-1   DBC 中定义的报文属性

（2）访问信号属性。

DBLookup 函数可以访问的信号属性如表 10-5 所示。

表 10-5　DBLookup 函数可访问的信号属性

属性	描述	返回值类型
bitstart	信号在报文中的开始位	dword
bitcount	信号占多少位	dword
offset	原始值转为物理值的偏移量	float
factor	原始值转为物理值的因数	Float
unit	信号的物理值单位	char []
minimum	信号最小值	float
maximum	信号最大值	float
dbtype	数据库中信号的定义类型	dbSig *
AttributeName	数据库中信号的自定义属性	char [] 或者 float
DefaultValue	信号的默认值	int64

如下面的示例代码，通过 DBLookup 函数读取 EngineSpeed 信号的部分属性。

```
on key 'b'
{
  write("EngineSpeed.bitstart : %d" ,DBLookup(EngineSpeed).bitstart);
  write("EngineSpeed.bitcount : %d" ,DBLookup(EngineSpeed).bitcount);
  write("EngineSpeed.minimum : %d" ,DBLookup(EngineSpeed).minimum);
  write("EngineSpeed.maximum : %d" ,DBLookup(EngineSpeed).maximum);
  write("EngineSpeed.GenSigStartValue : %f" ,DBLookup(EngineSpeed).GenSigSta
rtValue);
}
//输出结果：
Program / Model        EngineSpeed.bitstart : 1
Program / Model        EngineSpeed.bitcount : 15
Program / Model        EngineSpeed.minimum : 0
Program / Model        EngineSpeed.maximum : 0
Program / Model        EngineSpeed.GenSigStartValue : 200.000000
```

（3）访问节点属性。

DBLookup 函数可获取的节点属性如表 10-6 所示。

表 10-6　DBLookup 函数可获取的节点属性

属性	描述	返回值类型
Name	节点的名称	char []
AttributeName	节点的属性名称	char [] 或者 float

下面的示例代码获取 Engine 节点的名称。

```
on key 'c'
{
  write("%s" ,DBLookup(Engine).name);
}
```

（4）数据库定义。

DBLookup 函数的输入参数必须是已知的报文对象（dbMsg）、信号对象（signal）和节点对象（dbNode），但是有时候在测量开始前，报文、信号、节点对象都是未知的，需要在测量过程中确认，那么就无法直接使用 DBLookup 函数了。可以通过下面的 lookupSignal、lookupMessage、lookupNode 函数在数据中查找相关对象，函数返回值就是相应的数据库对象类型。

- signal * lookupSignal(char signalName[])　　　　//在数据库中搜索信号定义
- dbMsg * lookupMessage(char messageName[])　　//在数据库中搜索报文定义
- dbNode * lookupNode(char nodeName[])　　　　//在数据库中搜索节点定义

【注意】：上述函数的输入参数的格式可以是[Channel::][Database name::][Node::][Message::] Signal，只要能保证信号、报文、节点的唯一性，中括号内的参数就都是可选的。建议仅在特殊情况下使用此功能，因为搜索数据库定义可能会影响实时性能。

示例代码如下。

```
on key 'c'
{
  long bitcount;
  long CycleTime;

  //CycleTime = DBLookup(EngineState).GenMsgCycleTime; // 方式1
  CycleTime = DBLookup(lookupMessage("EngineState")).GenMsgCycleTime;// 方式2
  //bitcount = DBLookup(EngineSpeed).bitcount; // 方式1
  bitcount = DBLookup(lookupSignal("EngineSpeed")).bitcount;// 方式2

  write("EngineState 报文的周期 : %d" ,CycleTime);
  write("EngineSpeed 信号的 Bit 位数 : %d" ,bitcount);
}
//输出结果:
Program / Model    EngineState 报文的周期 : 100
Program / Model    EngineSpeed 信号的 Bit 位数 : 15
```

2. 读取 CDD 文件

下列函数允许用户在测量运行过程中读取 CDD、ODX 等诊断描述文件中的参数。

- long diagGetCommParameter(char paramName[]); // form 1
- long diagGetCommParameter(char paramName[], dword index, char buffer[], dword bufferLen); // form 2
- long DiagGetCommParameter(char ecuQualifier[], long isTester, char paramName[]); // form 3
- long DiagGetCommParameter(char ecuQualifier[], long isTester, char paramName[], dword index, char buffer[], dword bufferLen); // form 4

对于不同的总线协议，诊断描述文件中有不同的参数，表 10-7 列出了在 CAN 总线中部分 paramName 参数可以传入的值。其他总线的参数值请参考 CANoe 软件的帮助文档。

表 10-7　部分 paramName 参数值

paramName 参数值	描述
CANoe.AddressMode	地址模式，Normal 是 0，Extended 是 1，NormalFixed 是 2，Mixed 是 3
CANoe.TxId	发送报文 ID
CANoe.RxId	接收报文 ID
CANoe.Blocksize	传输层参数，两个流控帧之间的连续帧数量
CANoe.STmin	传输层参数，发送连续帧之间的最小间隔[ms]
CANoe.FCDelay	传输层参数，发送流量控制帧的延迟时间[ms]
CANoe.MaxMessageLength	传输层参数，传输层最大可传输的字节数
CANoe.S3ClientTime	诊断客户端发送会话保持诊断请求的时间间隔[ms]
CANoe.S3ServerTime	诊断服务端非默认会话的维持时间，超时后应回到默认会话
CANoe. CANoe.Padding	使用 0x00～0xFF 填充诊断请求中未使用的数据域

示例代码如下。

```
on key 'd'
{
  write("地址模式 : %d",diagGetCommParameter("DoorFL",1,"CANoe.AddressMode"));
  write("Tx 报文 ID : 0x%X",diagGetCommParameter("DoorFL",1,"CANoe.TxId"));
  write("Rx 报文 ID : 0x%X",diagGetCommParameter("DoorFL",1,"CANoe.RxId"));
  write("BS 参数 : 0x%X",diagGetCommParameter("DoorFL",1,"CANoe.Blocksize"));
  write("STmin 参数值 : 0x%X",diagGetCommParameter("DoorFL",1,"CANoe.STmin"));
```

```
    write("Max.length 参数值 :
0x%X" ,diagGetCommParameter("DoorFL",1,"CANoe.MaxMessageLength"));
 }
```

测试结果如图 10-2 所示。

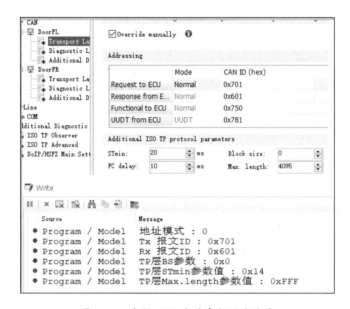

图 10-2　读取 CDD 文件参数测试结果

10.5　cmd 指令

　　cmd 是 Windows 操作系统中用于执行命令的命令行工具，用户可以通过键入指令来与操作系统进行交互，提供文件和文件夹管理、系统配置、网络管理、批处理脚本编写等功能。

　　用户可使用 CAPL 语言内置的 sysExec 和 sysExecCmd 函数执行 cmd 指令，或者调用.exe 或者.bat 等应用程序。

　　1. sysExec 函数

　　下列函数通过 cmd 指令调用应用程序。如果调用成功，则返回值为 1；否则返回值为 0。

● long sysExec(char cmd[], char params[]); // form 1
● long sysExec(char cmd[], char params[], char directory[]); // form 2

　　【说明】：sysExec 函数运行后会自动关掉 cmd.exe 终端，该函数属于异步调用，CAPL 程序不会等待应用程序执行完毕，且该函数无法获取应用程序的返回值。

（1）调用 Windows 内置程序。

在 Windows 开始菜单中输入"calc"可以打开计算器程序，输入"paint"可以打开画图程序。运行下面的 CAPL 代码会调出计算器程序。

```
on key 'z'
{
  sysExec("calc", "");
}
```

（2）调用外部应用程序。

下面的示例代码调用.exe 可执行程序，.exe 可执行程序的路径可以是绝对路径，也可以是相对路径。

```
on key 'n'
{
  long retVal;
  //绝对路径
  retVal = sysExec("D:\\Source\\Chapter 10\\Tester\\callCMD\\calc.exe ", "" );
  //相对路径
  retVal = sysExec(".\\Tester\\callCMD\\calc.exe", "" );
  write("retVal:%d",retVal);
}
```

运行上述程序后，.exe 程序被调用成功，如图 10-3 所示。

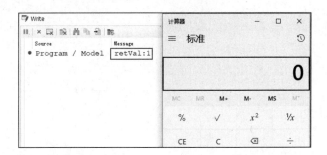

图 10-3　sysExec 函数调用应用程序测试结果

2. sysExecCmd 函数

下面的函数不仅可以调用应用程序，也可以执行 cmd 指令。如果 cmd 指令执行成功，则返回值为 1；否则返回值为 0。相比于 sysExec 函数，sysExecCmd 该函数执行完毕后，不会关闭 cmd.exe 终端。

- long sysExecCmd(char cmd[], char params[]); // from 1
- long sysExecCmd(char cmd[], char params[], char directory[]); // form 2

（1）调出 cmd.exe 终端。

下面示例代码的所有参数都为空，运行后将会直接调出 cmd.exe 终端。

```
On key 'a'
{
  sysExecCmd("", "" );
}
```

打开的 cmd.exe 终端的目录是当前打开的工程配置文件（.cfg）所在的根目录，如图 10-4 所示。

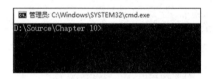

图 10-4　调出 cmd.exe 终端

（2）执行 cmd 指令。

下面的示例代码通过 cmd 指令进入指定的路径。

```
on key 'b'
{
  char cmd[255];
  char basePath[1024] = "D:\\Source\\Chapter 10\\Tester\\callCMD";
  snprintf(cmd,elCount(cmd),"cd %s",basePath);
  sysExecCmd(cmd, "" );
}
```

用户也可以通过 directory 参数切换路径，示例代码如下。

```
on key 'v'
{
  sysExecCmd("", "" ," D:\\Source\\Chapter 10\\Tester\\callCMD " );
}
```

（3）带参数的 cmd 指令。

如果 cmd 指令带参数，则可以将指令的参数写在 params 参数中，如下列代码中的示例 1。也可以将指令和参数都写在 cmd 参数中，如下列代码中的示例 2。

```
on key 'd'
{
  sysExecCmd("dir", "/w" ); // 示例 1
}
on key 'e'
{
  sysExecCmd("dir /w", "" ); //示例 2
}
```

（4）调用应用程序。

下面的示例代码是将参数 100、200、300 传给 callPython.py 脚本。

```
on key 'k'
{
  char basePath[1024] = "D:\\Source\\Chapter 10\\Tester\\callCMD";
  sysExecCmd("python callPython.py", "100 200 300", basePath);
}
```

测试结果如图 10-5 所示。

图 10-5　调用应用程序测试结果

（5）关闭 cmd.exe 终端。

sysExecCmd 函数执行完毕后并不会自动关闭 cmd.exe 终端，在测试过程中可能多次使用 sysExecCmd 函数，可用 exit 指令来关闭终端。

```
on key 'i'
{
  char basePath[1024] = "D:\\Source\\Chapter 10\\Tester\\callCMD";
  sysExecCmd("python callPython.py & exit", "100 200 300", basePath);
}
```

3. TestWaitForSyscall 函数

下列函数可用于启动外部应用程序并检查其退出代码。一旦外部应用程序成功启动，该函数就会在指定时间内等待外部程序执行完毕后再向下执行程序，而 sysExec 和 sysExeCmd 函数不会等待应用程序执行完毕。

- long TestWaitForSyscall(char aCommandline[], long aExitcode, dword aTimeout)//form 1
- long TestWaitForSyscall(char aWorkingdir[], char aCommandline[], long aExitcode, dword aTimeout) //form 2

【注意】：TestWaitForSyscall 函数只能用于测试模块节点，不可用于网络节点中。

TestWaitForSyscall 函数的参数说明如表 10-8 所示。

表 10-8　TestWaitForSyscall 函数参数说明

参数名	说明
aWorkingdir	外部应用程序的工作目录，允许路径字符中有空格，如果使用该函数的 form1 格式，则没有该参数，程序默认在.CFG/、.TSE/文件所在的目录下或者 Exec32 文件夹下查找要调用的外部应用程序
aCommandline	cmd 指令包含可能的参数，如果外部程序有空格，则必须要用双引号括起来（在双引号前要用转义字符 '\'），如 aCommandline = "\"My Tester.EXE\" 0"
aExitcode	应用程序的预期退出码，在用户不特别设置应用程序退出码的情况下，应用程序正常结束，退出码为 0，非 0 则视为非正常退出
aTimeout	期望应用程序退出的最大等待时间

TestWaitForSyscall 函数的返回值说明如表 10-9 所示。

表 10-9　TestWaitForSyscall 函数返回值说明

参数名	说明
1	应用程序的退出码和期望的 aExitcode 参数值一致
0	应用程序没有在 aTimeout 参数内退出
-1	由于 cmd 指令错误，因此应用程序无法启动
-2	应用程序的退出码和期望的 aExitcode 参数值不一致
-999	由于测量结束而中止，但是这不会导致应用程序中止

（1）应用程序正常退出和异常退出。

在测试模块中的示例代码如下。通过 TestWaitForSyscall 函数调用 callPython_2.py 脚本和 callPython_3.py 脚本，其中 callPython_2.py 脚本正常执行完毕，而 callPython_3.py 脚本有语法错误，执行异常。

```
testcase TestWaitForSyscall_test()
{
```

```
    long ret;
    char basePath[1024] = "D:\\Source\\Chapter 10\\Tester\\callCMD";

    testStep("示例","应用程序正常退出时，退出代码为 0");
    ret = TestWaitForSyscall(basePath, "python callPython_2.py 100" ,0, 3000);
    if(ret == 1)
      testStepPass("","应用程序执行完毕，且退出代码和期望的一致,ret = %d",ret);
    else
      testStepFail("","应用程序执行完毕，函数返回值 ret = %d",ret);

    testStep("示例","应用程序异常退出时，退出代码为 1");
    ret = TestWaitForSyscall(basePath, "python callPython_3.py 100" ,1, 3000);
    if(ret == 1)
      testStepPass("","应用程序执行完毕，且退出代码和期望的一致,ret = %d",ret);
    else
      testStepFail("","应用程序执行完毕，函数返回值 ret = %d",ret);
}
void MainTest ()
{
  TestWaitForSyscall_test();
}
```

callPython_2.py 脚本和 callPython_3.py 脚本的源代码及测试结果如图 10-6 所示。

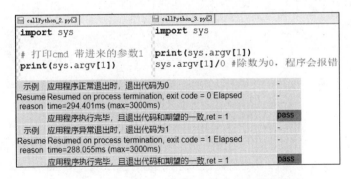

图 10-6　应用程序正常退出和异常退出测试结果

（2）用户自定义应用程序退出码。

下面通过 TestWaitForSyscall 函数调用 callPython_4.py 脚本，并传入一个参数 100，并且期望应用程序的退出码也为 100，示例代码如下。

```
testcase TestWaitForSyscall_test_02()
{
  long ret;
  char basePath[1024] = "D:\\Source\\Chapter 10\\Tester\\callCMD";

  testStep("示例","用户自定义应用程序的退出码");
  ret = TestWaitForSyscall(basePath, "python callPython_4.py 100" ,100, 3000);
  if(ret == 1)
    testStepPass("","应用程序执行完毕，且退出代码和期望的一致,ret = %d",ret);
  else
    testStepFail("","应用程序执行完毕，函数返回值 ret = %d",ret);

  testStep("示例","当应用程序的退出码和 aExitcode 参数不一致时，函数返回值为-2");
  ret = TestWaitForSyscall(basePath, "python callPython_4.py 100" ,1, 3000);
  if(ret == 1)
    testStepPass("","应用程序执行完毕，且退出代码和期望的一致,ret = %d",ret);
  else
    testStepFail("","应用程序执行完毕，函数返回值 ret = %d",ret);
}
```

callPython_4.py 脚本的源代码及测试结果如图 10-7 所示。

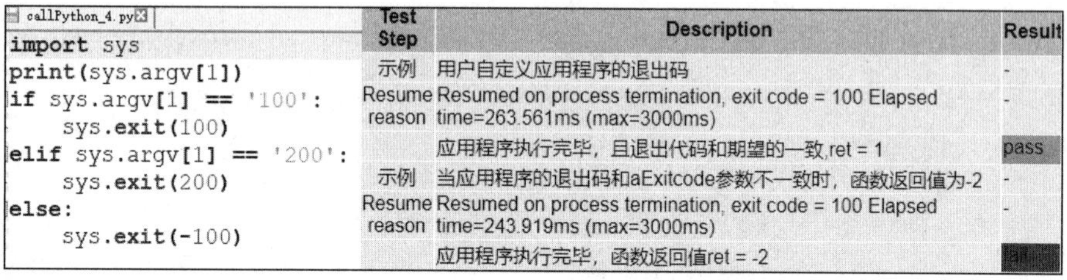

callPython_4.py	Test Step	Description	Result
import sys	示例	用户自定义应用程序的退出码	-
print(sys.argv[1])	Resume reason	Resumed on process termination, exit code = 100 Elapsed time=263.561ms (max=3000ms)	-
if sys.argv[1] == '100':		应用程序执行完毕，且退出代码和期望的一致 ret = 1	pass
sys.exit(100)	示例	当应用程序的退出码和 aExitcode 参数不一致时，函数返回值为-2	-
elif sys.argv[1] == '200':	Resume reason	Resumed on process termination, exit code = 100 Elapsed time=243.919ms (max=3000ms)	-
sys.exit(200)		应用程序执行完毕，函数返回值 ret = -2	
else:			
sys.exit(-100)			

图 10-7　用户自定义应用程序退出码测试结果

（3）执行应用程序超时。

下面通过 TestWaitForSyscall 函数调用 callPython_5.py 脚本，最大等待时间为 3 秒，而 callPython_5.py 脚本的运行时间为 4 秒，示例代码如下。

```
testcase TestWaitForSyscall_test_03()
{
  long ret;
  char basePath[1024] = "D:\\Source\\Chapter 10\\Tester\\callCMD";
```

```
testStep("示例","当应用程序超时未退出时，函数返回值为 0");
ret = TestWaitForSyscall(basePath, "python callPython_5.py 100" ,0, 3000);
if(ret == 1)
  testStepPass("","应用程序执行完毕，且退出代码和期望的一致,ret = %d",ret);
else
  testStepFail("","函数返回值 ret = %d",ret);

testStep("示例","当 cmd 指令语法错误时，函数返回值为 -1");
ret = TestWaitForSyscall(basePath, "LS" ,0, 3000);
if(ret == 1)
  testStepPass("","应用程序执行完毕，且退出代码和期望的一致,ret = %d",ret);
else
  testStepFail("","函数返回值 ret = %d",ret);
}
```

callPython_5.py 脚本的源代码及测试结果如图 10-8 所示。

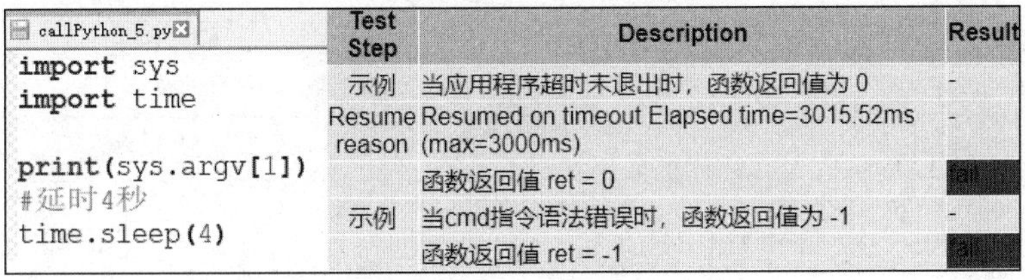

图 10-8　执行应用程序超时测试结果

10.6　文件处理

CAPL 语言内置的文件处理函数如表 10-10 所示。

表 10-10　文件处理函数

函数	描述
fileClose	关闭文件
fileGetBinaryBlock	读取二进制文件
fileGetString	从文件中读取一行数据
fileGetStringSZ	从文件中读取一行数据
filePutString	向文件中写入一行数据
fileRewind	将文件的读/写位置重置到文件开头

续表

函数	描述
fileWriteBinaryBlock	向文件中写入一行数据（二进制格式）
getOfflineFileName	Offline 模式下获取加载的所有文件
getNumOfflineFiles	Offline 模式下获取加载的所有文件数量
getAbsFilePath	获取相对于当前配置的完整路径名
getProfileArray	读取 ini 文件中的参数数据
getProfileFloat	
getProfileInt	
getProfileString	
getUserFilePath	获取用户文件的绝对路径
open	打开文件
openFileRead	打开文件，准备读取数据
openFileWrite	打开文件，准备写入数据
RegisterUserFile	动态注册用户文件
setFilePath	设置读/写文件的目录
setWritePath	为 openFileWrite 函数设置目录
writeProfileFloat	写入参数数据到 ini 文件
writeProfileInt	
writeProfileString	

10.6.1 读/写文本文件

1. 打开文件

下列函数以只读方式打开文件。如果 mode 参数值等于 0，则文件将以文本模式打开；如果 mode 参数值等于 1，则文件将以二进制模式打开。

- dword openFileRead (char filename[], dword mode); // form 1
- dword openFileRead (char filename[], dword mode, dword fileEncoding); // form 2

在一般情况下，文本文件可以用普通的文本编辑器打开，而二进制文件用普通文本编辑器打开后通常是乱码，需要用特殊的二进制编辑软件打开，如图 10-9 中的 Hex-View 软件。

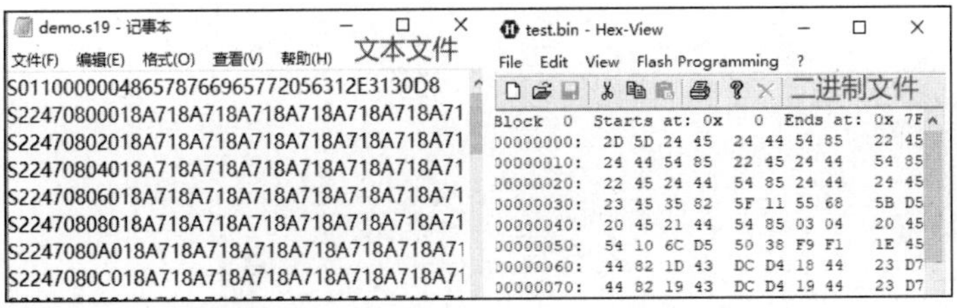

图 10-9 打开文本文件和二进制文件

2. 读取文本

下列函数从指定的文件中按行读取字符串，当读取到行尾（遇到回车和换行）或读取字符数等于 buffsize-1 时，停止读取。

fileGetStringSZ 函数读取到的字符串数据不包含换行字符，而 fileGetString 函数读取到的字符串数据包含换行字符（ASCII 值为 0x10）。

- long fileGetString (char buff[], long buffsize, dword fileHandle);
- long fileGetStringSZ(char buff[], long buffsize, dword fileHandle);

如下面的示例代码，分别用 fileGetString 函数和 fileGetStringSZ 函数读取字符串。

```
/*@!Encoding:936*/
On key 'q'
{
 long glbHandle;
 char buffer_ascii[1000];
 long retSize;
 int i,j;
 char filePath[200] = "D:\\Source\\Chapter 10\\Tester\\RW_Files\\Data.txt";
 glbHandle = OpenFileRead (filePath,0); //文本模式
 if(glbHandle!=0 )
 {
  //fileGetString (buffer_ascii,elcount(buffer_ascii),glbHandle);
  fileGetStringSZ (buffer_ascii,elcount(buffer_ascii),glbHandle);
  write ("读取的字符串: %s",buffer_ascii);
  write ("Hex打印为: ");
  for(i=0;i< 6;i++)
     write("buffer_bin[%d]: %d",i,buffer_ascii[i]);
  fileClose (glbHandle);
 }
```

```
else
{
  write("打开文件失败");
}
}
```

测试结果如图 10-10 所示，fileGetString 函数输出的结果比 fileGetStringSZ 函数输出的结果多一行空行，这说明 fileGetString 函数的读取的数据中包含了一个换行符。

图 10-10　fileGetString 函数和 fileGetStringSZ 函数读取文本测试结果

3. 读取二进制文件

下面的函数以二进制的方式从文件中读取数据，函数的返回值是读取文件的字节大小。

● long fileGetBinaryBlock (byte buff[], long buffsize, dword fileHandle);

示例代码如下。

```
On key 'w'
{
  long glbHandle;
  byte buffer_bin[0xFF1000];
  long retSize;
  int i,j;
  char filePath[200] = "D:\\Source\\Chapter 10\\Tester\\RW_Files\\test.bin";
  j=0;
  glbHandle = OpenFileRead (filePath,1); //二进制模式
  if(glbHandle!=0 )
  {
    retSize = fileGetBinaryBlock (buffer_bin,elcount(buffer_bin),glbHandle);
    write ("文件大小: %d",retSize);
    for(i=0;i< 6;i++)
      write ("buffer_bin[%d]: 0x%X",i,buffer_bin [i]);
    fileClose (glbHandle);
```

```
    }
    else
    {
      write("打开文件失败");
    }
}
```

测试结果如图 10-11 所示。

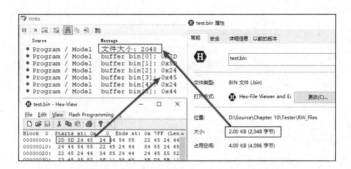

图 10-11　fileGetBinaryBlock 函数测试结果

4. 打开文件写入

下面的函数以写入的方式打开文本文件。如果文件不存在，则创建新文件。

- dword openFileWrite (char filename[], dword mode)

该函数的 mode 参数值及其说明如表 10-11 所示。

表 10-11　mode 参数值及其说明

mode 参数值	说明
0	以文本模式执行写操作，已经存在的文件将被覆盖
1	以二进制模式执行写操作，已经存在的文件将被覆盖
2	以文本模式执行写操作，在文件末尾追加数据
3	以二进制模式执行写操作，在文件末尾追加数据

【注意】：在使用该函数之前，必须先用 setFilePath 函数设置读/写文件的文件夹路径，这个路径可以是绝对路径，也可以是相对路径。

5. 文本模式写入

下面的函数以字符串模式写入数据到文件。如果写入成功，则函数返回值为 0，否则函数返回值为 1。

- long filePutString (char buff[], long buffsize, dword fileHandle);

示例代码如下。

```
On key 'e'
{
  long glbHandle, ret;
  setFilePath("D:\\Source\\Chapter 10\\Tester\\RW_Files", 2);
  glbHandle = openFileWrite ("Data_write.txt",0); //覆盖写入文本模式
  if(glbHandle!=0 )
  {
    ret = filePutString("蚂蚁小兵: https://blog.csdn.net/qq_34414530", 100,
glbHandle);
    if(ret == 1)
      write("写入成功! ");
    fileClose (glbHandle);
  }
  else
  {
    write("打开文件失败");
  }
}
```

6. 二进制模式写入

下面的函数以二进制模式写入数据到文件。如果写入成功，则函数返回值是写入文件的字节大小。

- long fileWriteBinaryBlock (byte buff[], long buffsize, dword fileHandle);

示例代码如下。

```
On key 'r'
{
  long glbHandle;
  long ret,i;
  byte buffer_bin[1024];

  setFilePath("D:\\Source\\Chapter 10\\Tester\\RW_Files", 2);
  glbHandle = openFileWrite ("Data_write_bin.bin",1); //覆盖写入二进制模式
```

```
if(glbHandle!=0 )
{
  for(i = 0 ;i<1024;i++)
  {
    buffer_bin[i]= random(255);
    write("buffer_bin[%d]:0x%x",i,buffer_bin[i]);
  }
  ret = fileWriteBinaryBlock(buffer_bin, 1024, glbHandle);
  fileClose (glbHandle);
}
else
{
  write("打开文件失败");
}
}
```

测试结果如图 10-12 所示。

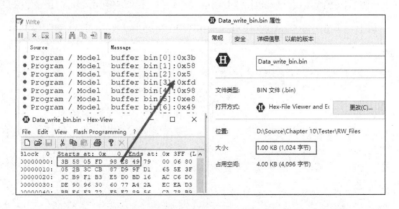

图 10-12　使用 fileWriteBinaryBlock 函数写入数据测试结果

10.6.2　读/写.ini 文件

.ini（Initialization File）文件是一种纯文本的配置文件，被广泛应用于 Windows 操作系统中的各种软件和程序，该格式的文件包含了程序的各种配置参数和选项，以便程序在初始化和运行时可以读取这些配置信息。

（1）.ini 文件由节（section）、键（name）、值（value）组成。

（2）.ini 文件通常包含多个节，每个节包含多个键值对（name = value）。

（3）.ini 文件支持单行注释，以"；"或"#"开头，直到行尾为止。

下面是一个.ini 文件的格式模板。

```
[Section1]
;这是一个注释
key1=value1
key2=value2

[Section2]
# 这也是一个注释
key3=value3
key4=value4
```

1. 写入文件函数

通过下列函数可以打开.ini 文件，根据节和键来写入值。如果键已经存在，则旧值将被覆盖；如果文件不存在，则会创建新文件并写入新值。

- long writeProfileInt(char section[], char entry[], long value, char filename[]);
- long writeProfileFloat(char section[], char entry[], float value, char filename[]);
- long writeProfileString(char section[], char entry[], char value[], char filename[]);

示例代码如下。

```
On key 't'
{
    // 设置操作的文件路径
    setFilePath("D:\\Source\\Chapter 10\\Tester\\RW_Files" , 2);
    //写入字符串
    result = writeProfileString ("Person","name","宝典","Configration.ini");
    //写入浮点数
    writeProfileFloat ("Person","height", 180.5,"Configration.ini");
    //写入整型
    writeProfileInt ("Person", "age", 0x14, "Configration.ini");
}
```

测试结果如图 10-13 所示。

图 10-13　写入文件函数测试结果

2. 读取文件函数

下列函数读取.ini 文件，根据节和键读取值，如果读取失败，则函数返回 def 参数定义的值。

- long getProfileInt(char section[], char entry[], long def, char filename[]); //读取整数
- float getProfileFloat(char section[], char entry[], long def, char filename[]); // 读取浮点数
- long getProfileString(char section[], char entry[], char def[], char buff[], long buffsize, char filename[]); // 读取字符串
- long getProfileArray(char section[], char entry[],char buff[], long buffsize, char filename[]); // 读取数组

getProfileArray 函数可以从.ini 文件中读取由逗号、制表符、空格、分号或斜杠分隔的数值列表。如果数值前有 0x，则按照十六进制数解析。

示例代码如下。

```
On key 'y'
{
    int i,ret;
    char cTmp50[50];
    float ret_float;
    setFilePath("D:\\Source\\Chapter 10\\Tester\\RW_Files" , 2);
    // 读取字符串，返回值是字符串长度
    ret = getProfileString("Person", "name ", "", cTmp50, elCount(cTmp50),
"Configration.ini");
    Write("getProfileString 函数返回值 = %d ;读取的字符串为：%s",ret,cTmp50);

    // 读取整数，返回值是结果
    ret = getProfileInt("Person", "age ", 0, "Configration.ini");
    Write("getProfileString 函数返回值 = %d",ret);

    // 读取浮点数，返回值是结果
    ret_float = getProfileFloat("Person", "height ", 0, "Configration.ini");
    Write("getProfileFloat 函数返回值 = %.2f",ret_float);

    // 读取数字数组，返回值是数字数组大小
    ret = getProfileArray("Person", "hobby", cTmp50,
elCount(cTmp50),"Configration.ini");
```

```
    Write("getProfileArray 函数返回值 = %d",ret);
    for(i=0;i<ret;i++)
        Write("Array[%d] = 0x%X",i,cTmp50[i]);
}
```

测试结果如图 10-14 所示。

图 10-14 读配置函数测试结果

10.6.3 读取.csv 文件

.csv（comma-separated values）是一种常用的文件格式，用于存储表格数据，如电子表格或数据库。.csv 文件通常由纯文本构成，数据的字段之间由逗号（或其他分隔符，如制表符）分隔，每行代表一个记录。

表 10-12 是 signals.csv 文件中的表格数据，接下来通过 CAPL 程序读取并解析该文件。

表 10-12 signals.csv 文件中的表格数据

DataName	DwordInde	StartBi	BitLen	Value1	Value2	Value3	Value4	Value5
ACU_Time_Sec	0	16	6	1	2	3	4	0 × 3A
ACU_Time_Min	0	22	6	1	2	3	4	0 × 3A
ACU_Time_Hour	1	0	5	1	2	3	4	0 × 16
ACU_Time_Day	1	5	5	1	2	3	4	0 × 1E
ACU_Time_Month	1	10	4	1	2	3	4	0 × B
ACU_Time_Year	1	14	8	1	2	3	4	0 × FF
ICM_TotalOdometer	2	0	20	1	2	3	4	0 × F423E

1. 读取数据

下面的示例代码通过 OpenFileRead 函数读取.csv 表格数据。

```
/*@!Encoding:65001*/
On key 'i'
{
  long glbHandle;
  char buffer_ascii[1000];
  long retSize;
  int i,j;
  char filePath[200] = "..\\Tester\\RW_Files\\signals.csv";
  j=0;
  glbHandle = OpenFileRead (filePath,0);
  if(glbHandle!=0 )
  {
    while(fileGetStringSZ (buffer_ascii,elcount(buffer_ascii),glbHandle)!=0)
    {
      j++;
      write("%s",buffer_ascii);
    }
    fileClose(glbHandle);
  }
  else
  {
    write("打开文件失败");
  }
}
```

输出结果如图 10-15 所示，每个单元格数据是以逗号分隔的。

【说明】：如果读取表格存在乱码，则将 CAPL 文件的编码方式改为 65001 后再尝试。

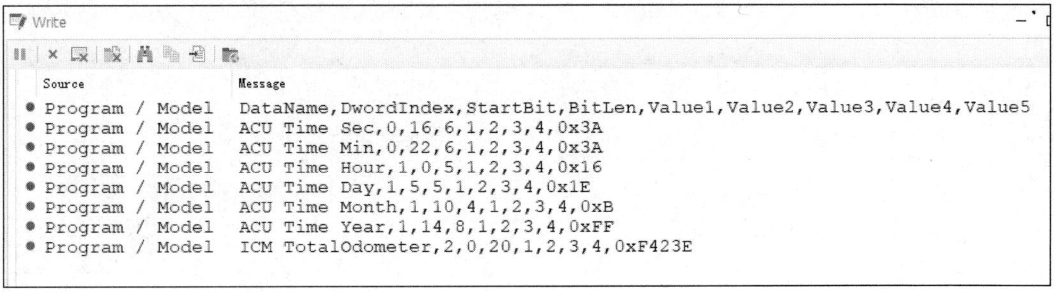

图 10-15　读取.csv 文件测试结果

2. 解析数据

从.csv 文件中按行读取的数据是以逗号分隔的字符串，还需要进一步处理，如下面示例代码中的 Split_String 函数以逗号为分隔符，将字符串分隔为字符串数组，每个数组元素代表一个单元格数据。

比如，输入数据为"ACU_Time_Sec,0,16,6,1,2,3,4,0x3A"，经 Split_String 函数处理后，输出的数据为{"ACU_ Time_Sec","0","16","6","1","2","3","4","0x3A"}。

示例代码如下。

```
int Split_String(char input[],char out[][],char separator)
{
  int i ,j;
  int arry_size;
  char tempOut[1024];

  i = 0;j=0;
  arry_size = 0;

  StringClear(tempOut);

  while(input[i] != '\0')
  {
    if(input[i] != separator)
    {
      tempOut[j++] = input[i];
    }
    else
    {
      strncpy(out[arry_size ++],tempOut,elcount(tempOut));
      StringClear(tempOut);
      j = 0;
    }
    i++;
  }
  strncpy(out[arry_size ++],tempOut,elcount(tempOut));
  return arry_size;
}

void StringClear(char str[])
{
```

```
  long i;
  for(i = 0;i< elcount(str);i++)
    str[i] = 0x00;
}
On key 'p'
{
  long i,retSize;
  char cTmp50[50] = "ACU_Time_Sec,0,16,6,1,2,3,4,0x3A";
  char out[100][100];
  retSize = Split_String(cTmp50,out,',');
  write("分隔元素数: %d",retSize);
  for(i=0;i<retSize;i++)
          write("out[%d]:%s", i,out[i]);
}
```

测试结果如图 10-16 所示。

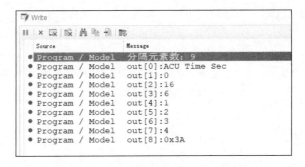

图 10-16　Split_String 函数分隔字符串

3. 封装数据

下面的示例代码通过结构体数组来保存解析后的表格数据。

```
variables
{
  struct csv_Data // 根据表格数据格式定义结构体
  {
    char DataName[50];
    int DwordIndex;
    int StartBit;
    int BitLen;
    int Value1;
    int Value2;
```

```
    int Value3;
    int Value4;
    int Value5;
  };
   struct csv_Data csv_Data_array[100];
}
int ReadDataFromCsv(char FilePath[], struct csv_Data data[])
{
  char p_data[100][100];
  char buffer_ascii[100];
  int j,glbHandle;

  glbHandle = OpenFileRead (FilePath,1);

  if (glbHandle!=0 )
  {
    j = -1;
    while(fileGetStringSZ(buffer_ascii,elcount(buffer_ascii),glbHandle)!=0)
    {
      if (j!=-1)                              //把表头去掉
      {
        write ("第 %d 行数据:%s",j,buffer_ascii);
        Split_String(buffer_ascii,p_data,',');        //核心函数，分隔字符串
        snprintf(data[j].DataName, elcount(p_data[0]), "%s", p_data[0]);
        data[j].DwordIndex = atol(p_data[1]);        //字符串转换为 long 整型
        data[j].StartBit = atol(p_data[2]);
        data[j].BitLen = atol(p_data[3]);
        data[j].Value1 = atol(p_data[4]);
        data[j].Value2 = atol(p_data[5]);
        data[j].Value3 = atol(p_data[6]);
        data[j].Value4 = atol(p_data[7]);
        data[j].Value5 = atol(p_data[8]);
      }
      j++;
    }
    fileClose (glbHandle);
  }
  else
  {
```

```
    write("Read file :%s failed.",FilePath);
    return 0; //failed
  }
  return j; // 最后把读取文件的行数返回
}
On key 'a'
{
  long i,line_nember;
  char filePath[200] = "..\\Tester\\RW_Files\\signals.csv";
  write("*****press %c**********",this);
  line_nember = ReadDataFromCsv(filePath,csv_Data_array);
  for(i = 0;i< line_nember;i++)
    {
    write ("****************************************************");
    write("data[%d].DataName:%s",i,csv_Data_array[i].DataName);
    write("data[%d].DwordIndex:%d",i,csv_Data_array[i].DwordIndex);
    write("data[%d].StartBit:%d",i,csv_Data_array[i].StartBit);
    write("data[%d].Value1:0x%x",i,csv_Data_array[i].Value1);
    write("data[%d].Value2:0x%x",i,csv_Data_array[i].Value2);
    write("data[%d].Value3:0x%x",i,csv_Data_array[i].Value3);
    write("data[%d].Value4:0x%x",i,csv_Data_array[i].Value4);
    write("data[%d].Value5:0x%x",i,csv_Data_array[i].Value5);
    }
}
```

测试结果如图 10-17 所示。

图 10-17　解析.csv 文件测试结果

10.6.4 将.xlsx 格式转换为.csv 格式

CAPL 语言不支持解析.xlsx/.xls（即表格）格式的文件，在工程应用中一般有两种方式处理表格文件，一是通过 C++解析表格文件，并封装成.dll 文件，在 CAPL 中调用该.dll 文件；另一种方式是在 CAPL 中通过 cmd 指令调用可执行程序，将表格文件转为.csv 文件后，再通过 CAPL 程序解析.csv 文件。

下面我们采用第二种方式实现将.xlsx 格式文件转为.csv 格式的文件，如图 10-18 所示，在 xlsx_to_csv.py 文件所在路径下打开 cmd.exe 并输入 python xlsx_to_csv.py -p test.xlsx，按下回车键，即可将 test.xlsx 文件转为 test.csv 文件。

【说明】：xlsx_to_csv.py 文件源码请参考随书资料。

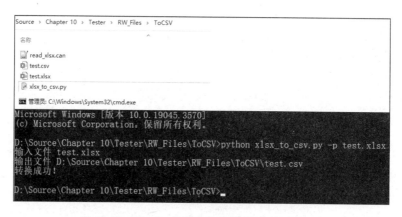

图 10-18　将.xlsx 格式文件转换为.csv 格式文件

完整的示例代码如下。

```
/*@!Encoding:65001*/
void MainTest ()
{
  char bashPath[256]="D:\\Source\\Chapter 10\\Tester\\RW_Files\\ToCSV";
  char csvPath[256];
  write("正在将.xlsx 格式转换为.csv 格式。。。 ");
  //xlsx_to_csv.py 脚本要求, bashPath 参数必须是绝对路径
  sysExec("python xlsx_to_csv.py -p test.xlsx","",bashPath);
  //因为 sysExec 函数是异步调用, 所以必须要适当地延时等待
  testWaitForTimeout(3000);
  snprintf(csvPath,elcount(csvPath),"%s\\test.csv",bashPath);
  ReadOutDataFromCsv(csvPath);
}
```

```
int ReadOutDataFromCsv(char FilePath[])
{
  char buffer_ascii[100];
  long retSize;
  int i,j,glbHandle;
  j=0;
  glbHandle = OpenFileRead (FilePath,0);
  if (glbHandle!=0 )
  {
    while(fileGetStringSZ (buffer_ascii,elcount(buffer_ascii),glbHandle)!=0)
    {
      j++;
      write("%s",buffer_ascii);
    }
    fileClose(glbHandle);
  }
  else
  {
    write("Read file :%s failed.",FilePath);
    return 0;
  }
  return 1;
}
```

测试结果如图 10-19 所示。

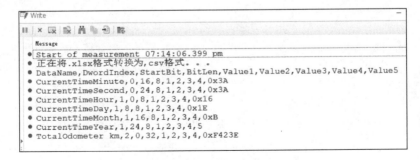

图 10-19　CAPL 读取.xlsx 格式文件测试结果

10.6.5　文件相对路径和绝对路径

路径分为绝对路径和相对路径，绝对路径是指从根目录开始的完整路径，包括所有父目录的路径，直到找到目标文件或者目录；相对路径就是相对于某个参考路径的路径，通常使用以下符号表示上层路径。

- "./"表示当前的文件所在的目录。
- "..\\"表示当前的文件所在的上一层的目录。
- "\:"表示当前的文件所在的根目录。

【说明】：CAPL 文件的相对路径不是以 CAPL 文件为参考路径的，而是以当前打开的配置文件（.cfg）所在的目录为参考路径的。

1. 获取绝对路径

下面的函数可以将输入的相对路径输出为绝对路径，函数返回值为绝对路径的字符串长度。如果相对路径为空，则返回当前配置文件所在的绝对路径。

- long getAbsFilePath(char relPath[], char absPath[], long absPathLen);

示例代码如下。

```
on key 's'
{
  char absPath[256];
  long length;
  length =  getAbsFilePath("", absPath, 256);
  write ("当前配置所在的绝对路径: %s ", absPath);
  write ("路径字符串长度: %d ", length);


  length =  getAbsFilePath("Configration.ini", absPath, 256);
  write ("Configration.ini 的绝对路径: %s ", absPath);
  write ("路径字符串长度: %d ", length);
}
//输出结果:
当前配置所在的绝对路径: D:\Source\Chapter 10\
路径字符串长度: 21
Configration.ini 的绝对路径: D:\Source\Chapter 10\Configration.ini
路径字符串长度: 37
```

2. 获取当前配置文件的名称

下面的函数返回当前加载的配置的文件名，该文件名既不包括文件扩展名也不包括任何路径信息。

● long getConfigurationName(char buffer[], dword bufferLength);

将 getAbsFilePath 函数和 getConfigurationName 函数一起使用即可得到当前打开的配置文件的绝对路径，示例代码如下。

```
on key 'd'
{
  char fileName[128];
  char cfgFile[128];
  getAbsFilePath("", cfgFile, elCount(cfgFile));
  getConfigurationName(fileName, elCount(fileName));
  snprintf(cfgFile, elCount(cfgFile), "%s%s.cfg", cfgFile, fileName);
  write("cfgFile:%s",cfgFile);
}
//输出结果：
配置文件名:D:\Source\Chapter 10\Chapter 10.cfg
```

3. 设置文件读/写的路径

在写入文本文件或者.ini 文件前，必须使用 setWritePath 函数提前设置操作文件所在的目录，否则需要去工程配置文件所在的目录去查找文件。

● void setWritePath (char relativeOrAbsolutePath[]);

示例代码如下。

```
on key 'g'
{
  //写入.ini 文件函数
  writeProfileInt ("setting", "parameter_1", 8, "test.ini");
}
on key 'G'
{
  setWritePath("Tester//RW_File");
  writeProfileInt ("setting", "parameter_1", 8, "test.ini");
}
```

测试结果如图 10-20 所示，如果没有使用 setWritePath 函数，则在配置文件所在的目录下创建 test.ini 文件，使用 setWritePath 函数就在指定路径下创建文件。

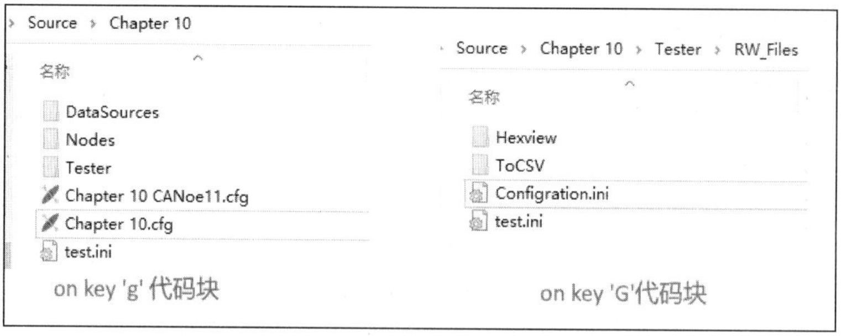

图 10-20　setWritePath 函数测试结果

4. 分隔路径字符串

下面的代码封装了一个 Split_FilePath 函数，实现将输入的路径字符串分隔为路径和文件名。

```
// 得到输入文件的文件名
Split_FilePath (char pathIn[], char Out[],long type)
{
  int i, j;
  j = 0; i = 0;
  //clear fileNameOut
  snprintf(Out, strlen(Out), " ");
  for(i=strlen(pathIn)-1; i>= 0; i--)
  {
    if(pathIn[i] == '\\' )
          break;
  }
  if( i != 0)
    i++;
if(type == 0) //文件名
{
  for( i; i < strlen(pathIn); i++ )
    Out[j++] = pathIn[i];
}
else
{
  for( j = 0; j < i-1; j++ )
    Out[j] = pathIn[j];
}
```

```
}
on key 'h'
{
 char filePath[200]="D:\\Source\\Chapter 10\\Tester\\RW_Files\\signals.csv";
 char out[200];
 Split_FilePath(filePath,out,0);
 write ("文件名: %s ", out);
 Split_FilePath(filePath,out,1);
 write ("文件路径: %s ", out);
}
//输出结果:
文件名: signals.csv
文件路径: D:\Source\Chapter 10\Tester\RW_Files
```

10.7　数据类型转换实例

10.7.1　浮点数和整型的相互转换

1. 浮点数存储

计算机内部只能存储和识别二进制数据，IEEE-754 标准定义了十进制浮点数在计算机内存中以二进制方式存储的规则。

单精度（Float）需要 32 位整数来存储，双精度（Double）需要 64 位整数来存储。图 10-21 是一个在线实现浮点数和整型（二进制数）相互转换的网页截图。

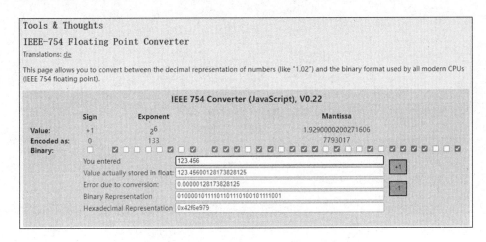

图 10-21　浮点数和整型（二进制数）转换

2. 单精度浮点数和 Dword 整型相互转换

CAPL 内置的浮点数和 Dword 整型的转换函数如下。

- dword interpretAsDword(float x);
- float interpretAsFloat(dword x);
- qword interpretAsQword(double x);
- double interpretAsDouble(qword x);

单精度浮点数和 Dword 整型相互转换的示例代码如下。

```
on key 'a'
{
  {
    // Float32 转 U32
    float in_float = 123.456;
    dword out_dword;

    out_dword = interpretAsDword(in_float);
    write("浮点数: %.3f >>> Dword = 0x%X",in_float,out_dword);
  }
  {
    //U32 转 Float32
    dword in_dword = 0x42f6e979;
    float out_float;
    out_float = interpretAsFloat(in_dword);
    write("Dword = 0x%X >>> 浮点数: %.3f",in_dword,out_float);
  }
}
//测试结果
Program / Model    浮点数: 123.456 >>> Dword = 0x42F6E979
Program / Model    Dword = 0x42F6E979 >>> 浮点数: 123.456
```

10.7.2 Byte 数组和整型的相互转换

1. 将 Byte 数组转换为 Dword 整型

下面示例代码中的自定义函数 ConvertByteArrToDword 可以将 Byte 数组转为 Dword 整型，参数定义如下。

- source：输入的 Byte 数组。
- target：通过&符号引用传参，输出 Dword 整型。
- end_type：0 为小端存储模式，1 为大端存储模式。

读者可根据需求重载该函数，比如把参数类型改为 Qword，size 变量设为 8，即可实现将 Byte 数组转换为 Qword 整型，示例代码如下。

```
byte ConvertByteArrToDword(byte source[],dword & target,byte end_type)
{
  byte i ;
  byte size = 4;

  for(i = 0; i< size;i++)
  {
   if(end_type == 1)  //大端模式
     target = target<<8 | source[i];
   else
     target = target<<8 | source[size-1-i];
  }
   return 1;
}


on key 'b'
{
  dword Input = 0xAB1234CD;
  byte out[4];

  write("输入 Dword = 0x%X",0xAB1234CD);
  ConvertDwordToByteArr(Input,out,0);
  write("小端格式：%X %X %X %X",out[0],out[1],out[2],out[3]);
  ConvertDwordToByteArr(Input,out,1);
  write("大端格式：%X %X %X %X",out[0],out[1],out[2],out[3]);
}
//输出结果：
Program / Model    输入 Byte 数组：12 34 56 78
Program / Model    小端格式：0x78563412
Program / Model    大端格式：0x12345678
```

2. 将 Dword 整型转换为 Byte 数组

下面示例代码中的自定义函数 ConvertDwordToByteArr 可以将 Dword 整型转换为 Byte 数组，参数定义如下。

- source：输入的 Dword 整型。
- target：输出的 Byte 数组。
- end_type：0 为小端存储格式，1 为大端存储格式。

示例代码如下。

```
on key 'c'
{
  dword Input = 0xAB1234CD;
  byte out[4];

  write("输入 Dword = 0x%X",0xAB1234CD);
  ConvertDwordToByteArr(Input,out,0);
  write("小端格式：%X %X %X %X",out[0],out[1],out[2],out[3]);
  ConvertDwordToByteArr(Input,out,1);
  write("大端格式：%X %X %X %X",out[0],out[1],out[2],out[3]);
}


byte ConvertDwordToByteArr(dword source, byte target[],byte end_type)
{
  byte i ;
  byte size = 4;

  for(i = 0; i< size;i++)
  {
    if(end_type == 1)
      target[i] = (source>>8*(size-1-i))&0xFF;
    else
      target[size -1 - i] = (source>>8*(size-1-i))&0xFF;
  }
  return 1;
}
//输出结果：
Program / Model    输入 Dword = 0xAB1234CD
```

```
Program / Model      小端格式: CD 34 12 AB
Program / Model      大端格式: AB 12 34 CD
```

10.7.3　Hex 字符串和 Byte 数组的相互转换

1. 将 Hex 字符串转换为 Byte 数组

下面示例代码中的自定义函数 ConvertHexStrToByteArr 可以将 Hex 字符串转换为 Byte 数组，该函数在 CAPL 脚本应用中使用频率非常高，参数定义如下。

- hexRawData：输入 Hex 形式的字符串。
- outByteArr：输出 Byte 数组。

输入的 Hex 字符串只接受 A～Z，a～z，0～9 字符。

下面重点讲解将字符串转换为整型的逻辑过程，比如将字符串"1A"转为整型 0x1A。

字符"1"的 Hex 形式的 ASCII 值为 0x31，通过 0x31 − 0x30 得到 0x01。

字符"A"的 Hex 形式的 ASCII 值为 0x41，通过 0x41 − 0x37 得到 0x0A。

然后通过 0x01 << 4 | 0x0A 运算即可得到 0x1A。

完整的示例代码如下。

```
on key 'd'
{
  char Input[500] = "AB1234CD4578AD";
  byte out[100];
  long i,size;

  write("输入 Hex 字符串 = %s",Input);
  size = ConvertHexStrToByteArr(Input,out);
  for(i =0;i<size;i++)
    write("out[%d] =  %X",i,out[i]);
}

long ConvertHexStrToByteArr(char hexRawData[], byte outByteArr[])
{
  long i;
  long hexLength;
  long byteIndex;
```

```
long tmpVal, retVal;

for (i = 0; i < elcount(outByteArr); i++)
{
   outByteArr[i] = 0;
}

hexLength = strlen(hexRawData);

if (elcount(outByteArr) <  hexLength/2)
{
 writeLineEx(-1,3,"Out Arrary too Small.");
 return 0;
}

 for (i = 0; i < hexLength; i++)
 {
    byteIndex = i / 2 ;
    tmpVal = (byte)hexRawData[i];
    if (tmpVal >= 0x30 && tmpVal <= 0x39)
      tmpVal = tmpVal - 0x30;
    else if(tmpVal >= 'A' && tmpVal <= 'F')
      tmpVal = tmpVal - 0x37;
    else if (tmpVal >= 'a' && tmpVal <= 'f')
      tmpVal = tmpVal - 0x57;
    else
    {
      return 0;
    }

    if (0 == (i % 2))
    {
      outByteArr[byteIndex] = tmpVal << 4;
    }
    else
    {
      outByteArr[byteIndex] = outByteArr[byteIndex] | tmpVal;
    }
 }
```

```
   return hexLength/2;
}
//输出结果
Program / Model      输入 Hex 字符串 = AB1234CD4578AD
Program / Model      out[0] =  AB
Program / Model      out[1] =  12
Program / Model      out[2] =  34
Program / Model      out[3] =  CD
Program / Model      out[4] =  45
Program / Model      out[5] =  78
Program / Model      out[6] =  AD
```

2. 将 Byte 数组转换为 Hex 字符串

下面示例代码中的自定义函数 ConvertByteArrToStr 可以将 Byte 数组转换为 Hex 字符串，参数定义如下。

- byteArr：输入 Byte 数组。
- length：输入 Byte 数组长度。
- outStr：输出 Hex 字符串。

示例代码如下。

```
on key 'e'
{
  byte Input[6] = {0x12,0x34,0x06,0x78,0xAD,0X70};
  char out_str[200];
  long i,size;

  write("输入 Byte 数组 : 0x12,0x34,0x06,0x78,0xAD,0x70");
  ConvertByteArrToStr(Input,elcount(Input),out_str);
  write("输出 Hex 字符串 : %s",out_str);
}

void ConvertByteArrToStr(byte byteArr[],long length ,char outStr[])
{
  long i;
  snprintf(outStr,elcount(outStr),"");
  for(i=0;i<length;i++)
  {
```

```
    if(byteArr[i]<0x10)
    snprintf(outStr,elcount(outStr),"%s0%X ",outStr,byteArr[i]);
    else
    snprintf(outStr,elcount(outStr),"%s%X ",outStr,byteArr[i]);
  }
}
//输出结果
Program / Model    输入 Byte 数组 : 0x12,0x34,0x06,0x78,0xAD,0x70
Program / Model    输出 Hex 字符串 : 12 34 06 78 AD 70
```

第 11 章　测试功能集

11.1　测试报告

11.1.1　测试报告格式

　　用户可以在【CANoe Options】窗口中选择测试报告生成格式，CANoe 默认提供 CANoe 内置的组件 Test Feature Set 打开测试报告，但用户可以使用通用性更好的 HTML 格式打开，如图 11-1 所示。

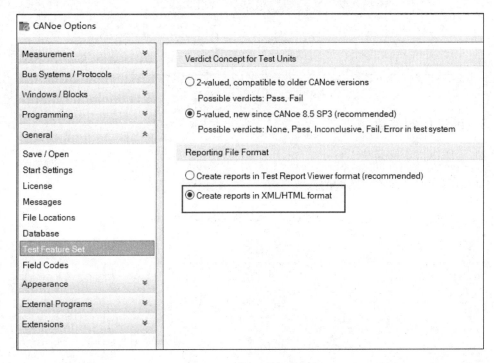

图 11-1　选择测试报告格式

11.1.2　测试报告过滤

　　在测试模块的配置窗口中的【Test Report Filter】页面下，如果是默认配置，那么在测试报告的开头会打印测试人员信息、CANoe 系统配置环境等，用户可以取消对它们的勾选来禁止在测试报告中打印这些信息，如图 11-2 所示。

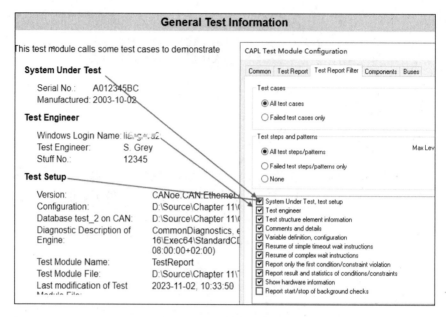

图 11-2   测试报告过滤设置

11.1.3   测试用例信息

（1）读取测试用例标题。

下列函数读取当前测试用例的标题名。

● testGetCurrentTestCaseTitle(char testCaseTitle[], long bufferSize); //

示例代码如下。

```
/*@!Encoding:936*/
testcase report_test_1()
{
  char title[100];
  testGetCurrentTestCaseTitle(title, elcount(title));
  testStep("","测试用例的标题:%s",title);
}
void MainTest ()
{
  report_test_01();
}
```

如图 11-3 所示，测试报告中显示的标题默认使用的是 CAPL 程序中测试用例的名称。

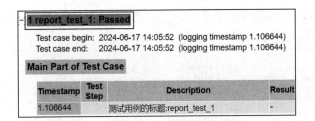

图 11-3　测试用例的默认标题

如果在 XML 测试模块中，且 XML 文件中的测试用例有 title 属性，则 testGetCurrent
TestCaseTitle 读取的是 title 属性的值，如图 11-4 所示。

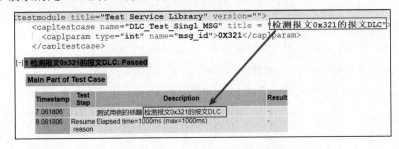

图 11-4　读取 title 属性的值

（2）测试用例标题和描述。

在设计测试用例时，用户可以使用 TestCaseTitle 函数在测试报告中输出测试用例 ID 号和
测试标题的描述信息。

TestCaseDescription 函数可以进一步阐述测试用例的描述信息，并在测试标题下面增加描
述信息，以及在测试用例中连续调用。

● TestCaseTitle (char identifier[], char title[]);

● TestCaseDescription (char description[]);

示例代码如下。

```
testcase report_test_2()
{
    char title_ID[20] = "TC_0002";
    char title_Detail[200] = "UDS 测试：默认会话切换到扩展诊断会话";
    testCaseTitle(title_ID,title_Detail);
    TestCaseDescription("Step1:Enter Default Session.\nStep2:Enter Extended
Session.");
}
```

测试结果如图 11-5 所示。

> **[–] 2 Test Case TC_0002: UDS 测试：默认会话模式切换到扩展诊断会话模式(物理寻址): Passed**
>
> Step1:Enter Default Session.
> Step2:Enter Extended Session.
>
> Test case begin: 2024-06-07 13:43:05 (logging timestamp 1.789550)
> Test case end:　 2024-06-07 13:43:05 (logging timestamp 1.789550)

图 11-5　为测试用例的标题重命名

（3）测试用例注释。

下列函数用于在测试用例中添加注释、输出报文信息，form 4 可以将输入的原始字符串转换为 Hex 字符并显示到报告中。

- TestCaseComment (char aComment[]); //form 1
- TestCaseComment (char aComment[], message aMsg); //form 2
- TestCaseComment (char aComment[], linFrame aMsg); //form 3
- TestCaseComment (char aComment[], char aRawString[]); //form 4

示例代码如下。

```
testcase report_test_3()
{
  message 100 msg = {dlc = 4, word(0) = 0x1234};
  char title_ID[20] = "TC_0003";;
  testCaseTitle(title_ID, "TestCaseComment 函数测试");

  TestCaseComment("准备测试。。。");
  TestCaseComment("收到报文信息：",msg);
  TestCaseComment("该字符串的 Hex 显示信息：","12345");
}
```

测试结果如图 11-6 所示。

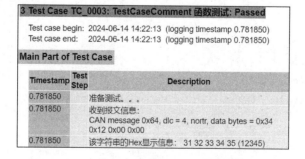

3 Test Case TC_0003: TestCaseComment 函数测试: Passed
Test case begin: 2024-06-14 14:22:13 (logging timestamp 0.781850)
Test case end:　 2024-06-14 14:22:13 (logging timestamp 0.781850)

Main Part of Test Case

Timestamp	Test Step	Description
0.781850		准备测试。。。
0.781850		收到报文信息： CAN message 0x64, dlc = 4, nortr, data bytes = 0x34 0x12 0x00 0x00
0.781850		该字符串的Hex显示信息：　31 32 33 34 35 (12345)

图 11-6　TestCaseComment 函数测试结果

11.1.4　测试结果

在测试模块中，用户可以对测试步骤、测试用例和测试模块判定结果。如果一个测试用例的所有测试步骤都为 pass（通过），则该测试用例的结果为 pass，否则为 fail（失败）。同理，如果测试模块中的所有测试用例的结果都为 pass，则该测试模块的结果也为 pass，否则为 fail。

CAPL 中内置了一系列的函数可以判定、读取每个测试步骤，以及测试用例和测试模块的结果，如表 11-1 所示。

表 11-1　结果判定函数

函数	说明
TestCaseFail	设置测试用例失败
TestGetVerdictLastTestCase	返回已经运行的或者当前的测试用例的结果
TestGetVerdictModule	返回测试模块的结果
TestSetVerdictModule	重置测试模块的结果
TestStepFail	判定当前测试步骤为失败
TestStepPass	判定当前测试步骤为成功
TestStepWarning	判定当前测试步骤为黄色高亮的警告
TestStepInconclusive	该测试步骤的结果是模糊不清的，不判定结果

（1）测试步骤结果。

每个测试用例由一个或多个测试步骤组成，且每个测试步骤应该都有一个明确的测试结果。

CAPL 内置的测试步骤判定函数包括 TestStepPass、TestStepFail、TestStepWarning、TestStepInconclusive 等相关重载函数。由于这些函数都有相同的参数格式，因此下面仅以 TestStepPass 函数为例进行测试。

- TestStepPass (); // form 1
- TestStepPass (char Description[]); // form 2
- TestStepPass (char Identifier[], char Description[], ...); // form 3
- TestStepPass (dword LevelOfDetail, char Identifier[], char Description[], ...); // form 4
- TestStepPass (dword LevelOfDetail, char[] Identifier, long handle); // form 5

form 1：判定测试步骤结果为 pass。

form 2：判定测试步骤结果为 pass，且用户可以添加描述信息。

form 3：判定测试步骤结果为 pass，用户可以添加测试步骤号和测试描述信息，且支持格式化输出。

form 4：LevelOfDetail 参数用来表示这个结果的重要性，0 表示"非常重要"，数字越大，重要程度越低，"不重要"的判定结果将不会输出到测试报告中。

form 5：对测试步骤中的表格判定结果，handle 参数由 TestInfoTable 函数生成。

示例代码如下。

```
testcase report_test_4()
{
  long i,a = 20;
  float b = 2.546;
  char title_ID[20] = "TC_0004";
  testCaseTitle(title_ID,"TestStepPass 函数测试");

  TestStepPass ();
  TestStepPass ("form 2:TestStepPass (char Description[]);");
  TestStepPass ("step 2","form 3:TestStepPass, a = %d,b = %.2f",a,b);

  for(i = 0;i<6;i++) //测试结果只有 i = 0、1、2 的时候会输出到测试报告
    TestStepPass (i,"step 3","form 4:TestStepPass, LevelOfDetail =%d ",i);

  {
    long table = 0;
    // 创建表格
    table = TestInfoTable("form 5:TestStepPass");
    // 创建表头
    TestInfoHeadingBegin(table, 0);
    TestInfoCell(table, "Left part");
    TestInfoCell(table, "Operation");
    TestInfoCell(table, "Right part");
    TestInfoCell(table, "Result");
    TestInfoHeadingEnd(table);
    // 插入一行数据
    TestInfoRow(table, 0);
    TestInfoCell(table, "Frequency");
    TestInfoCell(table, "<");
    TestInfoCell(table, "50");
    TestInfoCell(table, "warning");
    // 判定表格结果为pass
    TestStepPass(0, "step 4", table); // form 5
  }
```

```
}
```

测试结果如图 11-7 所示。

Timestamp	Test Step	Description	Result
1.553191			pass
1.553191		form 2:TestStepPass (char Description[]);	pass
1.553191	step 2	form 3:TestStepPass(char Identifier[], char Description[], ...); a = 20,b = 2.55	pass
1.553191	step 3	form 4:TestStepPass, LevelOfDetail =0	pass
1.553191	step 3	form 4:TestStepPass, LevelOfDetail =1	pass
1.553191	step 3	form 4:TestStepPass, LevelOfDetail =2	pass
1.553191	step 4	[–]form 5:TestStepPass	pass
		Left part　　　　Operation　　　　Right part　　　　Result	
		Frequency　　　　<　　　　50　　　　pass	

图 11-7　TestStepPass 函数测试结果

（2）获取测试用例的结果。

下面的函数返回已经执行过的测试步骤或者测试用例的判定结果。

● long TestGetVerdictLastTestCase();

该函数的返回值定义如表 11-2 所示。

表 11-2　函数的返回值定义

返回值	说明
0	通过
1	失败
2	无
3	不确定
4	测试系统中的错误

示例代码如下，只要有一个测试步骤被判定为 fail，则 TestGetVerdictLastTestCase 函数的返回值就是 1（即失败）。

```
testcase report_test_4_1()
{
  message 100 msg = {dlc = 4, word(0) = 0x1234};
  char title_ID[20] = "TC_0004_1";
  testCaseTitle(title_ID,"TestGetVerdictLastTestCase 函数测试");

  if(Prepare_Test() == 0) //测试条件不通过，就退出该测试用例
    return;
```

```
  //继续测试
  testStep("step 2.1","测试条件通过就继续测试");
}

long Prepare_Test()
{
  testStepPass("step 1.1","工作电压为14V, pass");
  testStepPass("step 1.2","控制器当前状态正常, pass");
  testStepFail("step 1.3","检测到 ESP 故障 DTC (0xF75312), failed");
  testStepPass("step 1.4","点火信号已开启, pass");

  if(TestGetVerdictLastTestCase()  == 1)
  {
    testStepFail("测试条件不通过");
    return 0;
  }
  else
  {
    testStepPass("测试条件通过");
    return 1;
  }
}
```

测试结果如图 11-8 所示。

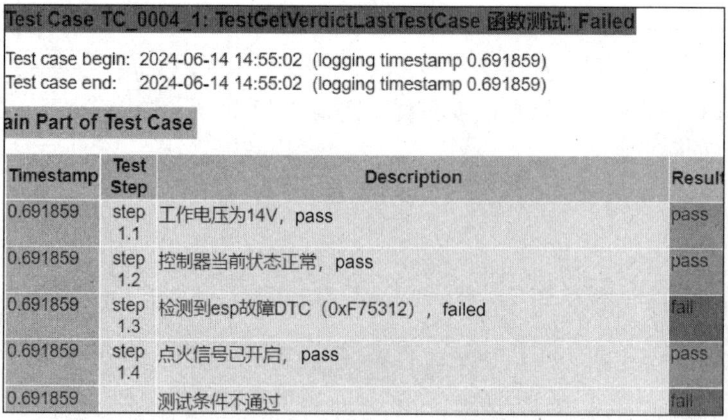

Test Case TC_0004_1: TestGetVerdictLastTestCase 函数测试: Failed

Test case begin: 2024-06-14 14:55:02 (logging timestamp 0.691859)
Test case end: 2024-06-14 14:55:02 (logging timestamp 0.691859)

ain Part of Test Case

Timestamp	Test Step	Description	Result
0.691859	step 1.1	工作电压为14V, pass	pass
0.691859	step 1.2	控制器当前状态正常, pass	pass
0.691859	step 1.3	检测到esp故障DTC (0xF75312) , failed	fail
0.691859	step 1.4	点火信号已开启, pass	pass
0.691859		测试条件不通过	fail

图 11-8　TestGetVerdictLastTestCase 函数测试结果（1）

上面的示例是获取已经执行的测试步骤的判定结果，下面再列举一个示例，获取已经执行的测试用例的结果，改写测试模块的判定结果，代码如下。

```
testcase report_test_4_2()
{
   testStepPass();
}
testcase report_test_4_3()
{
  testCaseFail();
}
testcase report_test_4_4()
{
  testStepPass();
}
void MainTest ()
{
  long lVerdict1;
  long lVerdict2;
  long lVerdict3;

  report_test_4_2();
  lVerdict1 = TestGetVerdictLastTestCase();

  report_test_4_3();
  lVerdict2 = TestGetVerdictLastTestCase();

  report_test_4_4();
  lVerdict3 = TestGetVerdictLastTestCase();

  //只要test_4_2测试通过，那么test_4_3和test_4_4任意一个测试通过，就算该测试模块通过
  if((lVerdict1 == 0)&&(lVerdict2 == 0||lVerdict3 == 0))
  {
    TestSetVerdictModule(0); // 改写测试模块的结果为pass
  }
  else
  {
    TestSetVerdictModule(1); // 改写测试模块的结果为fail
  }
}
```

测试结果如图 11-9 所示。

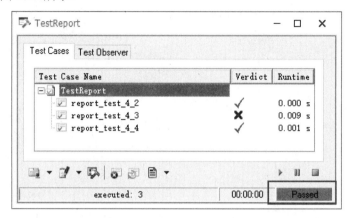

图 11-9　TestGetVerdictLastTestCase 函数测试结果（2）

11.1.5　测试配置信息

（1）测试设置信息打印。

以下函数可向测试报告中写入测试信息。

- TestReportAddSUTInfo 函数：在报告文件开头添加测试 ECU 的信息。
- TestReportAddEngineerInfo 函数：在报告文件开头添加测试人员的信息。
- TestReportAddSetupInfo 函数：在报告文件开头添加测试配置相关的信息。

示例代码如下。

```
testcase report_test_5()
{
  char title_ID[20] = "TC_0005";
  testCaseTitle(title_ID,"测试报告开头位置，打印信息");
  // 向测试报告的 System Under Test 模块插入信息
  TestReportAddSUTInfo("Serial No.", "A012345BC");
  TestReportAddSUTInfo("Manufactured", "2003-10-02");
  // 向测试报告的 Test Engineer 模块插入信息
  TestReportAddEngineerInfo("Test Engineer", "S. Grey");
  TestReportAddEngineerInfo("Stuff No.", "12345");
  // 向测试报告的 Test Setup 模块插入信息
  TestReportAddSetupInfo("Tester", "TH12");
}
```

测试结果如图 11-10 所示。

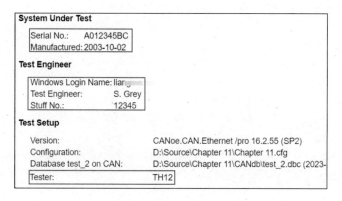

图 11-10　测试报告开头信息打印

（2）增强型测试报告输出。

下列函数支持以文本的方式、HTML 格式向测试报告中插入信息，且支持格式化打印。

- TestReportAddExtendedInfo (char type[], char text[], ...);

其中"Type"参数值可以为"html""text""other"，示例代码如下。

```
testcase report_test_6()
{
  char title_ID[20] = "TC_0006";
  testCaseTitle(title_ID,"向测试报告中插入 HTML 语法内容");

  TestReportAddExtendedInfo("text", "格式化输出普通文本信息：%s ",title_ID);
  TestReportAddExtendedInfo("html", "格式化输出 HTML 格式信息：%s <br>br 是 HTML 中
的换行标签<br> <font color = 'red'> 这是红色字体 </font>",title_ID);

  TestReportAddExtendedInfo("html", "下面输出一个 URL 链接：<br><A
HREF=\"https://blog.csdn.net/qq_34414530?type=blog\">CSDN-蚂蚁小兵,点我访问主页
</A>");
}
```

测试结果如图 11-11 所示。

（3）测试信息块。

下列函数向报告中创建一个信息快，需要先用 TestReportAddMiscInfoBlock 函数创建一个信息块，然后通过 TestReportAddMiscInfo 函数在该信息块中增加信息。

- TestReportAddMiscInfoBlock (char title[]);
- TestReportAddMiscInfo (char name[], char description[], ...);

示例代码如下。

```
testcase report_test_7()
{
  char title_ID[20] = "TC_0007";
  testCaseTitle(title_ID,"向测试用例中插入信息块");
    // add info block to test case in report
  TestReportAddMiscInfoBlock("Used Test Parameters");
  TestReportAddMiscInfo("Max. voltage", "19.5 V");
  TestReportAddMiscInfo("Max. current", "560 mA");
}
```

测试结果如图 11-12 所示。

图 11-11　TestReportAddExtendedInfo 函数测试结果

图 11-12　TestReportAddMiscInfo 函数测试结果

（4）修改测试模块标题和描述信息

在默认情况下，测试模块的标题从测试节点的名称中自动获取，也可以在 CAPL 中通过下列函数动态设置。

- TestModuleTitle (char title[]);
- TestModuleDescription (char description[]);

示例代码如下。

```
void MainTest ()
{
  TestModuleTitle("测试报告函数库测试");
  TestModuleDescription("本章内容主要简单介绍了和测试报告相关的一些函数");
  report_test_6();
}
```

测试结果如图 11-13 所示。

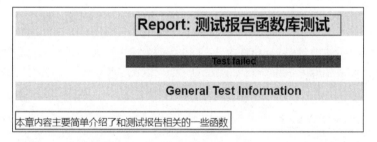

图 11-13　修改测试模块标题和描述信息

11.1.6　在测试报告中插入图片

（1）插入分析窗口截图。

下面的函数可以将 CANoe 软件中分析窗口的截图插入测试报告中，window 参数可以是 Trace、Scope、Graphics 等分析窗口的名称。

- TestReportAddWindowCapture(char[] window, char[] data, char[] title);

示例代码如下。

```
testcase report_test_8()
{
  char title_ID[20] = "TC_0008";
  testCaseTitle(title_ID,"向测试报告中增加截图");
  testReportAddWindowCapture("Trace", "", "截图 Trace");
}
```

测试结果如图 11-14 所示。

图 11-14　TestReportAddWindowCapture 函数测试结果

（2）插入外部图片。

下列函数向测试报告中添加一张指定大小的图片，filename 参数如果是相对路径，则参考路径为测试报告的相对路径，可以通过 width 参数和 height 参数来指定图片大小。

- TestReportAddImage (char description[], char filename[]);
- TestReportAddImage (char description[], char filename[], char width[], char height[]);

示例代码如下。

```
testcase report_test_9()
{
  char title_ID[20] = "TC_0009";
  testCaseTitle(title_ID,"向测试报告中插入图片");
  TestReportAddImage("帅气的跑车","..//TestModule//CAR.jpg");
}
```

测试结果如图 11-15 所示。

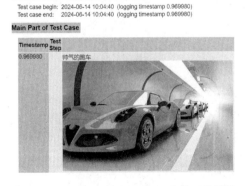

图 11-15　TestReportAddImage 函数测试结果

11.1.7　在测试报告中插入表格

用户可以在测试步骤中使用内置函数插入自定义格式的表格，写入单元格数据，然后输出到测试报告中，内置函数及其说明如表 11-3 所示。

表 11-3　内置函数及其说明

函数	说明
long TestInfoTable (char[] description)	创建一个表格
void TestInfoHeadingBegin (long handle, int indent)	在表格中创建表头
void TestInfoHeadingEnd (long handle)	表头创建结束
void TestInfoRow (long handle, int indent)	开始插入一行数据
void TestInfoRow (long handle, int indent, char[] text)	开始插入一行数据，并添加说明
void TestInfoCell (long handle, char[] text)	插入单元格数据
void TestInfoCell (long handle, char[] text, int span)	插入跨列的单元格数据

将表 11-3 中的内置函数组合使用，可以向测试报告中输入任意样式的表格数据，示例代码如下。

```
testcase report_test_10()
{
  long table = 0;
  char title_ID[20] = "TC_0010";
  testCaseTitle(title_ID,"向测试报告中插入自定义样式的表格");

  // 创建表格
  table = TestInfoTable("创建一个表格，记录数据");
  // 插入表头
  TestInfoHeadingBegin(table, 0);
  TestInfoCell(table, "Left part");
  TestInfoCell(table, "Operation");
  TestInfoCell(table, "Right part");
  TestInfoCell(table, "Result");
  TestInfoHeadingEnd(table);

  // 插入第一行数据，字符缩进为 0
  TestInfoRow(table, 0);
  TestInfoCell(table, "Frequency");
  TestInfoCell(table, "<");
  TestInfoCell(table, "50");
```

```
TestInfoCell(table, "warning");

// 插入第二行数据，字符缩进为 0
TestInfoRow(table, 0);
TestInfoCell(table, "Temperature");
TestInfoCell(table, "in range");
TestInfoCell(table, "90-100");
TestInfoCell(table, "pass");

// 在表格中插入一个子表头
TestInfoHeadingBegin(table, 1);
TestInfoCell(table, "Additional conditions", 4);
TestInfoHeadingEnd(table);

//在子表头下插入一行数据
TestInfoRow(table, 1);
TestInfoCell(table, "Test Duration", 2);
TestInfoCell(table, "60s");
TestInfoCell(table, "fail");

// 输出表格结果
TestStepFail(0, "", table);
}
```

测试结果如图 11-16 所示。

Timestamp	Test Step	Description				Result
1.553191		[-]创建一个表格，记录数据				fail
		Left part	Operation	Right part	Result	
		Frequency	<	50	warning	
		Temperature	in range	90-100	pass	
		Additional conditions				
		Test Duration		60s		fail

图 11-16　插入表格数据测试结果

11.1.8　输出诊断数据

下列函数可以将诊断请求数据和诊断响应数据输出到测试报告中。

- TestReportWriteDiagObject (diagRequest req);
- TestReportWriteDiagResponse (diagRequest req);

示例代码如下。

```
testcase report_test_11()
{
  diagRequest Engine.DiagnosticSessionControl_Process DefaultSession_Start;
  char title_ID[20] = "TC_0011";
  testCaseTitle(title_ID,"诊断信息打印");

  diagSendRequest(DefaultSession_Start);
  TestReportWriteDiagObject(DefaultSession_Start); //打印诊断发送
  testWaitForDiagResponse(DefaultSession_Start,1000);
  TestReportWriteDiagResponse (DefaultSession_Start); //打印诊断响应
}
```

测试结果如图 11-17 所示。

Timestamp	Test Step	Description
1.553191		[-]Engine: //UDS_Diagnostic_Services_Generic/CommonDiagnostics/DiagnosticSessionControl
		Parameter Value Raw
		SID-RQ 0x10 10
		Diagnostic Session Type defaultSession 01
1.554689	Resume reason	Resumed on Diagnostics response from 'Engine' Elapsed time=1.498ms (max=1000ms)
1.554689		[-]Engine: //UDS_Diagnostic_Services_Generic/CommonDiagnostics/DiagnosticSessionControl
		Parameter Value Raw
		SID-PR 0x50 50
		Diagnostic Session Type defaultSession 01
		Session Parameter Record

图 11-17　诊断数据输出函数测试结果

11.1.9　更改测试报告路径

在测试运行状态，用户可以通过下列函数动态地设置测试报告的路径和文件名，如果在同一个测试模块中多次调用该函数，则只有最后一次的设置生效。

● TestReportFileName (char data name[]);

示例代码如下。

```
testcase report_test_12()
{
  char title_ID[20] = "TC_0012";
  long tm[9];
```

```
char Time[100];
char logPath[200];

getLocalTime(tm);
snprintf(Time,elcount(Time),"%d_%d_%d",tm[5]+1900,tm[4]+1,tm[3]);
snprintf(logPath,elCount(logPath),"D:\\TestReport\\%s\\test.xml", Time);
write("日志保存路径 : %s",logPath);

testCaseTitle(title_ID,"动态更改测试报告");
TestReportFileName(logPath);
testWaitForTimeout(1000);
}
```

测试结果如图 11-18 所示。

图 11-18　TestReportFileName 函数测试结果

11.2　故障注入函数

本节以 CAN 总线为例讲解可以在测试模块中使用的故障注入函数，如表 11-4 所示，其他总线类型的故障注入函数可参考 CANoe 帮助文档。

表 11-4　CAN 总线故障注入函数

函数	说明
TestDisableMsg	停止发送报文
TestDisableMsgAllTx	指定仿真节点停止发送所有的周期报文
TestEnableMsg	开始发送报文
TestEnableMsgAllTx	指定仿真节点开始发送所有的周期报文
testILSetMessageProperty	更改指定节点的报文的内部属性
testILSetNodeProperty	更改指定节点的内部属性
TestResetAllFaultInjections	重置节点中所有注入的故障
TestResetMsgCycleTime	重置报文周期为数据库中的定义值
TestResetMsgDlc	重置报文 DLC 为数据库中的定义值
TestSetMsgCycleTime	设置报文周期
TestSetMsgDlc	设置报文 DLC
TestSetMsgEvent	发送一帧报文
testSetEcuOffline	将 ECU 从总线上断开
testSetEcuOnline	将 ECU 重新连接到总线上

11.2.1　禁用报文

用户可通过下列 TestEnableMsg 函数禁用网络节点仿真的报文，还可以通过 TestEnableMsg 函数重新启动报文发送。

- long TestDisableMsg (dbMsg aMessage);
- long TestDisableMsg (dword aMessageId);
- long TestDisableMsg (char aMessageName[]);

【注意】：该函数只能作用于数据库中定义的报文，不可用于 IG 模块和自定义的报文。本节的函数只能在测试模块节点中使用。如果在多总线中使用该函数，则需要先使用 SetBusContext 函数指定总线。

下面的示例代码实现停发报文并等待 2 秒后再启动报文。

```
testcase DisableMessage(dword can_ID,char Bus[])
{
  //如果是多路总线，则需要先指定总线
  setBusContext(getBusNameContext(Bus));
  TestDisableMsg(can_ID);
  TestWaitForTimeout(2000);
```

```
    testEnableMsg(can_ID);
}
void MainTest ()
{
    DisableMessage(0x123,"CAN");
}
```

测试结果如图 11-19 所示。

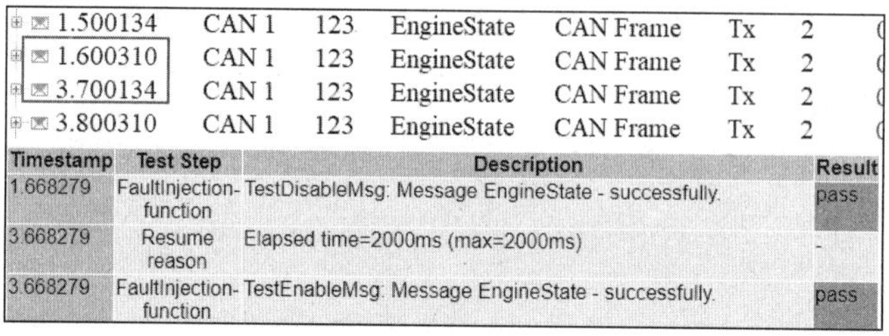

1.500134	CAN 1	123	EngineState	CAN Frame	Tx	2	
1.600310	CAN 1	123	EngineState	CAN Frame	Tx	2	
3.700134	CAN 1	123	EngineState	CAN Frame	Tx	2	
3.800310	CAN 1	123	EngineState	CAN Frame	Tx	2	

Timestamp	Test Step	Description	Result
1.668279	FaultInjection-function	TestDisableMsg: Message EngineState - successfully.	pass
3.668279	Resume reason	Elapsed time=2000ms (max=2000ms)	-
3.668279	FaultInjection-function	TestEnableMsg: Message EngineState - successfully.	pass

图 11-19　TestDisableMsg 函数测试结果

11.2.2　设置报文属性

以 TestSetMsgDlc 函数为例，讲解如何在测试运行中修改报文的 DLC 属性，该函数的使用注意事项和 TestDisableMsg 函数相同。

- long TestSetMsgDlc (dbMsg aMessage , dword dlc);
- long TestSetMsgDlc (dword aMessageId , dword dlc);
- long TestSetMsgDlc (char aMessageName[], dword dlc);

CAN 和 CANFD 总线中 DLC 的值和数据长度的映射关系如表 11-5 所示。

表 11-5　DLC 的值和数据长度的映射关系

DLC 值	CAN 总线的数据长度	CANFD 总线的数据长度
0～8	0～8	0～8
9	8	12
10	8	16
11	8	20
12	8	24
13	8	32
14	8	48
15	8	64

示例代码如下：

```
testcase SetMessageProperty()
{
  //多路总线的话，需要先指定总线
  setBusContext(getBusNameContext("CAN"));
  TestSetMsgDlc(0x123,8);
  //testSetMsgCycleTime(0x123,50);
  TestWaitForTimeout(2000);
  TestResetMsgDlc(0x123);
  //testResetMsgCycleTime(0x123);
}
```

测试结果如图 11-20 所示。

⊕ ⊠ 3.800310	CAN 1	123	EngineState	CAN Frame	Tx	2	00	00	
⊕ ⊠ 3.900134	CAN 1	123	EngineState	CAN Frame	Tx	2	00	00	
⊕ ⊠ 4.000310	CAN 1	123	EngineState	CAN Frame	Tx	2	00	00	
⊕ ⊠ 4.100250	CAN 1	123	EngineState	CAN Frame	Tx	8	00	00 00 00 C
⊕ ⊠ 4.200426	CAN 1	123	EngineState	CAN Frame	Tx	8	00	00 00 00 C
⊕ ⊠ 4.300250	CAN 1	123	EngineState	CAN Frame	Tx	8	00	00 00 00 C
⊕ ⊠ 4.400426	CAN 1	123	EngineState	CAN Frame	Tx	8	00	00 00 00 C
⊕ ⊠ 5.800426	CAN 1	123	EngineState	CAN Frame	Tx	8	00	00 00 00 C
⊕ ⊠ 5.900250	CAN 1	123	EngineState	CAN Frame	Tx	8	00	00 00 00 C
⊕ ⊠ 6.000426	CAN 1	123	EngineState	CAN Frame	Tx	8	00	00 00 00 C
⊕ ⊠ 6.100134	CAN 1	123	EngineState	CAN Frame	Tx	2	00	00	
⊕ ⊠ 6.200310	CAN 1	123	EngineState	CAN Frame	Tx	2	00	00	

图 11-20 TestSetMsgDlc 函数测试结果

11.2.3 断开 ECU 连接

下列函数用于将指定的 ECU 从总线上断开，该函数通常用于模拟 ECU 故障或离线情况，以便进行相应的测试和验证。用户可以通过调用 testSetEcuOnline 函数将 ECU 重新连接到总线。

- void testSetEcuOffline (dbNode aNode);
- void testSetEcuOffline (char aNodeName[]);

示例代码如下。

```
testcase ControloNode(char node[])
{
    testSetEcuOffline(node);
    TestWaitForTimeout(2000);
```

```
    TestSetEcuOnline(node);
}
void MainTest ()
{
    ContrloNode("Engine");
}
```

测试结果如图 11-21 所示。

⊞ ⊠ 4.200310	CAN 1	Engine	123	EngineState	CAN Frame	Tx
⊞ ⊠ 4.200426	CAN 1	Light	321	LightState	CAN Frame	Tx
⊞ ⊠ 4.300134	CAN 1	Engine	123	EngineState	CAN Frame	Tx
⊞ ⊠ 4.300250	CAN 1	Light	321	LightState	CAN Frame	Tx
⊢ ⊠ 4.396165	TFS: Test module 'TestFeatureSet' started.					
⊢ ⊠ 4.396165	TFS: Test module 'TestFeatureSet': Test case 'ContrloNode' started.					
⊞ ⊠ 4.400116	CAN 1	Light	321	LightState	CAN Frame	Tx
⊞ ⊠ 4.500136	CAN 1	Light	200	LightState_2	CAN Frame	Tx
⊞ ⊠ 4.500252	CAN 1	Light	321	LightState	CAN Frame	Tx
⊞ ⊠ 4.600116	CAN 1	Light	321	LightState	CAN Frame	Tx
⊞ ⊠ 4.700116	CAN 1	Light	321	LightState	CAN Frame	Tx

图 11-21　testSetEcuOffline 函数测试结果

11.3　测试等待函数

CAPL 内置了大量以 "TestWait" 开头的函数，本节仅以 CAN 总线为例讲解部分常用的测试等待函数。

11.3.1　延时等待

下列函数用于在测试模块中延时等待，参数 aTimeout 的单位是毫秒。

- long TestWaitForTimeout(dword aTimeout);

【注意】：该函数无法在网络节点中使用，当 aTimeout 参数等于 0 时，程序将被阻塞。

11.3.2　等待 Symbols 值匹配

下列函数用于等待信号、系统变量或环境变量的值和输入的值匹配。

- long TestWaitForSignalMatch (Signal aSignal, float aCompareValue, dword aTimeout); // form 1

- long TestWaitForSignalMatch(dbEnvVar aEnvVar, float aCompareValue, dword aTimeout); // form 2

- long TestWaitForSignalMatch (sysvar aSysVar, float aCompareValue, dword aTimeout); // form 3
- long TestWaitForSignalMatch (sysvar aSysVar, int64 aCompareValue, dword aTimeout); // form 4

如下面的示例代码，在执行测试用例后，按下 "h" 按键，给 Symbol 赋值。

```
testcase TestWaitForSymbols_Test ()
{
  long result;
  teststep("","开始等待按键");
  result = TestWaitForSignalMatch(sysvar::SysVariableTest::type_64_unsigned,
80, 10000);
  if(result==1)
    testStepPass("", "type_64_unsigned = %d,测试通过
",@sysvar::SysVariableTest::type_64_unsigned);
  else
    TestStepFail("", "type_64_unsigned = %d,测试失败
",@sysvar::SysVariableTest::type_64_unsigned);

  result = TestWaitForSignalMatch(EngineSpeed, 160, 10000);
  if(result==1)
    testStepPass("", "EngineSpeed = %.2f,测试通过",$EngineSpeed);
  else
    TestStepFail("", "EngineSpeed = %.2f,测试失败",$EngineSpeed);
}
on key 'h'
{
  teststep("","按下按键%c",this);
  @sysvar::SysVariableTest::type_64_unsigned = 80;
  $EngineState::EngineSpeed = 120;
}
void MainTest ()
{
  @sysvar::SysVariableTest::type_64_unsigned = 0;
  $EngineState::EngineSpeed = 0;
  TestWaitForSymbols_Test();
}
```

测试结果如图 11-22 所示。

Timestamp	Test Step	Description	Result
1.095444		开始等待按键	-
2.375695		按下按键h	-
2.375695	Resume reason	Resumed on sysvar 'type_64_unsigned' Elapsed time=1280.25ms (max=10000ms)	-
2.375695		type_64_unsigned = 80,测试通过	pass
12.375695	Resume reason	Elapsed time=10000ms (max=10000ms)	-
12.375695		EngineSpeed = 120.00,测试失败	fail

图 11-22　TestWaitForSignalMatch 函数测试结果

11.3.3　等待报文

下列函数用于在测试模块中等待指定报文的出现，若在指定时间内收到报文，则函数返回值为 1，若超时没收到报文，则函数返回值为 0。

- long TestWaitForMessage(dbMsg aMessage, dword aTimeout); // form 1
- long TestWaitForMessage(dword aMessageId, dword aTimeout); // form 2
- long TestWaitForMessage(dword aTimeout); // form 3

该函数的格式 form 3 没有 aMessage 参数，这表明收到任意报文，该函数都会退出并返回 1。

【注意】：如果在多总线中使用该函数，则需要先使用 SetBusContext 函数指定总线。

如下面的示例代码，先使用 TestDisableMsg 函数禁用指定报文，再使用 TestWaitForMessage 函数检查是否禁用成功，然后使用 testEnableMsg 函数启用指定报文，最后使用 TestWaitForMessage 函数检查是否启动成功。

```
testcase TestWaitMessage (dword can_id ,dword waitTime)
{
  //多路总线需要设置
  setBusContext(getBusNameContext("CAN"));
  TestDisableMsg(can_id); // 禁用报文
  TestWaitForTimeout(2000);
  if(TestWaitForMessage(can_id, waitTime) == 0)
  {
   testStepPass("","禁用报文 0X%x,等待%dms,没收到该报文,测试通过",can_id,waitTime);
  }
  else
  {
   testStepFail("","禁用报文 0X%x,等待%dms, 收到该报文, 测试失败",can_id,waitTime);
  }
```

```
testEnableMsg(can_id); // 启用报文

if(TestWaitForMessage(can_id, waitTime) == 1)
{
  testStepPass("","启用报文 0X%x,等待%dms, 收到该报文, 测试通过",can_id,waitTime);
}
else
{
  testStepFail("","启用报文 0X%x,等待%dms,没收到该报文,测试失败",can_id,waitTime);
}
}
```

测试结果如图 11-23 所示。

Timestamp	Test Step	Description	Result
1.379290	FaultInjection-function	TestDisableMsg: Message EngineState - successfully.	pass
3.379290	Resume reason	Elapsed time=2000ms (max=2000ms)	-
4.379290	Resume reason	Elapsed time=1000ms (max=1000ms)	-
4.379290		禁用报文0X123,等待1000ms, 没收到该报文, 测试通过	pass
4.379290	FaultInjection-function	TestEnableMsg: Message EngineState - successfully.	pass
4.400310	Resume reason	Resumed on message id=291 (0x123) Elapsed time=21.0205ms (max=1000ms)	-
4.400310		启用报文0X123,等待1000ms, 收到该报文, 测试通过	pass

图 11-23　TestWaitForMessage 函数测试结果

11.3.4　获取报文数据

下列函数用于在测试模块中获取特定事件报文的数据。

- long TestGetWaitEventMsgData (message aMessage); // form 1
- long TestGetWaitEventMsgData (dword index, message aMessage); // form 2

form 1 格式函数和 TestWaitForMessage 函数一起使用，用来获取指定报文的数据。

form 2 格式函数和以 "testJoin" 开头的函数一起使用。

下面的示例代码实现等待指定报文事件发生并获取其数据。

```
testcase TestWaitAndGetMessage (dword can_id,dword waitTime)
{
  message * msg;
  long i;
```

```
  byte data[64];
  char data_str[256];
  if(TestWaitForMessage(can_id, waitTime) ==1)
  {
      testStepPass("","收到报文 0x%X",can_id);
      if(TestGetWaitEventMsgData(msg) == 0)
      {
        for(i = 0 ; i< msg.DataLength;i++)
        {
          data[i] = msg.byte(i);
        }
        ConvertByteArrToStr(data,msg.DataLength,data_str);
        testStepPass("","报文内容: %s",data_str);
      }
  }
  else
  {
    testStepFail("","没有收到报文 0x%X",can_id);
  }
}
void ConvertByteArrToStr(byte byteArr[],long length ,char outStr[])
{
  long i;
  snprintf(outStr,elcount(outStr),"");
  for(i=0;i<length;i++)
  {
    if(byteArr[i]<0x10)
     snprintf(outStr,elcount(outStr),"%s0%X ",outStr,byteArr[i]);
    else
     snprintf(outStr,elcount(outStr),"%s%X ",outStr,byteArr[i]);
  }
}
void MainTest ()
{
    TestWaitAndGetMessage(0x100,1000);
}
```

测试结果如图 11-24 所示。

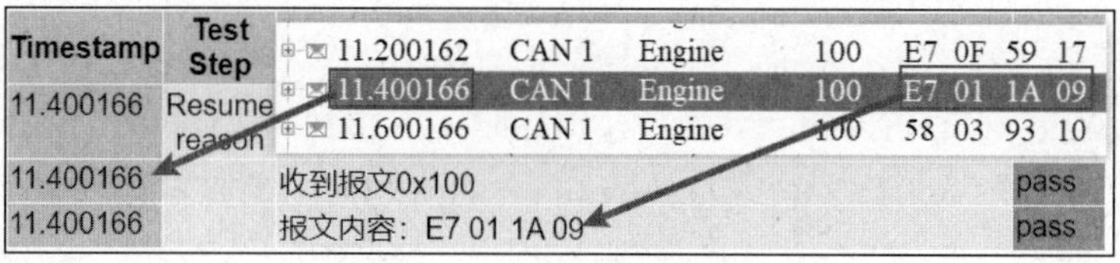

图 11-24　TestGetWaitEventMsgData 函数测试结果

用户除了可以使用 TestGetWaitEventMsgData 函数获取指定报文数据外，还可以使用 on message 的方式获取，示例代码如下。

```
on message *
{
  byte data[64];
  char data_str[256];
  long i ;

  if(this.id == 0x100)
  {
    for(i = 0; i< this.DataLength;i++)
      data[i] = this.byte(i);
    ConvertByteArrToStr(data,this.DataLength,data_str);
    writeLineEx(-3,0,"报文内容：%s",data_str);
  }
}
void MainTest ()
{
testWaitForTimeout(10000);
}
```

测试结果如图 11-25 所示。

10.200166	CAPL: 报文内容：E7 05 DA 04				
10.200166	CAN 1	Engine	100	Engine_2	E7 05 DA 04
10.200300	CAN 1	Engine	123	EngineState	00 00
10.300134	CAN 1	Engine	123	EngineState	00 00
10.400168	CAPL: 报文内容：E7 07 82 12				
10.400168	CAN 1	Engine	100	Engine_2	E7 07 82 12
10.400302	CAN 1	Engine	123	EngineState	00 00
10.500134	CAN 1	Engine	123	EngineState	00 00
10.600168	CAPL: 报文内容：58 09 85 0B				
10.600168	CAN 1	Engine	100	Engine_2	58 09 85 0B
10.600302	CAN 1	Engine	123	EngineState	00 00
10.700134	CAN 1	Engine	123	EngineState	00 00

图 11-25　使用 on message 方式获取指定报文内容

11.3.5　等待指定文本出现

　　CAPL 语言是基于事件驱动的，除了一些内置的事件外，还可以通过下列函数创建自定义的事件。TestWaitForTextEvent 函数如果在指定时间内收到 TestSupplyTextEvent 函数发出的指定文本信号，则该函数退出等待并返回数值 1，否则超时退出且返回数值 0。

- long TestWaitForTextEvent(char aText[], dword aTimeout);//等待指定文本事件发生
- long TestSupplyTextEvent(char aText[]);//发生指定文本事件

　　【说明】：该函数的作用范围仅限于其所在的测试模块，其他测试模块的事件响应不受影响。

　　示例代码如下，在测试用例中 TestWaitForTextEvent 函数等待"Get Error Frame"文本信号，用户按下按键"a"向总线上输出一帧错误帧，则触发了 on errorFrame 事件，在该事件中通过 TestSupplyTextEvent 函数发出"Get Error Frame"文本信号。

```
on key 'a'
{
  teststep("","按下按键a,输出一帧错误帧");
  output(errorframe);
}
on errorFrame
{
  TestSupplyTextEvent("Get Error Frame");
}
testcase TestWaitTextEvent  (char aText[], dword aTimeout)
{
  teststep("","等待\"%s\"文本信号出现",aText);
  if(TestWaitForTextEvent(aText, aTimeout) == 1)
  testStepPass("收到指定文本信号");
  else
  testStepFail("没收到指定文本信号");
}
void MainTest ()
{
  TestWaitTextEvent("Get Error Frame",10000);
}
```

测试结果如图 11-26 所示。

Timestamp	Test Step	Description	Result
4.416219		等待"Get Error Frame"信号出现	-
13.628009		按下按键a,输出一帧错误帧	-
13.628049	Resume reason	Resumed on TextEvent 'Get Error Frame' Elapsed time=9211.83ms (max=10000ms)	-
13.628049		收到指定文本信号	pass

图 11-26　TestWaitForTextEvent 函数测试结果

11.3.6　等待诊断发送响应完毕

TestWaitForDiagRequestSent 函数用于等待诊断请求发送到总线，TestWaitForDiagResponse 函数用于等待诊断响应接收完毕。

- long TestWaitForDiagRequestSent (diagRequest request, dword timeout);
- long TestWaitForDiagResponse (diagRequest request, dword timeout);

示例代码如下。

```
testcase TestWaitDiag  ()
{
 DiagRequest Door.DefaultSession_Start req;
 long result;

 req.SendRequest();
 if (TestWaitForDiagRequestSent(req, 100)== 1)
 {
   if (TestWaitForDiagResponse(req, 1000)== 1)
     TestStepPass("Response was Received successfully!");
   else
     TestStepFail("Response was not Received");
 }
 else
   TestStepFail("Request could not be sent!");
}
```

11.3.7　用户交互

1. 等待用户输入字符串

下列函数创建一个与用户交互的对话框，等待用户输入字符串，并且可以用 TestGetStringInput

函数获取输入的字符串，也可以在对话框中输入注释，该注释将被自动打印到测试报告中。

- long TestWaitForStringInput (char aQuery[]); // form 1
- long TestWaitForStringInput (char aQuery[], dword aTimeout); // form 2
- long TestWaitForStringInput(char text[], char caption[], char info[], char[] default[]); // form 3

示例代码如下。

```
testcase TestWaitUserDoSomething()
{
  char name[100];
  if (1== TestWaitForStringInput("Please enter your name", 20000))
  {
    TestGetStringInput(name, 100);
    teststep("","name = %s", name);
  }
}
void MainTest ()
{
  TestWaitUserDoSomething();
}
```

测试结果如图 11-27 所示。

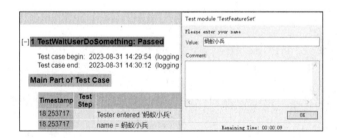

图 11-27   TestWaitForStringInput 函数测试结果

2. 等待用户输入数字

下列函数创建一个与用户交互的对话框，等待用户输入数字字符。用户可以输入十进制或者十六进制数字字符。如果使用 TestGetValueInput 函数读取，则返回值为浮点数，如果用 TestGetStringInput 函数读取，则读取的是数字字符串格式。

- long TestWaitForValueInput (char aQuery []); // form 1

- long TestWaitForValueInput (char aQuery [], dword aTimeout); // form 2
- long TestWaitForValueInput(char text[], char caption[], char info[]); // form 3
- long TestWaitForValueInput(char text[], char caption[], char info[], dword timeout); // form 4

【注意】：在输入过程中不允许输入非数字字符，否则会有报错提示。

示例代码如下。

```
testcase TestWaitUserDoSomething_2 ()
{
  char resultStr[100];
  if (1== TestWaitForValueInput ("Please enter your ID", 20000))
  {
    teststep("","Test ID = %.f", TestGetValueInput());
    TestGetStringInput(resultStr, 100);
    teststep("","Test ID = %s", resultStr);
  }
}
```

测试结果如图 11-28 所示。

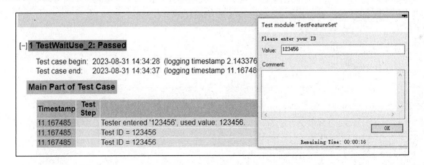

图 11-28　TestWaitForValueInput 函数测试结果

3. 等待用户确认

下列函数创建一个与用户交互的对话框，向用户显示给定的字符串，用户可以选择"Yes"或"No"按钮确认。

- long TestWaitForTesterConfirmation(char text[]); // form 1
- long TestWaitForTesterConfirmation(char[] text, unsigned long timeout); // form 2
- long TestWaitForTesterConfirmation(char[] text, unsigned long timeout, char[] heading, char[] resource, char[] resourceCaption); // form 3　支持在弹窗中添加图片资源

示例代码如下。

```
testcase TestWaitUser_3 ()
{
  //可以插入图片
  //if (1 == TestWaitForTesterConfirmation ("Any text or question",
20000,"","CAR.jpg",""))
  if (1 == TestWaitForTesterConfirmation ("Any text or question", 20000))
  {
    teststep("","用户按下 Yes");
  }
  else
  {
    teststep("","用户按下 No");
  }
}
```

测试结果如图 11-29 所示。

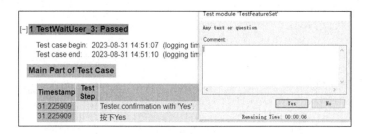

图 11-29   TestWaitForTesterConfirmation 函数测试结果

11.4   注册事件

若在 CAPL 程序中监测单个事件，则可以用 TestWaitForMessage 函数等待报文出现，用 TestWaitForSignalMatch 函数等待信号值匹配，用 TestWaitForTextEvent 函数等待指定文本消息等。如果同时监测多个事件，则可以使用如表 11-6 中列出的以"TestJoin"开头的函数。

在 CAPL 程序中每使用一个 TestJoin 函数，就相当于向运行环境中注册一个等待事件，并且函数返回当前注册事件的索引序列。注册事件并不会检测事件是否发生，只有当调用了 TestWaitForAllJoinedEvents 函数或者 TestWaitForAnyJoinedEvent 函数时，才去检测事件是否发生。

表 11-6 部分 TestJoin 函数

函数	描述
TestJoinAuxEvent	
TestJoinEnvVarEvent	
TestJoinMessageEvent	
TestJoinSysVarEvent	事件：具有值条件的辅助事件、系统变量、环境变量、消息、消息 ID、文本、信号
TestJoinTextEvent	
TestJoinRawSignalMatch	
TestJoinSignalInRange	
TestJoinSignalOutsideRange	
TestJoinSignalMatch	
TestWaitForAllJoinedEvents	等待当前加入的事件发生
TestWaitForAnyJoinedEvent	

11.4.1 等待注册的事件全部发生

在调用 TestWaitForAllJoinedEvents 函数后，如果在等待期间所有的注册事件都发生了，则该函数退出等待，并返回最后触发事件的索引值，否则返回值为 0。

- long TestWaitForAllJoinedEvents(dword aTimeout);
- long testGetJoinedEventOccured(dword index, int64& occurrenceTime);

【注意】：只要调用过该函数，先前注册的事件就会被清空，无论测试结果如何。

用户可以通过 testGetJoinedEventOccured 函数判断某个事件是否发生，index 参数就是 TestJoin 函数的返回值。如果事件发生，则返回该事件触发时的时间戳。

示例代码如下。

```
on key 'n'
{
  teststep("","按下按键%c",this);
  TestSupplyTextEvent("ErrorFrame occurred!");
}
on key 'm'
{
  message 0x15 msg;
  teststep("","按下按键%c",this);
  output(msg);
}
```

```
testcase WaitForAllEvent()
{
  long eventHandle1, eventHandle2;
  int64 eventTime1 , eventTime2 ;
  long res;

  eventHandle1 = TestJoinMessageEvent(0x15);
  eventHandle2 = TestJoinTextEvent("ErrorFrame occurred!");

  if (TestWaitForAllJoinedEvents(5000) > 0)
  {
    testStepPass("All expected events occured");
  }
  else
  {
    if (testGetJoinedEventOccured(eventHandle1, eventTime1) == 1)
    {
      testStepFail("","Received 0x15 message at %f", eventTime1/1000000000.0);
    }
    else
    {
      write("Not Received 0x15 message ");
    }
    if (testGetJoinedEventOccured(eventHandle2, eventTime2) == 1)
    {
      testStepFail("","Errorframe occured at %f", eventTime2/1000000000.0);
    }
    else
    {
      write("No Errorframe");
    }
  }
}

void MainTest ()
{
  WaitForAllEvent();
}
```

测试结果如图 11-30 所示，在示例 1 中，用户在 5000ms 内按下了按键"n"和"m"，注册的事件都触发了，测试结果为 pass；在示例 2 中，用户在 5000ms 内只按下了按键"n"，测试结果为 fail。

Timestamp	Test Step	Description	Result
6.321795	按下按键m	示例1	-
7.277017	按下按键n		-
7.277017	Resume reason	Resumed on TextEvent 'ErrorFrame occurred!' Elapsed time=4440.8ms (max=5000ms)	-
7.277017		All expected events occured	pass

Timestamp	Test Step	Description	Result
3.345721	按下按键n	示例2	-
5.889040	Resume reason	Elapsed time=5000ms (max=5000ms)	-
5.889040		Errorframe occured at 3.345721	fail

图 11-30　TestWaitForAllJoinedEvents 函数测试结果

11.4.2　等待任何一个注册事件发生

当调用 TestWaitForAnyJoinedEvent 函数后，在等待时间内，任何一个注册事件发生，该函数都会退出并返回最后触发事件的索引值。

● long TestWaitForAnyJoinedEvent(dword aTimeout);

【注意】：只要调用过该函数，无论测试结果如何，先前注册的事件就都会被清空。

示例代码如下，在 5000ms 内按下按键"n"或者"m"，测试结果都是 pass。

```
testcase WaitForAnyEvent()
{
 long eventHandle1, eventHandle2;
 int64 eventTime1 , eventTime2 ;
 long res;

 eventHandle1 = TestJoinMessageEvent(0x15);
 eventHandle2 = TestJoinTextEvent("ErrorFrame occurred!");
 teststep("","eventHandle1:%d",eventHandle1);
 teststep("","eventHandle2:%d",eventHandle2);
 res = TestWaitForAnyJoinedEvent (5000);
 if (res > 0)
 {
  if (res == eventHandle1)
  {
```

```
    res = testGetJoinedEventOccured(res, eventTime1);
    testStepPass(""," Received 0x15 message  at %f", eventTime1/1000000000.0);
  }
  if (res == eventHandle2)
  {
    res = testGetJoinedEventOccured(res, eventTime2);
    testStepPass("","Errorframe occured at %f", eventTime2/1000000000.0);
  }
}
else
{
  testStepFail("No one event occured.");
}
}
```

测试结果如图 11-31 所示。

Timestamp	Test Step	Description	Result
0.825122		eventHandle1:1	-
0.825122		eventHandle2:2	-
5.558710		按下按键n	-
5.558710	Resume reason	Resumed on TextEvent 'ErrorFrame occurred!' Elapsed time=4733.59ms (max=5000ms)	-
5.558710		Errorframe occured at 5.558710	pass

图 11-31 TestWaitForAnyJoinedEvent 函数测试结果

第 12 章　测试服务函数库

CANoe 软件集仿真与测试功能于一体，CAPL 语言封装了大量的测试函数库（Test Service Library），可以减少用户的开发成本，本章基于 CAN 总线网络，选取几个具有代表性的测试功能进行讲解。

12.1　报文 DLC 检测

ChkStart_InconsistentDlc 函数用于检测指定报文的 DLC 是否和通信数据库中定义的一致。ChkStart_InconsistentTxDLC 函数和 ChkStart_InconsistentRxDLC 函数用于检测节点的所有 Tx 或者 Rx 报文的 DLC 是否和通信数据库中定义的一致。

- dword ChkStart_InconsistentDlc(dword aMessageId, char aCallback[]);
- dword ChkStart_InconsistentTxDLC(Node aNode, char aCallback[]);
- dword ChkStart_InconsistentRxDLC(Node aNode, char aCallback[]);

【注意】：如果在多总线环境中使用这些函数，则需要使用 SetBusContext 函数来解决可能出现的冲突。在模拟节点中，必须设置 aCallback 参数，但在测试模块中，aCallback 参数是可选的。

本节的测试基于 XML Test Module，XML 文件中的测试代码如下。

```xml
<testmodule title="Test Service Library" version="">
  <capltestcase name="TC1_CheckInvalidDLC" title = "检测报文 0x321 的报文 DLC">
      <caplparam type="int" name="msg_id">0X321</caplparam>
  </capltestcase>
  <capltestcase name="TC2_CheckNodeInvalidDLC" title="检测 Engine 节点所有 Tx 报文
的 DLC">
      <caplparam type="string" name="NodeName">Engine</caplparam>
  </capltestcase>
</testmodule>
```

CAPL 文件中的测试代码如下。

```capl
void cb1(dword aCheckId)
{
  //回调函数

}
```

```
testcase TC1_CheckInvalidDLC(dword msg_id)
{
  // 检测报文 DLC
  checkHandle[0] = ChkStart_InconsistentDlc (msg_id,"cb1");
  TestAddCondition(checkHandle[0]);
  TestWaitForTimeout(1000);
  ChkControl_Stop(checkHandle[0]);
  TestRemoveCondition(checkHandle[0]);
}
testcase TC2_CheckNodeInvalidDLC(char NodeName[])
{
  checkHandle[0] = ChkStart_InconsistentTxDLC (lookupNode(NodeName));
  TestAddCondition(checkHandle[0]);
  TestWaitForTimeout(1000);
  ChkControl_Stop(checkHandle[0]);
  TestRemoveCondition(checkHandle[0]);
}
```

测试结果如图 12-1 所示。

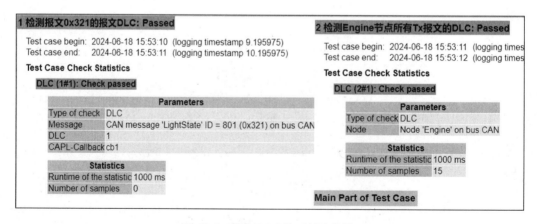

图 12-1　报文 DLC 检测测试结果

12.2　报文周期检测

下列函数用于检测报文周期，根据参数可以分为绝对报文周期检测和相对报文周期检测。

如果是相对报文周期检测，则函数自动获取数据库中定义的报文周期，用户只需要在

aMinRelCycleTime 参数和 aMaxRelCycleTime 参数中传入最小和最大的比例即可。

- dword ChkStart_MsgAbsCycleTimeViolation (long MessageId, durationa MinCycleTime, duration aMaxCycleTime, char[] aCallback); // 绝对报文周期检测
- dword ChkCreate_MsgRelCycleTimeViolation(dword aMessageId, double aMinRel CycleTime, double aMaxRelCycleTime, char[] aCallback); // 相对报文周期检测

XML 文件中的测试代码如下。

```
<testmodule title="Test Service Library" version="">
   <capltestcase name="TC3_CheckInvalidCycle" title = "检测报文 0x321 的周期（相
对）">
      <caplparam type="int" name="msg_id">0X321</caplparam>
      <caplparam type="int" name="type">0</caplparam>
   </capltestcase>
   <capltestcase name="TC3_CheckInvalidCycle" title = "检测报文 0x321 的周期（绝
对）">
      <caplparam type="int" name="msg_id">0X321</caplparam>
      <caplparam type="int" name="type">1</caplparam>
   </capltestcase>
</testmodule>
```

CAPL 文件中的测试代码如下。

```
testcase TC3_CheckInvalidCycle(dword msg_id,long type)
{
  if(type == 0)//相对时间
     checkHandle[0] = ChkStart_MsgRelCycleTimeViolation(msg_id,0.9,1.1);
  else  //绝对时间
    checkHandle[0] = ChkStart_MsgAbsCycleTimeViolation (msg_id,90,110);

  TestAddCondition(checkHandle[0]);
  TestWaitForTimeout(5000);
  ChkControl_Stop(checkHandle[0]);
  TestRemoveCondition(checkHandle[0]);
}
```

测试结果如图 12-2 所示。

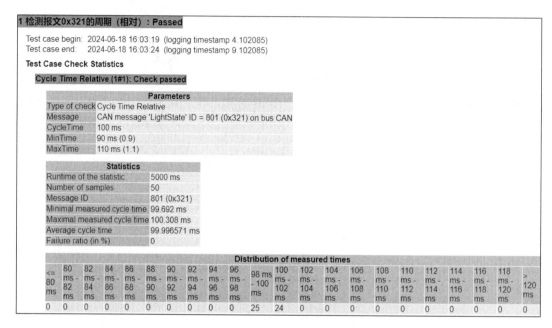

图 12-2　报文周期检测测试结果

12.3　节点所有报文周期

下列函数对指定节点的所有报文进行周期检测。

- dword ChkCreate_NodeMsgsRelCycleTimeViolation (Node aNode, double aMinRelCycleTime, double aMaxRelCycleTime, Callback aCallback);//相对周期检测
- dword ChkStart_NodeMsgsRelCycleTimeViolation (Node aNode, double aMinRelCycleTime, double aMaxRelCycleTime, Callback aCallback);//绝对周期检测

XML 文件中的测试代码如下。

```xml
<testmodule title="Test Service Library" version="">
    <capltestcase name="TC4_CheckNodeInvalidCycle" title = "检测 Engine 节点所有
报文周期">
        <caplparam type="string" name="NodeName">Engine</caplparam>
    </capltestcase>
</testmodule>
```

CAPL 文件中的测试代码如下。

```
testcase TC4_CheckNodeInvalidCycle(char NodeName[])
{
```

```
    checkHandle[0] = ChkStart_NodeMsgsRelCycleTimeViolation
(lookupNode(NodeName), 0.9, 1.1);
  TestAddCondition(checkHandle[0]);
  TestWaitForTimeout(5000);
  ChkControl_Stop(checkHandle[0]);
  TestRemoveCondition(checkHandle[0]);
}
```

测试结果如图 12-3 所示。

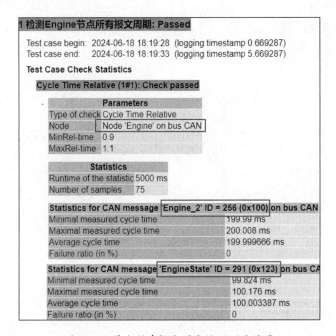

图 12-3　节点所有报文周期检测测试结果

12.4　错误报文计数检测

下列函数检测总线上出现的错误帧数量是否在 MinCountOfErrorFrames 参数值和 MaxCountOfErrorFrames 参数值之间。

● dword　ChkStart_ErrorFramesOccured (longMinCountOfErrorFrames, long MaxCount OfErrorFrames, dword Timeout, char CaplCallbackFunction[]);

【说明】：如果 Timeout 参数等于 0，则不检测最小错误帧数。

XML 文件中的测试代码如下。

```
<testmodule title="Test Service Library" version="">
  <capltestcase name="TC5_ErrorFramesOccured" title = "错误帧检测"/>
</testmodule>
```

CAPL 文件中的测试代码如下。

```
on timer myTimer_2
{
  output(errorFrame);
}
testcase TC5_ErrorFramesOccured()
{
  long TestTime = 1200;
  //500ms 周期发送错误帧
  setTimerCyclic(myTimer_2,500);
  //检测错误帧数不超过 3 帧, Timeout 参数为 0
  checkHandle[0] = ChkStart_ErrorFramesOccured (0, 2, 0);
  TestAddCondition(checkHandle[0]);
  TestWaitForTimeout(TestTime);
  ChkControl_Stop(checkHandle[0]);
  TestRemoveCondition(checkHandle[0]);
  cancelTimer(myTimer_2);
}
```

分别设置 TestTime 参数等于 1200ms 和 1600ms，测试结果如图 12-4 所示。

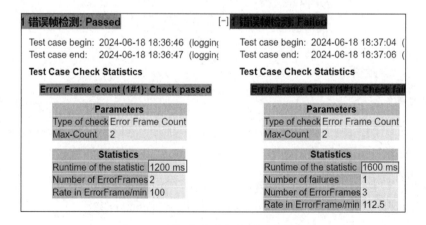

图 12-4　错误报文计数检测测试结果

12.5　未定义报文接收检测

下列函数可用于检测总线上是否收到了数据库中未定义的报文。

- dword ChkStart_UndefinedMessageReceived (char [] CaplCallback);

XML 文件中的测试代码如下。

```
<testmodule title="Test Service Library" version="">
  <capltestcase name="TC6_CheckUndefinedMessage" title = "未定义报文检测"/>
  </testmodule>
```

CAPL 文件中的测试代码如下。

```
on timer myTimer
{
  message * msg;
  msg.id = random(0x10)+1;
  output(msg);
}
testcase TC6_CheckUndefinedMessage()
{
  long TestTime = 5000;
  //500ms 周期发送未定义
  setTimerCyclic(myTimer,500);
  SetBusContext(getBusNameContext("CAN")); //设置总线环境
  checkHandle[0] = ChkStart_UndefinedMessageReceived();
  TestAddCondition(checkHandle[0]);
  TestWaitForTimeout(TestTime);
  ChkControl_Stop(checkHandle[0]);
  TestRemoveCondition(checkHandle[0]);
  cancelTimer(myTimer);
}
```

测试结果如图 12-5 所示。

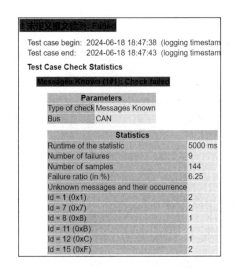

图 12-5 未定义报文接收检测测试结果

12.6 报文未使用位默认值检测

下列函数可以对 CAN 报文中未使用位的默认值进行检测。

- dword ChkStart_PayloadGapsObservation(dword aMessageId, long defaultBitValue, char [] aCallback);
- dword ChkStart_PayloadGapsObservation(Message aMessage, long defaultBitValue, char [] aCallback);

XML 文件中的测试代码如下。

```xml
<testmodule title="Test Service Library" version="">
   <capltestcase name="TC7_CheckUnusedBitValue" title = "检测报文 0x321 的未使用
位是否用默认值 0 填充">
      <caplparam type="int" name="msg_id">0X321</caplparam>
      <caplparam type="int" name="value">0</caplparam>
   </capltestcase>
   <capltestcase name="TC7_CheckUnusedBitValue" title = "检测报文 0x321 的未使用
位是否用默认值 1 填充">
      <caplparam type="int" name="msg_id">0X321</caplparam>
      <caplparam type="int" name="value">1</caplparam>
   </capltestcase>
</testmodule>
```

CAPL 文件中的测试代码如下。

```
testcase TC7_CheckUnusedBitValue(dword msg_id,long value)
{
 checkHandle[0] =ChkStart_PayloadGapsObservation(msg_id,value);
 TestAddCondition(checkHandle[0] );
 TestWaitForTimeout(1000);
 ChkControl_Stop(checkHandle[0]);
 TestRemoveCondition(checkHandle[0] );
}
```

因为数据库的报文中的未使用位是用"0"填充的,所以用"1"检测的测试结果就是失败的,如图 12-6 所示。

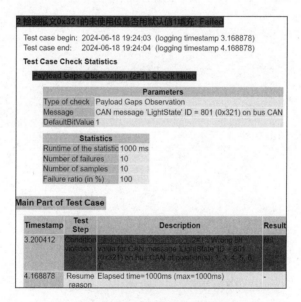

图 12-6　未定义报文接收检测测试结果

12.7　节点所有报文未使用位的默认值检测

下列函数可以对指定节点的所有报文中未使用位的默认值进行检测。

● dword ChkStart_PayloadGapsObservationRx(Node aNode, long defaultBitValue, char [] aCallback);

● dword ChkStart_PayloadGapsObservationTx(Node aNode, long defaultBitValue, char [] aCallback);

XML 文件中的测试代码如下。

```xml
<testmodule title="Test Service Library" version="">
   <capltestcase name="TC8_CheckNodeUnusedBitValue" title = "检测 Engine 节点 Tx
报文中未使用位是否用默认值 0 填充) ">
       <caplparam type="string" name="NodeName">Engine</caplparam>
       <caplparam type="int" name="value">0</caplparam>
       <caplparam type="int" name="direct">0</caplparam>
   </capltestcase>
</testmodule>
```

CAPL 文件中的测试代码如下。

```
testcase TC8_CheckNodeUnusedBitValue(char nodeName[],long value,long direct)
{
  if(direct == 1) //Rx 方向报文检测
     checkHandle[0] =
ChkStart_PayloadGapsObservationRx(lookupNode(nodeName),value);
  else   //Tx 方向报文检测
     checkHandle[0] =
ChkStart_PayloadGapsObservationTx(lookupNode(nodeName),value);

  TestAddCondition(checkHandle[0]);
  TestWaitForTimeout(1000);
  ChkControl_Stop(checkHandle[0]);
  TestRemoveCondition(checkHandle[0]);
}
```

测试结果如图 12-7 所示。

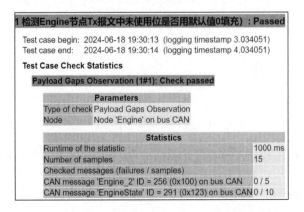

图 12-7　节点中所有报文未使用位默认值检测测试结果

12.8　同时激活多个检测事件

以上小节中介绍的测试函数可以同时激活并行执行测试，这样可以大大节省测试的时间。

XML 文件中的测试代码如下。

```
<testmodule title="Test Service Library" version="">
  <capltestcase name="TC9_MultiEventCheck" title = "多个检测事件同时进行"/>
</testmodule>
```

CAPL 文件中的测试代码如下，同时检测 4 个报文的 DLC。

```
testcase TC9_MultiEventCheck()
{
  dword msg_id[4] = {0x100,0x200,0x321,0x123};
  long i;
  for(i = 0;i <elcount(msg_id);i++)
  {
    checkHandle[i] = ChkStart_InconsistentDlc (msg_id[i],"cb1");
    TestAddCondition(checkHandle[i]);
  }
  TestWaitForTimeout(1000);
  for(i = 0;i <elcount(msg_id);i++)
    TestRemoveCondition(checkHandle[i]);
}
```

12.9　测试事件生成查询函数

当一个检测事件正在进行或者已经结束时，用户可以通过测试服务库中的以"ChkQuery_"开头的相关函数查询检测事件生成的统计数据。

下面的 CAPL 代码实例中使用的一些查询函数的简单解释如下。

- long ChkQuery_StatNumProbes (dword aCheckId); // 返回检查中的样本数目
- double ChkQuery_StatProbeIntervalMin (dword aCheckId) // 两个已收到的报文之间的最小时间差值
- double ChkQuery_StatProbeIntervalMax (dword aCheckId) // 两个已收到的报文之间的最大时间差值

XML 文件中的测试代码如下。

```
<testmodule title="Test Service Library" version="">
    <capltestcase name="TC10_ReportEventStatistics" title = "获取检测事件生成的
统计数据"/>
</testmodule>
```

CAPL 文件中的测试代码如下，查询检测 CAN 报文周期事件生成的统计数据。

```
void CheckMsg(dword gCycCheckId)
{
  long lQueryResultNumProbes;
  long lQueryResultProbeAvg;
  long lQueryResultProbeMin;
  long lQueryResultProbeMax;
  char lbuffer[100];

  lQueryResultNumProbes = ChkQuery_StatNumProbes(gCycCheckId);
  lQueryResultProbeAvg = ChkQuery_StatProbeIntervalAvg(gCycCheckId);
  lQueryResultProbeMin = ChkQuery_StatProbeIntervalMin(gCycCheckId);
  lQueryResultProbeMax = ChkQuery_StatProbeIntervalMax(gCycCheckId);

  TestStep("", "采样报文数:    %d", lQueryResultNumProbes);
  TestStep("", "平均报文周期:  %dms", lQueryResultProbeAvg);
  TestStep("", "最小报文周期:  %dms", lQueryResultProbeMin);
  TestStep("", "最大报文周期:  %dms", lQueryResultProbeMax);
}


testcase TC10_ReportEventStatistics()
{
  checkHandle[0] = ChkStart_MsgRelCycleTimeViolation(0x321,0.9,1.1);
  TestAddCondition(checkHandle[0]);
  TestWaitForTimeout(5000);
  CheckMsg(checkHandle[0]); //查询检测事件的统计数据
  ChkControl_Stop(checkHandle[0]);
  TestRemoveCondition(checkHandle[0]);
}
```

测试结果如图 12-8 所示。

Main Part of Test Case			
Timestamp	Test Step	Description	Result
5.828504	Resume reason	Elapsed time=5000ms (max=5000ms)	-
5.828504		采样报文数: 50	-
5.828504		平均报文周期: 100ms	-
5.828504		最小报文周期: 99ms	-
5.828504		最大报文周期: 100ms	-

图 12-8　查询统计数据测试结果

第 13 章　CANoe DLL

在 CAPL 编程中，DLL（Dynamic Link Library）文件主要用于扩展 CAPL 的功能，实现一些 CAPL 本身不支持或者难以高效实现的功能。以下是 DLL 文件在 CAPL 编程中常见的应用场景。

- **加密与解密**：当需要在 CAPL 程序中进行敏感数据的加密和解密操作时，可以通过 DLL 文件来实现复杂的加密算法，比如诊断中的安全解锁。
- **硬件接口通信**：如果 CAPL 需要与特定的硬件设备通信，而这些设备没有提供直接的 CAPL 接口，那么可以通过 DLL 文件来封装与这些设备的通信协议。CAPL 程序可以通过调用 DLL 中的函数来与硬件设备进行交互。
- **复杂的数学运算**：对于一些复杂的数学运算或数据处理，使用 CAPL 可能不是最高效的，但通过 DLL 文件，可以调用已经优化过的数学库或算法，提高计算效率。比如读取 XLSX 文件、大文件等场景。
- **访问系统资源**：CAPL 程序通常运行在 CANoe 或 CANalyzer 等测试工具的环境中，对系统资源的访问有限。通过 DLL 文件，可以访问到更多的系统资源，如文件系统、注册表等。

【说明】：本章内容重点在于引导读者在 CAPL 编程中正确应用 DLL 文件，以及通过一些简单的示例讲解使用 Visual Studio 创建简单功能的 DLL 文件，不涉及更多的 C++ 编程知识。本章中的示例代码在 Visual Studio 2019 社区版验证通过。

13.1　DLL 示例工程

CANoe 软件内置的 DLL 示例工程，如图 13-1 所示，初学者可通过该工程学习如何使用、创建、编辑 DLL 文件。

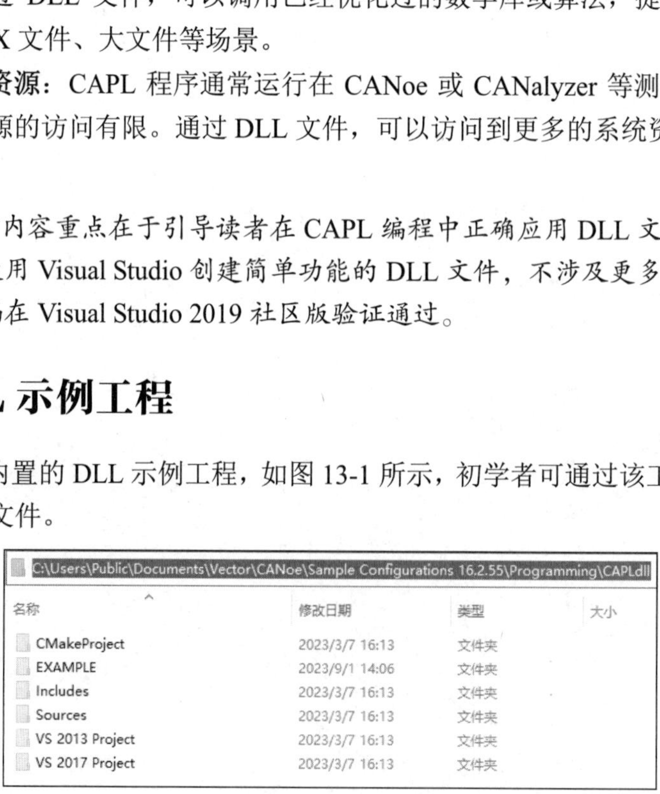

图 13-1　DLL 示例工程路径

打开 EXAMPLE 文件夹下的 CANoeCAPLdll.cfg 工程并直接运行，Write 窗口中的输出内容如图 13-2 所示，根据指示，用户按下不同的按键，CAPL 程序会调用 DLL 文件中不同的函数。

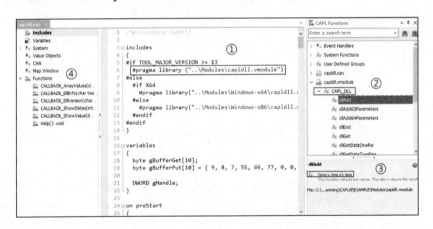

图 13-2　Write 窗口中输出内容

如图 13-3 所示，是对 capldll.can 源代码的分析。

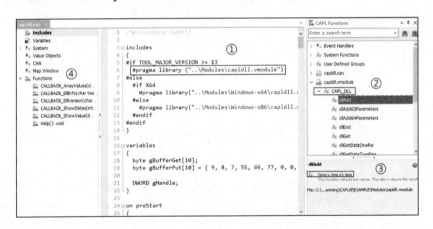

图 13-3　capldll.can 源代码分析

（1）用户需要在 includes 代码块中通过 "#pragma library()" 语法引用 DLL 文件或者 vmodule（模块描述）文件。

【说明】：CANoe 软件可以运行在 Windows-x64 、Windows-x86 或者 Linux-x64 系统上，但是不同的硬件平台需要引用不同平台生成的 DLL 文件，在 CANoe 12 SP3 版本之前，用户需要通过条件编译语法选择不同的 DLL 文件，而在之后的版本，用户可以在 VMODULE 文件中配置不同平台下的 DLL 文件路径，在 CAPL 程序中只需要引用 VMODULE 文件即可。

CANoe 软件内核默认使用 x86 平台，用户可以在【CANoe Options】对话框中选择【Measurement】→【General】→【32-bit RT Kernel】或者【64-bit RT Kernel】选项。

（2）如果 DLL 文件引入成功，则可以在 CAPL Functions 视图中看到 DLL 文件中的所有函数。

（3）选中一个函数，在 CAPL Functions 窗口可以看到该函数的参数及其描述信息。

（4）如果 DLL 文件中定义了回调函数，则可以在 CAPL 程序中使用这些回调函数。

13.2　创建 DLL 工程

打开 Visual Studio 软件，选择【动态链接库（DLL）】，创建一个新工程，如图 13-4 所示。

图 13-4　创建 DLL 新工程

设置工程项目名称和保存路径位置，如图 13-5 所示。

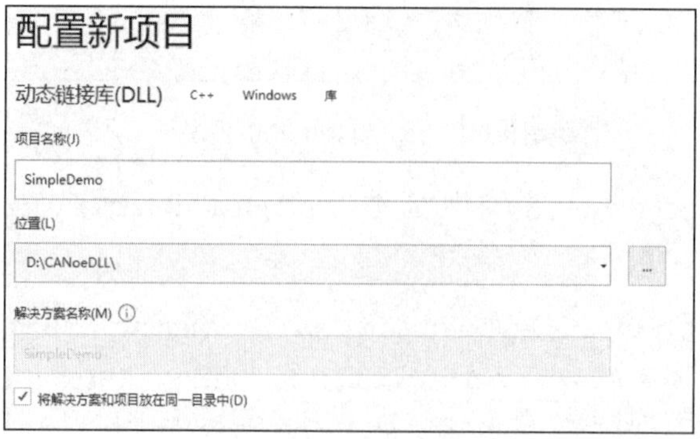

图 13-5　设置工程项目名称和保存路径位置

单击菜单栏中的【生成（B）】选项或者按下快捷键"Ctrl + B"，编译完成后，在 Debug 文件夹下就生成了一个 DLL 文件，如图 13-6 所示。

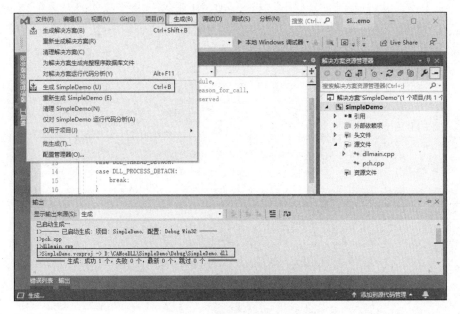

图 13-6　生成 DLL 文件

如图 13-7 所示，在 dllmain.cpp 文件中添加一个 my_add 函数，然后创建一个 simple.h 文件并声明 my_add 函数，重新生成 DLL 文件，则该 DLL 文件中就有一个可用的 my_add 函数。

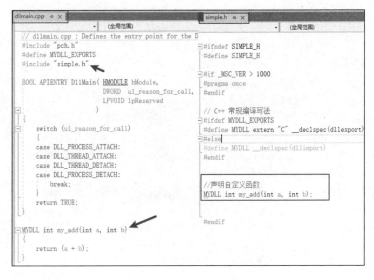

图 13-7　增加 my_add 函数

13.3 动态调用 DLL 文件

在 13.2 节中已经生成了一个有 my_add 函数的 DLL 文件,接下来学习怎么在 Visual Studio 中调用 DLL 文件。

创建一个 C++控制台工程,如图 13-8 所示。

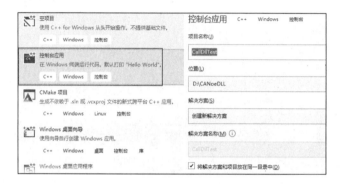

图 13-8　创建 C++控制台工程

将 13.2 节生成的 SimpleDemo.dll 文件复制到新建的控制台工程(CallDllTest)目录下,CallDllTest.cpp 文件中动态调用 DLL 文件的示例代码如下。

```cpp
#include <iostream>
#include <Windows.h>
#include <tchar.h>

int main()
{
    //需要引入<tchar.h> 加上_T, 不然编译报错
    HINSTANCE handle = LoadLibrary(_T("SimpleDemo.dll"));
    std::cout << "dll 的句柄返回值:" << handle << "\n";
    if (handle)
    {
        //定义一下函数指针, (int, int) 是要调用的 DLL 文件中的函数参数类型
        typedef int(*DLL_FUNCTION_ADD) (int, int);
        //使用 GetProcAddress 得到 DLL 文件中的函数, 重命名为 dll_add
        DLL_FUNCTION_ADD dll_add=(DLL_FUNCTION_ADD)GetProcAddress(handle, "my_add");
        std::cout << "dll 函数的句柄返回值:" << handle << "\n";
        if (dll_add)
        {
            int result = dll_add(10, 11);
```

```
            std::cout << "dll_add 结算结果:" << result << "\n";
            FreeLibrary(handle); //卸载句柄
        }
    }
    std::cout << "Hello World!\n";
    return 0;
}
```

单击工具栏【调试（D）】选项下的【开始执行】选项或者按下快捷键“Ctrl + F5”，测试结果如图 13-9 所示，成功调用了 DLL 文件中的 my_add 函数。

```
ll的句柄返回值:78CE0000
ll 函数的句柄返回值:78CE0000
ll_add结算结果:21
ello World!

:\CANoeDLL\MyConsole\Debug\CallDllTest.exe (process 10664) exited with code 0.
ress any key to close this window . . .
```

图 13-9　调用 DLL 文件测试结果。

13.4　创建 CAPL 可用的 DLL 文件

直接用 Visual Studio 创建的 DLL 文件是无法在 CAPL 中使用的，需要在 DLL 源代码中将定义的函数通过特殊的语法处理后才可被 CAPL 识别和使用。

打开 CANoe 内置的示例工程 VS 2017 Project，找到如图 13-10 所示的代码结构。CAPL_DLL_INFO4 是一个导出函数表，需要导出到 DLL 中的函数必须在该函数表中根据语法规则定义。

```
// ============================================================================
// CAPL_DLL_INFO_LIST : list of exported functions
//   The first field is predefined and mustn't be changed!
//   The list has to end with a {0,0} entry!
// New struct supporting function names with up to 50 characters
// ============================================================================
CAPL_DLL_INFO4 table[] = {
{CDLL_VERSION_NAME, (CAPL_FARCALL)CDLL_VERSION, "", "", CAPL_DLL_CDECL, 0xabcd, CDLL_EXPORT },

  {"dllInit",           (CAPL_FARCALL)appInit,           "CAPL_DLL","This function will initial
  {"dllEnd",            (CAPL_FARCALL)appEnd,            "CAPL_DLL","This function will release
  {"dllSetValue",       (CAPL_FARCALL)appSetValue,       "CAPL_DLL","This function will call a
  {"dllReadData",       (CAPL_FARCALL)appReadData,       "CAPL_DLL","This function will call a
  {"dllPut",            (CAPL_FARCALL)appPut,            "CAPL_DLL","This function will save da
  {"dllGet",            (CAPL_FARCALL)appGet,            "CAPL_DLL","This function will read da
  {"dllVoid",           (CAPL_FARCALL)voidFct,           "CAPL_DLL","This function will overwri
  {"dllPutDataOnePar",  (CAPL_FARCALL)appPutDataOnePar,  "CAPL_DLL","This function will put dat
  {"dllGetDataOnePar",  (CAPL_FARCALL)appGetDataOnePar,  "CAPL_DLL","This function will get dat
  {"dllPutDataTwoPars", (CAPL_FARCALL)appPutDataTwoPars, "CAPL_DLL","This function will put two
  {"dllGetDataTwoPars", (CAPL_FARCALL)appGetDataTwoPars, "CAPL_DLL","This function will get two
  {"dllAdd",            (CAPL_FARCALL)appAdd,            "CAPL_DLL","This function will add two
  {"dllSubtract",       (CAPL_FARCALL)appSubtract,       "CAPL_DLL","This function will substra
  {"dllSupportLongFunctionNamesWithUpTo50Characters",   (CAPL_FARCALL)appLongFuncName,      "C
  {"dllAdd63Parameters", (CAPL_FARCALL)appAddValues63,   "CAPL_DLL", "This function will add 63
  {"dllAdd64Parameters", (CAPL_FARCALL)appAddValues64,   "CAPL_DLL", "This function will add 64

{0, 0}
};
CAPLEXPORT CAPL_DLL_INFO4* caplDllTable4 = table;
```

图 13-10　CAPL_DLL_INFO4 源代码

导出函数的参数列表如表 13-1 所示。

表 13-1   导出函数的参数列表

参数	说明
1	在 CAPL 中调用 DLL 文件时显示的函数名
2	DLL 源工程中定义的函数地址，即函数名
3	函数分组名，可以在 CANoe 软件的 CAPL Function 窗口中看到
4	函数的功能描述，可以在 CANoe 软件的 CAPL Function 窗口中看到
5	函数的返回值类型，用 CAPL 数据类型的首字母大写表示
6	函数的形参数量
7	函数的形参类型，用 CAPL 数据类型的首字母大写表示
8	函数的形参维度，默认\000 表示常量（可省略），\001 表示 1 维数组，\002 表示 2 维数组
9	函数显示的形参名，可以在 CANoe 软件的 CAPL Functions 窗口中看到

示例（1）：DLL 源代码中的 appPut 函数代码如下。

```
void CAPLEXPORT far CAPLPASCAL appPut(unsigned long x
{
    data = x;
}
// 映射表中的信息如下，为了阅读方便，其中描述信息用 xxx 代替了。
{"dllPut", (CAPL_FARCALL)appPut, "xxx",'V', 1, "D", "\000", {"x"}},
```

appPut 函数在导出函数表的数值说明如表 13-2 所示。

表 13-2   导出函数的数值说明

参数	数值
函数名	dllPut
函数地址	appPut
函数分组	CAPL_DLL
描述信息	xxx
返回值类型	V (void)
函数形参个数	1
函数形参类型	"D" (dword)
函数形参维度	"\000" (标量)
形参名称	"x"

示例（2）：DLL 源代码中的 appGetDataTwoPars 函数代码如下。

```
void CAPLEXPORT far CAPLPASCAL appGetDataTwoPars(unsigned long numberBytes,
unsigned char dataBlock[] )
{
  unsigned int i;
  for (i = 0; i < numberBytes; i++) {
    dataBlock[i] = dlldata[i];
  }
}
// 映射表中的信息如下，为了阅读方便，其中描述信息用 xxx 代替了。
{"dllGetDataTwoPars", (CAPL_FARCALL)appGetDataTwoPars, "CAPL_DLL", "xxx", 'V',
2, "DB", "\000\001", {"noOfBytes", "datablock"}},
```

appGetDataTwoPars 函数在导出函数表的数值说明如表 13-3 所示。

表 13-3　appGetDataTwoPars 导出函数的数值说明

参数	数值
函数名	dllGetDataTwoPars
函数地址	appGetDataTwoPars
函数分组	CAPL_DLL
描述信息	xxx
返回值类型	V (void)
函数形参个数	2
函数形参类型	"DB" (dword 和 byte)
函数形参维度	"\000\001" (标量和一维数组)
形参名称	"noOfBytes"和"datablock"

在 CAPL_DLL_INFO4 结构中新增两个导出函数，如 dll_test_Add 函数仍然指向 appAdd 这个函数地址，但是修改了导出函数的前 3 个参数，然后重新生成 DLL 文件，如图 13-11 所示。

```
{"dllGetDataTwoPars", (CAPL_FARCALL)appGetDataTwoPars,"CAPL_DLL","This function will get two datas fro
{"dllAdd",            (CAPL_FARCALL)appAdd,            "CAPL_DLL","This function will add two values. T
{"dll_test_Add",      (CAPL_FARCALL)appAdd,            "TEST_DLL","T",'L', 2, "LL", "", {"x","y"}},
{"dll_test_Sum",      (CAPL_FARCALL)appSum,            "TEST_DLL","Sum via reference parameter",'V', 3,
{"dllSubtract",       (CAPL_FARCALL)appSubtract,       "CAPL_DLL","This function will substract two val
```

图 13-11　修改 CAPL_DLL_INFO4 代码

在 CANoe 软件中加载重新生成的 DLL 文件，就会在 CAPL Functions 窗口中新增一个 TEST_DLL 分组，且该分组下新增了两个函数，如图 13-12 所示。

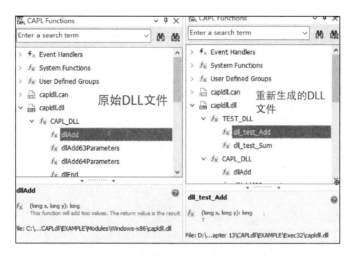

图 13-12　修改前和修改后的 DLL 文件对比

　　导出函数结构中的参数类型和返回值类型都用一个大写字符表示（除了 init64 类型），因为 CAPL 语言和 C/C++语言数据类型关键字不同，要保证 C++程序创建的 DLL 在 CAPL 程序中可用，就必须保证 C++程序中导出函数的参数类型和返回值类型要严格按照表 13-4 进行映射，否则将导致生成的 DLL 文件无法在 CAPL 程序中使用。

表 13-4　C/C++和 CAPL 数据类型对比

字符	CAPL 数据类型	C/C++数据类型	C99/C++11 数据类型	*.vmodule 文件
V	void	void	void	void
C	char	char	char	char
B	byte	unsigned char	uint8_t	byte
I	int	short	int16_t	int
W	word	unsigned short	uint16_t	word
L	long	long	int32_t	long
D	dword	unsigned long	uint32_t	dword
6	int64	long long	int64_t	int64
U	qword	unsigned long long	uint64_t	qword
F	float	double	double	float

　　下面的示例代码列出了常见的参数类型的导出函数结构。

```
/*************参数是常量的情况*************************/
long CAPLEXPORT far CAPLPASCAL appAdd(long x, long y)
{
    long z = x + y;
```

```
    return z;
}


'L', 2, "LL", "", { "x","y" } //参数都是常量，可以省略\000
/***********参数是一维数组的情况***************************/
void CAPLEXPORT far CAPLPASCAL appPutDataTwoPars(unsigned long numberBytes,
const unsigned char dataBlock[])
{
    unsigned int i;
    for (i = 0; i < numberBytes; i++)
    {
        dlldata[i] = dataBlock[i];
    }
}


'V', 2, "DB", "\000\001", { "noOfBytes","datablock" }


/**************参数是二维数组的情况*********************/
void CAPLEXPORT far CAPLPASCAL appPutDataTwoPars_2(unsigned long numberBytes,
const unsigned char dataBlock[], const unsigned char dataBlock_2[][])
{
    unsigned int i;
    for (i = 0; i < numberBytes; i++)
    {
        dlldata[i] = dataBlock[i];
    }
}


'V', 3, "DBB", "\000\001\002", { "noOfBytes","datablock",dataBlock_2 }


/**************参数是指针的情况***********************/
void CAPLEXPORT far CAPLPASCAL appSum(long i, long j, long* s)
{
    *s = i + j;
}


'V', 3, { 'L', 'L', 'L' - 128 }, "", { "i", "j", "s" }
```

13.5　回调函数

回调函数（Callback Function）是编程中常用的一种函数，特别是在异步编程、事件驱动编程或者函数式编程中。回调函数的基本思想是将一个函数（即"回调"函数）作为参数传递给另一个函数（即"主"函数或"调用"函数），并在某个特定事件或条件满足时，由主函数来调用这个回调函数。

回调函数在 CAPL 编程中被广泛应用，比如在串口编程中，串口发送数据成功会调用 RS232OnSend 函数，串口收到数据会调用 RS232OnReceive 函数。在第 8 章中，交互层收到报文，会自动调用 applILTxPending 函数；在第 12 章中，检查函数事件触发后可以调用自定义回调函数。总之，因为 CAPL 是基于事件驱动的编程语言，所以 CAPL 内置的很多事件触发后，都会调用相应的回调函数。

（1）回调函数分析。

示例工程中回调函数相关的示例代码如下。

【说明】：为方便阅读，回调函数的内部代码被省略，完整代码请参考 "..\Chapter13\CAPLdll\ EXAMPLE\node\ capldll.can"。

```
on key '2'
{
  long value;
  writeLineEx(1,1,"<2> Call of CAPL Callback Functions by the DLL");
  writeLineEx(1,1,"----------------------------------------------------");
  /*调用 dllSetValue 函数，将自动调用该函数的回调函数，输出结果在 Write 窗口 */
  writeLineEx(1,1,"Call CAPL DLL Function dllSetValue(handle,0x01)");
  value = dllSetValue(gHandle,0x01);

  /*调用 dllReadData 函数，将自动调用该函数的回调函数，输出结果在 Write 窗口 */
  writeLineEx(1,1,"Call CAPL DLL Function dllReadData(handle, 0x12345678)");
  value = dllReadData(gHandle, 0x12345678);
  writeLineEx(1,1,"----------------------------------------------------");
}
void CALLBACK_ArrayValues(dword flags, byte databytes[], byte controlcode)
{
  // 回调函数的内部代码
}
void CALLBACK_DllInfo(char text[])
```

```
{
  // 回调函数的内部代码
}
void CALLBACK_DllVersion(char text[])
{
  // 回调函数的内部代码
}
dword CALLBACK_ShowDates(int x, dword y, int z)
{
  // 回调函数的内部代码
}
dword CALLBACK_ShowValue(dword x)
{
  // 回调函数的内部代码
}
```

启动测量，并按下按键"2"，测试结果如图 13-13 所示。

根据代码逻辑，当程序执行完 dllSetValue 函数后会自动调用 CALLBACK_ShowValue 回调函数，执行完 dllReadData 函数后会调用 CALLBACK_DllVersion、CALLBACK_DllInfo、CALLBACK_ArrayValues、CALLBACK_ShowDates 这 4 个回调函数。

```
<2> Call of CAPL Callback Functions by the DLL
------------------------------------------------------------
Call CAPL DLL Function dllSetValue(handle,0x01)
CAPL CallBack Function shows value = 0x1

Call CAPL DLL Function dllReadData(handle, 0x12345678)
CAPL CallBack Function shows Dll Version = Version 1.1
CAPL CallBack Function shows Dll Info = DLL: processing
CAPL CallBack Function shows ArrayValues(aabbccdd,[11 22 33 44 55 66 77 88],1)
CAPL CallBack Function shows data (1,12345678,0) return with 1
------------------------------------------------------------
```

图 13-13 回调函数测试结果

回调函数的运行逻辑是怎样的呢？这还要回到 DLL 源代码中寻找答案。

如图 13-14 所示，CAPL 程序中的 dllSetValue 函数在 DLL 源代码中的函数地址为 appSetValue，该函数内部调用了 ShowValue 函数，而 ShowValue 函数在 DLL 源代码中进一步和 CALLBACK_ShowValue 函数映射关联。

```
int32_t CAPLEXPORT CAPLPASCAL appSetValue (uint32_t handle, int32_t x)
{
 CaplInstanceData* inst = GetCaplInstanceData(handle);
 if (inst==nullptr)
 {
  return -1;
 }
 return inst->ShowValue(x);

int32_t CAPLEXPORT CAPLPASCAL appReadData (uint32_t handle, int32_t a)
{
 CaplInstanceData* inst = GetCaplInstanceData(handle);
 if (inst==nullptr)
 {
  return -1;
 }

 int16_t  x = (a>=0) ? +1 : -1;
 uint32_t y = abs(a);
 int16_t  z = (int16)(a & 0x0f000000) >> 24;

 inst->DllVersion("Version 1.1");

 inst->DllInfo("DLL: processing");

 uint8_t databytes[8] = { 0x11, 0x22, 0x33, 0x44, 0x55, 0x66, 0x77, 0x88}

 inst->ArrayValues( 0xaabbccdd, sizeof(databytes), databytes, 0x01);

 return inst->ShowDates( x, y, z);
```

图 13-14　DLL 源代码中定义的回调函数

（2）修改源代码。

在 appSetValue 函数中增加一个回调函数 ShowValue_2，如图 13-15 所示；完整代码请参考 "..\Chapter 13\CAPLdll\Sources\capldll.cpp"。然后重新生成 DLL 文件并替换掉 "..\Chapter 13\CAPLdll\EXAMPLE\EXEC32\ capldll.dll" 路径中的 capldll.dll 文件。

```
long CAPLEXPORT far CAPLPASCAL appSetValue (uint32 handle, long x)
{
 CaplInstanceData* inst = GetCaplInstanceData(handle);
 if (inst==NULL)
 {
  return -1;
 }

 inst->ShowValue_2(x,x);
 return inst->ShowValue(x);
}
uint32 CaplInstanceData::ShowValue_2(uint32 x, uint32 y)
{
  uint8 params[8];          // parameters for call stack, 8 Bytes total
  memcpy(params + 0, &y, 4); // second parameter, offset 4, 4 Bytes
  memcpy(params + 4, &x, 4); // first  parameter, offset 4, 4 Bytes

  uint32 result;

  if (mShowValue_2 != NULL)
  {
     VIAResult rc = mShowValue_2->Call(&result, params);
     if (rc == kVIA_OK)
     {
        return result;
     }
  }
  return -1;
}
```

图 13-15　ShowValue_2 回调函数

在 capldll.can 文件中增加如下代码。

```
on key 'a'
{
  long value;
  writeLineEx(1,1,"Call CAPL DLL Function dllSetValue(handle,0x02)");
  value = dllSetValue(gHandle,0x02);
}
dword CALLBACK_ShowValue_2(dword x,dword y)
{
  /* Callback function */
  writeLineEx(1,1,"CAPL CallBack Function ShowValue_2  x = %d,y = %d",x,y);
  return 2;
}
```

测试结果如图 13-16 所示。

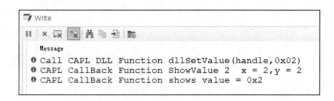

图 13-16　回调函数运行结果

13.6　创建 SendKey.dll 文件

在使用 CANoe 软件进行车载网络诊断时，需要使用 SeedKey.dll 文件处理与安全访问相关的操作。当 ECU 发送一个种子给 CANoe 时，CANoe 无法直接计算出相应的密钥，会通过查找 SeedKey.dll 文件中的 GenerateKeyExOpt 或 GenerateKeyEx 接口函数计算出正确的密钥，从而允许 CANoe 对 ECU 进行安全访问。

以下场景会用到如图 13-17 所示的在诊断配置窗口中加载的 SeedKey.dll 文件。

（1）在诊断控制台发送$27 服务。

（2）在 CAPL 中使用 diagGenerateKeyFromSeed 函数、TestWaitForGenerateKeyFromSeed 函数和 TestWaitForUnlockEcu 函数

（3）在 XML 中解锁 ECU。

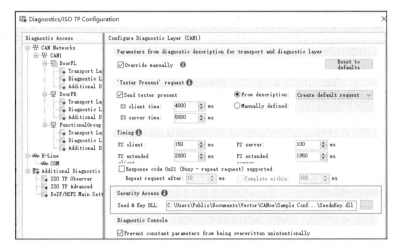

图 13-17　加载 SeedKey.dll

1. SendKey.dll 源代码分析

图 13-18 路径下是 CANoe 软件内置的示例工程，初学者可通过该工程学习如何使用、创建、编辑 SeedKey.dll 文件。

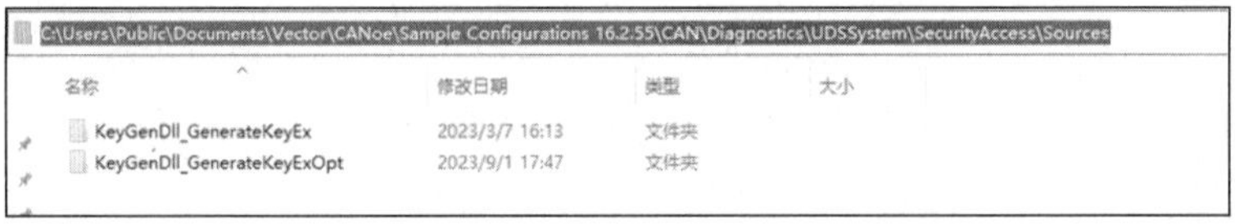

图 13-18　SeedKey.dll 示例工程路径

使用 Visual Studio 打开 KeyGenDll_GenerateKeyEx 工程，解锁算法就是将种子（seed）取反后赋值给密钥（key）。

运行 UDSSystems.cfg 工程，打开 DoorFL 诊断控制台，发送$27 服务，看到安全解锁的运行结果和 DLL 的算法完全一致，如图 13-19 所示。

2. 修改源代码

在实际工程项目中，安全解锁算法要复杂得多，而且支持不同的安全等级。在原示例工程的基础上增加 0x11 等级的解锁算法，当解锁等级为 0x11 时，种子加 1 后赋值给秘钥，代码截图如图 13-20 所示。

重新生成 DLL 文件，注意选择 x86 平台，然后在 Debug 文件夹下找到生成的 DLL 文件，如图 13-21 所示。

```
GenerateKeyExImpl.cpp ⊅ ×
GenerateKeyExImpl                                              (全局范围)
    1      // KeyGeneration.cpp : Defines the entry point for the DLL application.
    2    #include <windows.h>
    3      #include "KeyGenAlgoInterfaceEx.h"
    4
    5      BOOL APIENTRY DllMain( HANDLE hModule,
    6                             DWORD  ul_reason_for_call,
    7                             LPVOID lpReserved
    8                           )
    9      {
   10         return TRUE;
   11      }
   12
   13      KEYGENALGO_API VKeyGenResultEx GenerateKeyEx(
   14          const unsigned char*  iSeedArray,      /* Array for the seed [in] */
   15          unsigned int          iSeedArraySize,  /* Length of the array for the seed [i
   16          const unsigned int    iSecurityLevel,  /* Security level [in] */
   17          const char*           iVariant,        /* Name of the active variant [in] */
   18          unsigned char*        ioKeyArray,      /* Array for the key [in. out] */
   19          unsigned int          iKeyArraySize,   /* Maximum length of the array for the
   20          unsigned int&         oSize            /* Length of the key [out] */
   21          )
   22      {
   23          if (iSeedArraySize>iKeyArraySize)
   24             return KGRE_BufferToSmall;
   25          for (unsigned int i=0;i<iSeedArraySize;i++)
   26             ioKeyArray[i]=~iSeedArray[i];
   27          oSize=iSeedArraySize;
   28
   29         return KGRE_Ok;
   30      }
```

图 13-19　SeedKey.dll 源代码

```
KEYGENALGO_API VKeyGenResultEx GenerateKeyEx(
    const unsigned char*  iSeedArray,      /* Array for the seed [in] */
    unsigned int          iSeedArraySize,  /* Length of the array for the seed [in] */
    const unsigned int    iSecurityLevel,  /* Security level [in] */
    const char*           iVariant,        /* Name of the active variant [in] */
    unsigned char*        ioKeyArray,      /* Array for the key [in, out] */
    unsigned int          iKeyArraySize,   /* Maximum length of the array for the key [i
    unsigned int&         oSize            /* Length of the key [out] */
    )
{
    if (iSecurityLevel == 0x01)
    {
        for (unsigned int i = 0; i < iSeedArraySize; i++)
            ioKeyArray[i] = ~iSeedArray[i];
    }
    else if (iSecurityLevel == 0x11)
    {
        for (unsigned int i = 0; i < iSeedArraySize; i++)
            ioKeyArray[i] = iSeedArray[i] + 1;
    }
    else
    {
        return KGRE_SecurityLevelInvalid;
    }

    oSize = iSeedArraySize;
    return KGRE_Ok;
}
```

图 13-20　增加 0x11 等级的解锁算法

　　将重新生成的 DLL 文件加载到诊断配置对话框中，启动测量，测试结果如图 13-22 所示，测试结果和 DLL 算法是一致的。

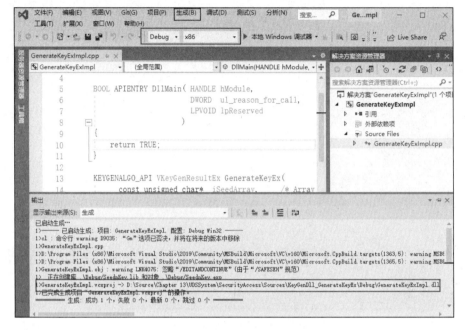

图 13-21　生成 SeedKey.dll 文件

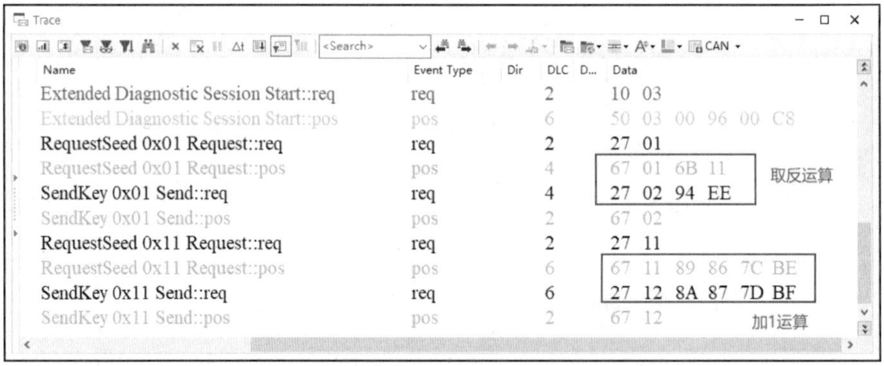

图 13-22　SeedKey.dll 测试结果

第 14 章 COM 编程（Python）

COM（Component Object Model）是微软为 Windows 平台软件提出的实现软件之间互操作的标准。它不会规定软件的具体实现方法，而是声明一种对象模型，使得满足这种模型的对象之间能交互，这些对象通常被称为组件（Component）或者为模块，这些组件程序可以包含一个或多个组件对象，即 COM 对象。

COM 对象以对象为基本单元，与常规面向对象语言中的对象不同，COM 对象是建立在二进制可执行代码的基础上的，因此具有语言无关性。

接口（Interface）是 COM 对象与外部交互的媒介，是一组逻辑上相关的函数集合。接口定义了组件对外提供的一组方法和属性。一个 COM 对象至少实现一个接口，客户端通过接口与 COM 对象进行交互。

CANoe 软件中的 COM Interface 功能是 Vector 公司为其 CANoe 软件提供的一种接口，它允许外部程序（如 Python、VB、C#、C++ 等）通过 COM 技术与 CANoe 软件进行交互。这种接口使得开发者能够将 CANoe 集成到更高级别的系统中，发掘 CANoe 的更多可能性。

CANoe COM Interface 的主要特点如下。

- 集成性：通过 COM 接口，外部程序可以调用 CANoe 的功能，如打开/关闭工程、启动/停止仿真、发送/接收报文等。
- 灵活性：支持多种编程语言，包括 Python、VB、C#、C++ 等，使得开发者可以根据自己的需求和熟悉的编程语言进行选择。
- 可扩展性：基于 COM 接口，开发者可以开发自定义的自动化测试系统，将 CANoe 与其他编程平台集成起来，实现更复杂的测试需求。

由于 Python 语言简单易懂、使用广泛，因此本章选用 Python 编程语言，基于 CANoe 软件内置的示例工程向读者讲解 CANoe 软件的 COM 编程。本章的代码测试在 Python 3.8.5 版本中验证通过。

14.1 COM 示例工程

CANoe 软件内置的 COM 编程的示例工程如图 14-1 所示，初学者可以先通过该工程学习 COM 编程。

图 14-1　COM 编程示例工程路径

打开 RunAllTests.py 源文件，源代码分为 3 个部分，如图 14-2 所示。

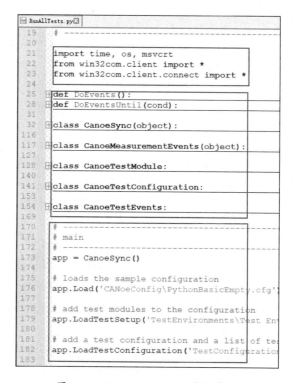

图 14-2　RunAllTests.py 源代码截图

1. 安装 pywin32 库

pywin32 库提供了调用 Windows API 的接口函数，其中包括 COM 组件。由于 Python 脚本将使用 CANoe COM 提供的服务，因此 Python 脚本作为 COM 客户端。在 Python 脚本中，需要导入 win32com.client 模块。

```
pip install pywin32
```

2. 注册 COM 组件

COM 组件需要经过注册（Registry），才能被其他软件发现和使用。注册后的 COM 组件向其他软件提供服务，因此组件将作为服务器端（COM Server），其他想要使用服务的软件作为客户端（COM Client）。

如果用户计算机中安装了多个版本的 CANoe 软件，比如 CANoe11、CANoe15、CANoe16 等版本，而期望 Python 脚本使用 CANoe16 版本提供的 COM 服务，则可以通过 Vector Tool Manager 软件来选择指定版本的 CANoe 软件，然后选择【Register as COM Server】选项即可。注册 COM 服务如图 14-3 所示。

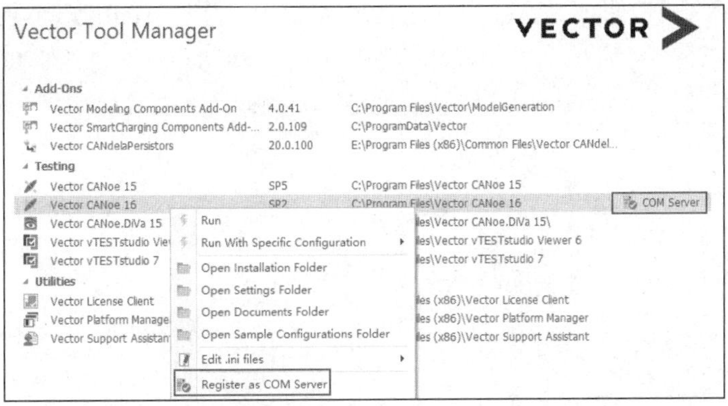

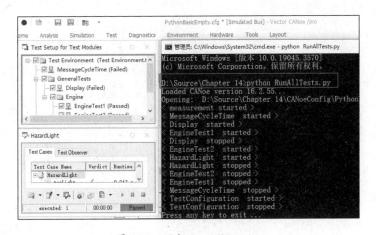

图 14-3　注册 COM 服务

3. 运行 RunAllTests.py

在 RunAllTests.py 文件所在的路径下，打开 cmd（命令提示符），输入"python RunAllTests.py"，即可看到成功调用了 PythonBasicEmpty.cfg 工程，并执行了测试任务，如图 14-4 所示。

图 14-4　运行 RunAllTests.py

14.2 Python COM 编程实践

14.2.1 COM 对象层次结构

组件对象的层次结构是描述在软件系统中组件（Component）如何按照一定的层级和逻辑关系组织起来，以支持特定的功能或服务的结构。这种层次结构对于理解组件间的交互、依赖关系及系统整体架构至关重要。

在实际应用中，要访问或操作这些对象，通常需要按照从 Application 对象到具体对象的层级顺序进行。如图 14-5 所示，如果要设置 CommunicationSetup 对象，则需要先通过 Application 对象访问到 Configuration 对象，再通过 Configuration 对象访问到 CommunicationSetup 对象。

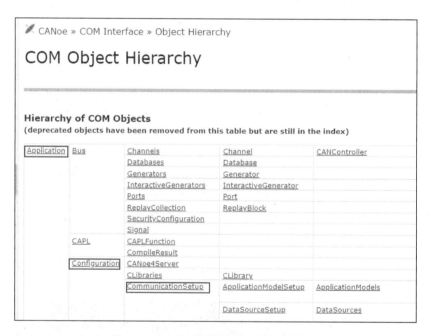

图 14-5　CANoe 软件 COM 对象层次结构

14.2.2 COM 对象接口定义

客户端是通过接口与 COM 对象进行交互的，接口一般都是通过类或者结构体来实现的，每个接口都有它具体的方法、属性、事件。

用户通过 COM Object Hierarchy 可以快速找到对象的层次结构，但是有些情况无法体现对象有哪些接口定义，因此还需要了解 CANoe Type Library（类库），COM 组件的所有对象的继承关系和接口都定义在如图 14-6 所示的 CANoe.h 文件中。

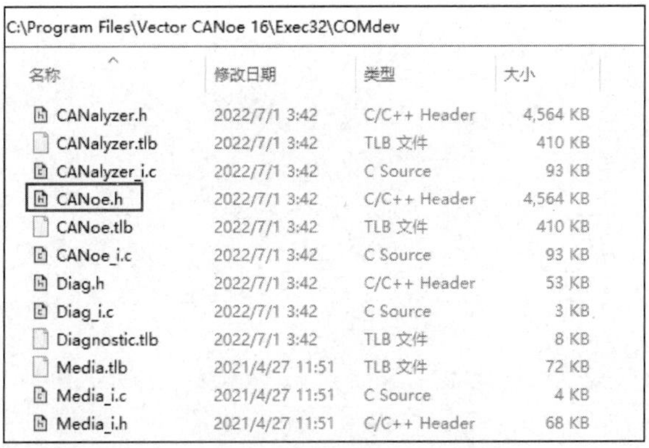

图 14-6　CANoe.h 文件路径

14.2.3　Application 对象

CANoe 软件是一款强大的集仿真与测试于一体的软件，COM 组件对象层级关系也是错综复杂的，因此在短时间内掌握所有的 COM 对象是不现实的，下面仅讲解一些与自动化测试紧密相关的 COM 对象。

Application 对象表示 CANoe 应用程序，是对象层次结构的基础。用户必须通过 Application 对象才能访问到其他对象。

新建一个 RunAllTests_Application.py 文件，从 RunAllTests.py 源文件中复制下列示例代码到新建的文件中，然后在 cmd 中导航到文件所在目录，并输入 python RunAllTests_Application.py 执行脚本。

```python
import time, os, msvcrt
from win32com.client import *
from win32com.client.connect import *

class CanoeSync(object):
    """Wrapper class for CANoe Application object"""
    Started = False
    Stopped = False
    ConfigPath = ""
    def __init__(self):
        app = DispatchEx('CANoe.Application')
        app.Configuration.Modified = False
        ver = app.Version
        print('Loaded CANoe version ',
```

```
        ver.major, '.',
        ver.minor, '.',
        ver.Build, '...', sep='')
    self.App = app
    self.Measurement = app.Measurement
    self.Running = lambda : self.Measurement.Running
    self.WaitForStart = lambda: DoEventsUntil(lambda: CanoeSync.Started)
    self.WaitForStop = lambda: DoEventsUntil(lambda: CanoeSync.Stopped)
    # WithEvents(self.App.Measurement, CanoeMeasurementEvents)
# ----------------------------------------------------------------------
# main
# ----------------------------------------------------------------------
app = CanoeSync()
```

测试结果如图 14-7 所示，输出了 CANoe 软件版本信息。

```
D:\Source\Chapter 14>python RunAllTests_Application.py
Loaded CANoe version 16.2.55...

D:\Source\Chapter 14>
```

图 14-7　Application 对象测试结果

（1）对象属性。

前面已经提到接口是 COM 对象与外部交互的媒介，接口定义了组件对外提供的一组方法和属性，由于 CANoe 是基于事件驱动的，所以有些接口可能还定义了事件。

Application 对象的属性定义如表 14-1 所示

【说明】：这里只列出来 Application 对象的属性名称和属性值/类型，更加详细的解释说明请参考 CANoe 软件的帮助文档。

表 14-1　Application 对象的属性定义

属性名称	属性值/类型
Bus	Bus 对象
CAPL	CAPL 对象
Configuration	Configuration 对象
Environment	Environment 对象
FullName	CANoe 软件的完整路径
Measurement	Measurement 对象
Name	CANoe 软件的名称，如 Vector CANoe

属性名称	属性值/类型
Networks	Networks 或者 Network 对象
Path	CANoe 软件的安装路径
Simulation	Simulation 对象
System	System 对象
UI	UI 对象
Version	Version 对象
Visible	此属性定义 CANoe 软件主窗口是可见的还是仅由托盘图标显示

Application 对象有个 Version 属性，返回值是一个 Version 对象，Version 对象的属性定义如表 14-2 所示，源代码中通过 app.Version.major 输出了 CANoe 软件的主要版本号，用户也可以直接通过 app.Version.FullName 输出 CANoe 软件的完整路径信息。

表 14-2　Version 对象的属性定义

属性名称	属性值/类型
Build	CANoe 软件的构建号
FullName	CANoe 软件的完整路径，如"Vector CANoe pro 14.0.83"
major	CANoe 软件的主要版本号
Name	CANoe 软件的名称，如 "CANoe 14 SP2"（with Service Pack）或者 "CANoe 14"（without Service Pack）
Patch	CANoe 软件的补丁号
Path	CANoe 软件的安装路径

（2）对象方法。

Application 对象的方法定义如表 14-3 所示。

表 14-3　Application 对象的方法定义

方法	语法	参数		
New	object.New(autoSave, promptUser)	创建一个新的 CFG 配置文件		
		autoSave（可选）	True：执行自动保存	
			False：当配置有变动时，不自动保存	
		promptUser（可选）	True：当出现错误的情况时，会通知用户	
			False：当配置发生报错时，不通知用户	

续表

方法	语法	参数	
Open	object.Open(path,autoSave, promptUser)	打开一个 CFG 配置文件	
		path（必选）	字符串类型，完整的配置文件路径
		autoSave（可选）	True：执行自动保存
			False：当配置有变动时，不自动保存
		promptUser（可选）	True：当出现错误的情况时，会通知用户
			False：当配置发生报错时，不通知用户
Quit	object.Quit	退出 CANoe 软件	

在默认情况下打开 CANoe 软件，加载的是上次运行的配置文件，可以通过 Application 对象的 Open 方法打开一个新的配置文件。

复制 RunAllTests_Application.py 文件，并重命名为 RunAllTests_Application_02.py。

复制 PythonBasicEmpty.cfg 文件，并重命名为 PythonBasicEmpty_02.cfg。

将 RunAllTests.py 源代码中的 Load 函数复制到 RunAllTests_Application_02.py 文件中，部分示例代码如下。

在 cmd 中执行 Python RunAllTests_Application_02.py 指令，PythonBasicEmpty_02.cfg 配置将会被打开。

```python
...
    def Load(self, cfgPath):
        # current dir must point to the script file
        cfg = os.path.dirname(os.path.realpath(__file__))
        cfg = os.path.join (cfg, cfgPath)
        print('Opening: ', cfg)
        self.ConfigPath = os.path.dirname(cfg)
        self.Configuration = self.App.Configuration
        self.App.Open(cfg)
# ---------------------------------------------------------------------
# main
# ---------------------------------------------------------------------
app = CanoeSync()
# loads the sample configuration
app.Load('CANoeConfig\PythonBasicEmpty_02.cfg')
```

（3）对象事件。

Application 对象的事件定义如表 14-4 所示，当 CANoe 被成功启动时，会自动触发 OnOpen 事件。

表 14-4　Application 对象的事件定义

事件	语法	参数
OnOpen	object_OnOpen(fullname)	当打开 CANoe 软件时发生此事件 fullname：加载的配置的完整文件名
OnQuit	object_OnQuit	当 CANoe 软件退出时发生此事件

复制 RunAllTests_Application.py 文件，并重命名为 RunAllTests_Application_03.py。

在下面的示例代码中定义了一个 CanoeApplicationEvent 类，用于响应 Application 对象的事件。

WithEvent 函数用于声明一个对象变量，以便可以为该对象的事件编写事件处理程序。

所以下列代码中的 WithEvents(self.App, CanoeApplicationEvent) 函数，就是将 Application 对象和 CanoeApplicationEvent 事件进行关联。

```python
import time, os, msvcrt
from win32com.client import *
from win32com.client.connect import *

def DoEvents():
    pythoncom.PumpWaitingMessages()
    time.sleep(.1)
def DoEventsUntil(cond):
    while not cond():
        DoEvents()
class CanoeSync(object):
    """Wrapper class for CANoe Application object"""
    Started = False
    Stopped = False
    ConfigPath = ""
    def __init__(self):
        app = DispatchEx('CANoe.Application')
        app.Configuration.Modified = False
        print(app.Version.FullName)
        self.App = app
        self.Measurement = app.Measurement
```

```
        self.Running = lambda : self.Measurement.Running
        self.WaitForStart = lambda: DoEventsUntil(lambda: CanoeSync.Started)
        self.WaitForStop = lambda: DoEventsUntil(lambda: CanoeSync.Stopped)
        WithEvents(self.App, CanoeApplicationEvent)

    def Load(self, cfgPath):
        # current dir must point to the script file
        cfg = os.path.dirname(os.path.realpath(__file__))
        cfg = os.path.join (cfg, cfgPath)
        print('Opening: ', cfg)
        self.ConfigPath = os.path.dirname(cfg)
        self.Configuration = self.App.Configuration
        self.App.Open(cfg)

class CanoeApplicationEvent:
    def OnOpen(self, fullname):
        print(f"< Opened {fullname} >")

    def OnQuit(self):
        print("< Quited >")
# -----------------------------------------------------------------------
# main
# -----------------------------------------------------------------------
app = CanoeSync()
app.Load('CANoeConfig\PythonBasicEmpty_02.cfg')

print("Press any key to exit ...")
while not msvcrt.kbhit():
    DoEvents()
app.Stop()
```

在 cmd 中执行 Python RunAllTests_Application_03.py 指令，测试结果如图 14-8 所示，当打开 CANoe 软件时会触发 OnOpen 事件，退出 CANoe 软件时会触发 OnQuit 事件。

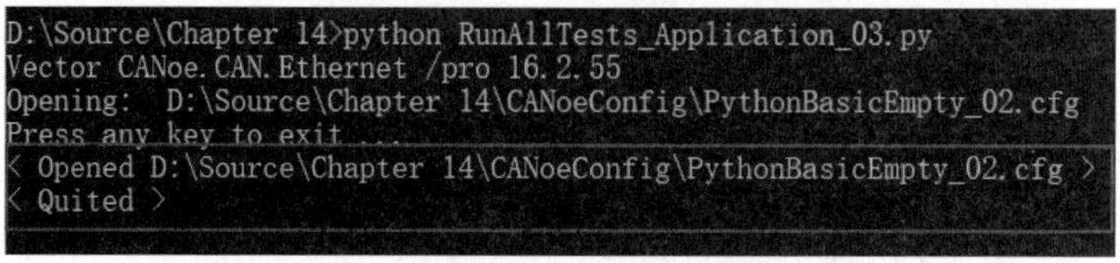

```
D:\Source\Chapter 14>python RunAllTests_Application_03.py
Vector CANoe.CAN.Ethernet /pro 16.2.55
Opening:  D:\Source\Chapter 14\CANoeConfig\PythonBasicEmpty_02.cfg
Press any key to exit ...
< Opened D:\Source\Chapter 14\CANoeConfig\PythonBasicEmpty_02.cfg >
< Quited >
```

图 14-8   Application 对象的事件测试结果

14.2.4　Measurement 对象

当打开 CANoe 软件并加载了配置文件后，还需要通过 Measurement 对象中定义的 Start 方法启动 CANoe 测量。

Measurement 对象的属性、方法和事件如图 14-9 所示。

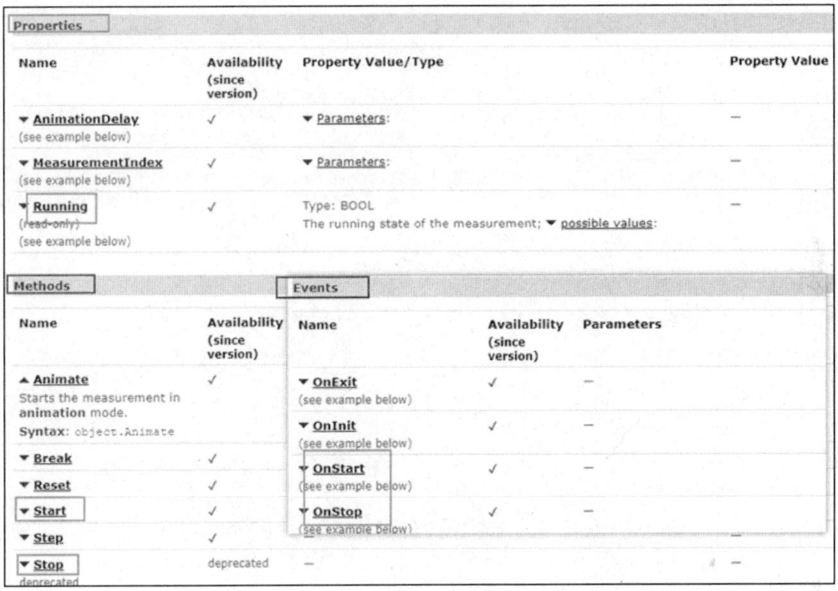

图 14-9　Measurement 对象的属性、方法和事件

新建一个 RunAllTests_Measurement.py 文件，部分函数定义如下。

- self.Running()函数：通过 lambda 定义的匿名函数，用于判断 CANoe 是否正在运行。
- self.WaitForStart() 函数：通过 lambda 定义的匿名函数，在 Start() 函数中调用 self.WaitForStart()函数，该函数会一直等待 CanoeSync.Started 变量为 Ture 时才会退出循环等待，当测量启动后，会触发 OnStart 事件，并将 CanoeSync.Started 设置成 True。
- self.WaitForStop()函数：原理同 self.WaitForStart()。
- WithEvents(self.App.Measurement, CanoeMeasurementEvents)函数：激活 Measurement 对象的事件。

完整代码如下。

```
import time, os, msvcrt
from win32com.client import *
from win32com.client.connect import *
```

```python
def DoEvents():
    pythoncom.PumpWaitingMessages()
    time.sleep(.1)
def DoEventsUntil(cond):
    while not cond():
        DoEvents()


class CanoeSync(object):
    """Wrapper class for CANoe Application object"""
    Started = False
    Stopped = False
    ConfigPath = ""
    def __init__(self):
        app = DispatchEx('CANoe.Application')
        app.Configuration.Modified = False
        print(app.Version.FullName)
        self.App = app
        self.Measurement = app.Measurement
        self.Running = lambda : self.Measurement.Running
        self.WaitForStart = lambda: DoEventsUntil(lambda: CanoeSync.Started)
        self.WaitForStop = lambda: DoEventsUntil(lambda: CanoeSync.Stopped)
        WithEvents(self.App.Measurement, CanoeMeasurementEvents)
        WithEvents(self.App, CanoeApplicationEvent)

    def Load(self, cfgPath):
        # current dir must point to the script file
        cfg = os.path.dirname(os.path.realpath(__file__))
        cfg = os.path.join (cfg, cfgPath)
        # print('Opening: ', cfg)
        self.ConfigPath = os.path.dirname(cfg)
        self.Configuration = self.App.Configuration
        self.App.Open(cfg)

    def Start(self):
        if not self.Running():
            self.Measurement.Start()
            self.WaitForStart()

    def Stop(self):
        if self.Running():
```

```
            self.Measurement.Stop()
            self.WaitForStop()

class CanoeApplicationEvent:
    def OnOpen(self, fullname):
        print(f"< Opened {fullname} >")

    def OnQuit(self):
        print("< Quited >")

class CanoeMeasurementEvents(object):
    """Handler for CANoe measurement events"""
    def OnStart(self):
        CanoeSync.Started = True
        CanoeSync.Stopped = False
        print("< measurement started >")
    def OnStop(self) :
        CanoeSync.Started = False
        CanoeSync.Stopped = True
        print("< measurement stopped >")
#------------------- main ---------------------------
app = CanoeSync()
app.Load('CANoeConfig\PythonBasicEmpty_02.cfg')
app.Start()
print("Press any key to exit ...")
while not msvcrt.kbhit():
    DoEvents()
# stops the measurement
app.Stop()
```

在 cmd 中执行 Python RunAllTests_Measurement.py 指令，测试结果如图 14-10 所示。

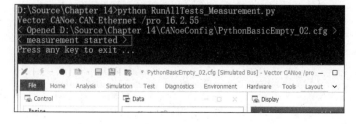

图 14-10　Measurement 对象测试结果

14.2.5　Signal 对象

Signal 对象的层次结构如图 14-11 所示。

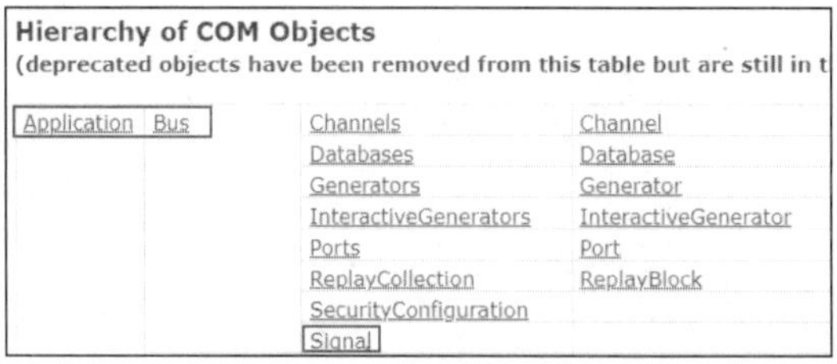

图 14-11　Signal 对象的层次结构

Bus 对象中的 GetSignal 方法定义如表 14-5 所示，该方法的返回值类型为 Signal 对象。

表 14-5　Bus 对象的 GetSignal 方法

方法	语法	参数	
GetSignal	object.GetSignal(channel, message, signal)	返回一个 Signal 对象	
		channel（必选）	整型：发送信号的通道
		message（必选）	字符串：信号所属的报文的名称
		signal（必选）	字符串：信号的名称

Signal 对象的属性定义如表 14-6 所示

表 14-6　Signal 对象的属性定义

属性	属性值/类型
FullName	信号的完整名称 格式：<DatabaseName>::<MessageName>::<SignalName>
IsOnline	检查测量是否正在运行并且信号已被接收
State	返回信号的状态，可能的值如下。 0：返回信号的默认值 1：测量没有运行；回应用程序设置的值 2：测量没有运行；返回最后一次测量的值 3：测量运行中，收到了该信号的当前值
RawValue	设置或获取信号的当前值
Value	设置或读取对象的值（如果对象是 Signal，则指的是物理值）

复制 RunAllTests_Measurement.py 文件，并重命名为 RunAllTests_Signal.py。

在 CanoeSync 类中定义两个函数，即 get_signal_value 函数和 set_signal_value 函数，用于实现对信号值的读/写，示例代码如下。

```python
class CanoeSync(object):
    """"""
    def get_signal_value(self, bus: str, channel: int, message: str, signal: str,
raw_value=False):
        sig_obj = self.App.GetBus(bus).GetSignal(channel, message, signal)
        result = sig_obj.RawValue if raw_value else sig_obj.Value
        return result

    def set_signal_value(self, bus: str, channel: int, message: str, signal: str,
value: int, raw_value=False):
        sig_obj = self.App.GetBus(bus).GetSignal(channel, message, signal)
        if raw_value:
            sig_obj.RawValue = value
        else:
            sig_obj.Value = value
    """"""
# ----------------- main---------------------------
app = CanoeSync()
app.Load('CANoeConfig\PythonBasicEmpty_02.cfg')
app.Start()
print("Press any key to exit ...")
while not msvcrt.kbhit():
    TestValue = app.get_signal_value("CAN",1,"EngineState", "EngineSpeed")
    print("EngineSpeed信号当前值:",TestValue)
    app.set_signal_value("CAN",1, "EngineState", "EngineSpeed", TestValue + 1)
    DoEvents()
app.Stop()
```

在 cmd 中执行 Python RunAllTests_Signal.py 指令，测试结果如图 14-12 所示。

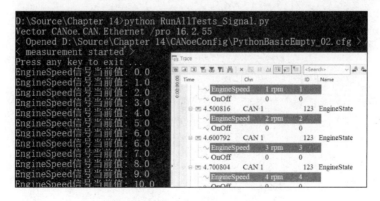

图 14-12　Signal 对象测试结果

14.2.6 System Variable 对象

系统变量(System Variable)对象的层级关系如图 14-13 所示，用户可通过系统变量的 Value 属性读/写数值。

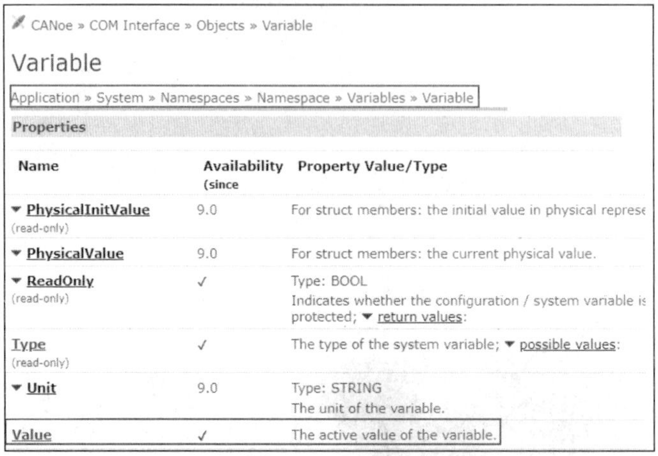
CANoe » COM Interface » Objects » Variable

Variable

Application » System » Namespaces » Namespace » Variables » Variable

Properties

Name	Availability (since	Property Value/Type
PhysicalInitValue (read-only)	9.0	For struct members: the initial value in physical represe
PhysicalValue	9.0	For struct members: the current physical value.
ReadOnly (read-only)	✓	Type: BOOL Indicates whether the configuration / system variable is protected; return values:
Type (read-only)	✓	The type of the system variable; possible values:
Unit	9.0	Type: STRING The unit of the variable.
Value	✓	The active value of the variable.

图 14-13 System Variable 对象的层级关系

复制 RunAllTests_Measurement.py 文件，并重命名为 RunAllTests_SysVariable.py。

在 CanoeSync 类中定义两个函数，即 get_system_variable_value 函数和 set_system_variable_value 函数，用于实现对系统变量的读/写，示例代码如下。

```
class CanoeSync(object):
    """"""
    def get_system_variable_value(self, ns_name: str, sysvar_name: str):
        return_value = None
        try:
            obj = self.App.System.Namespaces(ns_name).Variables(sysvar_name)
            return_value = obj.Value
        except Exception as e:
            print(f'failed to get system variable({sysvar_name}) value. {e}')
        return return_value

    def set_system_variable_value(self, ns_name: str, sysvar_name: str, value):
        try:
            obj = self.App.System.Namespaces(ns_name).Variables(sysvar_name)
            if isinstance(obj.Value, int):
                obj.Value = int(value)
```

```
        elif isinstance(obj.Value, float):
            obj.Value = float(value)
        else:
            obj.Value = value
    except Exception as e:
        print(f'failed to set system variable(sysvar_name) value. {e}')
    """
# ---------------- main-------------------------
app = CanoeSync()
app.Load('CANoeConfig\PythonBasicEmpty_02.cfg')
app.Start()
print("Press any key to exit ...")
while not msvcrt.kbhit():
    TestValue = app.get_system_variable_value("Engine", "EngineSpeedEntry")
    print(f"系统变量EngineSpeedEntry = {TestValue}")
    app.set_system_variable_value("Engine", "EngineSpeedEntry", TestValue + 1)
app.Stop()
```

在 cmd 中执行 Python RunAllTests_SysVariable.py 指令，测试结果如图 14-14 所示。

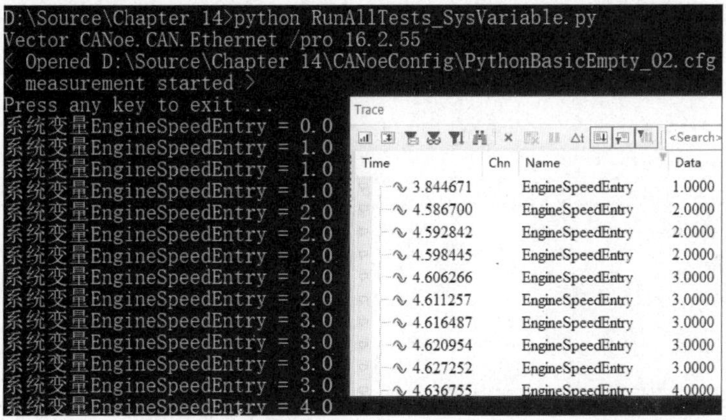

图 14-14　System Variable 对象测试结果

14.2.7　Diagnostic 对象

Diagnostic 对象的层级关系和部分方法的定义如图 14-15 所示。

CreateRequest 函数和 CreateRequestFromStream 函数都可以创建诊断请求对象，虽然实现方式有所区别，但返回值类型都是 DiagnosticRequest 对象。

- CreateRequest 函数：这个函数根据数据库中定义的服务创建一个请求对象，参考语法如 CreateRequest（"DefaultSession_Start"）。
- CreateRequestFromStream 函数：这个函数用给定的字节流创建一个请求对象，参考语法如 CreateRequestFromStream（[0x10,0x01]）。

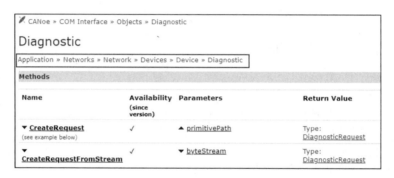

图 14-15　Diagnostic 对象的层级关系和部分方法定义

DiagnosticRequest 对象的层级关系、属性和部分方法定义如图 14-16 所示。

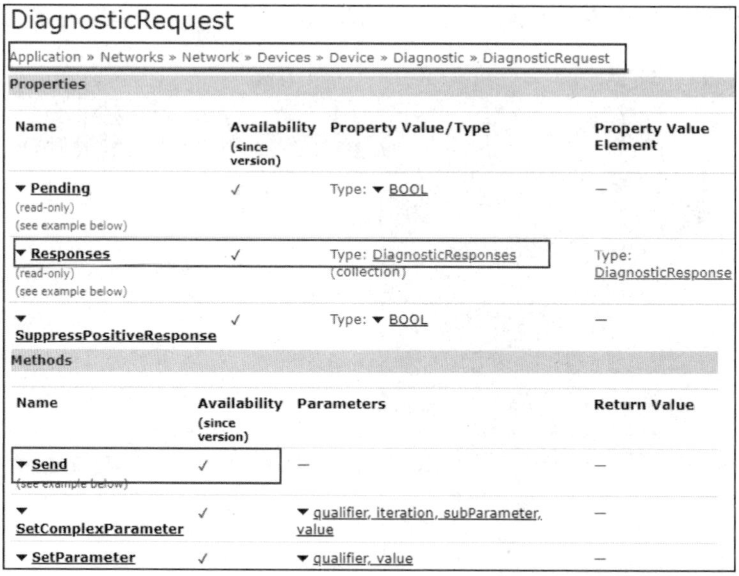

图 14-16　DiagnosticRequest 对象的层级关系、属性和部分方法定义

DiagnosticRequest 对象的 Send 方法可把诊断请求数据发送到总线上。

DiagnosticRequest 对象的 Response 属性返回值类型是 DiagnosticResponses 对象。该对象是一个可以遍历的收集器，其中每个元素的类型是 DiagnosticResponse 对象。

DiagnosticResponses 对象的层级关系和属性定义如图 14-17 所示。

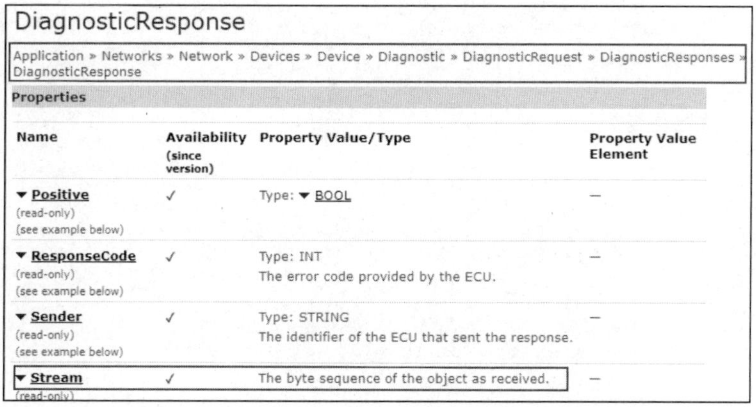

DiagnosticResponse

Application » Networks » Network » Devices » Device » Diagnostic » DiagnosticRequest » DiagnosticResponses » DiagnosticResponse

Properties

Name	Availability (since version)	Property Value/Type	Property Value Element
▾ Positive (read-only) (see example below)	✓	Type: ▾ BOOL	–
▾ ResponseCode (read-only) (see example below)	✓	Type: INT The error code provided by the ECU.	–
▾ Sender (read-only) (see example below)	✓	Type: STRING The identifier of the ECU that sent the response.	–
▾ Stream (read-only)	✓	The byte sequence of the object as received.	–

图 14-17　DiagnosticRequest 对象的层级关系和属性定义

通过 DiagnosticResponses 对象的 Positive 属性可以判断是否是正响应。

通过 DiagnosticResponses 对象的 Stream 属性可以得到 ECU 响应的诊断数据流。

复制 RunAllTests_Measurement.py 文件，并重命名为 RunAllTests_Diagnostic.py。

在 CanoeSync 类中定义 diag_send_request 函数，用于发送诊断请求与读取诊断响应数据。该函数的参数定义如下。

- Diag_ecu_name (str)：在诊断控制中配置的 ECU qualifier 参数的名称。
- request (str)：诊断请求字节流，比如“10 01”，或者诊断数据库中定义的诊断服务原语，比如“DefaultSession_Start”。
- _flag (bool)：如果该参数为 True，则使用字节流的方式发送请求；如果为 False 则使用数据库中定义的诊断服务发送请求。
- 返回值(str)：返回值为诊断响应数据，格式如“50 01 00 00 00 00”。

示例代码如下。

```
class CanoeSync(object):
  """"""
    def diag_send_request(self,Diag_ecu_name: str, request: str, _flag=True):
        diag_res_data = {}
        all_devices = self.get_devices()
        #print(all_devices)
        diag_obj = all_devices[Diag_ecu_name].Diagnostic
```

```python
        if Diag_ecu_name in all_devices.keys():
            if _flag:
                diag_req_in_bytes = bytearray()
                request = ''.join(request.split(' '))
                for i in range(0, len(request), 2):
                    diag_req_in_bytes.append(int(request[i:i + 2], 16))
                diag_req_obj = diag_obj.CreateRequestFromStream(diag_req_in_bytes)
            else:
                diag_req_obj = diag_obj.CreateRequest(request)

            diag_req_obj.send()
            while diag_req_obj.pending:
                time.sleep(0.2)

            diag_res_obj = diag_req_obj.responses
            if len(diag_res_obj) == 0:
                print("Diagnostic Response Not Received.")
            else:
                for diag_res in diag_res_obj:
                    data_list = []
                    for i in diag_res.stream:
                        data_list.append(str(hex(i)))
                    data = ' '.join(data_list)
                    diag_res_data[diag_res.sender] = data
        else:
            print(f'{Diag_ecu_name}) not available')


        return diag_res_data

    def get_devices(self) -> dict:
        """returns all devices available in configuration.
        """
        com_obj = win32com.client.Dispatch(self.App.Networks)
        devices = dict()
        print(f"Networks 数: {com_obj.Count}")

        for n_i in range(1, com_obj.Count + 1):
            network_obj = win32com.client.Dispatch(com_obj.Item(n_i))
            print(f"Networks {n_i}: {network_obj.Name}")
            #networks[network_obj.Name] = network_obj
```

```
                devices_obj = network_obj.Devices
                print(f"devices 数：{devices_obj.Count}")
                for d_i in range (1, devices_obj.Count + 1):
                    device_obj = devices_obj.Item(d_i)
                    devices[device_obj.Name] = device_obj
                    print(f"devices {n_i}: {device_obj.Name}")
            return devices
    """"""
# ----------------- main-------------------------
app = CanoeSync()
app.Load('CANoeConfig\PythonBasicEmpty_02.cfg')
app.Start()

time.sleep(2)
res_data = app.diag_send_request("Door", "10 01")
print("方法1：",res_data)
time.sleep(2)
res_data = app.diag_send_request("Door", "DefaultSession_Start", False)
print("方法2",res_data)

print("Press any key to exit ...")
while not msvcrt.kbhit():
    time.sleep(1)
app.Stop()
```

在 cmd 中执行 Python RunAllTests_Diagnostic.py 指令，测试结果如图 14-18 所示。

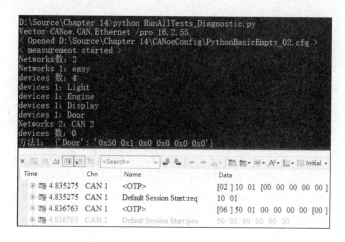

图 14-18　Diagnostic 对象测试结果

14.2.8　TestModule 对象

复制 RunAllTests_Measurement.py 文件，并重命名为 RunAllTests_TestModule.py。

将 RunAllTests.py 源代码中的 LoadTestSetup 函数、TraverseTestItem 函数、RunTestModules 函数、CanoeTestModule 类和 CanoeTestEvents 类复制到测试脚本中，部分代码如下。

```python
class CanoeSync(object):
    """"""
    def LoadTestSetup(self, testsetup):
        self.TestSetup = self.App.Configuration.TestSetup
        path = os.path.join(self.ConfigPath, testsetup)
        testenv = self.TestSetup.TestEnvironments.Add(path)
        testenv = CastTo(testenv, "ITestEnvironment2")
        # TestModules property to access the test modules
        self.TestModules = []
        self.TraverseTestItem(testenv, lambda tm: self.TestModules.append
(CanoeTestModule(tm)))

    def TraverseTestItem(self, parent, testf):
        for test in parent.TestModules:
            print(f"tm : {test.Name}")
            testf(test)
        for folder in parent.Folders:
            print(f"folder : {folder.Name}")
            found = self.TraverseTestItem(folder, testf)

    def RunTestModules(self):
        """ starts all test modules and waits for all of them to finish"""
        # start all test modules
        for tm in self.TestModules:
            tm.Start()
        # wait for test modules to stop
        while not all([not tm.Enabled or tm.IsDone() for tm in app.TestModules]):
            DoEvents()
    """"""
class CanoeTestModule:
    """Wrapper class for CANoe TestModule object"""
    def __init__(self, tm):
        self.tm = tm
        self.Events = DispatchWithEvents(tm, CanoeTestEvents)
        self.Name = tm.Name
        self.IsDone = lambda: self.Events.stopped
```

```
        self.Enabled = tm.Enabled
    def Start(self):
        if self.tm.Enabled:
            self.tm.Start()
            self.Events.WaitForStart()

class CanoeTestEvents:
    """Utility class to handle the test events"""
    def __init__(self):
        self.started = False
        self.stopped = False
        self.WaitForStart = lambda: DoEventsUntil(lambda: self.started)
        self.WaitForStop = lambda: DoEventsUntil(lambda: self.stopped)
    def OnStart(self):
        self.started = True
        self.stopped = False
        print("<", self.Name, " started >")
    def OnStop(self, reason):
        self.started = False
        self.stopped = True
        print("<", self.Name, " stopped >")
# ----------------- main-------------------------
app = CanoeSync()
app.Load('CANoeConfig\PythonBasicEmpty_02.cfg')
app.LoadTestSetup('TestEnvironments\Test Environment.tse')
app.Start()
print("Press any key to exit ...")
while not msvcrt.kbhit():
    DoEvents()
```

在 cmd 中执行 RunAllTests_TestModule.py 指令，测试结果如图 14-19 所示。

测试环境文件（即.tse 文件）的结构是一个树形结构，规则如下。

● 一个.cfg 配置文件可以加载多个.tse 文件。

● 一个.tse 文件下可以创建多个配置文件夹或者插入多个测试模块。

● 一个配置文件夹下面又可以嵌套创建多个配置文件夹或者插入多个测试模块。

下面重点介绍 TraverseTestItem 函数的功能。

由于测试环境的结构就是层层嵌套的，所以 TraverseTestItem 函数就用了递归的思想遍历.tse 文件，并将得到的 TestModule 对象重新封装成 CanoeTestModule 类后依次放到

TestModules 列表中，该列表中的每个元素都是一个 CanoeTestModule 类，通过该类可以访问 TestModule 对象的属性、方法和事件。

通过在 RunTestModules 函数中遍历 self.TestModules 列表，就完成了对所有测试模块的测试。

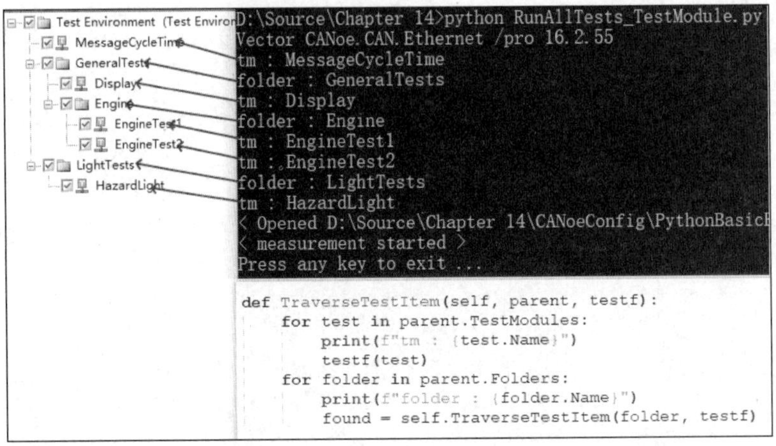

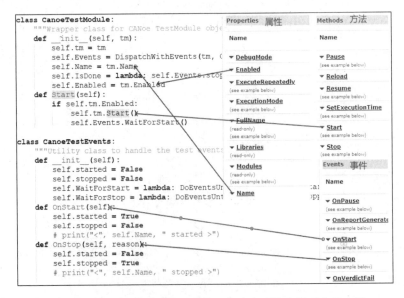

图 14-19　TestModule 对象测试结果

TestModule 对象的属性、方法和事件在源码中的应用如图 14-20 所示。关于 TestModule 对象的更多详细信息请参考 CANoe 的帮助文档。

图 14-20　TestModule 对象的属性、方法和事件在源码中的应用

14.2.9　TestCase 对象

TestCase 对象定义如表 14-7 所示，TestCase 对象是用户能够操作的最小的实体单元，用户可以通过 TestCase 对象的 Verdict 属性获取测试用例的执行结果，也可以通过 TestCase 对象的 Enabled 属性执行或者不执行该测试用例。

表 14-7　TestCase 对象定义

描述	TestCase 对象代表一个测试模块或者测试单元中的测试用例	
说明	在 CAPL test modules 类型的测试模块中，只有测试模块执行完毕才能读取 TestCase 对象 在 XML test modules 类型的测试模块中，在等测试模块执行时，也可以读取 TestGroup 对象和 TestCase 对象 只有 XML test modules 类型的测试模块，才可以选择是否激活测试分组和测试用例，所以极力推荐使用 XML test modules 编写测试用例	
层级 关系	Application » Configuration » TestSetup » TestEnvironments » TestEnvironment » TestModules » TSTestModule » TestSequence » TestCase Application » Configuration » TestSetup » TestEnvironments » TestEnvironment » TestModules » TSTestModule » TestSequence » TestGroup » TestSequence » TestCase	
属性	名称	属性值/类型　Value/Type
	Enabled	TRUE：当前 TestCase 对象被激活 FALSE：当前 TestCase 对象没被激活
	Ident（只读）	TestCase 的 ID（只有 XML test modules 中才有该属性）
	Name	TestCase 的名称
	Verdict（只读）	当前 TestCase 的测试结果 0|cVerdictNotAvailable 1|cVerdictPassed 2|cVerdictFailed 3|cVerdictNone 4|cVerdictInconclusive 5|cVerdictErrorInTestSystem
方法	无	
事件	无	

从 TestCase 对象的层级关系可以看出，TestCase 对象在 TestSequence 对象之后，而 TestSequence 对象在 TSTestModule 对象或者 TestGroup 对象之后，所以这里需要先弄清楚 TSTestModule、TestSequence、TestGroup、TestCase 对象的结构，规则如下。

- 一个 TestModule 中可以创建多个 TestGroup 和 TestCase。
- 一个 TestGroup 中可以嵌套创建多个 TestGroup 和 TestCase
- TestSequence 是一个 TestModule 或者 TestGroup 中所有 TestGroup 和 TestCase 的测试序列集合，TestSequence 对象定义如表 14-8 所示。TestGroup 对象定义如表 14-9 所示。

表 14-8　TestSequence 对象定义

描述	TestSequence 是一个 TestModule 或者 TestGroup 中所有 TestGroup 和 TestCase 的测试序列集合	
说明	当编译或测试 TestModule 时，TestModule 的结果将被重置，原来的 TestSequence 对象属性也会被重置	
层级 关系	Application » Configuration » TestSetup » TestEnvironments » TestEnvironment » TestModules » TSTestModule » TestSequence » Application » Configuration » TestSetup » TestEnvironments » TestEnvironment » TestModules » TSTestModule » TestSequence » TestGroup » TestSequence »	
属性	名称	属性值/类型
	Count（只读）	此属性返回 TestSequence 序列内对象的数量
	Item（只读）	此属性从 TestSequence 序列返回一个对象： ● TestCase 对象 ● TestGroup 对象 ● TestSequenceItem 对象
	Name	TestCase 的名称
方法	无	
事件	无	

表 14-9　TestGroup 对象定义

描述	TestGroup 对象代表一个测试模块的测试分组	
说明	在 CAPL test modules 类型的测试模块中，只有测试模块执行完毕才能读取 TestGroup 对象 在 XML test modules 类型的测试模块中，在测试模块执行时，也可以读取 TestGroup 对象 只有 XML test modules 类型的测试模块，才可以选择是否激活测试分组	
层级 关系	Application » Configuration » TestSetup » TestEnvironments » TestEnvironment » TestModules » TSTestModule » TestSequence » TestGroup Application » Configuration » TestSetup » TestEnvironments » TestEnvironment » TestModules » TSTestModule » TestSequence » TestGroup » TestSequence » TestGroup	
属性	名称	属性值/类型
	Enabled	True：当前 TestGroup 对象被激活 False：当前 TestGroup 对象没被激活
	Name	TestGroup 的名称
	Sequence（只读）	返回当前 TestGroup 的 TestSequence 对象 TestSequence 对象可以被理解是一个数组，每个数组元素都是 TestSequenceItem 对象
方法	无	
事件	无	

复制 RunAllTests_TestModule.py 文件，并重命名为 RunAllTests_TestCase.py。

下面的示例代码在 RunTestModules 函数中增加了等待测试用例执行完毕后统计测试用例结果的逻辑代码。

StatisticTestResult 函数也基于递归思想遍历 TestModules 对象，找到所有的 TestCase 对象，并获取到每个测试用例的测试结果。

```python
class CanoeSync(object):
    ......
    def RunTestModules(self):
        """ starts all test modules and waits for all of them to finish"""
        self.testResul_all = []
        for tm in self.TestModules:
            tm.Start()  #等待测试模块开始执行

        # 等待测试用例全部执行完毕
        while not all([not tm.Enabled or tm.IsDone() for tm in self.TestModules]):
            DoEvents()

        # 统计测试结果
        for tm in self.TestModules:
            print(f"************")
            print(f"测试模块名:{tm.Name}")
            self.temp_tm = tm.Name
            self.tg_name = ''
            self.StatisticTestResult(tm.tm.Sequence)

        import pandas as pd
        df = pd.DataFrame(self.testResul_all, columns=['TestModule',
'TestGroup', 'TestCase', 'TestResult'])
        print(df)

    def StatisticTestResult(self, parent):
        """Summary test case result"""
        for seq in parent:
            tg = CastTo(seq, "ITestGroup")
            try:
                _count = tg.Sequence.Count
                self.tg_name = tg.Name;
                print(f"测试用例所在分组:{tg.Name}")
                self.StatisticTestResult(tg.Sequence)
```

```
        except Exception:  # test case
            tc = CastTo(seq, "ITestCase")
            print(f"测试用例:{tc.Name};测试结果{tc.Verdict}")
            self.testResul_all.append([self.temp_tm , self.tg_name, tc.Name,
("pass" if tc.Verdict == 1 else "failed")])
......
# ---------------- main----------------------------
app = CanoeSync()
app.Load('CANoeConfig\PythonBasicEmpty_02.cfg')
app.LoadTestSetup('TestEnvironments\Test Environment.tse')
app.Start()
app.RunTestModules()
print("Press any key to exit ...")
while not msvcrt.kbhit():
    DoEvents()
```

在 cmd 中执行 Python RunAllTests_TestCase.py 指令，测试结果如图 14-21 所示。

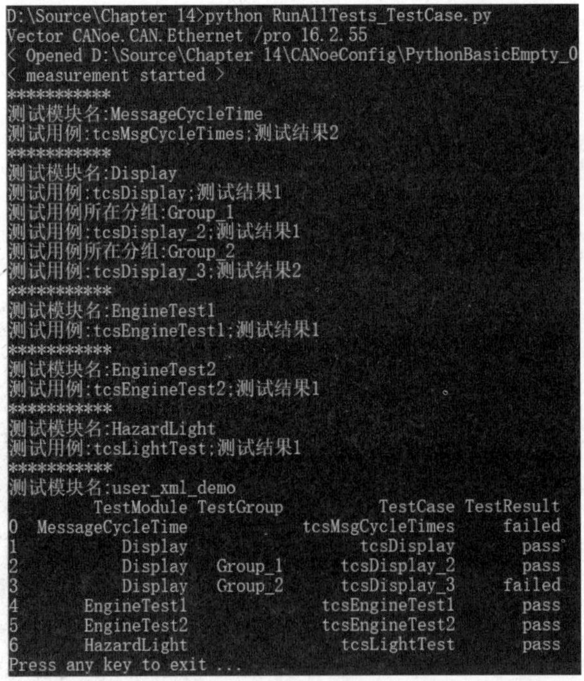

图 14-21   TestCase 对象测试结果

该示例工程中使用的都是 CAPL Test Module 类型的测试模块，但是在实际使用时，不仅需要能够控制整个测试模块的运行，还要能够控制该测试模块中的某些测试用例执行或者不执行，这就要求开发者必须使用 XML Test Module 类型的测试模块。

新建一个.tse 文件，命名为 Test Environment_xml.tse，并插入一个 XML Test Module。

复制 RunAllTests_TestCase.py 文件，并重命名为 RunAllTests_TestCase_Enable.py，部分代码如下。

在 RunTestModules 函数中，通过 GetTestCases 函数获取到所有的 TestCase 对象，然后遍历 TestCase 对象，判断每个 TestCase 对象的 Name 属性值是否在待测用例列表中（如代码中的 EXE_CASE_LIST 变量），如果在待测用例列表中，就将 TestCase 对象的 Enabled 属性赋值为 True，否则就赋值为 False。

```python
class CanoeSync(object):
    ......
    def GetTestCases(self,parent):
        """get all test case object"""
        for seq in parent:
            tg = CastTo(seq, "ITestGroup")
            try:
                _count = tg.Sequence.Count
                self.tg_name = tg.Name;
                self.GetTestCases(tg.Sequence)
            except Exception:  # test case
                tc = CastTo(seq, "ITestCase")
                self.TestCases.append(tc)

    def RunTestModules(self):
        """ starts all test modules and waits for all of them to finish"""
        self.TestCases = []
        EXE_CASE_LIST = ["uds_tc_03","uds_tc_01"]

        for tm in self.TestModules:
            self.GetTestCases(tm.tm.Sequence) #得到所有的 TestCase 对象
            for tc in self.TestCases:
                if tc.Name in EXE_CASE_LIST:
                    tc.Enabled = True
                else:
                    tc.Enabled = False

            tm.Start()  #等待测试模块开始执行

    # 等待测试用例全部执行完毕
```

```
        while not all([not tm.Enabled or tm.IsDone() for tm in self.TestModules]):
            DoEvents()
......
# ---------------- main------------------------
app = CanoeSync()
app.Load('CANoeConfig\PythonBasicEmpty_02.cfg')
app.LoadTestSetup('TestEnvironments\Test Environmentx_xml.tse')
app.Start()
app.RunTestModules()
print("Press any key to exit ...")
while not msvcrt.kbhit():
    DoEvents()
```

在 cmd 中执行 Python RunAllTests_TestCase_Enable.py 指令，测试结果如图 14-22 所示。

图 14-22　TestCase 对象测试结果

14.2.10　TestConfiguration 对象

CANoe 软件中有两大测试工具，即 Test Modules 和 Test Units，开发者可以直接在 CANoe 软件中开发 Test Modules 类型的测试用例，但是必须使用 vTESTstudio 软件才能开发 Test Units 类型的测试用例。

TestConfiguration 对象的使用方法读者可以参考 TestModule 对象，在此不再展开讲解。

复制 RunAllTests.py 文件，并重命名为 RunAllTests_TestConfiguration.py，部分代码如下。

```python
class CanoeSync(object):
    ......
    def LoadTestConfiguration(self, testcfgname, testunits):
        tc = self.App.Configuration.TestConfigurations.Add()
        tc.Name = testcfgname
        tus = CastTo(tc.TestUnits, "ITestUnits2")
        for tu in testunits:
            tus.Add(tu)
        # TestConfigs property to access the test configuration
        self.TestConfigs = [CanoeTestConfiguration(tc)]

    def RunTestConfigs(self):
        """ starts all test configurations and waits for all of them to finish"""
        # start all test configurations
        for tc in self.TestConfigs:
            tc.Start()

        # wait for test modules to stop
        while not all([not tc.Enabled or tc.IsDone() for tc in app.TestConfigs]):
            DoEvents()
    ......

class CanoeTestConfiguration:
    """Wrapper class for a CANoe Test Configuration object"""
    def __init__(self, tc):
        self.tc = tc
        self.Name = tc.Name
        self.Events = DispatchWithEvents(tc, CanoeTestEvents)
        self.IsDone = lambda: self.Events.stopped
        self.Enabled = tc.Enabled
    def Start(self):
        if self.tc.Enabled:
            self.tc.Start()
            self.Events.WaitForStart()
# ---------------- main----------------------
app = CanoeSync()
app.Load('CANoeConfig\PythonBasicEmpty.cfg')
```

```
app.LoadTestConfiguration('TestConfiguration',
['TestConfiguration\EasyTest\EasyTest.vtuexe'])
app.Start()
app.RunTestConfigs()
print("Press any key to exit ...")
while not msvcrt.kbhit():
    DoEvents()
app.Stop()
```

在 cmd 中执行 RunAllTests_TestConfiguration.py 指令，测试结果如图 14-23 所示。

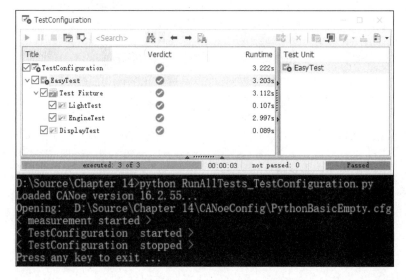

图 14-23　TestConfiguration 对象测试结果

14.2.11　CastTo 函数

RunAllTests.py 源代码中多处用到了 CastTo 函数，这个函数在 win32com 库中的功能是实现接口转换。

示例代码如下，将 CastTo(testenv, "ITestEnvironment2")这行代码注销。

```
    def LoadTestSetup(self, testsetup):
        self.TestSetup = self.App.Configuration.TestSetup
        path = os.path.join(self.ConfigPath, testsetup)
        testenv = self.TestSetup.TestEnvironments.Add(path)
        # testenv = CastTo(testenv, "ITestEnvironment2")
        self.TestModules = []
```

```
        self.TraverseTestItem(testenv, lambda tm: self.TestModules.append
(CanoeTestModule(tm)))
```

在 cmd 中执行 RunAllTests.py 指令，测试结果如图 14-24 所示。这个报错内容是 ITestEnviroment 接口没有 TestModules 属性。

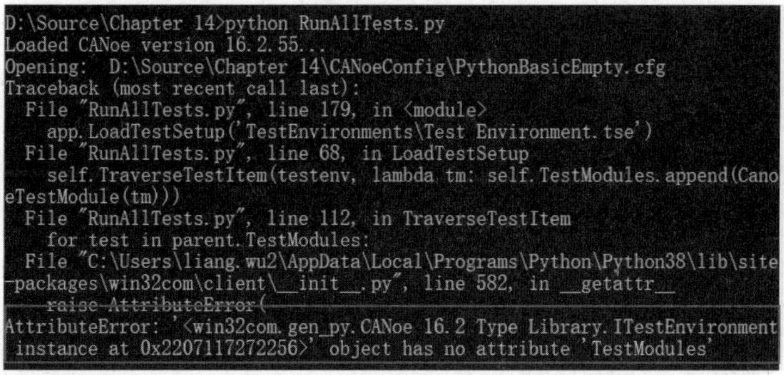

图 14-24　TestEnvironment 接口报错信息

通过 CANoe.h 文件的接口定义，可以看到 ITestEnvironment 接口没有定义 TestModule 属性，而 ITestEnvironment2 接口定义了 TestModule 属性，如图 14-25 所示，所以源代码中使用 CastTo 函数对 TestEnvironment 对象进行接口转换。

总的来讲，通过帮助文档中的 COM Object Hierarchy 可以找到对象之间的继承关系，至于对象中有哪些方法和属性，以及是否需要使用 CastTo 函数转换接口，还需要根据 CANoe.h 文件的接口定义来确定。

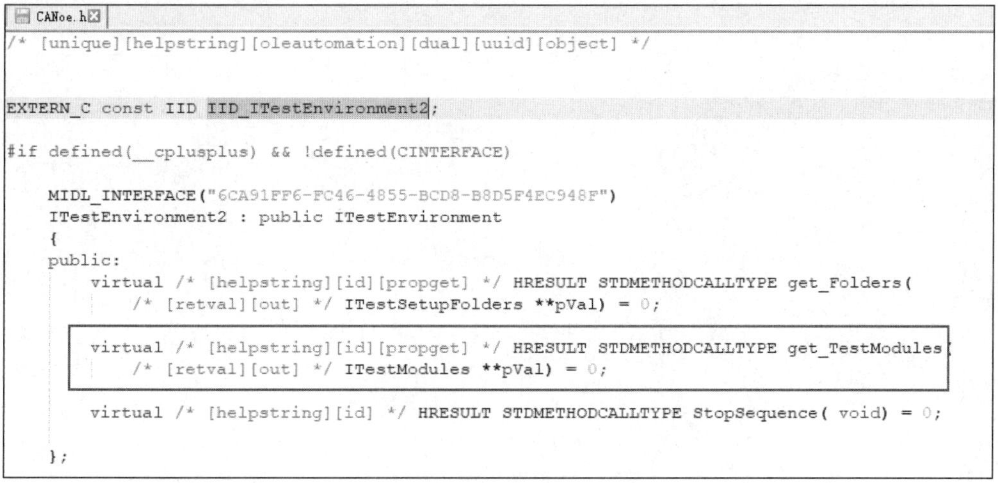

图 14-25　ITestEnvironment2 接口定义了 TestModule 属性

14.2.12　总结

通过前面的内容，一步一步地完成了对 RunAllTests.py 源代码的拆解、验证，并进行了适当的拓展。

本章介绍了使用 Python 访问 CANoe COM，以实现自动化测试的基本方法，通过几个常用的 COM 对象及方法，构建了简单的自动化测试示例工程。COM 对象复杂且庞大，不可能对其全部解读，所以对于本书没有解读到的 COM 对象，读者可以参考本书的方法尝试自行构建。